勒·柯布西耶

景观与建筑设计图集

1

[美]让－路易斯·科恩　编著

张芮琪　　王　乐　　许晔丹　译

北 京 出 版 集 团
北京美术摄影出版社

3

6

7

8

9

目　录

（卷首 10 幅图）作品选辑，理查德·佩尔

* 本书插图系原书插图

Hyundai Card

现代信用卡公司

　　勒·柯布西耶（Le Corbusier）是现代建筑领域最具影响力的人物之一，现代信用卡公司十分荣幸能赞助现代艺术博物馆首次举办的柯布西耶毕生惊人之作的重要展览。

　　柯布西耶不仅设计了大量的杰作，更颠覆了传统的建筑观念，制定了一些对当下实践仍具有关键意义的准则。他突出的洞察力和开创性的设计方法是他职业生涯的标志，而这些品质与现代信用卡公司的企业价值观高度一致。作为韩国信用卡发行的领军企业，现代信用卡不局限于仅仅关注数字的金融公司，同时是设计和艺术领域的强力推动者，不断用创新的理念突破惯例，在不同的业务板块想方设法融入这一理念，从设计独特的信用卡到为我们的会员建造一座设计图书馆。

　　作为这次具有里程碑意义的展览的赞助商，我们诚挚地希望《勒·柯布西耶：景观与建筑设计图集》将推动创新，让柯布西耶的遗产和启发性的工作方法得以延续下去。

格伦·洛瑞　　　　　**前　言**

　　勒·柯布西耶的作品在现代艺术博物馆运营之初就崭露了头角。1932 年，首次建筑主题的展览——亨利－拉塞尔·希区柯克和菲利普·约翰逊的"现代建筑：国际展览"（Modern Architecture：International Exhibition），将萨伏伊别墅的模型布置在了展馆的重要位置。这次展览也是建筑系展览的关键基石，引发了一场热烈而持久的关于如何将建筑引入博物馆的讨论。此后，柯布西耶个人以及他的作品重复出现在博物馆的各种场合中，然而正如《勒·柯布西耶：景观与建筑设计图集》的客座策展人让－路易斯·科恩（Jean-Louis Cohen）在本书中描述的：这种展出一直以来都是局部而略显碎片化的。

　　唯一合适的做法是，应当为柯布西耶办这样一次展览，不仅涵盖令人惊讶的大量的创作实践，包括水彩画、影片、速写本、油画、工艺品、家具和模型等，还应突出他在地理学方面的拓展，这贯穿了他 60 年职业生涯中的设计和建造工作。而这本图集，不论是在展示结构方面，还是对新阐释领域的组织方面，涉及展馆范围内的所有素材，都经过本书中同样令人钦佩的学者、策展人及评论家的匹配。对在柯布西耶的作品影响下成长的一代代建筑专业学生和建筑从业者，或是初次在此邂逅他的人来说，这都是一次无比珍贵的机会，来重新评估这位现代主义梦想家对于当代实践的重要性。

　　感谢巴黎勒·柯布西耶基金会对这个项目中分外烦琐的调查、规划和准备工作提供的帮助。我们向基金会董事米歇尔·理查德以及档案和收藏部门主任伊莎贝尔·戈迪诺表示诚挚的谢意。基金会慷慨地开放了档案，将大量珍贵的收藏尽可能全部对公众展出，正因如此，绝大部分的作品才能收录在本书以及同名的展览中。在该项目漫长的筹备过程中，基金会也一直扮演着明智的合作伙伴和热心的支持者的角色。

　　我要赞扬让－路易斯·科恩和纽约大学美术学院的建筑史教授谢尔登·H. 索洛，以及纽约现代艺术博物馆建筑与设计部门的菲利普·约翰逊首席策展人巴里·伯格多尔，赞扬他们的策展视野和实现这项事业所付出的不屈不挠的努力。同时也感谢他们以及他们在博物馆或其他地方的同事，感谢他们为该项目所做出的贡献。我还要代表理事会和博物馆的工作人员，特别感谢现代信用卡公司对本次展览的大力支持，以及苏珊、埃德加·瓦亨海姆三世和现代艺术博物馆国际委员会的联合支持。

格伦·洛瑞

现代艺术博物馆馆长

---

*　勒·柯布西耶原名查尔斯－爱德华·让纳雷（Charles-Édouard Jeanneret），1920 年更名为勒·柯布西耶（Le Corbusier）。文中"柯布西耶"和"让纳雷"会根据不同时期而轮流出现，以对应柯布西耶不同时期的作品风格。

巴里·伯格多尔

从国际化到地域：地图册项目

　　1932 年，在现代艺术博物馆举办的首届名为"现代建筑：国际展览"的建筑展览上，勒·柯布西耶首次走进纽约人的视野。在那次展览上，柯布西耶被定义为"国际主义"建筑风格的主要倡导者。的确，不久之后他就成了在洲际商业航班服务出现之前仅有的在三大洲都有作品的建筑师。1932 年以前，他已经在法国、瑞士、德国、苏联、突尼斯等地设计或建造了不少项目，而在他 1929 年去阿根廷、乌拉圭和巴西旅行之后，他的影响力也逐渐在南美扩散开来。参与里约热内卢教育和卫生部（1936 年）的设计和位于阿根廷拉普拉塔的库鲁切特宅邸（1949—1954 年）的建造，加深了他在南美的影响力。接下来是对另外两个大洲的征服。1952 年，凭借昌迪加尔宏大的项目，他开始了一场前所未有的创新而深刻的景观研究，并在随后的东京国立西洋美术馆（1954—1959 年）项目设计中，展现了他几十年来对展示空间设计的研究。1962 年，距离柯布西耶在现代艺术博物馆被引荐到纽约 30 年后，他见证了自己首座也是唯一一座位于北美的建筑竣工开放——哈佛大学卡朋特视觉艺术中心。只有大洋洲和南极洲没有被列入这位环球旅行的建筑师的日程表中，但这并不代表大洋洲没有受到他的影响。[1]

　　直到 1932 年，与现代艺术博物馆的展览几乎是同步出版的《国际主义风格》一书中，才有确切的暗示：柯布西耶的建筑并非总是完全契合于亨利－拉塞尔·希区柯克和菲利普·约翰逊所定义的新风格，以及该风格所推崇的不随场所和环境不同而变化的普适的建筑美学。如果说斯坦恩·杜蒙齐住宅（1926—1928 年）和萨伏伊别墅（1928—1931 年）近乎完美地体现了希区柯克和约翰逊的国际风格三要素以及柯布西耶的五要素，那么位于勒普拉代的曼德洛特夫人的别墅（1929—1931 年）那粗糙的砌体承重墙则明显具有地域性，与附近的法国南海岸农场建筑的地中海元素不无关联。再如香榭丽舍大道的查尔斯·德·贝斯特古寓所（1929—1931 年）的屋顶花园，是柯布西耶提出的"外即是内"的有力证明，除此之外，其建筑与植被构成的形态组合，与地平线上的标志性建筑，包括处于巴黎最大轴线顶端的凯旋门之间，产生了一种精确且出人意料的关系。不论是在地面还是天空高度，柯布西耶的建筑都不曾脱离其景观，即便他对自然的记忆是抽象的，以及他在整体总平面图方面的实践和观点，都与早年遵循家乡

1. "勒·柯布西耶和澳洲：澳大利亚和新西兰的反应与接纳"，昆　士兰大学正在进行的一项研究，参　见：www.uq.edu.au/atch/le-corbusier-　and-australia。

拉绍德封的冷杉树风格（fir tree style）时期相去甚远。[2]

  用隐喻的手法和部分如我们已经做的地图集的形式，来组织新一代对柯布西耶的实践、研究、分析和解读，并不是为了回归到国际实践的概念上，因为早在美国大萧条时期，国际主义风格面对艺术领域日益发展起来的地域主义，已经颇受诟病，引起争议。此外，全球化实践的近20年里，那些所谓的明星建筑师，不管建筑位于何处，只追求那些带有个人标志性的形式能被大众轻易地识别。因此组织这个项目的目的不如说是为了承认：在柯布西耶的生活和工作中，他的建造项目和其所处的位置具有紧密的联系。柯布西耶留下的恰恰是他的视觉观念，是他在旅途中观察世界的方式，首先通过传统的交通方式穿越了巴尔干半岛到达希腊和土耳其，然后通过飞机这种对他来讲既是交通工具又是视网膜延伸的工具来进行游览。飞机是柯布西耶构思建筑的方式中必不可少的部分，是用以精确制造建筑与景观的视觉关系和机体关系的工具。这里的景观的概念包括了室内的物质实体和由任意数量的物体框定的外部景象投射。用于框景的物体可以是带状窗户、墙体或是绿篱，它们将宏大的外部景色、遥远的场景或是远处的地平线框进来，从而易于被眼睛和大脑捕捉到。

  这些技术是柯布西耶发展了数十年的创作策略的一部分，但在特定地区、特定文化背景下应用的时候并非一成不变。这本图集所揭示的，正是一种调查，对象是过去20年里，学者们通过研究柯布西耶各处的作品而产生的评论和感想，而很大程度上可以认为柯布西耶的旅行和艺术创作是无法割裂来看的。从1911年他的《东方游记》到昌迪加尔和艾哈迈达巴德两地迥异的景观和文化的探索，所及之处都是他第二次世界大战后大部分建造成果的所在地。柯布西耶没有在这些地方运用与世界各地都相似的方法，而是达到了独特的、跳脱于现代化力量影响的，且具有在世界范围内共鸣的文化层次。他不再沿袭年轻时令他着迷的卡米洛·西特的城市设计价值观，放弃了被他称为"背包驴的路径"，后来他在以驴子为主要建造工具的旁遮普地区找到了设计建筑最大的机会。而他对于景观的观点和对位于景观中的建筑的方位观念也不可避免地受到了影响。

2. 见海伦·比利·汤姆森（Helen   格运动：拉绍德封的新艺术经验》 *nouveau à La Chaux-de-Fonds*），巴黎：
Bieri Thomson）编辑，《新艺术风 （*Le Style sapin : Une Expérience Art* 绍莫吉出版社，2006 年。

于是这本图集证实，在现代主义建筑大师的研究进程中，一项重大的调整正在进行：不论是两次战争之间还是战后，现代主义建筑大师们对建筑所在地的区位、文化特质和景观的关注已经取代了现代共性的理念。1952 年，希区柯克已经对国际主义风格被过度简化产生了一些疑虑，这种简化也曾一度引起论战，他承认这个概念并不能归纳柯布西耶后续发展中的转变。1948 年，博物馆举办峰会的几年之后，对于"现代建筑经历了什么"的问题，希区柯克在"1932 年展览 20 周年"的反思中写道："没有人比柯布西耶更努力地去挣脱和解放国际主义风格的束缚。"[3] 但此时希区柯克仍然没有走出对风格进行分类定义的逻辑，这继承自 19 世纪的建筑学历史，也让他整个职业生涯的知识框架都保持在"建筑对象是高度自由的空间艺术品"的逻辑中。对所有国际主义风格建筑平面布局的重现，有不计其数的版本，也影响了 20 世纪好几代读者和建筑专业学生，但真正让人惊讶的是，产生这种影响不仅因为这些平面图都经过了重绘并简化得更为清晰，也因为它们自成体系地完全脱离了所在的场地。

另一个伟大的被称为现代建筑集大成者的是路德维希·密斯·凡德罗，10 年前，为了进行一场具有探索性的对他作品理解的翔实修正，特伦斯·莱利和我在现代艺术博物馆策划了一场名为"在柏林的密斯"的展览，梳理了他 1905—1933 年在柏林时在德国环境下的作品的脉络。[4] 这绝非意味着简单地将建筑师置于正处在知识和艺术实验的重要时期的德国首都这一文化环境下考虑，同时也意识到并且提出，需要将他的设计置于其所在的特定的城市和郊区景观中来考虑。研究从他最早的位于巴伯斯贝格的新彼得麦式别墅着手，密斯和柯布西耶都曾效力于这里的彼得·贝伦斯工作室。2001 年，莎拉·威廉姆斯·戈尔德哈根则发表了对路易斯·康的首个重要的专题研究，试图打破对他作品的形式主义解读，并理解跨越费城到孟加拉国的建造实践中的地域和文化构成。戈尔德哈根定义路易斯·康为"情境现代主义"，从而澄清了这样一个事实，提及 20 世纪最严格意义上讲与景观存在关系的现代主义建筑项目，并不仅简单指建筑与花园的常规关系，尽管这些关系经常在谈到现代建筑时被忽略，只强调建筑的示范性和可移植性，而不是其文化差异性。[5] 柯布西耶经受了这种建筑花园文化的洗礼，同年，年轻的密斯在柏林市中心的早期住宅设计也深受这种文化的影响。与柯布西耶一样，密斯对建立抽象概念和地点之间的关系有着贯穿一生的兴趣，这种关系让建筑成为另类的反映现代意识或者说现代觉悟的结构。[6] 位于瑞士力洛克的法夫雷雅格特别墅（1912—1913 年）举世瞩目，其住宅和花园正是这种文化的直接产物。同样吸收这种文化元素的是贝伦斯的工作室以及柯布西耶的德国和奥地利的旅途。但柯布西耶的设计手法并不局限于将内部空间和外部空间紧密交织，而是将建筑理解为一种可供观察远处景观的设施。因此，这种将外部景观引入一个可供冥想的物体的方式，在方法上，就与他在拉绍德封师从查尔斯·拉波拉特尼时期所接受的如画式传统

3. 亨利－拉塞尔·希区柯克（Henry-Russell Hitchcock），"国际主义风格 20 年"（The International Style Twenty Years After），《建筑学记录》（Architectural Record）第 110 卷，第 2 期，1951 年 8 月，第 89—98 页。再版于希区柯克和菲利普·约翰逊（Philip Johnson），《国际主义风格》（The International Style），修订，编辑，1932 年；纽约：W.W. 诺顿出版社，1995 年，第 250 页。

4. 特伦斯·莱利（Terence Riley）和巴里·伯格多尔（Barry Bergdoll）编，《在柏林的密斯》（Mies in Berlin），纽约：现代艺术博物馆，2001 年。

5. 莎拉·威廉姆斯·戈尔德哈根（Sarah Williams Goldhagen），《路易斯·康的情境现代主义》（Louis Kahn's Situated Moderism），纽约：耶鲁大学出版社，2001 年。

6. 也可见克里斯托弗·吉洛特（Christophe Girot）编，《园丁密斯》（Mies als Gärtner），苏黎世：GTA 出版社，2011 年。

大相径庭。

　　这些技术也反映在柯布西耶对摄影和电影的运用中，并很快与那些最现代的场景捕捉记录形式相结合，从而获得静态和动态的景观影像，记录下观察者与被观察者不断变化的触觉和视觉关系。[7]景观的体验及其文化含义很大程度上成为柯布西耶设计视角的核心和建筑及城市概念的关键，这一点与带有"有机性"标签的建筑师不谋而合，比如阿尔瓦·阿尔托或是弗兰克·劳埃德·赖特。景观历史学家卡洛琳·康斯坦特曾作过一篇总结性纲要，对象是 20 年间试图重新梳理现代建筑与景观之间纠缠关系的论文，"确实，场所精神的概念是至关重要的，即便是对于像柯布西耶这样的打破传统观念的人……他处理建筑和城市化的方式，最后演化为一种激进的、通过已建成作品可以检验的先验理论假设，而与之相反的是，他处理景观的方法则演化为每一次实践之后的归纳总结。因此，撇开他乌托邦城市宣言的激进语气，柯布西耶的确根据建筑所在的特定场所细致地校准了他的建筑设计。"[8]

　　而这本图集就涵盖了柯布西耶的国际活动旅途，并对他设计的多种多样甚至有时相互对立的场地关系进行解释。他的足迹始于阿尔卑斯山的诞生地，到地中海海岸的避难所，一段从山区到大海、从冰天雪地到四季常绿的气候区的旅程。但这不仅仅是一段欧洲之旅，因为恰恰是在昌迪加尔（而不是朗香教堂），柯布西耶在他职业生涯的最后 10 年，完成了他一半的设计实践，也使他具有了作为建筑师更为深刻的见解，即作品中包含人与物质环境的关系。这本现代景观地图册的目的在于重温 20 世纪最具影响力的一些建筑作品，并通过使它们回归到特定的地理位置和环境，与柯布西耶世界经历的核心——常规视野以及他想具体化表达的体验场景相联系，从而来延伸我们对这些作品的已有理解。

7. 比特瑞兹·科罗米娜（Beatriz Colomina），《私密性与公共性：作为大众传媒的现代建筑》（*Privacy and Publicity : Modern Architecture as Mass Media*），坎布里奇：麻省理工学院出版社，1994 年。

8. 卡洛琳·康斯坦特（Caroline Constant），《现代建筑景观》（*The Modern Architectural Landscape*），明尼阿波利斯：明尼苏达大学出版社，2012 年，第 20 页。

让－路易斯·科恩 **谈景观**

如果说在有关勒·柯布西耶卷帙浩繁的文献中有未能触及的盲点，那一定是他与景观的关系。景观为柯布西耶提供观察的场景、创作的灵感、作品布局所带来的视野以及供隐喻生长的沃土。虽然一些建筑师们对柯布西耶的作品进行了全面深入的研究，从建筑设计、城市规划到绘画、图纸和出版物均有所涉及，且他本人的大量信件也揭示了他复杂的思考以及其公众形象和内在反思之间的矛盾，但有关柯布西耶的刻板印象依然存在，而这常常源于他自身的表达。

柯布西耶自称是新城市主义的先知，但少数的建筑师和一些无名机构对他这一理念的错误应用使其等同于单调乏味，甚至等同于国家资助下的压迫。柯布西耶明确提出："城市规划和建筑能够让场所和景观融入城市，或者让它们成为城市本身的特质，这也是造型意识和感知的决定性特征。"但某些评论家偏偏认为他的作品里只有对景观、花园咄咄逼人的冷漠。[1] 批判他极权主义野心的评论有很多，而这一态度只是其中一种，比如杨·伍德斯塔漫画似的讽刺分析："柯布西耶对景观的观点过于简单，过分执着于对生活环境的掌控而忽略了人的需求，缺乏对人、场所以及自然的细致体察和感知。"[2] 但是这样的陈述屡见不鲜，甚至可以追溯至 20 世纪 30 年代——来自亚历山大·森杰的恶评，以及瑞士、德国守旧派们对未加锚固的、所谓"游牧建筑"的疯狂抨击。[3]

过去的 25 年间，法国蓬皮杜艺术中心、英国海沃美术馆（为纪念 1987 年柯布西耶世纪诞辰）以及始于 2007 年的"建筑艺术"巡展项目都曾举办柯布西耶作品的大型展览，但它们始终未能真正触及景观问题的核心。[4] 一些较孤立的作者常在某一具体项目中分析景观的角色，例如卡洛琳·康斯坦特分析了昌迪加尔，布鲁诺·雷克林分析了科尔索的湖畔别墅（雷克林是首位将柯布西耶的作品视为观景机器的学者），而有时对于柯布西耶的景观作品分析会被放置于更宏观的环境背景之中，比如建筑史学家比特瑞兹·科罗米娜；另外多泰罗·安贝儿对 20 世纪 20—30 年代的房屋花园进行了探讨。[5]《卡萨贝拉》杂志也曾研究过柯布西耶的观察策略；

1. 勒·柯 布 西 耶（Le Corbusier），《城市规划的思维》（Looking at City Planning），埃莉诺·勒弗约（Eleanor Levieux）译，纽约：格罗斯曼出版社，1971 年，第 67 页。原版为《城市规划的思维》（Manière de penser l'urbanisme），布洛涅－比扬古：今日建筑出版社，1946 年。
2. 杨·伍 德 斯 塔（Jan Woudstra），"柯布西耶之景观：世外桃源或无人地？"（The Corbusian Landscape: Arcadia or No Man's Land?），《园林史》（Garden History），第 28 卷，第 1 期，2000 年夏，第 150 页。
3. 见亚历山大·森杰（Alexandre de Senger），《莫斯科的火把》（Die Brandfackel Moskaus），楚尔察赫：考夫豪斯出版社，1931 年。
4. 除 此 以 外，1987 年《百科全

书》（Encyclopédie）中没有关于景观的词条，伴随它的展览也没有一个部分跟景观相关，作为两者的顾问，我和布鲁诺·雷克林（Bruno Reichlin）对此疏忽承担全部责任。雅克·卢肯（Jacques Lucan）编，《柯布西耶，1887-1965：百科全书》（Le Corbusier, 1887-1965 : Une Encyclopédie），巴黎：蓬皮杜艺术中心，1987 年。
5. 卡 洛 琳·康 斯 坦 特（Caroline Constant），"从维吉尔梦想到昌迪加尔：勒·柯布西耶与现代景观"（From the Virgilian Dream to Chandigarh : Le Corbusier and the Modern Landscape），《建筑评论》（Architectural Review），第 181 卷，第 1079 期，1987 年 1 月，第 66—72 页；雷 克 林（Reichlin），"论水平长窗的优劣：佩雷与柯布西

耶 之 争"（The Pros and Cons of the Horizontal Window : The Perret-Le Corbusier Controversy），《代达罗斯》（Daidalos），第 13 卷，1984 年，第 64—78 页；雷克林的文章在本卷第 64 页；比特瑞兹·科罗米娜（Beatriz Colomina），"走向未来传媒式建筑"（Vers une architecture médiatique），亚历山大·冯·威格萨克（Alexander von Vegesack）等编，《勒·柯布西耶：建筑的艺术》（Le Corbusier : The Art of Architecture），莱因：威察设计博物馆，2007 年，第 247—273 页；多泰罗·安贝儿（Dorothée Imbert），《法国的现代主义园林》（The Modernist Garden in France），纽黑文：耶鲁大学出版社，1993 年。

其他相关的研究还出现在 1991 年柯布西耶基金会组织的"勒·柯布西耶与自然"研讨会上，还有以专门刊登柯布西耶作品的《马西利亚》期刊，于 2004 年发行，以景观研究为主题。即便如此，他作品的层次和维度仍然存在着很大的研究空间。[6] 虽然他对景观的思考与他在建筑、城市规划、绘图以及文字方面的作品相互交融穿插，以至于前者像埃德加·爱伦·坡失窃的信件一样难以察觉，但他的思考是确实存在的。

在此，详述我们将如何探讨景观问题——不论是从大众角度，还是从对柯布西耶本人的意义角度——都是具有建设性意义的。"景观"（Landscape）这一术语自 16 世纪末以来被英语世界沿用至今，它既表示一个特定户外空间的可见的实体形态，也包含了图形、绘画和摄影的相关表现；确切地说它起源于乡村，但今天对它的理解不局限于此。哲学家阿兰·罗杰在他的《景观简论》（1997 年）中，强调了两种含义之间的紧密联系，认为景观是艺术化的文化建构的结果。[7] 罗杰从美学哲学家查尔斯·拉罗以及追溯到更早的米歇尔·蒙田那儿借用了这个词，他认为没有表现就没有景观。柯布西耶的作品中，景观这一术语的含义的丰富性，正是源于这种模棱两可，而这种模糊性则意味着多重语义的含义重合。他的一些作品清晰地表现出建筑与景观的关系，而在他更多的作品中，这些关系都是潜在的，不作为重点。他没有从理论上阐明景观的作用，但他明白法国地理学家如保罗·维达尔·白兰士和让·白吕纳的论述，他对景观

6. 详见朱利亚诺·格雷斯莱利（Giuliano Gresleri），"旅行与发现，描述与转录"（Viaggio e scoperta, descrizione e trascrizione），让－皮埃尔·乔尔达尼（Jean-Pierre Giordani），"地理视界"（Visioni geografiche），皮埃尔·赛迪（Pierre Saddy），"自然之美"（Le richezze della natura）和布鲁诺·佩德雷蒂（Bruno Pedretti），"田鼠准则"（Il vole dell'etica），《卡萨贝拉》（Casabella），第 61 号，第 531—532 卷，1987 年，第 8—33，42—51，74—85 页；克劳德·普莱洛伦佐（Claude Prelorenzo）编，《勒·柯布西耶与自然：会议文件》（Le Corbusier et la nature : Actes des rencontres），巴黎：拉维列特出版社与勒·柯布西耶基金会，2004 年；以及泽维尔·蒙特斯（Xavier Monteys）编，《马西利亚 2004：柯布西耶与景观》（Massilia 2004bis : Le Corbusier y el paisaje），2004 年。

7. 阿兰·罗杰（Alain Roger），《景观简论》（Court traité du paysage），巴黎：伽利玛出版社，1997 年，第 16 页。又见罗杰（Roger）编，《法国景观理论（1974—1994）》[La Théorie du paysage en France(1974—1994)]，塞塞勒：香佩瓦隆出版社，1995 年。

图 1. 勒·柯布西耶在昌迪加尔的政府总部建造地点，卢西恩·赫尔维摄于 1955 年，来源：威利·鲍皙格，《勒·柯布西耶与他的工作室，塞夫尔街 35 号：1952—1957 年全集》，苏黎世：吉斯贝格尔出版社，1957 年，第 7 页

的多种意义保持着敏悟而开放的态度（图 1）。[8]

　　勒·柯布西耶处理景观问题的角度是多样化的。观察法始终是第一位的，因为他通常由视觉来接触景观；在他最后一本书《聚焦》（1966 年）中，他将自己描述为"一个眼光锐利的混蛋"。[9]接着就是笔记，通常通过绘画和文字，也用摄影、录像的方式来捕捉景观，文字标注这一技巧是他在与瑞士作家、艺术史学家威廉·里特的通信中养成的。[10]柯布西耶通过持续变化的艺术形式记录景观，查尔斯·拉波拉特尼的罗斯金式的画作促使他形成了在侏罗山脉的几次徒步旅行中对山的见解，后印象派画家保罗·西涅克的愿景则引导着他走过了伊斯坦布尔，而他在欧洲博物馆之行看到的作品则激发他将巴黎视为一个绝妙的背景，并在绘画中赋予其几近幻想的色彩。随着他继续从巴黎开始进而探索欧洲和世界，其"艺术化"的方式逐渐趋向摄影，但柯布西耶约在 1914 年停止了摄影（除了 20 世纪 30 年代中的一小段时间）。[11]取而代之的是他开始收集大量的景观明信片，但这些明信片对他的思考产生了怎样的影响并没有得到真正阐释。最终，他毕生对景观的观察形成了数不尽的格言警句和极具启发性的自传性记叙。

　　正是从这些观察中，他创作了他的建筑项目和城市规划。前者不仅要考虑建筑的选址及其周边环境，尤其是它们周围的花园，还要考虑它们所通向的远处的视野，也就是把区域都变成了与机械时代相适应的景观，而柯布西耶立志成为机械时代的伟大阐释者。于是他形成了对景观的理解——景观包括了微观的一个建筑周边的直接环境及建筑创造或承载的小景观，例如露台，同时也包括宏观尺度的城市整体以及广阔的地形。

　　这里对收录地图集的原则也有必要进行说明。一部柯布西耶地图集可以从最字面的意义上

8. 保罗·维达尔·白兰士（Paul Vidal de la Blache），《人文地理学原理》（Principes de géographie humaine），巴黎：阿曼德·科林出版社，1921 年；让·白吕纳（Jean Brunhes），《人文地理：积极分类尝试，原理与例证》（La Géographie humaine : Essai de classification positive, principes et exemples），巴黎：阿尔康出版社，1912 年。

9. 勒·柯布西耶（Le Corbusier），《柯布西耶的绝唱：对"聚焦"的翻译和阐释》（The Final Testament of Père Corbu : A Translation and Interpretation of "Mise au point"），伊凡·扎克尼克（Ivan Žaknić）编译，纽黑文：耶鲁大学出版社，1997 年，第 88 页，原版为《聚焦》（Mise au point），巴黎：有生力量联盟出版社，1966 年。

10. 见《勒·柯布西耶与威廉·里特的通信》（Le Corbusier, William Ritter : Correspondance croisée），玛丽-珍妮·杜蒙特（Marie-Jeanne Dumont）编，巴黎：过梁出版社，2013 年。

11. 见蒂姆·本顿（Tim Benton），"勒·柯布西耶的秘密照片"（Le Corbusier's Secret Photographs），娜塔丽·赫斯多佛（Nathalie Herschdorfer）和拉达·乌姆施泰特（Lada Umstätter）编，《勒·柯布西耶与摄影的力量》（Le Corbusier and the Power of Photography），伦敦：泰晤士与哈德逊出版社，2012 年，第 30—35 页。

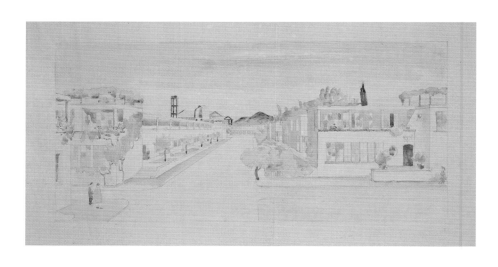

图 2. 多米诺住宅建筑方案，意大利墨西拿，1916 年，一条街道的视角，铅笔和水彩在纸上绘画，51.9 cm × 102 cm，巴黎：勒·柯布西耶基金会，FLC 30288

理解，也就是基于柯布西耶居住、观察、绘图、设计以及建造地点的地图，以补充 1987 年"百科全书"开展的主题式的、传记式的纵览。[12] 他在全球践行城市化和建筑，与之相伴的是游历到距离欧洲越来越远的地方，数千张明信片定位了他的建造项目所在地点，并记录下他的旅途，形成他个人独有的地图学。1585 年，数学家、地理学家墨卡托首次使用"地图集"（Atlas）一词，200 年后，达朗贝尔在《百科全书——科学、艺术和工艺详解辞典》（1751 年）中，对"地图集"这一词条进行了定义，这一定义也适用于柯布西耶："这一术语用以描述世界内所有已知部分的地图的总集，因为我们在地图上观看这部分世界，就好像我们站在祖先描述的被视为地球最高点的阿特拉斯山巅上观看一样，或者说因为地图就像神话中的大力神阿特拉斯（Atlas）一样支撑着整个世界。"[13] 柯布西耶飞行的高度超越了北非的山脉，而他投身的项目则奠定了现代世界的基石。

地图集能让人联想起其他的画面，例如解剖学或外科医学图集。事实上柯布西耶常常使用源于医学的隐喻，将城市比作循环系统，提出要用外科手术治疗它们的疾病，通过对城市地区的分析和提案，发展出一套解剖学的、病理学的、临床的图集。这一图集也调出了柯布西耶一直以来从杂志和报纸剪切出来的照片、图像，以及他的绘画作品，这些被整合成为可视化的叙事、讲座和书的章节，如《走向新建筑》（1923 年）、《飞行器》（1935 年）以及《光辉城市》（1935 年）。柯布西耶在银幕和书页中汇集并展示的剪报、剪贴的图片、照片、草图以及几何图恰好与同一时间正在进行的伟大的项目呼应：《"记忆女神"图鉴》。该作品由汉堡艺术史学家阿比·瓦尔堡创作于 1927—1929 年，乔治·迪迪-于贝尔曼视其在"为混乱制作样本"，沿用了波德莱尔对弗朗西斯科·戈雅的描述。[14] 最后，引用神话人物阿特拉斯来描述一个人肩

12. 卢肯（Lucan）编，《勒·柯布西耶，1887—1965 年：百科全书》（ Le Corbusier, 1887–1965 : Une Encyclopédie ）。

13. 让·勒朗·达朗贝尔（Jean le Rond d'Alembert），"地图集"（Atlas），《百科全书——科学、艺术和工艺详解辞典》（ Encyclopédie ou dictionnaire raisonné des sciences, des arts et des métiers ），第 1 卷，巴黎，1751 年，第 819 页，如未另注明，均由吉纳维芙·亨德里克斯（Genevieve Hendricks）翻译。[译者注：此处讲述英文中"地图集"（Atlas）的词源，Atlas 在英语中既指阿特拉斯山脉，又是古希腊神话中大力神的名字]。

14. 乔治·迪迪-于贝尔曼（Georges Didi-Huberman），《阿特拉斯喜忧参半的知识图谱：眼睛的故事 3》（ Atlas ou le gai savoir inquiet : L'Œil de l'histoire 3 ），巴黎：午夜出版社，2011 年。

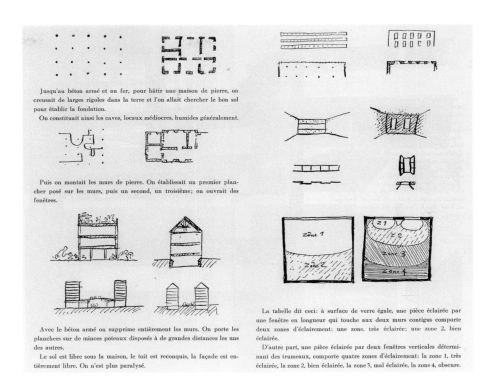

Jusqu'au béton armé et au fer, pour bâtir une maison de pierre, on creusait de larges rigoles dans la terre et l'on allait chercher le bon sol pour établir la fondation.

On constituait ainsi les caves, locaux médiocres, humides généralement.

Puis on montait les murs de pierre. On établissait un premier plancher posé sur les murs, puis un second, un troisième; on ouvrait des fenêtres.

Avec le béton armé on supprime entièrement les murs. On porte les planchers sur de minces poteaux disposés à de grandes distances les uns des autres.

Le sol est libre sous la maison, le toit est reconquis, la façade est entièrement libre. On n'est plus paralysé.

La tabelle dit ceci: à surface de verre égale, une pièce éclairée par une fenêtre en longueur qui touche aux deux murs contigus comporte deux zones d'éclairement: une zone, très éclairée; une zone 2, bien éclairée.

D'autre part, une pièce éclairée par deux fenêtres verticales déterminant des trumeaux, comporte quatre zones d'éclairement: la zone 1, très éclairée, la zone 2, bien éclairée, la zone 3, mal éclairée, la zone 4, obscure.

图 3. "新建筑五原则"(Five Points of a New Architecture),1927 年。源自威利·鲍皙格和奥斯卡·斯托罗诺夫,《勒·柯布西耶和皮埃尔·让纳雷:作品全集,1910—1929 年》,苏黎世:吉斯贝格尔出版社,1937 年,第 127 页

负起改变世界的传奇作为并不为过。正如现存的地图集所呈现的,柯布西耶的作品可以从地理学、地形学、临床学或者简单的图像领域等角度进行解读。在此我要阐述的是柯布西耶通过他各种地域内的作品所延展出来的景观类型,并将他的建造工程与他的写作联系起来,在某些情况下,二者可以说是相辅相成。

普适性与特殊性

1965 年安德烈·马尔罗在柯布西耶的葬礼上曾旁敲侧击地提及他的敌对者,他在悼词中如是说:"从来没有一个建筑师遭受过如此漫长而无休止的谩骂。"[15] 这些敌对者持续地攻击柯布西耶对建筑场地的漠不关心。不可否认的是,他确实创造了通用型的项目,可以放在任何无特异性的环境中。但 1914 年后他的建筑就有了发展,例如莫诺尔住宅、雪铁龙住宅、卢舍尔住宅、马赛公寓、无限成长的美术馆、多米诺住宅,都是遵循场地特色,近乎理想化的。此外,他的城市规划,比如他的"300 万居民的当代城市"、光辉城市、带型城市,尽管看起来像是普遍适用的,其实也有特定的环境起源。

长久以来,人们对柯布西耶的作品及场地特殊性的假设并不正确,即便这个假设也促成了罗伯特·史密森(的地景艺术)。[16] 多米诺住宅最初是为法国北部的一处场地设计,后来毁于 1914 年德国的侵略。1908 年意大利墨西拿地震灾后重建曾提议用多米诺住宅方案(图 2)。[17] 光辉城市的几何形式来源于柯布西耶对莫斯科市政局的一份问卷的回应,与地域形成精确的关系。尽管该规划项目的目的在于摧毁城市的本质,其思想还是对莫斯科的物质空间形态形成了深刻的影响。

15. 安德烈·马尔罗(André Malraux),勒·柯布西耶葬礼致辞,巴黎,1965 年 9 月,发表于《灵薄狱的镜子》(Le Miroir des limbes),巴黎:伽利玛出版社,1976 年,第 987 页。
16. 罗伯特·史密森(Robert Smithson),"一个临时的非场所理论"(A Provisional Theory of Non-Sites),《罗伯特·史密森作品集》(Robert Smithson : The Collected Writings),杰克·弗拉姆(Jack Flam)编,伯克利:加利福尼亚大学出版社,1996 年,第 364—365 页。
17. 若需了解翔实的关于墨西拿多米诺住宅的绘画(FLC 30288)的解读,见美利达·塔拉莫纳(Marida Talamona),"意大利多米诺住宅"(Dom-ino Italie),塔拉莫纳编,《勒·柯布西耶在意大利》(L'Italia di Le Corbusier),米兰:雷克塔出版社,2012 年,第 163—173 页。

图 4. 花卉和田野景观，1908 年，由铅笔和水彩在纸上绘画，20.7 cm ×14.8 cm，巴黎：勒·柯布西耶基金会，FLC 1752

在提出这些设计时，柯布西耶设想了在特定情境下的实施情况。同样地，20 世纪 30 年代，他参加日内瓦、安特卫普、斯德哥尔摩的城市设计的竞赛，都是使用光辉城市理论方案的解构版本，将构成要素移动转化适应各自的地形。在理论和实际项目的交互中，普适性和特殊性相互支撑。

1927 年，柯布西耶在斯图加特德意志工艺联盟举办的魏森霍夫住宅博览会上首次阐述论证了他的新建筑五原则（图 3），这五大原则可以理解为一种修辞策略，营造了这样一种假象，即由于钢筋混凝土的发展，建筑趋于自发而独立，惹人注目的是其中 3 条原则直接针对景观问题。在 1927 年的《活着的建筑》中，柯布西耶将三大原则中的两条——底层架空和屋顶花园，归为与景观相关："这座房子在空中，远离地面；花园从房子下面通过，也生长于屋顶。"[18] 至于水平长窗，最重要的特征便是可以提供全景式的观察视野，这点令他和喜好垂直开窗的巴黎建筑师奥古斯特·佩雷的风格截然不同甚至对立。这也形成了柯布西耶理论框架中，与景观的关系的两个主要维度。景观既是建筑所在的场所环境，也是在该场所中能看到的景象，因此涉及微观和宏观的双重考虑。

巡回观察

在柯布西耶职业生涯的 60 年里，从他早年在拉绍德封艺术学院就产生了对世界景观的强烈兴趣。他的第一个导师拉波拉特尼，并没有将他的教学局限于工艺美术课堂以及阅读约翰·拉斯金的作品，而是让他的学生通过到山顶的远足旅行来认识和研究自然。1950 年，他以前的学生回忆道："[I] 在良师的指导下学习自然；[I] 到距离城市遥远的地方发现一些自然现象，在侏罗山脉……大自然是秩序和规律，是统一性和无穷的多样性，是微妙、和谐与力量的化身。"[19] 他在《现代装饰艺术》（1925 年）一书中就更为谨慎了，提及导师波拉特尼拉的建议："不能像风景画师那样对待自然，仅仅向我们展示它的外观。应该研究其成因、形式和至关重

18. 勒·柯布西耶（Le Corbusier），"在哪里创造建筑"（Où en est l'architecture），《活着的建筑》（L'Architecture vivante），第 5 期，1927 年秋冬，第 19 页。

19. 勒·柯布西耶（Le Corbusier），《模度系统》（The Modulor），伦敦：费伯出版社，1951 年，第 25 页，原版为《模度系统》（The Modulor），布洛涅－比扬古：今日建筑出版社，1950 年。

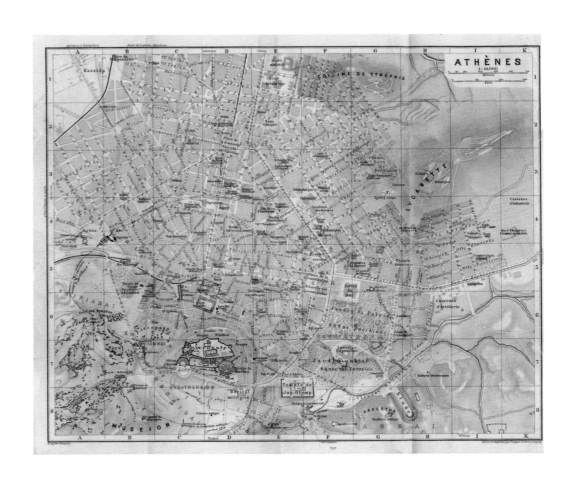

要的发展历程，并且在创造所谓装饰的时候综合考虑这些要素。"[20] 然而，他很多的画作都清晰地揭示出，他仍然没能跳出景观的外观，包括从侏罗山脉开始，紧接着是在去意大利和东方国家的旅途中的作品，以及最后到巴黎和其他法国地区的作品（图4）。

　　柯布西耶的第2个导师里特引导他到德国和东欧学习，他要求柯布西耶经常通信，以草图或书信的形式交流一些新的发现，并让他关注本土文化。他的第3个导师佩雷对他的影响已不仅局限于钢筋混凝土的建造技术和对欧仁·伊曼纽尔·维欧勒－勒－杜克、阿道夫·卢斯等人的著作的阅读建议了。在佩雷居住的富兰克林街，柯布西耶发现了从天台观察巴黎的视角，这成为此后柯布西耶思考城市的一个重要基础，让他产生了营造能俯视地面的高层建筑的想法。他的第4个也是最后一个导师——画家阿梅德·奥占芳也对他观察巴黎的视角产生了影响，并鼓励他开始画油画。在那些作品中，景观元素已经开始在某些局部出现。此外，奥占芳向他推荐驾车出行的方式，也将他的视点从人行道转移，带给他由速度提供的新感受，这一点从柯布西耶早年的速写本中可以寻得蛛丝马迹。

　　通过对山脉、海岸线和城市广阔景观的留意，那些年柯布西耶累积了很多观察发现，丰富了他的写作论述，并使用了多种媒体，包括摄影、简单的电影制作，以及最重要的素描绘画，

20. 勒·柯布西耶（Le Corbusier），《现代装饰艺术》（The Decorative Art of Today），詹姆斯·邓尼特（James Dunnett）译，坎布里奇：麻省理工学院出版社，1987年，第194页，原版为《现代装饰艺术》（L'Art décoratif d'aujourd'hui），巴黎：乔治斯·克雷公司，1925年。

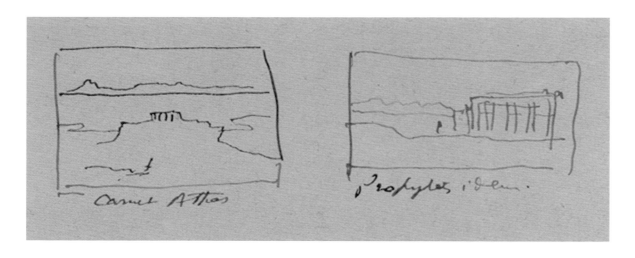

图 6. 雅典卫城（局部），1923 年，勒·柯布西耶平面草图，《走向新建筑》（1923 年），由墨水在草图纸上绘画，21 cm × 27 cm，巴黎：勒·柯布西耶基金会，FLC B2-15-88

这些填满了他随身携带的速写本，成为他周游世界最真实的记录。凭借开拓性的建筑和城市设计方法所带来的权威性，他成为他的读者和听众的导师，就像《走向新建筑》中提出的"看不见的眼睛"，必须向一些未知和被误解的地方睁开。[21] 柯布西耶的讲座和叙述有一种史诗般的揭秘的感觉，概括了他通过各种交通方式，对途中的景观的解释，正如他从南美回来以后，在《精确性》（1930 年）一书中提到："我游历的每座城市，都在其自带的光芒下呈现在我面前。我感觉十分有必要为自己设定一个恰当的服务于公众的建造实施准则。"[22] 他创造了一套几乎是导游风格的修辞，可能也是受到他熟悉的年轻时旅途中一直笃信的导游手册的启发（图 5）。他表现得像是所去过的每座城市的权威，比如在拉丁美洲国家的首都、莫斯科和纽约，都会给当地居民教授课程、提供启发。

景观类型和记忆

不同的瞬间支配着柯布西耶对景观不同的反应。比如某个瞬间对某个场景的短暂一瞥，尽管这种经历随后会被照片记录或画下来。这些快照和速写构成了蒙太奇手法的背景，反映了他早年的发现，并伴随他的整个人生。建筑史学家曼弗雷多·塔夫里精确地识别出了柯布西耶作品中"功能和记忆"的对比冲突。"我更愿意去辨别他的作品在布局过程中所构建出的人文与记忆功能的结合。"[23] 通过口头和图像的记录，柯布西耶可以反复利用那些打动他的地方，转化为继"物体类型"之后所谓的"景观类型"。这些景观类型大多由柯布西耶最初的场景记忆形

21. 勒·柯布西耶（Le Corbusier），《走向新建筑》（Toward an Architecture），约翰·古德曼（John Goodman）译，洛杉矶：盖蒂研究所，2007 年，第 145—191 页，原版为《走向新建筑》（Vers une architecture），巴黎：乔治斯·克雷公司，1923 年。

22. 勒·柯布西耶（Le Corbusier），《精确性：建筑与城市规划状态报告》（Precisions on the Present State of Architecture and City Planning），伊迪丝·施雷柏·奥杰姆（Edith Schreiber Aujame）译，坎布里奇：麻省理工学院出版社，1991 年，第 19 页，原版为《精确性：建筑与城市规划状态报告》（Précisions sur un état présent de l'architecture et de l'urbanisme），巴黎：乔治斯·克雷公司，1930 年，又见本顿（Benton），《现代主义的修辞：作为演说家的勒·柯布西耶》（The Rhetoric of Modernism：Le Corbusier as a Lecturer），巴塞尔：博克豪斯（Birkhäuser）出版社，2009 年。

23. 曼弗雷多·塔夫里（Manfredo Tafuri），"功能与人文：勒·柯布西耶作品中的城市"（Machine et mémoire：The City in the Work of Le Corbusier），艾伦·布鲁克斯（H. Allen Brooks）编，《勒·柯布西耶随笔集》（Le Corbusier：The Garland Essays），纽约：加尔兰出版社，1987 年，第 203—218 页。

图7和**图8.** "一个组合的城市景观"（Un paysage urbain à composer / An urban landscape to compose），1911 年，以水平线和基本体为特点的罗马虚构场景，由铅笔在纸上绘制，10 cm × 17 cm，巴黎：勒·柯布西耶基金会，速写本 4

成，而该术语则来源于西格蒙德·弗洛伊德形容儿童目击或想象父母间的暴力两性关系受到的震惊。[24] 类似的强烈对立现象也可以在建筑结构和自然场景的关系中找到，在他还名叫让纳雷的时候就有所发现，改名柯布西耶后，则在项目中开始给予一定程度的重现。他毫不留情地表达在城市主体中发现的隐喻，例如 1934 年他记录道："从海上离开阿尔及尔，遗憾地觉得，这座城市像一具美丽的躯体，臀部柔软，胸部丰满，却覆盖着皮肤病留下的疮疤。"[25]

1911 年，在游历巴尔干半岛和环地中海地区的途中，柯布西耶有过两次特别"高产"的停留，第 1 次在雅典，第 2 次在罗马。他分析了帕特农神庙的空间构成以及在轮廓线调整方面的微小细节，同时对雅典卫城本身也是兴趣高涨（图 6），感知到整个场景在视觉上形成延展，穿越了阿提卡城和塞隆尼克湾。在他的《东方游记》（1911 年）中曾描述过一个在他眼前上演的戏剧化场景，给他留下了难忘的印象：

多少个从吕卡伯托斯山丘眺望雅典卫城的夜晚，我看到在慢慢被灯火点亮的现代城市之上，帕特农神庙像一个站在废弃船体上的大理石守卫，统治着这个城市，仿佛要把它带去比雷埃夫斯……像岩石的船体，又像巨大而悲凉的残骸，躺在红色地面上逐渐微弱的灯光里……这里着实是一种十分可怖的情景：摇摇欲坠的天空熄灭在大海之中。伯罗奔尼撒山等待着阴影消失，夜开始吞噬静止的万物，整个景象在海平线上暂停。将天空和地面绑在一起的黑夜的结，正是那黑色的大理石领航员。帕特农神庙的柱子向阴影之外伸出，带来模糊一片，而柱间迸射出的闪光，像燃烧的船体从舷窗向外喷射烈焰。[26]

24. 该理论首先出现在西格蒙德·弗洛伊德（Sigmund Freud），《摘自一例幼儿精神病史》（Aus der Geschichte einer infantilen Neurose），维也纳：国际精神分析学出版社，1924 年；对该理论最好的阐述出自"梦境和原初场景"（The Dream and the Primal Scene），《西格蒙德·弗洛伊德的完整心理学作品标准版》（The Standard Edition of the Complete Psychological Works of Sigmund Freud），第 17 卷，詹姆斯·斯特拉齐（James Strachey）译，伦敦：霍加斯出版社，1955 年，第 29—47 页。

25. 勒·柯布西耶（Le Corbusier），《光辉城市》（The Radiant City），帕梅·拉奈特（Pamela Knight）、埃丽诺·拉维（Eleanor Levieux）、德雷克·科尔特曼（Derek Coltman）合译，纽约：俄里翁出版社，1967 年，第 260 页。翻译经原作者修正。原版为《光辉城市》（La Ville radieuse），布洛涅－比扬古：今日建筑出版社，1935 年。

26. 勒·柯布西耶（Le Corbusier），《东方游记》（Journey to the East），扎克尼克（Žaknić）译，坎布里奇：麻省理工学院出版社，1987 年，第 234 页，原版为《东方游记》（Le Voyage d'Orient），巴黎：活力出版社，1966 年。

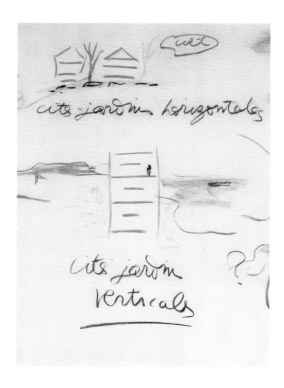

图 9. 在芝加哥讲座中画的草图（局部），1935 年 11 月 26 日，由粉蜡笔在草图纸上绘画，101 cm × 278.1 cm，纽约：现代艺术博物馆，罗伯特·雅各布斯的礼物

几周后，他在罗马分析了两组对立的图形（图 7 和图 8），他的发现启发了对建筑和地形的关系的进一步评论。第一组包含了长而整洁的水平线和与其相对的杂乱的现有城市，线性延伸和杂乱之间形成对比，而该图形的原型正是布拉曼特设计的梵蒂冈美术馆。1933 年柯布西耶对斯德哥尔摩城的规划，则是一个更明显引用其为参考的例子。[27] 第 2 张图是从一个平面图分离出来的自主几何形式，再经过自由组合创造出来的，从其他罗马纪念碑上也可以找到。他引用"建筑是光线之下的体积游戏，或精妙绝伦、或恰当得体、或宏伟壮丽"来形容这张图。[28] 这种光栅之间的动态关系是他很多项目的基础。

这些转录在他随身携带的速写本上的景观类型，可以演化为多样化的形式。源于帕特农神庙的经历的景观类型，被称作"另一个世界的街区"，也叫"大海的沉思者"，是柯布西耶 1918 年的油画《壁炉》（第 226 页）的原型。画中一卷白色的书卷倾斜着轻轻支在壁炉的壁架上，勾起一种广场上立着栋建筑的联想。[29] 雅典场景的首次呈现是在高度一致的模块化住宅（Unité d'Habitation de Grandeur Conforme）中，早于他接受委托在法国马赛建造公寓有 10 年之久。1935 年 11 月 26 日，他在芝加哥史蒂文斯酒店开展名为"巨大的浪费"（The Great Waste）的讲座。讲座中，在蓝色粉笔线所表示的海和山体轮廓线之间，他画了一个竖向布置的花园城市剖面图（图 9），正如他 1911 年从吕卡维多斯山画雅典卫城一样。上述这种同时存在于雅典卫城、《壁炉》画作和马赛公寓上部结构的现象，在《空间新世界》中有更为清晰的草图阐释。[30]

他在罗马研究中得出的两类景观类型可以追溯到几个其他项目。拉图雷特圣玛丽修道院（1953—1960 年）再次以水平线条为主导，并作为自上而下设计的建筑的基础元素。柯布西耶

27. 勒·柯布西耶（Le Corbusier），《光辉城市》（*La Ville radieuse*），第 298 页。

28. 勒·柯布西耶（Le Corbusier），《走向新建筑》（*Toward an Architecture*），第 102 页。

29. 勒·柯布西耶（Le Corbusier），《东方游记》（*Journey to the East*），第 238 页。

30. 勒·柯布西耶（Le Corbusier），手写卡片，1953 年 12 月 19 日，FCL B3-7-30。卢肯（Lucan）曾在《构成，非构成：19—20 世纪建筑理论》（*Composition, non-composition : Architecture et théories, XIXe–XXe siècles*）中提到这份文件，洛桑：瑞士理工大学出版社，2009 年，第 407 页。

图 10. 里约热内卢规划（局部），1929年，一个公寓内部的视野，源自勒·柯布西耶和弗郎索瓦·德·皮耶尔雷弗，《人类的住居》，巴黎：普伦出版社，1942年，第69页

在威尼斯医院（1964年）的概念生成中遵循了类似的方法，从建筑上层，也就是从病房开始设计，让其同时承担建筑低层部分的桥梁功能。[31] 在山体视角下布置独立个体，并形成对视关系的理念则出现在一些城市规划方案中，例如圣迪耶规划（1945年）中，将住宅单元布置在孚日山脉峰顶前的巨大山谷中；以及昌迪加尔（1951—1965年）早期的草图里，试图让国会大厦与西瓦利克山脉形成精确校准的互动关系。在无限平面的水平延展和类似聚焦棱镜中的如画效果之间，上演着辩证关系，而这绝非所谓的对景观漠不关心。

捕捉景观

眼睛所获取的景观视角存在着另一种辩证关系，即置于场景之中还是跳脱于场景之外与其对立。这些窥视观光的本质是自发的，例如斯坦恩·杜蒙齐住宅（1926—1928年）和萨伏伊别墅（1928—1931年），身在其中的科罗米娜的感受是，这是"一台可供观景的机器，一架电影摄影机"。[32] 而一些相对更具普适性的项目，尽管能放进多种场地，却也设计成了显像器，能满足远距离观察。让纳雷的很多项目跟他在东方之旅的途中所用的柯达相机一样具有机动性，一些甚至采取了相机的形式。[33] 20世纪20年代以后设计的大型直线形建筑同样具有这种功能，它们由一连串的细胞及模块组合构成，在这些细胞和模块中可以观赏景观。

这种方法在他1929年里约热内卢的规划中表述得最为清晰，在快速路沿线住区的起居室可以欣赏城市的美景。1946年柯布西耶戏剧化地评价道："这块石头在里约热内卢十分出名。起伏的山峦环绕着它，海洋沐浴着它，周围的棕榈树、香蕉树，热带风光使这个地方生机勃勃。当你停下来，坐在椅子上，周围便成了画面，具有全方位的视角！而房间正是面向这些场

31. 哈希姆·萨凯斯（Hashim Sarkis）编，《案例：勒·柯布西耶的威尼斯医院和毯式建筑复兴》（CASE: Le Corbusier's Venice Hospital and the Mat Building Revival），坎布里奇：哈佛大学设计学院出版社；慕尼黑：帕

莱斯特出版社，2001年。

32. 科罗米娜（Colomina），"走向新建筑"（Vers une architecture médiatique），第259—260页，又见瓦莱里奥·卡萨利（Valerio Casali），"自然即景观"（La Nature comme

paysage），普莱洛伦佐（Prelorenzo）编，《勒·柯布西耶和自然》（Le Corbusier et la nature），第63—73页。

33. 本顿（Benton），"勒·柯布西耶的秘密照片"（Le Corbusier's Secret Photographs），第30—35页。

图 11. "你好,巴黎!"(Salut, Paris!),1962 年,埃菲尔铁塔顶部视角的巴黎全景,由墨水在纸上绘画,全部尺寸: 11 cm × 36.5 cm,巴黎:勒·柯布西耶基金会,速写本 S67

景设置,这些景观便完全进入到了房内"。(图 10)[34] 在 1942 年发表的《人类的住居》这一更早期的版本中,他写道:"与大自然的协议已经敲定!通过城市规划已有的方法,将自然纳入契约已经成为可能。"[35] 他将他的体系进行推广,使之适用于经分析过的和他渴望去工作的地方,声称:"里约热内卢是一个著名的地点,但阿尔及尔、马赛、奥兰、尼斯和科特达祖尔地区,巴塞罗那以及海滨和岛屿城市都可以拥有极佳的景观。"[36]

马赛的典故是有预兆的,他写那篇文章之前,已经在去阿尔及尔的途中,多次画过这座城市的速写。4 年后设计的联合公寓,以类似摄影取景的方式从多角度捕捉了普罗旺斯的景观。其中最让人惊叹的是屋顶花园,上面的视角可以比拟 20 世纪 20 年代以来,他在"当代城市"(1922 年)和瓦赞计划(1925 年)报告中所构想的全景。扶手遮挡了看向建筑周围环境的视线,却引导观景者向远处地平线上的海湾和山峦眺望。正是由于这种构筑物,平台这一要素给年轻的让纳雷留下了关于雅典双倍深刻的印象(109 页,插图 18 和插图 19)。正如我们所见的,屋顶的矿石桌子让人联想到雅典卫城。然而让纳雷在 1911 年提到"山体陡峭的坡度,以及雅典卫城山门石板之上的神庙的高海拔,掩藏了追逐现代生活的视角",同时,通过重构那些第一次居于这个位置的人们的感知,唤起了他们曾经可能有过的印象:"牧师从内殿走出来,感到来自后方、侧面和门廊下的群山的环抱,他们在山门之上的水平高度扫视大海和被其冲刷的山峦。"[37] 通过采用这种水平扫视的方式,周边的房屋和小公园不再重要,这种方式也运用在了马赛公寓的建造中。1930 年,也就是在柯布西耶打算写他的里约热内卢之旅前,另一个情景给他留下了深刻的印象:"看着广阔地平线的人的眼睛显得更骄傲,宽视野带来某种尊贵感,这正是一个规划者的想法。"[38] 此外,马赛公寓的第二系统由每个公寓的门廊组成,提供夏天强烈直射阳光下的保护和冬天最大限度的采光。这里同时还为居民提供建筑周边环境的下沉观赏视角,

34. 勒·柯布西耶(Le Corbusier),出自威利·鲍皙格(Willy Boesiger),《勒·柯布西耶:作品全集,1928—1946 年》(Le Corbusier : Œuvre complète, 1938–1946),苏黎世:吉斯贝格尔出版社,1946 年,第 80—81 页,由亨德里克斯(Hendricks)翻译。

35. 勒·柯布西耶(Le Corbusier)和

弗郎索瓦·德·皮耶尔雷弗(François de Pierrefeu),《人类的住居》(The Home of Man),克莱福·恩特威斯尔(Clive Entwistle)和戈登·霍尔特(Gordon Holt)合译,伦敦:建筑出版社,1948 年,第 87 页,原版为《人类的住居》(La Maison des hommes),巴黎:普伦出版社,1942 年。

36. 勒·柯布西耶(Le Corbusier)和皮耶尔雷弗(Pierrefeu),《人类的住居》(The Home of Man),第 87 页。

37. 勒·柯布西耶(Le Corbusier),《东方游记》(Journey to the East),第 220,223 页。

38. 勒·柯布西耶(Le Corbusier),《精确性》(Precisions),第 235 页。

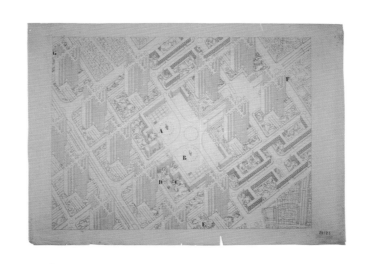

图 12. 巴黎瓦赞计划，1925 年，圣但尼和圣马丁入口的轴侧图，由墨水在纸上绘画，74 cm × 102 cm，巴黎：勒·柯布西耶基金会，FLC 29721

并且还起到剧场包厢的作用，对远处马赛的山和郊区进行框景（第 22 页）。

唯一一次柯布西耶能有机会对"巴黎高度"进行视角定位的项目是在 1958 年，一个酒店的设计，将取代 1900 年建成的维克多·拉卢设计的奥赛火车站。利用瓦赞计划的反转，从一座高层建筑向地平线扩展的视线不再被办公塔楼分割。因此他可以从项目中解放出来，炫耀道："这个地理位置，巴黎的农村、塞纳河、杜伊勒里宫、蒙马特、埃托勒、先贤祠的山、荣军院、巴黎圣母院等这些非凡的元素，将使之成为视觉与心灵的盛宴。"（图 11）[39] 他反复向马尔罗强调这个酒店的主题，以证明备受地方当局争议的设计是正当的，他写道："我有巴黎——巴黎——法国，巴黎——我体内的宇宙，穿透我，我在战栗！这座城市仍然美丽！"[40] 但他所有为了创造一个新的城市瞭望台而做的努力后来都成了徒劳。

城市景观

至今，柯布西耶对城市景观的一般性质以及它们的转变的思考已经过去了半个世纪左右，他最初的发现来源于他的老师拉波拉特尼指定的一个项目，发表在一个有关城市化的出版物上。城市化这个词 1910 年首次出现在法语词汇中，是由法语 construction des villes（城市建设）发展而来，法语中的城市建设又是从德语 Städtebau 直译而来。克里斯托夫·施诺尔曾深入分析柯布西耶在慕尼黑读的书，他正是受到这些读物的启发，产生了巨大的好奇心，从而驱使他的研究目标从建筑向城市集合体转变。他 1911 年在伊斯坦布尔的水彩画和雅典及罗马的速写也能揭示这一变化。[41]

他的批注中最喜欢的主题是建筑与植被的关系。柯布西耶否定了奥斯曼巴黎大改造中对建筑体块和公园的简单分离。在 1911 年的笔记本中，他在罗马的草图边缘摘记道："我们必须尝

39. 勒·柯布西耶（Le Corbusier），"巴黎奥赛：一个文化中心项目，1961 年"（Orsay-Paris : Project for a Cultural Center/Orsay-Paris, 1961 : Projet pour un centre de culture），出自鲍皙格（Boesiger），《勒·柯布西耶与他的工作室，塞夫尔街 35 号：作品全集，1957—1965 年》（Le Corbusier et son atelier, rue de Sèvres 35 : Œuvre complète, 1957–1965），苏黎世：吉斯贝格尔出版社，1965 年，第 220 页。

40. 勒·柯布西耶（Le Corbusier），给马尔罗的信，1958 年 8 月 25 日，FCL E2-14-111。

41. 勒·柯布西耶（Le Corbusier），"城市建设"（La Construction des villes），1910—1915 年，出版于克里斯托夫·施诺尔（Christoph Schnoor）编，《城市建设：勒·柯布西耶首部城市规划论文专辑 1910/1911 年》（La Construction des villes : Le Corbusiers erstes Städtebauliches Traktat von 1910/11），苏黎世：GTA 出版社，2008 年。

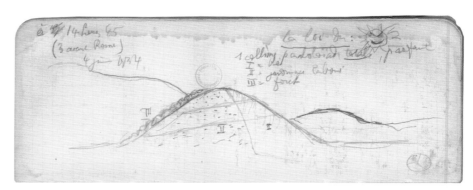

图 13. 勒·柯布西耶在他的瓦赞 C12 汽车方向盘边，约 1930 年，巴黎：勒·柯布西耶基金会，FLC L4-1-19

图 14. "太阳的规律"（La loi du soleil），1934 年，由铅笔在纸上绘画，22 cm × 83 cm，巴黎：勒·柯布西耶基金会，FLC F3-5-9

试有没有可能在我们的房屋周围种一些那不勒斯或柏林的大松树，而不是另外修建公园。"[42] 他在写《明日之城市》（1925 年）的时候，在城市建设的注解中强调："像瓦赞计划那样的激进措施就能创造出绿树掩映的教堂，还能有什么比这种场景更吸引人呢！"（图 12）[43] 瓦赞计划中，石头之城和植被之城的对立，最后以后者的胜出而告终，柯布西耶设想的是将杜伊勒里宫以公园的形式永远保留下去，不论是规整的法式还是自然的英式，还可以结合简单的几何式建筑。[44]

《明日之城市》补充了《走向新建筑》中的观点，两书都反映了新的愿景下城市组团的构成。正如他在罗马有过类似的观察："从埃菲尔铁塔 91.44 m、182.88 m、274.32 m 高度的平台看去，我们的水平视线关注的是那些能深深打动我们的广阔的物体。"他指出，"纯净的城市轮廓又回来了"，而这也将能促成瓦赞计划的实施。

他的思考最终落到"城市景观"的标题下。这也是后来建筑学讲座中十分热门的词汇，但表达多带有柯布西耶色彩，比如 cité-jardin verticale（垂直的花园城市），因为一个简单的矛盾，在当时 landscape（景观）一词唯一的意思是农村地区，包括荒蛮和耕种的土地。在 1929 年汉斯·希尔德布兰特发表的德语版本的《明日之城市》中，城市景观（urban landscape）译为 Stadtlandschaft，这个词在纳粹统治时期和 1945 年后重建时期被广泛使用，并赋予了它第 2 层含义，即作为景观的城市。Urban landscape 这个词无疑来源于柯布西耶 1910 年阅读的《文化工作》，他的注记引起了对城市建设和公园的热烈讨论。[45]

运动中的视觉

"运动中的视觉"理念因为 1947 年拉斯洛·莫霍里-纳吉去世后出版的一本生动的绘本而

42. 勒·柯布西耶（Le Corbusier），《东方游记：笔记》（Voyages d'Orient : Carnets），格雷斯莱利（Gresleri）编，米兰：雷克塔出版社，巴黎：勒·柯布西耶基金会，1987 年，笔记本 5，第 8 页。

43. 勒·柯布西耶（Le Corbusier），《明日之城市》（The City of To-morrow and Its Planning），弗雷德里克·埃切尔斯（Frederick Etchells）译，1929 年，

伦敦：建筑出版社，1947 年，第 297 页。原版为《明日之城市》（Urbanisme），巴黎：乔治斯·克雷公司，1925 年。

44. 勒·柯布西耶（Le Corbusier），《明日之城市》（The City of To-morrow and Its Planning），第 199，248 页。

45. 保罗·舒尔茨-瑙姆堡（Paul Schultze-Naumburg），《文化工作》（Kulturarbeiten），慕尼黑：考尔韦出版社，1901—1917 年。《园林与城

市规划》（Gärten and Städtebau）卷出版于 1902 年和 1906 年，但《以人为本的景观设计》（Gestaltung der Landschaft durch den Menschen）出版于 1916 年，因此让纳雷开始旅途之前没有读过。

成为热点，这为柯布西耶所推崇的观察方法赋予了动态特征。[46] 他对城市和景观的观点的主要突破，可以追溯到他对交通出行新模式的发现，每一种都从根本上改变他注记的观点和方法。因此，大多数交通工具都存在于看与被看的逻辑中，如果看不到轮船、汽车和飞机，那么从这些交通工具上也很难看到外面的风景。

他早年十分坚持威尼斯建筑师卡米洛·西特的理论，这和他背着背包穿梭在城市之间的徒步旅行的路线有关。但从 1925 年开始，他否定了这些理论，站在了对立面，不再认同卡米洛作品中"对曲线的推崇和华而不实的美学展示"所体现出来的强烈的刻意性。[47] 他的观点与他同奥占芳一起的旅途中所获得的车行视角相契合，后来逐渐从他自己的开车经历中得到启发，从福特到后来的瓦赞 C12（图 13）。从那以后，柯布西耶开始热衷于描述他对于 20 世纪交通方式的发现，1941 年的《4 条路径》正是聚焦于这些发现。1932 年他开车行驶在海平面以上 100 m 的高速公路上，形成了对阿尔及尔的视觉印象。公路的一面可以瞭望大海，另一面则是退台式的阿尔及尔城堡。1934 年他在菲亚特工厂的屋顶上重温了这种体验，疯狂地在跑道上开了好几个来回。

他关于美国的经验使他对快速路产生了另一个角度的看法。尽管他曾在"巨大的浪费"讲座中抨击郊区蔓延，但同时又沉醉于由罗伯特·摩西实现的位于纽约的十字形林荫道系统。他在回忆录里提到 1935 年北美之旅的时候，曾预言："林荫大道将以蜿蜒曲折、风景如画、经稍加规划的网状形式覆盖全美。"[48] 10 年后回顾这个问题时，他修改了措辞，意识到林荫大道相比于高速公路更值得推荐，因为"它最初的目的是创造一个能让人愉快驾驶的通道并且聚集一系列景观方案，而事实上它是按照人工美景的方式布局的……林荫道手法与自然，尤其是大地和植被，保持友好的关系——这也使其成为了风景园林中的科学方法。将交通流按类型进行分

46. 拉斯洛·莫霍里－纳吉（László Moholy-Nagy），《运动中的视觉》（*Vision in Motion*），芝加哥：保罗西奥博尔德出版社，1947 年。

47. 勒·柯布西耶（Le Corbusier），《明日之城市》（*The City of To-*

morrow and Its Planning），第 26 页。

48. 勒·柯布西耶（Le Corbusier），《当大教堂尚呈白色——在怯懦者的国度旅行》（*When the Cathedrals Were White：A Journey to the Country of Timid People*），弗朗西斯·希斯洛

普（Francis E. Hyslop）译，纽约：雷诺和希师阁出版社，1947 年，第 136 页。原版为《当大教堂尚呈白色》（*Quand les cathédrales étaient blanches*），巴黎：普隆出版社，1937 年。

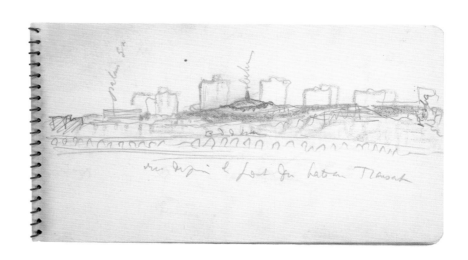

图 16. 从海湾的视角看提议建造摩天大楼的阿尔及尔，1931 年，由铅笔和彩铅在纸上绘画，9.8 cm × 17.8 cm，巴黎：勒·柯布西耶基金会，速写本 B7

离，让交通更有秩序，为乡村美景腾出空间"。[49] 这位城市经营者创造了奇迹：在柯布西耶眼里，哈得孙河林荫大道"像是一条灿烂的腰带系在城市侧翼，屏蔽了无序而不稳固的港湾设施"。他说："快看吧！在这个城市主体里，在看起来注定要僵化、瘫痪的机体中，出现了一个新的生物元素。"

柯布西耶在汽车上表现出他抒情的一面，却很少提及从 19 世纪传承下来的火车，除了在个别案例中，如对 1934 年从巴黎到罗马的旅途的叙述。比较出名的是，被他拿来和苏维埃宫殿（1931—1932 年）比较的比萨奇迹广场的草图，据他说是步行完成的（距离轨道约 400 m），但更像是从火车车窗望出去的视角，因为他 6 月 4 日画出了托斯卡纳和拉齐奥南部边界上的山脉（图 14）。这些景观启发了"太阳法则"理念，也就是他到达罗马之后的讲座中提到的。[50] 他首次去到朗香教堂的场地是 1950 年 5 月 20 日，在从巴黎去巴塞尔的火车上。他在废墟中画出了教堂和它下面的墓地（图 15），意识到路径在该项目中的重要性。在这张富有创造性的草图中，他让大体量的山体与小巧的教堂形成对比，突出场地和建筑之间的从属关系，同时强化布勒芒山的轮廓线，从而形成类似于雅典卫城和帕特农神殿的关系。[51]

让纳雷在乘船穿越大西洋之前，已经有了从船上观景的经历。1911 年他乘船到达雅典，在那里他反思了自己对城市纪念碑的期望，以致没有画任何草图，尽管他在从佩特雷到布林迪的途中画了一些船的甲板。毫无疑问的是，从日内瓦湖的船上看出去的视角直接引导他在日内瓦湖别墅（1924—1925 年）进行水平大开窗设计，从而框定窗外的水面和山峦。[52] 他后来对远方的探索和速写大多发生在船的甲板上，例如 1929 年在布宜诺斯艾利斯和里约热内卢，所有的项目都从理解场地和水系的关系开始。这最初的印象在他两个项目的图纸中都有强烈的表现：布宜诺斯艾利斯的商业中心被描述为里约热内卢的拉普拉塔河，而里约热内卢提出的可栖居高

49. 勒·柯布西耶（Le Corbusier），《城市规划的思维》（Looking at City Planning），第 63—65，73—74 页。

50. 塔拉莫纳（Talamona）在"罗马 1934"中精确地还原了这次旅途，塔拉莫纳编，《在意大利的柯布西耶》（L'Italia di Le Corbusier），米兰：爱莱克塔出版社，第 241—261 页。

51.《勒·柯布西耶写生集》（Le Corbusier Sketchbooks），第 2 卷，1950—1954 年，弗朗索瓦兹·德·弗朗利厄（Françoise de Franclieu）编，纽约：建筑历史基金会，坎布里奇：麻省理工学院出版社，巴黎：勒·柯布西耶基金会，1981 年，速写本 D17，第 272 页。

52. 见雷克林（Reichlin），"论水平长窗的优劣"（The Pros and Cons of the Horizontal Window），第 64—78 页；以及本卷中他的论文。

图 17. 图左：法国 La Garde-Guérin 村庄，堡垒已经损毁（上）以及飞过纽约的道格拉斯的班机（下）；图右：摩洛哥得土安的犹太区（上）以及阿拉伯河岸边的棚屋（下）。来源于勒·柯布西耶，《飞行器》，伦敦：工作室出版社，1935 年，图 97—100

速公路也是从离岸的角度展示，穿梭于广阔的海岸线、起伏的山体轮廓和休格洛夫山峰之间。

阿尔及尔是一个从海的视角出发的清晰的例子。草图完成于 1931 年 3 月柯布西耶乘船到达这里的时候（图 16）。当画完一连串摩天大楼时，和这里的城市规划师莫里斯·罗蒂瓦尔提出的想法一样，他构想"在空中画一条水平线"，正如他航行途中在速写本上标记的那样，并宣称"他没有想在阿尔及尔建造过多的摩天大楼，而是很多长条建筑，整体地矗立在城市的地平线上，形成类似海角的形态"。[53] 而他 1935 年第一次看到纽约这座从海港拔地而起的城市时也是在甲板上，最终印证了他在远洋班轮和建筑之间的类推。

但这都是在飞机之前，作为 20 世纪具有象征意义的机械，飞机引发了柯布西耶强烈的情感，他 1935 年发表的诗篇《飞行器》中将其描述为"空气的史诗"（图 17）。[54] 然而柯布西耶只是个见证者，并没有尝试创造飞行器。而雷蒙德·洛伊，一本关于火车头的书的作者，则因为参与设计，成为这个领域的主导者。柯布西耶让飞机成了反思和批判的工具，"借用飞机的鹰眼得到城市鸟瞰视角，观察了伦敦、巴黎、柏林、纽约、巴塞罗那、阿尔及尔、布宜诺斯艾利斯、圣保罗。但非常可惜的是，飞机揭示了这样的现实：人们建造的城市并没有给人们带来愉悦、满足和幸福，只是赚钱的机器！"他从中总结了有关移动性的经验："不久的将来，当鸟瞰视角得到应用，我们会实现将高贵、宏伟和风格化植入我们的城市规划中。飞机飞过森林、湖泊、山峦和大海，揭示着至高无上的规律和自然现象的简单法则，到达进入机械文明时代的

53. 勒·柯布西耶（Le Corbusier），被保罗·罗曼（Paul Romain）引用在"勒·柯布西耶在阿尔及尔：光辉城市"（Le Corbusier à Alger：La Ville radieuse），《北非建筑》（Chantiers nord-africains），1931 年 5 月，第 482 页。

54. 勒·柯布西耶（Le Corbusier），"空气的史诗的照片卷首"（Frontispiece to Pictures of the Epic of the Air），《飞行器》（Aircraft），伦敦：工作室出版社，1935 年，第 11—13 页。关于飞机、机场和现代建筑之间的关系，见

娜塔莉·罗索（Nathalie Roseau），《航空城市：当飞机飞过城市》（Aerocity：Quand l'avion fait la ville），马赛：括号出版社，2012 年。

城市……城市精准的蓝图将会以全新的土地规划的形式表达出来。"

1929 年去到南美的途中，他曾有过相似的感慨。[55] 20 年后，他回首了当时的反应并在一个机场理论工程注释中进一步阐述道："在辽阔的天地间有平流层、海洋、干草原、热带草原、南美大草原、拉布拉多、格陵兰、撒哈拉沙漠、原始森林、河漫滩、河口、太阳、星辰、暴风雨、闪电、飓风。为了飞行，必须放下所有骄傲，将自己置于机械的现实和结构水平上。"[56] 因此他从未放弃过对飞机的好奇心，尤其是形态和配置，如何使其成为开着舷窗对下方土地进行拍摄的飞行摄影机。20 世纪 50 年代，他频繁的长距离旅行激发了他对景观以外的问题的关注。1955 年 11 月，在孟买和德里之间飞行时，他又一次在"时时刻刻能看到全景"的飞机上忘乎所以，[57] 在他的速写本上注记道："一个人经历了飞机飞行在平流层后便能写出《人类命运》，云海和所有的生物、岛屿和大陆、山川和平原，蜿蜒的溪流、三角洲、被侵蚀的沙漠、农耕文明。"[58]

他所分析的四大路线——高速公路、铁路、水路、飞机航线，都产生了各自的特定视角。视觉焦点多种多样，以飞机为例，从相对近的对印度村庄和人类栖居地的观察到扩大范围的结合全景和追踪的观察。随着一点点的移动，他观察了广阔的疆土。他对于全景视角颇有兴趣，并且已在"当代城市"和"瓦赞计划"的实体模型中进行了实施应用。其全景视角的应用也为这段新的视觉和动力体验提供了基础。

建筑拯救的景观

由城市作品塑造的勒·柯布西耶的公众形象是一名传统破坏者，甚至是提倡仅保留少数重要的城市建成区的"城市颠覆者"（urbiclast）：如巴黎圣母院、阿尔及尔卡斯巴的断壁残垣、莫斯科的克里姆林宫等。但他有几个作品却是因对景观的极致审慎的追求而具有划时代的意义。虽然从严格意义的角度来讲，柯布西耶极少参与城市保护规划，但也正如他在卡普里岛的演讲所表现出的，他亦不曾犹豫用最动人的言辞向大众强调在城市化进程中保护城市景观的必要性。

因此，柯布西耶在 1934 年与其阿尔及尔的联系人——让－皮埃尔·福尔以及泰奥多尔·拉芳进行了书信来往，讲述了他的"意大利湖之旅"（在阿尔卑斯山脚下）。通过这次旅行，柯布西耶确信："无论是基于推测还是从社会的角度，保护好开发者手中的壮丽多姿的大自然都是绝对必要的。这是一个二选一的过程：要么简单粗暴地破坏景观，造成令人震惊的社会损失；要么在创造一个现代格局的同时，集思广益，发挥'智能干预'的优势，保护我们周遭的环境、景观以及自然之美。"[59] 建筑绝不是错误的多余之物，而是扮演着解决问题的角色。这种态度描述不但赞美了景观，同时将建成环境的干预考虑在内；若将柯布西耶丰富广博的绘画技艺回忆一番，我们便可知道这种态度并不存在矛盾。

柯布西耶为阿尔及尔提出了"智能干预"（intelligent intervention），其主要观点是将建筑物

55. 勒·柯布西耶（Le Corbusier），《精确性》（Précisions），第 24 页。
56. 勒·柯布西耶（Le Corbusier），"统一性"（Unité），《今日建筑》（L'Architecture d'aujourd'hui），第 19 期，特刊，1948 年 4 月，第 25 页。
57. 《勒·柯布西耶写生集》（Le Corbusier Sketchbooks），第 3 卷，

1954—1957 年，弗朗利厄（Franclieu），纽约：建筑历史基金会，坎布里奇：麻省理工学院出版社，巴黎：勒·柯布西耶基金会，1981 年，速写本 J39，第 439 页。
58. 出处同上，速写本 J37，第 337 页，柯布西耶直言参考了马尔罗的书，出版于 1933 年。

59. 勒·柯布西耶（Le Corbusier），给让－皮埃尔·福尔（Jean-Pierre）和泰奥多尔·拉芳（Théodore Lafon）的一封信，1934 年 2 月 21 日，FLC I1-20-161。感谢吉列梅特·莫雷尔·耶内尔（Guillemette Morel Journel）指引我找到了此封信件。

图 18. "景观单元"（Unités de paysage），1945 年，引自勒·柯布西耶，《城市规划的思维》，布洛涅－比扬古：今日建筑出版社，1946 年，第 85 页

视作对比鲜明的点，并作为重塑周围景观的陪衬。这种观点与狄德罗在 1795 年的《绘画随笔》中提到的"绘画中的基本元素更应作为陪衬"[60] 的观点似有呼应。这种结构使整体景观形成了离心关系，其中建筑通过强调距离重塑了环境。以朗香教堂（1950—1955 年）为例，柯布西耶采用了声类比（acoustic analogy）来解释建筑及其远景的关系，基于他设计的向心准则，柯布西耶这样写道："这是声学器件式的景观，并谨慎地考虑了 4 个方向的天际线：对面的索恩河平原、阿尔萨斯山及其两侧的峡谷。我们将设计出能与场所连成一气的景观，并与周边场所对话发声。"[61] 在从四方天际线设计朗香教堂之时，柯布西耶也用一个简单的语句对其进行了描述："朗香教堂与场所连成一气，置身于场所之中。是对场所的修辞，与场所对话。"[62] 这句话展示了教堂及其景观的关系是平等的对话，而非从属关系。有关朗香教堂的绘画作品也揭示了这样一个反馈：景观塑造了建筑曲线轮廓，而在此过程中，景观本身也得以展现。

在 1946 年的《城市规划的思维》一书中，柯布西耶提出了一种与上述表达几乎对称的论断：他将景观单元概念（unité de paysage）与实际的用地适宜单元（unité de grandeur conforme）进行对比（图 18）；他开始以马赛公寓为样本设计原型。在马赛公寓的设计中，"自然条件"充当了"抵消由机器产生的人为影响的重要元素"。[63] 同时，他特别指出，上述两个单元必须相互平衡彼此和谐：

某个特定的场所或者景观并不存在——除非我们亲眼所见。因此设计理念必然是选取其最好的部分，或是整体，或是局部，并使其可视化。我们必须将这个珍贵的理念牢记于心。场所或者景观可以由近处清晰可见的平坦或是起伏的地表植被构成，也可以由较远处或是正前方的

60. 狄德罗（Diderot）使用了术语"repoussoir"，字面意思为"陪衬"。丹尼斯·狄德罗（Denis Diderot），"我对单色画的毕生所学"（The Lifetime Sum of My Knowledge of Chiaroscuro），引自《狄德罗的艺术》（Diderot on Art），编辑和翻译：约翰·古德曼（John Goodman），纽黑文：耶鲁大学出版社，1995 年，第 206 页。最初

发行版本为《绘画随笔》（Essai sur la peinture）中的"我对单色画的毕生所学"（Tout ce que j'ai compris de ma vie du clair obscur），1795 年；巴黎：赫尔曼出版社，1984 年。
61. 勒·柯布西耶（Le Corbusier），"朗香教堂"（La Chapelle de Ronchamp），备忘录，1953 年，FLC Q1-1-118 和119。

62. 勒·柯布西耶（Le Corbusier），引自珍·佩蒂特（Jean Petit），《朗香教堂：勒·柯布西耶》（Le Livre de Ronchamp：Le Corbusier），巴黎：活力出版社，1961 年，第 18 页。
63. 勒·柯布西耶，《城市规划的思维》（Looking at City Planning），第 67—68 页。

天际线构成。不同的气候对场所景观产生了独特的影响，决定着什么样的元素能在当地生存发展。气候的变化总是能从建筑物周围景观的空间大小以及决定建筑物外形的因素中被感知。

在 1955 年的朗香教堂开幕式上，柯布西耶说道："世界上有很多神圣的地方，但我们并不明其原因：因为那是场地、景观、地理形势以及政治氛围等种种因素共同作用的结果。世界上也有一些特定的场所，即两种意义上的"高地"——高度和海拔。[64] 平衡的辩证逻辑在朗香教堂中得以积极诠释。朗香教堂是由地势海拔和建筑高度共同构建出的"高地"，前者预示着后者，后者是前者的补充。在别处，他设计出了种种基于"注定场地"（predestined sites）的"建筑奇观"（architectural feats），这些场地将植物的嵌入效果加以考虑，例如勒阿弗尔、里昂、巴黎以及马赛的景观。[65] 离城市极远的朗香教堂，毫无疑问地，是柯布西耶投入最多精力设计的景观类型之一；继阿索斯山及雅典卫城之后：他的建筑，恰如宗教一样，绵延于小丘和高山。

我们可以定义另外两种景观类型。第 1 种是海岸城市，1911 年由柯布西耶首先在希腊、那不勒斯、里约热内卢、阿尔及尔及马赛发现。第 2 种是由高山环绕的平原城市，同样是于 1911 年先后在哈德良别墅（图 19）、日内瓦、圣迪耶、昌迪加尔被发现。在这两种类型之中，视觉与地形效果随机出现以保持其景观的连续性。阿尔及尔与昌迪加尔的项目同时也因其持续的时长而闻名。项目开始前的选址类别调查，亦经过了多次实地勘探及信息更新，历时好几年。

阿尔及尔案例

1932 年的奥勃斯规划，尽管因其概念和图形的清晰性而著名，但同时也是一场柯布西耶和阿尔及尔之间长达 13 年的复杂关系的展示运动。几乎没有一个地方如阿尔及尔一样，将柯布西耶的关注点和个人情感捕捉得如此细致入微。"这是一个时刻自我审视的城市"，柯布西耶在 1950 年发表的《阿尔及尔之歌》中这样描述它。《阿尔及尔之歌》记录了柯布西耶关于这座城

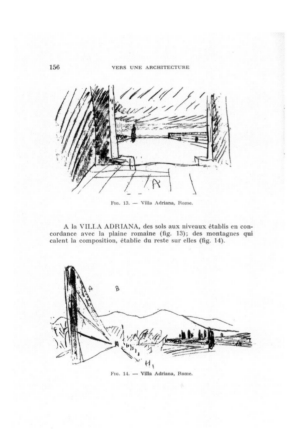

图 19. 哈德良别墅的两处透视，蒂沃利，1911 年，引自勒·柯布西耶，《走向新建筑》，巴黎：乔治斯·克雷公司，1923 年，第 109 页

64. 勒·柯布西耶（Le Corbusier），"有关艺术的神圣"（À propos d'art sacré），引自佩蒂特（Petit），《勒·柯布西耶传》（Le Corbusier lui-même），日内瓦：卢梭出版社，1970 年，第 183 页。

65. 勒·柯布西耶（Le Corbusier），《城市规划的思维》（Looking at City Planning），第 110—111 页。

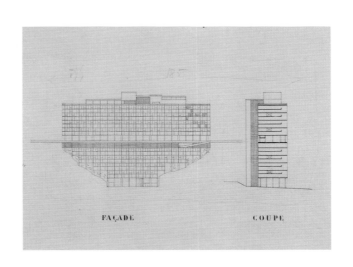

图 20. 拉芳公寓建筑，阿尔及尔（细节），1933 年。立面图和平面图。墨水，描图纸，薄板，74.9 cm × 141.2 cm，巴黎：勒·柯布西耶基金会，FLC 13913

市的回忆及其在阿尔及尔因为工作失败所感到的种种沮丧。[66] 两年前，杂志《今日建筑》刊登了有关柯布西耶的工作，在一篇清晰论述建筑与景观之间的共生关系的文章中，他重新提到了奥勃斯规划并阐明了奥勃斯规划与场地的关系。柯布西耶宣称他在已经被放弃的计划中看到了"致力于追求人造元素钢铁、水泥、玻璃与其周围自然环境的和谐的首次尝试，这是伟大的和谐：非洲的土壤、山丘、平原、伟大的阿特拉斯山脉以及无穷无尽的海洋"。[67]

奥勃斯规划与景观的关系至关重要，因为"如何应对敌对的、不利的，甚至于极度恶劣的地形环境是奥勃斯规划所面临的主要问题。曲线及直线形式均有所应用。这是一个非比寻常的模型，因为它精确地展现了关于地形的直接效力；这个模型涉及建筑住房，而住房则需要创造建筑空间；但到哪里寻求建筑空间呢？在峡谷的凹陷处；那里，陆地下沉，峡谷的河口向广袤的空间敞开。而在那里建筑才能在环境里落地生根。"与此同时，这个项目也提出了新的观点。例如，"在建筑物的顶端，与天空衔接的边缘是唯一的至高无上的天际线。在那儿，秩序、高尚、沉静和毫不动摇的意志将会成为主宰；苍穹之下，天际线将不再参差不齐，而是变得一如既往甚至更加的齐整。"这种场地分析基于一种以至高天际线为依托的垂直模型，同时也源自他对 16 世纪的埃斯特别墅的解读。柯布西耶曾于 1911 年游览那里，并在 1946 年再次探访并发出感慨，"看看这里，建筑的创造力是怎样巧妙地运用场地的自然环境和物质条件：一个因各种因素而形成的荒野之地。这些山坡被充分利用，破碎的轮廓线被充分连接。左边是侧面；右边是正立面。正立面以屋顶的纯粹直线来收尾"。[68]

15 年以后，柯布西耶比较了阿尔及尔和苏维埃宫殿的项目，他把曲线建筑和高速公路比作海螺壳，在那里他似乎听到莫斯科的演讲家的声音：

"注意！我们已经解开了创造和谐的关键秘密：我们处于声音平衡的中心，这里的一切都彼此和谐共鸣；无论是怎样的声学器件，都是如此。头顶的天际线是海平面的回声，建筑的曲

66. 勒·柯布西耶（Le Corbusier），《阿尔及尔之歌》（*Poésie sur Alger*），巴黎：法莱兹出版社，1951 年，第 38 页。

67. 勒·柯布西耶（Le Corbusier），

"公寓"（Unité），第 13 页。

68. 勒·柯布西耶（Le Corbusier），《关于城市规划》（*Concerning Town Planning*），翻译：恩特威斯特（Entwistle），伦敦：建筑出版

社，1947 年，第 20 页。最初发行版本为《关于城市规划》（*Propos d'urbanisme*），巴黎：布勒利耶出版社，1946 年。

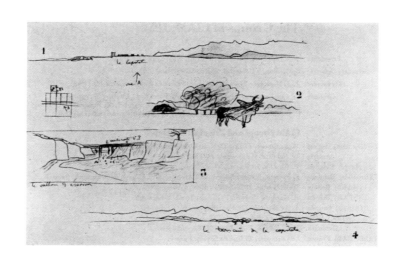

图21. 昌迪加尔场地选址，1951 年前后，1. 喜马拉雅山脉之间的政府中心；2. 乡村风景；3. 大峡谷；4. 城市选址，引自杰奎琳·迪利特、荷西·路易斯·泽特、欧内斯托·N. 罗杰斯，《城市中心：城市生活的教化》，纽约：佩莱格里尼和卡达希出版社，1952 年，第 155 页

线轮廓就像铿锵的海螺壳；它们向外释放声音（或展示图像），向内收集声音（或图像）；它们像灯塔的光线一样扫过地平面。水平的道路是地形的反映，它们在非洲平原是水平的；如果出现下沉则能体现出大陆的深度；在蜿蜒曲折的角度中则相互交错，就如曲折的海岸线一般。"[69]

正如他在巴黎实践的城市项目，当时瓦赞计划无法全面实施，于是柯布西耶便将几个小尺度项目嵌入城市肌理；为此他研究了一些源于阿尔及尔规划的建筑案例，这些建筑于 1933 年散落地建成。塔夫里在更多地考虑到柯布西耶的雕塑作品后表示，"那些在'奥勃斯规划'里设计被用来证明功能机器的意义的作品注定要再次出现，它们将会像神秘的碎片一样散布开来。"[70] 像帕特农神庙一样，柯布西耶设计的这些建筑物面朝海湾，就像是"大海的沉思者"，而弯弯曲曲的小路同样给人留下深刻的印象。但是从实际的环境背景来看，这种建筑景观与周围地形环境密不可分。拉芳公寓建筑（图20）以峡谷沟壑为背景，在峡谷周围的特莱丽小路蜿蜒伸展，具有居住功能的高架桥穿越而过，道路的上下部分均有住宅。当初设计此建筑的原则是"重塑港口的游廊"。在柯布西耶首次游访阿尔及尔之时就对港口的游廊念念不忘，此后他仍旧对其心驰神往。[71] 还有一个案例是建于陡坡上的公寓住宅，它在某种程度上与城市山麓住宅非常相似。柯布西耶认为以下原则适用于整座城市：建筑的底层平面（街道层）开口把公寓住宅分成两个部分，林荫大道的统一管理使得每一栋建筑的檐口平面都保持一致。[72] 另外，在乌沙河谷之上为普洛斯珀·迪朗设计的建筑使得基础设施和居住功能混合，并将上述功能放置于两山之间更为平坦的场地之中。这些建筑堆叠的平面俯视着海面，正如柯布西耶所热衷的设计模式：在平地之上建造山丘和沟壑。

昌迪加尔

如果说景观设计是柯布西耶在阿尔及尔项目的起点的话，那么它就为昌迪加尔的城市规划

69. 勒·柯布西耶（Le Corbusier），"公寓"（Unité），第 16 页。
70. 塔夫里（Tafuri），"功能与人文"（Machine et mémoire），第 211 页。
71. 《勒·柯布西耶写生集》（Le Corbusier Sketchbooks），卷 1，1914—1948 年，编辑：弗朗利厄（Franclieu），纽约：建筑历史基金会；坎布里奇：麻省理工学院出版社；巴黎：勒·柯布西耶基金会，1981 年，写生集 C12，789。
72. 画作，FLC 13916。

充当了背景陪衬，就如同蒙马特高地之于瓦赞计划一样。在经历了 25 年的怀才不遇之后，柯布西耶终于有机会从头开始建造一座城市。在第一次与印度谈判方的会面过程中，柯布西耶就意识到了这个机会，"这是我毕生等待的时刻"，这一次我"将为具有深远文明和人道主义的印度设计国会大厦"。[73] 这座未来的国会大厦的选址与阿尔及尔相差甚远，故而柯布西耶在昌迪加尔的规划经历也全然不同。柯布西耶迅速地确定了昌迪加尔城市规划的概要——在考虑到对于美国规划师阿尔伯特·梅尔先前作品的批判之后，柯布西耶更加果断地决定了规划方向——当然他也认真研究了当地的建成环境，因为任何一块土地都有其历史痕迹和环境特征。柯布西耶于 1945 年首次提出新的规划体系 7V，即 7 条道路（7 voies）。7V 代表着一个分化的城市交通网络系统，是柯布西耶自 1951 年以来记录在其写生集里的符号的具象化。[74]

在昌迪加尔的土地上，柯布西耶所设计的棋盘式主干道路网形成了一个正交系统，英国建筑师简·德鲁认为这种风格有"一种乔托画作式的美感"。[75] 她在 1953 年这样描述道："整个场地的坡度向南倾斜，映衬着无穷无尽的喜马拉雅山脉，因此视线将被持续吸引。"（图 21）国会大厦绵延的建筑群则让人联想起让纳雷 1915 年创作的以园艺师皮洛·利戈里奥眼中的罗马为蓝本的素描作品（第 112 页，图 5）。这两项因素在昌迪加尔这个中心城市得以融合，形成了不朽的作品，再现了"光辉城市"的中心区布局。昌迪加尔中心区与周边城区相互分离，而后者以及城市居住小区是由柯布西耶的堂弟兼前任合伙人皮埃尔·让纳雷设计的。[76] 柯布西耶并不考虑两者的视觉兼容性，而是刻意将居住区隐藏于城市中心区的视野之外，这点在他的写生集中有所记录，"注意！国会大厦必须以连绵的堤岸天际线为界 /（而城市的建成区则将被后者隐藏）。"[77] 因此，他似乎要小心翼翼地设计城市的轮廓，并尽量隐藏它们，就像雅典卫城恰好可以隐藏雅典一样。

皮埃尔·让纳雷、德鲁以及麦斯威尔·弗里共同开发了城市居住区和公共服务，与此同时莫新德·辛格·兰德瓦——一位专门从事农村环境和农业的农学家——根据 A.L. 弗莱彻的建议设计了景观方案，后者是当时以旁遮普邦为首府规划而聘请的顾问。[78] 根据英国花园城市的建设经验，兰德瓦制订了一个符合现代印度景观特点的设计方案。他规划了主要的绿色空间，并以其在巴黎绘制的作品为基础，指导了昌迪加尔道路的植被种植，而这也形成了不同街区的典型特征。[79]

柯布西耶几乎未参与城市景观的设计，而是专注于城市中心区建筑群的综合规划，并通过观察印度花园的特色而丰富其规划理念。虽然他将展现"自然条件"的原则牢记于心，但柯布西耶的规划重点似乎不在于此，而是以一种近乎风格派（near-mannerist）的方式在他的笔记和

73. 勒·柯布西耶（Le Corbusier），引自马杜·沙林（Madhu Sarin），《第三世界的城市规划：昌迪加尔经验》（Urban Planning in the Third World : The Chandigarh Experience），伦敦：曼塞尔出版社，1982 年，第 40 页。

74. 勒·柯布西耶（Le Corbusier），《人类三大聚居地规划》（Les Trois Établissements humains），巴黎：德诺埃尔出版社，1945 年。

75. 简·德鲁（Jane Drew），"昌迪加尔城市项目"（Chandigarh Capital City Project），引自《建筑师年鉴 5》（Architects' Year Book 5），伦敦：艾莱克图书出版社，1953 年，第 56 页。

76. 参见斯坦尼斯劳斯·凡·莫斯（Stanislaus von Moos），《勒·柯布西耶：综合的元素》（Le Corbusier : Elements of a Synthesis），1968 年；鹿特丹：010 出版社，2009 年，第 216 页。

77. 《勒·柯布西耶写生集》（Le Corbusier Sketchbooks），卷 2，写生集 F26，866。

78. 参见"A.L. 弗莱彻的笔记，1948 年，（1）规划（2）建筑（3）政府大楼建设"[Notes Recorded by Mr. A. L. Fletcher, I.C.S., O.S.D. (Capital) in the Year 1948 on (1) Planning (2) Architecture (3) Construction of Government Buildings]，昌迪加尔城市博物馆档案。引自维克拉马蒂亚·普拉卡什（Vikramaditya Prakash），《昌迪加尔的勒·柯布西耶：后殖民时期的印度与现代化探索》（Chandigarh's Le Corbusier : The Struggle for Modernity in Postcolonial India），西雅图：华盛顿大学出版社，2002 年，第 33—39 页。

79. 参见莫新德·辛格·兰德瓦（Mohinder Singh Randhawa），《美丽的树木与花园》（Beautiful Trees and Gardens），德里：印度农业研究委员会，1961 年。

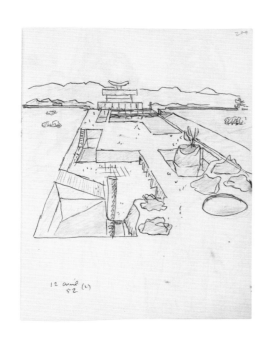

图 22. 总督府，昌迪加尔，1951—1965 年，花园习作，铅笔、彩色铅笔、墨水、纸张，27 cm × 21 cm，巴黎：勒·柯布西耶基金会，尼沃拉写生集

写生图集中进行规划设计，力图展现他对于不同场地的印象特征。他从莫卧儿王朝的作品辞典中选择设计语言，并快速地绘制出来，然后根据新的语法进行修改和组合。1951 年，柯布西耶在德里的总督府花园里写道："日落时，太阳消失在运河的轴线上，池塘、水面到处闪闪发光。"[80] 这座花园是由埃德温·鲁特恩斯于 1929 年为总督设计建成的。但是柯布西耶真正领悟到有关黄金比例的模度系统（Modulor）是在距离昌迪加尔一小时车程的平悦尔花园中；模度系统为柯布西耶的规划工作提供了基础和准则（第 376 页，图 9）。[81] 他为新规划的国会大厦调整了花园的轴线，并用同样的方式改变了纪念性建筑所特有的对称性。面对平坦地势的单调性，柯布西耶力求改变。他或是堆砌假山，或是挖出洼坑，组成凹凸不平的网络体系，正如花园小道尽头的花床一样（图 22）。他解释道："假山的堆砌物来源于修建道路和停车场时的土方。这些与国会大厦呼应的假山将会被树木覆盖……于国会大厦的某些特定视角，目之所及将尽是绿色。"[82] 这个与众不同的设计项目，颠倒了建筑和景观之间的关系，使它们在某种程度上得以相互映衬。

景观的隐喻

在柯布西耶的思想中，景观最重要的意义绝不限于其字面含义；在柯布西耶的设计作品中，景观既不是地理环境的释义，也不是景观主动或是被动的展示。请允许我这样说，景观是具有启迪和熏陶意义的，因为它激发类比和隐喻。类比和隐喻是柯布西耶作品中最重要的设计修辞，就像他那富有争议的格言"房子是用来居住的功能机器"。在这个功能机器之中，景观的出现是为了衬托整个项目或是支撑一个片段。在 1929 年的布宜诺斯艾利斯的讲座中，柯布西耶用陡峭的山间小道来类比他在 1929 年为莫斯科消费合作社中央局（1928—1936 年）所设计的项目元素。[83] 几乎在同一时间，柯布西耶于 1929 年考察了乌拉圭平原，其间他构思出了"蜿蜒的法则"

80.《勒·柯布西耶写生集》（Le Corbusier Sketchbooks），卷 2，写生集 E19，399。

81. 同上，写生集 E19，392。

82. 勒·柯布西耶（Le Corbusier），"昌迪加尔的园林造景"（The Landscaping of Chandigarh/ L'Arborisation de Chandigarh），引自鲍皙格（Boesiger），《勒·柯布西耶和塞夫尔街 35 号工作室：作品全集，1952—1957 年》（Le Corbusier et son atelier, rue de Sèvres 35 : Œuvre complète, 1952–1957），苏黎世：吉斯贝格尔出版社，1967 年，第 108—109 页。翻译校正：作者本人。

83. 勒·柯布西耶（Le Corbusier），《精确性》（Précisions），第 47 页。

图 23.　巴黎工作室的勒·柯布西耶，1959 年，由吉赛尔·弗洛伊德拍摄，巴黎：勒·柯布西耶基金会，FLC L4-9-49

（loi du méandre），将景观转化为一种投影实验，向自己揭示了其自身的思想过程。

　　在柯布西耶的人生末年，他远离了曾经调研的许多景观作品，而在巴黎的工作室继续新的探索（图 23）。他把这称为创造的沉淀，虽然在整个过程中柯布西耶不曾身临其境，但景观元素他却已了然于心：

　　我将我的工作室比作我的群岛、我的海洋，这里有我 30 年的智慧积累和手工创作。看这地面上，到处都有我的物件、仪器、书籍、笔记和画作。这是属于我的工作岛屿！……我在这里设计作品、交流、练习、处理各种日常事务……我也会处理一些突发的工作事务；就在两张座椅上临时搭起的一块木板上。在那儿，我或是编辑一本书，准备一篇文章，或是安排其他工作进程……这里也有一块竖向工作区——就是颜料区前面的画架……这些区域布置得十分紧密，就连过道也非常狭窄。但我就像是一个经验丰富的老船长一般，以极其笃定的脚步在其中自由穿梭。[84]

　　就像他描述的那样，柯布西耶成功地将他最神奇的工作场地放置于如此微小的空间之中，并在那里观察、创作长达 60 年之久。

84.　勒·柯布西耶（Le Corbusier），1954 年 1 月 31 日，引自佩蒂特（Petit），《勒·柯布西耶传》（Le Corbusier lui-même），第 114 页。

瑞士

项目：

大楼，莱索－韦斯，日内瓦，1930 年

世界城市，日内瓦，1928 年

万国宫，日内瓦，1927 年

布汀桥，日内瓦，1915 年

城市规划，日内瓦，1933 年

退休机构大楼，苏黎世，1933 年

疗养院，苏黎世，1934 年

已建成项目：

湖畔别墅，科尔索，1924—1925 年

麦尔逊克拉德大楼，日内瓦，1930—1932 年

法夫雷雅格特别墅，力洛克，1912—1913 年

海蒂·韦伯博物馆，苏黎世，1962—1967 年

拉绍德封

出生地：

拉塞尔街 38 号

工作地：

1. 艺术学院（现在的市图书馆），进步街 33 号

2. 第一间办公室，纽马街 54 号，德罗茨

项目：

1. 保罗狄森百货公司，利奥波德罗伯特大道 120 号，1913 年

2. 花园城市，莱克雷泰，1914 年

已建成项目：

1. 斯卡拉电影院，拉塞尔街 52 号，1916 年

2. 佛莱别墅，堡勒雷尔路 1 号，1905—1907 年

3. 贾库美别墅，堡勒雷尔路 8 号，1907 年

4. 让纳雷－佩雷特别墅，堡勒雷尔路 12 号，1912 年

5. 施瓦布别墅，杜省街 167 号，1916—1917 年

6. 斯托兹别墅，堡勒雷尔路 6 号，1907—1908 年

德国

项目：

柏林市中心规划，1958 年

已建成项目：

柏林公寓，柏林夏洛滕堡，1956—1958 年

魏森霍夫住宅博览会上的两座住宅，斯图加特，1927 年

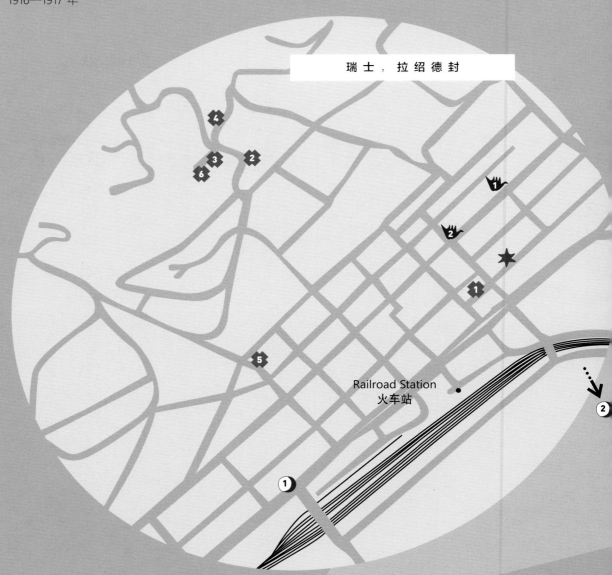

瑞士，拉绍德封

Railroad Station
火车站

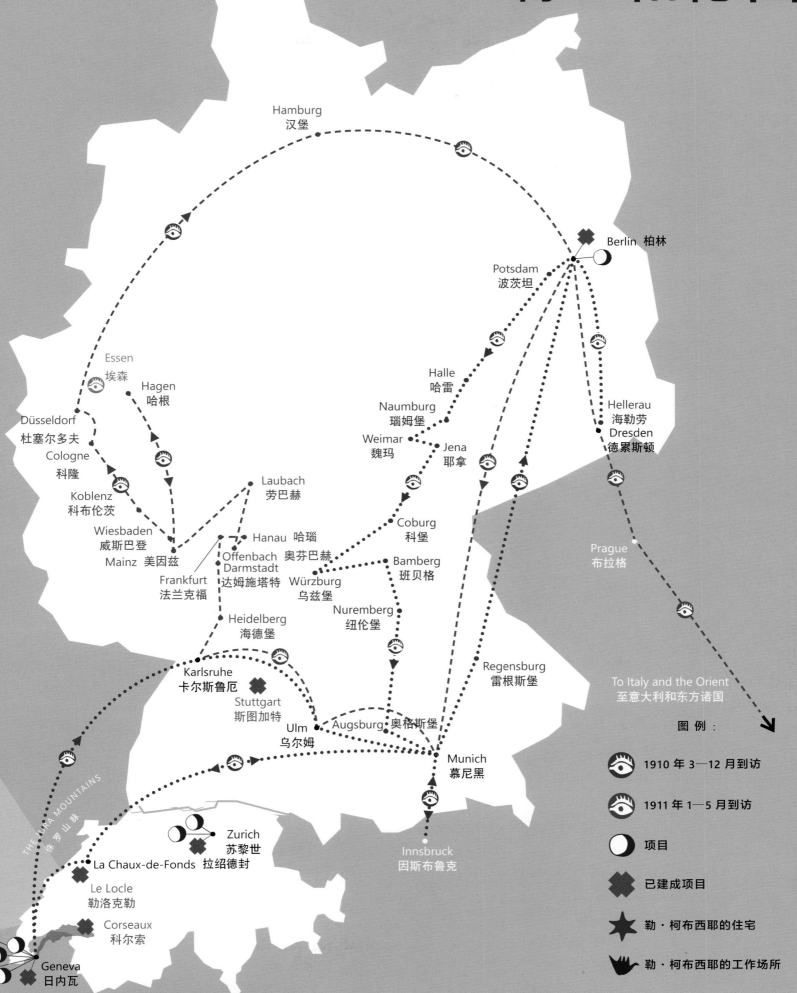

瑞士和德国

Hamburg 汉堡

Berlin 柏林

Potsdam 波茨坦

Essen 埃森

Hagen 哈根

Halle 哈雷

Hellerau 海勒劳
Dresden 德累斯顿

Düsseldorf 杜塞尔多夫

Naumburg 瑙姆堡

Cologne 科隆

Weimar 魏玛

Jena 耶拿

Koblenz 科布伦茨

Laubach 劳巴赫

Coburg 科堡

Wiesbaden 威斯巴登

Hanau 哈瑙

Prague 布拉格

Mainz 美因兹

Offenbach 奥芬巴赫
Darmstadt 达姆施塔特

Bamberg 班贝格

Frankfurt 法兰克福

Würzburg 乌兹堡

Heidelberg 海德堡

Nuremberg 纽伦堡

Regensburg 雷根斯堡

Karlsruhe 卡尔斯鲁厄

To Italy and the Orient
至意大利和东方诸国

Stuttgart 斯图加特

Ulm 乌尔姆

Augsburg 奥格斯堡

Munich 慕尼黑

图 例：

THE JURA MOUNTAINS 侏罗山脉

Zurich 苏黎世

1910 年 3—12 月到访

La Chaux-de-Fonds 拉绍德封

Innsbruck 因斯布鲁克

1911 年 1—5 月到访

Le Locle 勒洛克勒

项目

Corseaux 科尔索

已建成项目

Geneva 日内瓦

勒·柯布西耶的住宅

勒·柯布西耶的工作场所

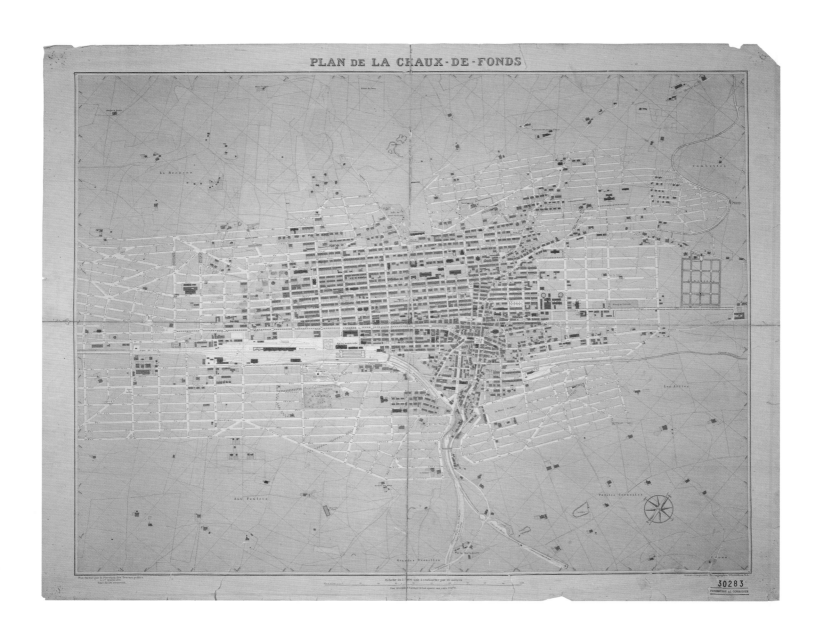

PLAN DE LA CHAUX-DE-FONDS

侏罗山脉：在山间的学校里

左图：拉绍德封地图，1908 年，纸上彩色印刷，80.9 cm × 103.6 cm，巴黎：勒·柯布西耶基金会，FLC 30283

1925 年，在《现代装饰艺术》中名为"告白"的章节里，勒·柯布西耶追忆起了他的出生地、对自然的探索、第一个导师，以及发展一种地域风格（style du pays/regional style），并用它改变住宅装饰标准的计划。[1]

在宣布忠诚于装饰艺术和地域主义，并要加入"新艺术派"的"英雄征服精神"后，他仿佛是要将他个人的历程刻入当代的艺术和建筑文化之中，成为"推进新机器精神"先驱中的一员。于是，保护这个针对柯布西耶一生的事件序列的解释就显得尤为重要，这些事件序列首次以传记形式呈现，理性且具有影响力，而柯布西耶的一生也适逢一个具有决定性却又十分不幸的时代。"到这里就结束了，"他写道，"我的第一个篇章。"但正如玛丽-珍妮·杜蒙特指出的，在对起源的记述中，由于其史诗般的语气，没有什么是给定一个地理位置或是给出一个确切名字的：不是拉绍德封的瑞士小镇，不是侏罗山脉，不是堡勒雷尔山，不是杜省的山谷，也不是后来成为象征的冷杉树，甚至没有提及他的导师的名字——查尔斯·拉波拉特尼；一切都投射到了一个虚构的时间和空想的空间中，所有的术语都具有双重含义。[2]

文本由柯布西耶署名，因此向世人提供了一个关于他的过去的清晰而有授权的版本。但是，自柯布西耶去世以来，在大量的批判性研究中，他都是以查尔斯-爱德华·让纳雷的身份而被置于当代的自然和文化环境中，置于那些年他的项目中，置于第一篇论文和大量的书信中。这些研究让我们能够评价他在家乡的风格形成时期，揭示了他的复杂性和矛盾性，同时也展现出他的活力和严苛，以及那个时期所有促进他理性和艺术性发展的决心和犹疑。[3]

1902—1914 年，对让纳雷来说，最重要的影响就是拉绍德封艺术学院，但其他因素一点一点开始改变他与当地景观的关系以及他对当地景观的感知和理解，这些因素包括他的旅行、阅读和替代拉波拉特尼的新导师。而更具有哲学意味的决裂出现在一封写给他第 2 个导师威

1. 勒·柯布西耶（Le Corbusier），"告白"（Confession），《现代装饰艺术》（L'Art décoratif d'aujourd'hui），巴黎：乔治斯·克雷公司，1925 年，第 197—218 页。

2. 《勒·柯布西耶：信的主人》（Le Corbusier : Lettres à ses maîtres），第 2 卷，《给查尔斯·拉波拉特尼的信》（Lettres à Charles L'Eplattenier），玛丽-珍妮·杜蒙特（Marie-Jeanne Dumont）编，巴黎：过梁出版社，2006 年，第 295—296 页。

3. 见杰弗里·贝克（Geoffrey H. Baker），《勒·柯布西耶：创造性的搜索；查尔斯-爱德华·让纳雷的风格形成时期》（Le Corbusier : The Creative Search ; The Formative Years of Charles-Édouard Jeanneret），伦敦：E & FN 斯庞出版社，1996 年；艾伦·布鲁克斯（H. Allen Brooks），《勒·柯布西耶的风格形成时期：在拉绍德封的查尔斯-爱德华·让纳雷》（Le Corbusier's Formative Years : Charles-Édouard Jeanneret at La Chaux-de-Fonds），芝加哥：芝加哥大学出版社，1997 年；路易莎·玛蒂娜·科利（Luisa Martina Colli），《勒·柯布西耶的诗学中的艺术、工艺和技术》（Arte, artigianato e tecnica nella poetica di Le Corbusier），罗马：拉泰尔扎出版社，1982 年；斯坦尼斯劳斯·凡·莫斯（Stanislaus von Moos）和亚瑟·鲁埃格（Arthur Rüegg）编，《成为柯布西耶之前的柯布西耶：应用艺术、建筑、油画和摄影，1907—1922 年》（Le Corbusier before Le Corbusier : Applied Arts, Architecture, Painting and Photography, 1907–1922），纽黑文：耶鲁大学出版社，2002 年；以及帕特丽夏·塞克勒尔（Patricia Sekler），《查尔斯-爱德华·让纳雷（勒·柯布西耶）的早期图纸，1902—1908 年》[The Early Drawings of Charles-Édouard Jeanneret (Le Corbusier), 1902–1908]，纽约：戈兰德出版社，1977 年。

廉·里特的信中，他描述了让纳雷－佩雷特别墅，这是他1912年为他的双亲建造的，他描述的措辞十分大胆："一种地点的错位，一种迷惑的处理手法，效果不是要迷失自我，而是要显示其他平原、水系，而海面尤其能够唤起人的远眺。"[4] 他创造的新词"dépaysation"，最清晰的理解应是方向感的迷失，同时涵盖一种对距离的感知过程，预见了在他的"告白"一文中提出的虚构场景；这种与"侏罗纪"景观的决裂不仅仅是一种感情用事或是想象力的迸发，也是对建筑中的地域主义理念的质疑。[5] 让纳雷用隐喻的手法在起居室的壁炉过梁上暗示了这种变化，他在这个位置彩绘了一只死后重生为蝴蝶的鸟在花丛中采集花粉，那些花朵并不是来自当地的植物谱系，而是借鉴了奥斯曼陶瓷上的彩绘。[6]

事实上，让纳雷迟疑却又激进的迷失出现在3次运动中：第1次，非常简洁，是让纳雷对拉波拉特尼呼吁的当地的国家风格的屈服；第2次是开始于1907年，在他去意大利旅行之后，仍然受到约翰·拉斯金的影响，但对于该风格已经开始了重要的对抗；第3次，开始于1912年，对他早期的项目中的地域主义进行解构，在他的教学和新的建筑项目中，取而代之的是谨慎而多样化的新古典主义。

首次运动始于1902年，让纳雷被艺术学院录取，学习表壳雕刻工艺。但他对艺术更为偏好，动过当画家的念头。他首幅为人所知的景观画就是在那一年完成的：一幅水彩，显得十分生涩笨拙，但仍然坚持了侏罗纪景观的意向——松树、牧草、牛群——这些意向在19世纪末成为高山派景观的独特类型，并且在瑞士一直都还是主导范式。让纳雷已经在他学校邻近的工业大学和美术博物馆见过了诸如阿尔伯特·德梅隆、朱尔斯·杰科特－奎拉莫、爱德华·让梅尔和拉波拉特尼（图1）等当地画家所描绘的景观。两幅拉波拉特尼的景观作品似乎根植在了他的想象之中：《在山顶》（图2）和《火星时代》（1907年），这两幅画至今仍挂在拉绍德封美术博物馆中。但1905年，作为青年绘画教授的拉波拉特尼叮嘱让纳雷参与到他的高级艺术装饰课程中，这是一门新的关于装饰艺术的课程，不同于绘画，而是引导学生向另一个方向发展。于是让纳雷便没有成长为景观画家，去描绘那些侏罗纪的大自然。而是转为"从此以后学习景观的成因、形式和重要的发展，然后综合起来创造装饰品"。[7]

拉波拉特尼曾在布达佩斯的模型图学院、巴黎的国立装饰艺术学校和美术学院学习。他一直关注着欧洲新艺术运动和后来的装饰复兴，并想创办该领域的学院，而不是手表装饰学院。作为一个罗斯金的理想的信徒，他呼吁回归自然，并通过绘画直接观察自然；呼吁手工业者的正直，推广他的方法；号召通过学习伟大的作品，进行艺术风格的章法和历史的启蒙。他的意识形态中包含了民族主义的元素：对当地传统的回归，回归到乡村本土建筑，来抵消建筑国际

4. 查尔斯－爱德华·让纳雷（Charles-Édouard Jeanneret），给威廉·里特（William Ritter）的信，1913年5月1日，359号盒子，瑞士文学档案，位于伯尔尼的国家图书馆，威廉·里特基金。除非另有注释，均由克里斯汀·休伯特（Christian Hubert）翻译。

5. 侏罗纪（Jurassic/jurassique）一词意为中生代的一段地质时期，但让纳雷经常用它来代替jurassien这个

通常指地域的词，无疑是为了提出这个虚构的与历史无关的场所特征。与景观的决裂一定程度上从让纳雷·佩雷特别墅中很多东方元素的隐喻里实现了。里特（Ritter）因此温柔地嘲笑他写道："你地中海式的白色立方体，我无法想象将它们放在侏罗山脉中……不过你开心就好！"里特（Ritter），给让纳雷（Jeanneret）的信，1911年11月3日，FLC R1-18-128—141。他在同一封信中称这座住

宅为"Stamboulachauxdefonds"和"Acrop-ouillerel"。

6. 这个彩绘装饰，署名让纳雷（Jeanneret），1913年，已丢失。

7. 勒·柯布西耶（Le Corbusier），"告白"（Confession），《现代装饰艺术》（The Decorative Art of Today），詹姆斯·邓尼特（James Dunnett）翻译，坎布里奇：麻省理工学院出版社，1987年，第194页。

图 1.　查尔斯·拉波拉特尼（瑞士人，1874—1946 年），《堡勒雷尔的日落》，1900 年，帆布油画，91.5 cm × 141 cm，拉绍德封美术博物馆

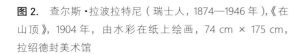

图 2.　查尔斯·拉波拉特尼（瑞士人，1874—1946 年），《在山顶》，1904 年，由水彩在纸上绘画，74 cm × 175 cm，拉绍德封美术馆

主义的折中主义和城市的产业缺陷。[8] 他同他的学生一起发展了一种地域风格，名为"冷杉树风格"（style sapin/fir tree style），用的是源自侏罗山脉动植物的正式词汇。[9] 让纳雷在这个项目中是热情的参与者，他将时间进行划分，一部分用于户外写生，另一部分在学校图书馆阅读期刊、参考作品设计与装饰。[10] 他在这段时期画的一些铅笔和水彩景观速写的普遍特征是：缺少细节，交替使用大量的光影，以及线性组合创造出的节奏韵律。[11] 它们与基于冷杉树和岩石的几何风格化的习作有些相像，尤其是拉波拉特尼自己的画作。[12]

让纳雷最令人瞩目的冷杉树风格作品创作于 1905—1907 年，此外还有他主导的合作项目——弗莱别墅，为他贴上了"拉波拉特尼的学生"的标签（图 3）。[13] 这是首例将新的装饰语言应用到居住建筑中，在这之前，这些装饰语言只用在从学院送去米兰博览会的表壳上。一张早期的草图生动地展示了建筑与景观的整合，表现出二者之间的类似关系。[14] 在附近的塞尔尼耶－丰泰内梅隆有座独立教堂，其内部完全由让纳雷和他的同学们装饰，艺术学院委员会的主席如此描述道："在丛林深处，万物寂静；只要抬头就能望见天空；周围环绕的冷杉树和它的枝丫交错形成织锦，线条丰富，色彩饱满，通过立柱和树干的垂直线与地面相连。"[15]

德语国家对让纳雷的弗莱别墅和独立教堂的影响是显而易见的，然而当他 1908 年来到维也纳，亲身感受了维也纳工坊和奥托·瓦格纳以及约瑟夫·霍夫曼的建筑作品，勾起了他心中的疑惑：这些作品独特而具有说服力，但维也纳的艺术家和建筑师并没有将自然作为其作品形

8.　家园保护运动（The Heimatschutz），保护风景如画的瑞士的联盟组织，于 1905 年建立。

9.　海伦·比利·汤姆森（Helen Bieri Thomson）编，《新艺术运动的经验：拉绍德封的冷杉树风格》（Une Expérience Art nouveau : Le Style sapin à La Chaux-de-Fonds），巴黎：绍莫吉出版社，2006 年。

10.　柯布西耶在《现代装饰艺术》（L'Art décoratif d'aujourd'hui）中参考的作品有：约翰·拉斯金（John Ruskin），《建筑的七盏灯》（The Seven Lamps of Architecture），1849 年；欧文·琼斯（Owen Jones），

《装饰的章法》（The Grammar of Ornament），1856 年；尤金·格拉塞（Eugène Grasset），《观赏植物及其应用》（La Plante et ses applications ornementales），1896 年和《构成装饰方法》（Méthode de composition ornementale），1907 年；查尔斯·布兰科（Charles Blanc），《绘画艺术章法》（Grammaire des arts du dessin），1867 年和《装饰艺术章法》（Grammaire des arts décoratifs），1881 年。法国的、英国的和德国的综述都能够在学院获得，包括《艺术装饰和装饰艺术》（Art et Décoration and L'Art décoratif）；《艺术与工作室

杂志》（The Magazine of Art and The Studio）；《艺术与柏林建筑》（Die Kunst and Berliner Architekturwelt）。

11.　素描，FLC 1446，1775，2017，2043，2203，2204，5817。

12.　阿努克·赫尔曼（Anouk Hellmann），《查尔斯·拉波拉特尼》（Charles L'Eplattenier），欧特里沃：亚汀杰出版社，2011 年，第 34—35 页。

13.　该别墅已被转换为民居。

14.　草图，FLC 2064（反面）。

15.　拉绍德封艺术学院，《委员会报告》（Rapport de la Commission），1907—1908 年，第 8—9 页。

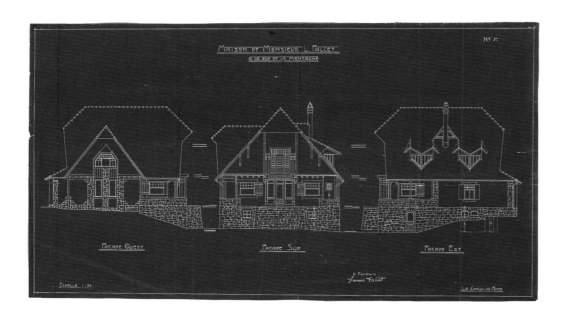

图 3. 弗莱别墅，拉绍德封，1905—1907 年，西、南、东立面图，蓝图，59.3 cm × 105 cm，拉绍德封城市图书馆

式的基础，这让他的钦佩之情大打折扣。从那以后他意识到，在现代建筑文化方面，德语国家运动和拉丁语国家运动之间存在着对立关系。德语国家对自然冷漠，偏好古典，为让纳雷所谴责，而拉丁语国家运动则基于地中海风格，在遵循自然法则的前提下寻找美景，这点吸引了他。他认为拉波拉特尼所期望出现的能克服这种对立的地域主义只是一个虔诚的愿景："巴黎人放一片叶子来模仿自然，德国人会摆一片光可鉴人的广场，然后我们放置一些冷杉球果组成三角形，但我们的审美仍然是偏好纯净无瑕的。" [16] 于是他逐渐明白装饰艺术并不是解决建筑问题的根本之道。继维也纳之后，让纳雷改变了拉波拉特尼为他规划的路线，没有去德累斯顿，而是去了巴黎，由此确立了他对拉丁风格的偏好。这种偏好在 1910 年长期驻留德国时得到强化，其间他做了一个关于艺术学院装饰艺术运动的研究，探索了德国工业建筑，并通过德意志工艺联盟，致力于将艺术和工业产品联系起来。[17]

　　1912 年，在从东方之旅回来的途中，让纳雷为他的父母建造了让纳雷－佩雷特别墅，然后出于对拉波拉特尼的忠诚，无奈答应了去学院新部门授课，也就是 1911 年更名的高级课程。直到 1914 年该部门关闭，他并没有像他说教的那样去实践。[18] 一方面，他继续参照尤金·格拉塞的方式基于冷杉树绘制图案，从而增加了阿特利耶画室的商业化产品（图 4）。画室是他和他的同事里昂·佩兰、乔治·奥贝特在 1910 年创立的，出售由学生制作的装饰品。另一方面，他的建筑研究开始表现出受到德国建筑新古典主义和亚历山大·钦格利亚－凡奈尔的理念影响。钦格利亚－凡奈尔提出的"另类地域主义"针对的并不是侏罗山脉而是瑞士罗曼德。[19] 卡米洛·西特所提倡的那类如画式城市景观将拉绍德封讲求实用主义和理性的功能性城市规划归为反例，尽管让纳雷对此产生了兴趣，但他还是继续绘画了一些山景，其中一些基调抑郁，其他则色彩丰富，极富表现力，比如后来被收录在《东方游记》（1966 年）中的一些画作。[20] 自

16. 让纳雷（Jeanneret），给拉波拉特尼（L'Eplattenier）的信，1908 年 2 月 26 日，出版于《勒·柯布西耶：信的主人》（Le Corbusier : Lettres à ses maîtres），第 2 卷，第 129 页。
17. 让纳雷（Jeanneret），《德国装饰艺术研究报告》（Étude sur le mouvement d'art décoratif en Allemagne），拉绍德封：赫斐利出版

社，1912 年。
18. 鲁埃格（Rüegg），"艺术的终结：新的视角"（La Fin de l'Art nouveau : Perspectives nouvelles），《一个新的艺术经验》（Une Expérience Art nouveau），第 162 页。
19. 亚历山大·钦格利亚－凡奈尔（Alexandre Cingria-Vaneyre），《造访鲁埃的别墅：对话瑞士罗曼德的造

型艺术》（Les Entretiens de la villa du Rouet : Essais dialogués sur les arts plastiques en Suisse romande），日内瓦：朱利安出版社，1908 年。
20. 油画，FLC 4076，4079，4085，以及布鲁克斯（Brooks），《勒·柯布西耶的风格形成时期》（Le Corbusier's Formative Years），插图 8。

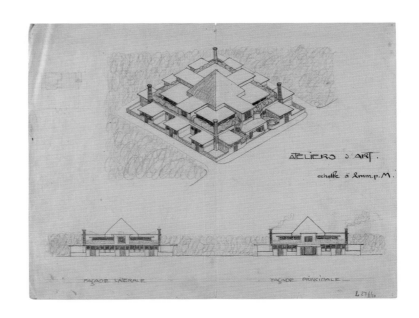

ATELIERS D'ART.

echelle á 2mm.p.M.

FAÇADE LATÉRALE   FAÇADE PRINCIPALE

图 4. 阿特利耶画室项目，拉绍德封，1910 年，由彩铅和墨水在纸上绘画，31 cm × 40 cm，巴黎：蓬皮杜艺术中心

那以后，他尤其喜欢纳沙泰尔湖边的景观，胜于侏罗山脉只因它与地中海景观相似。

　　写于 1914 年的两篇文章标志着侏罗系时代的告一段落，一篇名为《建筑的复兴》，文中他否定了折中主义和地域主义。另一篇名为《拉绍德封的艺术运动》，追溯了学院新部门简短却具有典范意义的历史。也正是在那一年，新部门终止，拉波拉特尼被解雇，使得让纳雷在那里看不到未来。[21] 然而这段令人不快的插曲却是对他的一种解放，他因此不必删去第 2 篇文章中德国建筑师西奥多·费舍尔的言论："我感到惊讶，自然形式的抽象风格化居然仍在发展，在我看来，只有具体的目标、混凝土材料和实体对象才能形成一种合适的风格。"[22]

21. 让纳雷（Jeanneret），"建筑的复兴"（Le Renouveau dans l'architecture），《作品》（L'Œuvre），第 1 卷，第 2 期，1914 年，第 33—37 页；乔治·奥贝特（Georges Aubert），让纳雷，拉波拉特尼（L'Eplattenier），里昂·佩兰（Léon Perrin），《拉绍德封的艺术运动》（Un Mouvement d'art à La Chaux-de-Fonds /À propos de la Nouvelle section de l'Ecole d'art），拉绍德封：乔治·杜波依斯出版社，1914 年。尽管这本册子署名为学院新部门的 4 位教员，事实上为让纳雷执笔。

22. 西奥多·费舍尔（Theodor Fischer），让纳雷（Jeanneret）引用于《拉绍德封的艺术运动》（Un Mouvement d'art à la Chaux-de-Fonds）。

插图 1. 侏罗景观，1902 年，由水彩在纸上绘画，11.9 cm × 15.9 cm，巴黎：勒·柯布西耶基金会，FLC 2185

插图 2. 环湖景观，1905 年，由铅笔、水彩和墨水在纸上绘画，12.2 cm × 17.3 cm，巴黎：勒·柯布西耶基金会，FLC 1746

插图 3. 森林，未注明日期，由铅笔、水彩、水粉和粉蜡笔在纸上绘画，13.5 cm ×
12.3 cm，巴黎：勒·柯布西耶基金会，FLC 2100

插图 4. 山景，1904—1905 年，由铅笔和水彩在纸上绘画，6.5 cm × 17.1 cm，巴黎：
勒·柯布西耶基金会，FLC 2021

插图 5. 山景，1904—1905 年，由铅笔、水彩和水粉在纸上绘画，16.7 cm × 22 cm，巴黎：
勒·柯布西耶基金会，FLC 2210

插图 6. 蓝色的山，1910 年，由铅笔、水彩和墨水在纸上绘画，16.2 cm × 19.5 cm，巴黎：
勒·柯布西耶基金会，FLC 2033

插图 7. 冬天的森林，1910—1911 年，由铅笔和水粉在纸上绘画，22 cm × 29.2 cm，
巴黎：勒·柯布西耶基金会，FLC 5834

拉绍德封：让纳雷 – 佩雷特别墅，1912 年

在探索过德国、巴尔干半岛和地中海地区后，查尔斯 – 爱德华·让纳雷返回了拉绍德封，他将时间分配到两件事上，其一是在艺术学院的新部门授课，另外就是从事建筑和室内设计。他为几个思想先进的犹太人客户设计过家具，也做一些城市发展的项目，其中最完善的当属莱克雷泰花园城市（1914 年），如画式的总体效果让人联想到位于赫勒奥的理查德·里默施密德和海因里希·特塞诺的作品，以及位于埃森的格奥尔格·梅岑多夫的作品。

1912 年，在靠近原先同勒内·查帕拉兹于 1906—1907 年一起工作的寓所附近，他为他的父母设计并建造了一栋可以俯瞰城市的大别墅。让纳雷借鉴了很多旅途中的观察发现，别墅也很快获得了一个"白宫"的绰号。不同于他 1905—1907 年建造的小木屋风格的弗莱别墅，这座建筑不能以传统的形式来定义，它选址于台地而非海角，在一块由挡土墙支撑的堤岸上。

从进入别墅的小径上望向这座建筑，前些年让纳雷在伊斯坦布尔画的住宅草图便历历在目。从大路经由蜿蜒的步道可以到达花园的一角。步道始于藤架之下，这与他在庞贝画的草图极为相似，然后右转通往十分隐蔽的前门。由住宅和毗邻的花园形成的双重实体被置于场地中央的砖石基础之上，并隐藏在闹市中，十分容易让人联想到位于尼科拉锡的赫尔曼·穆

特修斯的住宅（1906—1907 年）。让纳雷从关于这座建筑的出版物《乡村住宅和花园》和亲身的造访经历了解到这个先例；按照他 1910 年 6 月对他的父母所讲述的，在穆特修斯位于"松树林"深处的家中，他参与了一场《仲夏夜之梦》的表演。[1] 白色的涂层和石棉水泥的屋顶让这座住宅与当代德国建筑物产生了一定的联系，不仅如此，从某个角度看，它还能让人想起保罗·舒尔茨 – 瑙姆堡在他的《文化工作》上发表的摄影作品，因为大量的细节都与 19 世纪早期简单直白的建筑形式相契合，比如那些在《1800 年前后》中被保罗·梅比斯所推崇的。[2]

建筑内部的采光是一个突出的特点，也是效仿了穆特修斯的住宅。轴线贯穿统领主要的起居空间，从餐厅到起居室，再到前厅。餐厅的窗户呈半圆形，开在花园上方；起居室则利用方形的窗户采光，还可以俯瞰山坡的景致，或者像让纳雷描述的，通过一扇大窗户"俯瞰整个地平线"；前厅便是典型的"具有森林视角的大窗户"。[3] 三楼的卧室采用带形窗户面向地平线，让人联想起弗兰克·劳埃德·赖特位于森林河的温斯洛住宅（1893—1894 年），让纳雷通过 1911 年的瓦斯穆特出版物了解到这座建筑。[4] 于是从每个室内开敞空间到小镇全景，再到周围的山顶之间的精确关系就形成了。

1. 查尔斯 – 爱德华·让纳雷（Charles-Édouard Jeanneret）写给他父母的信，1910 年 6 月 13 日，出版于《勒·柯布西耶往来函件之家书》（Le Corbusier : Correspondance ; Lettres à la famille），第 1 卷，1900—1925 年，雷米·包多义（Rémi Baudouï）和阿尔诺·德塞勒斯（Arnaud Dercelles）编，戈利永：音弗利欧出版社，2011 年，第 310 页。

2. 保罗·舒尔茨 – 瑙姆堡（Paul Schultze-Naumburg），《文化工作》（Kulturar-beiten），慕尼黑：考尔韦

出版社，1901—1917 年。保罗·梅比斯（Paul Mebes），《1800 年前后：上世纪建筑和工艺传统的发展》（Um 1800 : Architektur und Handwerk im letzten Jahrhundert ihrer traditionellen Entwicklung），慕尼黑：F. 布鲁克曼出版社，1908 年。

3. 让纳雷（Jeanneret），引用自鲁埃格（Rüegg），"让纳雷 – 佩雷特别墅"，斯坦尼斯劳斯·凡·莫斯（Stanislaus von Moos）和鲁埃格编，《成为柯布西耶之前的柯布西耶：应用艺术、建筑、油画和摄影，1907—1922 年》

[Le Corbusier before Le Corbusier : Applied Arts, Architecture, Painting and Photography, (1907–1922)]，纽黑文：耶鲁大学出版社，2002 年，第 210 页。

4. 拉绍德封艺术学院图书馆保存有瓦斯穆特（Wasmuth）出版的《建筑和 20 世纪》（Sonderhefte der Architektur des XX Jahrhunderts）一系列丛书，其中有一个专题是关于赖特（Wright）的，出版于 1911 年。

让纳雷－佩雷特别墅，拉绍德封，1912 年，南立面视角，理查德·佩尔拍摄

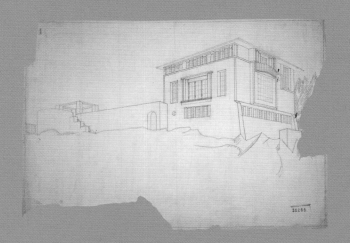

让纳雷－佩雷特别墅，拉绍德封，1912 年，外部透视图，由
铅笔在纸上绘画，58.5 cm × 82.8 cm，巴黎：勒·柯布西耶
基金会，FLC 30266

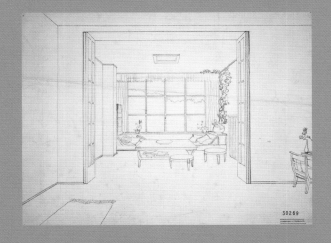

让纳雷－佩雷特别墅，拉绍德封，1912 年，内部透视图，由
铅笔在草图纸上绘画，48.7 cm × 64.6 cm，巴黎：勒·柯布
西耶基金会，FLC 30269

拉绍德封：施瓦布别墅，1916—1917年

这座房屋是让纳雷在他的家乡的最后一个项目，为西马表的制造商实业家阿纳托尔·施瓦布而建。这也是他早期住宅作品中唯一一个自认为有资格收录进《新精神》的，尽管这样的评论出自奥占芳。[1]与之前的住宅不同的是，该别墅不在郊区，而在城市街区中，该街区是1835年按照查尔斯－亨利·朱诺的网格规划重建的。让纳雷此前刚刚完成他在城市中心的第一栋建筑——斯卡拉电影院，沿用了他在赫勒奥见到的海因里希·特塞诺的艺术节剧院（1910—1912年）的大屋顶。

舒适宜居的施瓦布别墅可以说概括了让纳雷的风格形成阶段，不过最为重要的是，它宣告了让纳雷20世纪20年代向抽象化的转型。正如他1916年写给奥古斯特·佩雷的信中提到的，他按照1909年为导师工作时设计混凝土堆瓶车间（maison bouteille/ bottle house）的原理来筑造房子的基础，外立面会有"一个'法式'的露台……但材质是加筋的混凝土"。[2]不过这座建筑并非一次性浇筑，它的框架基于让纳雷1914年的多米诺建筑方案研究专利。因此他运用"一个几周时间筑造出的混凝土框架，填充漂亮的裸砖"，达到类似于佩雷的香榭丽舍剧院（1912年）的侧立面的效果。该剧院的正立面则重现在施瓦布别墅面向杜街的大白外立面上。在《新精神》中，勒·柯布西耶将这个别墅作为系统运用规则线的最好的例证。[3]

轮廓鲜明的立方体与半圆柱形的延伸，标志着开始彻底背离他早期住宅建筑中运用的地域和传统的形式。外部保持着某种伊斯坦布尔风情，只是用混凝土的元素代替了土耳其建筑中的木质面板。但很快邻居们给这座房子起了个绰号叫作"土耳其别墅"，觉得它外形古怪，有点类似东方风格却又难以定义。确实，这座建筑的灵感来源是多元的。从入口到两倍层高的起居室的空间序列复制了庞贝的狄俄墨得斯别墅的布局，环绕中庭组织。这块主要区域也是整个房屋的核心，朝南的开窗能让人联想到巴黎的艺术家工作室的巨大开敞空间，也类似于佩雷在蓬蒂厄街设计的车库中殿（1906—1907年）。

这座别墅的整体结构阐明了让纳雷看待他家乡的城市景观的新视角。1914年以前创作的速写作品中，那些精美的风景插图被抛弃，转而开始追求独特的、利用周围构筑物做衬托的抽象虚无的形式。建筑作为自治对象来呈现，只通过建立"背后的服务翅膀模型"使其关联到街区的连续性中。然而后来令让纳雷愤恨许久的是，他的客户拒绝支付设计建造费用，因为别墅的建造成本大幅超出了预算。他也在这座房子里真正看到了职业生涯的转折点。1920年6月他写信给威廉·里特，说道："我渴望全身心投入，即便是熟悉的工作，也就是说那些油画至少是我的施瓦布别墅的延伸部分。"[4]

1. 朱利安·卡朗（Julien Caron）[阿梅德·奥占芳（Amédée Ozenfant）]，"1916年柯布西耶的别墅"（Une Villa de Le Corbusier 1916），《新精神》（L'Esprit nouveau），第6卷，1921年3月，第679—704页。
2. 查尔斯－爱德华·让纳雷（Charles-Édouard Jeanneret），给奥古斯特·佩雷（Auguste Perret）的信，1916年7月21日。出版于《柯布西耶：信的主人》（Le Corbusier:

Lettres à ses maîtres），第1卷，《给奥古斯特·佩雷的信》（Lettres à Auguste Perret），玛丽－珍妮·杜蒙特（Marie-Jeanne Dumont），巴黎：过梁出版社，2002年，第180页。如未另说明，均由吉纳维芙·亨德里克斯（Genevieve Hendricks）翻译。
3. 勒·柯布西耶－索格里尔（Le Corbusier-Saugnier），"规则线的痕迹"（Les Tracés régulateurs），《新精神》（L'Esprit nouveau），第5期，1921年

2月，第572页；勒·柯布西耶，《走向新建筑》（Toward an Architecture），约翰·古德曼（John Goodman）译，洛杉矶：盖蒂研究所，2007年，第141，143页。原版为《走向新建筑》（Vers une architecture），巴黎：乔治斯·克雷公司，1923年。
4. 让纳雷（Jeanneret），给威廉·里特（William Ritter）的信，1920年6月19日，FLC R3-19-365。

施瓦布别墅，拉绍德封，1916—1917 年，理查德·佩
尔拍摄

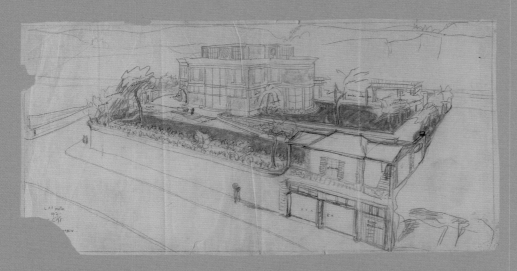

施瓦布别墅，拉绍德封，1916—1917 年，由铅笔、墨水和
彩铅在草图纸上绘画，44.2 cm × 88.2 cm，巴黎：蓬皮杜
艺术中心

布鲁诺・雷克林

科尔索："我的父亲在这座别墅中生活了一年，这里的风景让他沉醉。"[1]

图1. 湖畔别墅，科尔索，1923—1924 年，理查德・佩尔拍摄

在风景如画的日内瓦湖，湖畔别墅，也就是人们所熟知的"小屋"，有着将近 11 m 长的带形窗（图 1）。勒・柯布西耶后来暗示，他在构思该别墅时，特别考虑了他父亲的倾向。一些其他的证据[2] 中，有一封他写给父亲乔治斯－爱德华・让纳雷的信，信中饱含深情，当时正值住进新居后的第一个生日庆祝会，他写道："你在这小屋里可以愉快地望向窗外你喜爱的景致。外面十分寒冷，希望你的锅炉正常能用。冬天这里极其庄严辽阔，比夏天空阔许多，还有令人印象深刻的类似极地的柔和感。在这里，山不再作为背景而存在，湖看起来则像是一片大海。"[3] 柯布西耶租用了各种建筑设备来建造科尔索的这座住宅，为的是让他的设计能适应这个他认为是真正意义上的礼堂或是剧场的场地；在这篇文章中，笔者将论证他是如何将这座小屋植入场地中，并与周边的景观形成开放的关系的。[4]

1917 年查尔斯－爱德华・让纳雷和他的哥哥阿尔伯特・让纳雷一同前往巴黎的时候，他们的父亲已经开始了退休生活，建造让纳雷－佩雷特别墅（1912 年）花去了他们家中全部的积

1. 勒・柯布西耶（Le Corbusier），《1923 年的一座小屋》（Une Petite Maison, 1923），苏黎世：吉斯贝格尔出版社，1954 年，第 15 页，如未另注明，均由玛格丽特・肖尔（Marguerite Shore）翻译。
2. 例如《1923 年的一座小屋》（Une Petite Maison, 1923）的赠言（但没有收录），和巴黎：勒・柯布西耶基金会的草图。

3. 勒・柯布西耶（Le Corbusier），给乔治斯－爱德华・让纳雷（Georges-Édouard Jeanneret）的信，1925 年 11 月 29 日，拉绍德封城市图书馆，出版于《勒・柯布西耶往来函件之家书》（Le Corbusier : Correspondance ; Lettres à la famille），第 1 卷，1900—1925 年（1900–1925），雷米・包多义（Rémi Baudouï）和阿尔诺・德塞勒斯（Arnaud Dercelles）编，戈利永：音

弗利欧出版社，2011 年，第 726 页。
4. 见勒・柯布西耶（Le Corbusier），讲座笔记，洛桑市，1924 年 2 月 18 日，FLC C3-6-25，出版于蒂姆・本顿（Tim Benton），《现代主义修辞学：作为演讲者的勒・柯布西耶》（The Rhetoric of Modernism : Le Corbusier as a Lecturer），巴塞尔：比克霍伊泽出版社，2009 年，第 86 页。

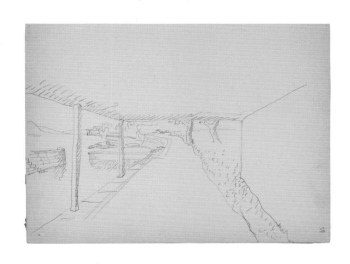

图 2. 透过房屋的底层架空柱看湖岸，20 世纪 20 年代，由铅笔在纸上绘画，25.3 cm × 33 cm，巴黎：勒·柯布西耶基金会，FLC 5065

蓄，而房子本身对于两位老人来说也太大了，最重要的是房屋的维护工作相当繁重。[5] 于是他哥哥决定卖掉这座房子，在布洛奈市的沙布勒，靠近沃韦小镇北部的地方，租一套小而舒适的农舍，二老 1919 年 10 月搬到了那里。[6]

农舍事实上是一处避暑的住所，居住条件有些局促，但房子对景观开放的格局让乔治斯－爱德华着了迷。当从搬家的劳顿中舒缓过来后，他对他的孩子们说道："现在，窗户对我们来说是最大的诱惑，具有极佳的视野，弥补了房子本身的不足，因为这风景实在是美妙独特、不可名状。"[7] 在这封信中，他已经提议让他们过来暂住，看看"美丽的道路和山上宜人的小径"。

从柯布西耶与他父亲之间的通信中可以看出，他们从 1923 年春天开始，一直试图寻找一片土地来建造一座小屋。[8] 想法落实于 1923 年 9 月，找到了合适的场地，他的母亲跟他描述想要一座很"纯粹"的住宅。[9] 寻找合适的土地是一件让人精疲力竭的事：土地所有者多疑、贪婪且不是很想出售，柯布西耶又鲁莽、冲动、没有耐心，急于求成。但其实最大的困难在于柯布西耶强加的要求。

他最初的也是最基本的要求是在沙布勒找到一片像乔治斯－爱德华·让纳雷所赞颂的那样的土地，能有一个良好的景观视角。这段搜寻过程可以由一本速写集证实。这些速写画的都是场地和景观，有在山腰的、在湖畔的，有时还会出现设想的建筑边界或是平面、高地以及透视图。[10] 沙布勒的小农舍成为这次项目的参考模型，甚至细到室内陈设都参考了原来的布置。他对场地视野的要求所带来的必然结果就是布局在相对受限的特定区域，也就是邻近沙布勒，范围从壮阔的拉沃海岸到里瓦兹、科尔索、沃韦、拉图尔德佩勒，再到克拉朗的高处（柯布西耶

5. 见克劳斯·施佩希滕豪泽（Klaus Spechtenhauser）和亚瑟·鲁埃格（Auther Rüegg）编，《白宫：查尔斯－爱德华·让纳雷，勒·柯布西耶》（Maison blanche : Charles-Édouard Jeanneret, Le Corbusier），《让纳雷－佩雷特别墅的历史和修复，1912—2005 年》（Histoire et restauration de la villa Jeanneret-Perret, 1912–2005），巴塞尔：比克霍伊泽出版社，2007 年。

6. 见《勒·柯布西耶往来函件》（Le Corbusier : Correspondance），第 1 卷，第 553-569 页。

7. 乔治斯－爱德华·让纳雷（Georges-Édouard Jeanneret），给阿尔伯特（Albert）和查尔斯－爱德华·让纳雷（Charles-Édouard Jeanneret）的信，1919 年 11 月 10 日，出版于《勒·柯布西耶往来函件》（Le Corbusier : Correspondance），第 1 卷，第 566 页。

8. 提及这一想法的出处见勒·柯布西耶（Le Corbusier），给父母的信，1923 年 3 月 20 日，出版于《勒·柯布西耶往来函件》（Le Corbusier : Correspondance），第 1 卷，第 650 页。

9. 乔治斯－爱德华·让纳雷（Georges-Édouard Jeanneret），日记，1923 年 9 月 5 日，拉绍德封城市图书馆。

10. 见 FLC 速写本 9，尤其是素描 FLC 5053。

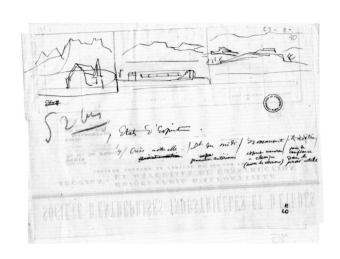

图 3. "革命不只是流血和扫除路障"（Les révolutions ne font pas que dans le sang et sur les barricades/ Revolutions are not fought only in blood and on the barricades）（局部），洛桑讲座笔记和科尔索湖畔别墅草图，1924 年 2 月 18 日，由墨水在纸和薄纸上绘画，27.5 cm × 21.9 cm，巴黎：勒·柯布西耶基金会，FLC C3-6-30

在一幅素描中展现了沙泰拉尔的城堡）。

他的第 2 条要求，即设计应是对景观需求的回应（图 2），要求一种更为理性的秩序。这其中包含了柯布西耶想通过对该场地的设计创新获得理论地位的野心。一个例子就是催生了该建筑的带形长窗这一"新（建筑）词汇"，以及对这个"新词汇"的空间和感知潜力的探索。根据柯布西耶的信仰体系，"新词汇"源自于新的建造技术。[11] 另一个例子就是对新的建筑外形的试验。新的建筑外形往往能引起用户对特定功能和其中各种布局关系的关注，包括构造、空间、感知和象征方面的。事实上，这座为他父母建造的应急小屋，逐渐成为柯布西耶的建筑宣言。

年迈的夫妇要求缩小房屋规模，尽量减少空间分割，期望着重设计起居室，强调视野的重要性，同时根据不同的地形条件，从湖畔到高地，因地制宜规划一个平行于湖岸或是等高线的条带状方案。这些设计条件使得柯布西耶产生了如乔治斯－爱德华在日记中写到的"卧铺车厢形状的纯粹住宅"的理念。[12] "规划方案已经在我的口袋中，我出发去寻找一片场地，"柯布西耶后来写道，并解释说，"现代建筑的新元素使得不论周边环境如何，都能让它适应所在的场地。"[13] 这些叙述可以通过各种关于小屋的草图得到证实（图 3）——正如他 1924 年 2 月 18 日在洛桑的讲座上解释的，日内瓦湖的景观都是手工打造，小屋坐落在半山腰，葡萄园围筑成梯田。[14] 小屋还在施工的时候就已经被用来举例说明标准化的概念，阐释什么是"居住机器"，重新评估由内而外所有的建筑要素和人的感知起源。

在柯布西耶发表的关于他的建筑生涯的讲座笔记中，首次追溯了窗户的演变史和材料，以及技术的设想发展史，这些都促成了他带形长窗的设计。在他涉及"景观建筑问题"处理方法的那段讲座笔记中，他通过一系列的草图示意来阐明古典和现代的窗户，还有一幅奇怪的画，

11. 勒·柯布西耶（Le Corbusier）频繁地使用"新词汇"（nouveaux mots/new words）这个短语来指代他发明的新建筑部件，如他写道："新的技术带来新的词汇"（The new techniques have brought us new words），《精确性：建筑与城市规划状态报告》（Precisions on the Present State of Architecture and City Planning），伊迪丝·施雷柏·奥杰姆（Edith Schreiber Aujame）译，坎布里奇：麻省理工学院出版社，1991 年，第 56 页，原版为《精确性：建筑与城市规划状态报告》（Précisions sur un état présent de l'architecture et de l'urbanisme），巴黎：乔治斯·克雷公司，1930 年。

12. 乔治斯－爱德华·让纳雷（Georges-Édouard Jeanneret），日记，1923 年 12 月 17 日。

13. 勒·柯布西耶（Le Corbusier），《精确性》（Precisions），第 127，130 页。

14. 勒·柯布西耶（Le Corbusier），讲座笔记（见笔记 4），FLC C3-6-30。

图 4. 湖畔别墅，科尔索，1924—1925 年，室内视角看日内瓦湖，由墨水和彩铅在纸上绘画，21 cm × 27 cm，巴黎：勒·柯布西耶基金会，FLC 32305

小屋作为前景，背景是日内瓦湖和萨瓦阿尔卑斯山脉，但当观察者正对带形长窗时，看到的不是湖泊而是山峦，让这幅画具有了一个概念性的空间维度。[15]

带形长窗这一具有创新性的装置的出现应归功于技术的进步，使得自然采光更充足，建筑内部与外部的关系彻底改变，但是它的出现早于洛桑讲座，或多或少还应归功于奥古斯特·佩雷的激发。佩雷始终赋予窗户拟人化的重要作用，如他写道："垂直开窗框定了人形，与人的外轮廓剪影高度契合……垂直线条是直立的线条，是象征生命的线条。"[16] "窗户"这一文化主题具有长达数个世纪的悠久历史，莱纳·玛利亚·里尔克后来在他的组诗《窗户》（1927 年）中，给出了最合理的证明。佩雷十分正确地认识到带形长窗带来的对传统的反叛，它颠覆了深深根植在文化之中的价值观念，突破了人们对于内部空间的经验性理解，这也正是他一直认为的柯布西耶将"破坏美好的法国传统"。[17]

沃尔特·本杰明曾推论，佩雷之所以厌恶带形长窗，是因为它不像垂直窗户（法式），"给人带来生气和活力，让人能看到一个纵向的完整空间：街道、花园和天空"，它"强制人们面对永恒不变的全景画"。[18] 他发现内部空间"不仅仅是领域的概念，也是庇护私人个体的盒子"。[19] 带

15. 同第 66 页注释 14。

16. 奥古斯特·佩雷（Auguste Perret），引用于马塞尔·扎哈尔（Marcel Zahar），《奥古斯特·佩雷》（Auguste Perret），巴黎：文森特和弗雷亚尔出版社，1959 年，第 15 页，见布鲁诺·雷克林（Bruno Reichlin），"日内瓦湖的小屋：佩雷和柯布西耶的争议"（Une Petite Maison sul lago Lemano：La controversia Perret-Le Corbusier），《荷花国际》（Lotus international），第 60 期，1988 年

10—12 月，第 59—83 页。

17. 勒·柯布西耶（Le Corbusier），未注明日期的备忘录，FLC F2-16，柯布西耶记录，1926 年 2 月，佩雷（Perret）要求《活着的建筑》（L'Architecture vivante）的出版商阿尔伯特·莫朗茨（Albert Morancé）不再在该杂志发表柯布西耶的作品。

18. 佩雷（Perret），引用于扎哈尔（Zahar），《奥古斯特·佩雷》（Auguste Perret），第 15 页。

19. 沃尔特·本杰明（Walter

Benjamin），"巴黎，19 世纪的首都"（Paris, the Capital of the Nineteenth Century），《拱廊街计划》（The Arcades Project），霍华德·艾兰（Howard Eiland）和凯文·麦克劳克林（Kevin McLaughlin）译，坎布里奇：哈佛大学出版社之贝尔纳普出版社，1999 年，第 9 页，原版为"巴黎，19 世纪的首都"（Paris, die Hauptstadt des XIX Jahrhunderts），1935 年，《著作集》（Schriften），第 2 卷，法兰克福：苏尔坎普出版社，1955 年。

图 5. 湖畔别墅，科尔索，1924—1925 年，室内视角看日内瓦湖，出自勒·柯布西耶，《现代建筑年鉴》，巴黎：乔治斯·克雷公司，1926 年，第 94 页

形长窗则适得其反，如柯布西耶写道，"将广阔无垠的外部空间，那时而狂风骤雨，时而风平浪静的湖畔景观毫无保留地引入室内。"[20] 大自然和风景，它们传达的感受和体现的价值，都发生在室内（图 4）。人不可能与带形长窗保持距离，也很难摆脱景观和"置身于花园的场所感"的支配。[21] 小屋的带形长窗颠覆了精致的中产阶级建筑的另一个元素符号：沿着立面的纵向线条。这原本是为了"建立一种与贵族居住空间的联系"，"彰显住所的华贵，即线条越长越显尊贵"。[22] 传统的空间组织是由房门分隔一连串的房间，每个房间各自拥有窗户，不同的是，带形长窗将起居室、卧室和卫生间结合起来，引入建筑跨行连续的手法，这种夸张的形式后来成为柯式空间手法的主要特征。[23]

带形长窗将宏伟壮丽的景点引入室内，因此居住者得以体验到一种不同寻常的视觉和心理的暧昧情形。[24] 他局限于观察者的角色，存在于两种对立的空间之中，即他所在的空间和他渴望的空间，于是他意识到这种微观世界的"中心和暖心"的瓦解、私人住所的消失以及内部与户外空间的沟通（图 5）。[25] 对于乔治斯－爱德华来说，真正的自然是救赎和慰藉的地方，因

20. 勒·柯布西耶（Le Corbusier），《精确性》（*Precisions*），第 130 页。

21. 勒·柯布西耶（Le Corbusier），《现代建筑年鉴》（*Almanach d'architecture moderne*），巴黎：乔治斯·克雷公司，1926 年，第 94 页。

22. 了解此类线条，见莫妮可·艾勒（Monique Eleb）和安妮·德巴尔（Anne Debarre），《巴黎现代住宅的发明 1880—1914 年》（*L'Invention de l'habitation moderne：Paris, 1880–1914*），巴黎：哈杉和现代建筑档案出版社，1995 年；以及《17—19 世纪的私人住宅与思想状态》（*Architecture de la vie privée：Maisons et mentalités, XVII–XIX siècles*），布鲁塞

尔：现代建筑档案出版社，1989 年，第 50 页。

23. 勒·柯布西耶（Le Corbusier）用"跨行连续"（enjambement）这个词来定义双重关联或空间模糊的效果，也就是柯林·罗（Colin Rowe）和罗伯特·斯拉茨基（Robert Slutzky）提出的"现象学透明"（phenomenological transparency）。柯布西耶因其更大的词源相关性而值得赞扬：跨行连续，在修辞学上，表示违背语法和韵律之间的相关性。柯布西耶，"注释续"（Notes à la suite），《艺术笔记本》（*Cahiers d'Art*）1，第 3 期，1926 年，第 46—52 页；以及罗和斯拉茨基，"透明：字面和现象

学的含义"（Transparency：Literal and Phenomenal），1955—1956 年，《耶鲁建筑学报》（*Perspecta*）8，1963 年，第 45—54 页，又见雅克·杜步瓦（Jacques Dubois）等人，《广义修辞学》（*Rhétorique générale*），巴黎：拉鲁斯出版社，1970 年，第 71 页。

24. 勒·柯布西耶（Le Corbusier），《精确性》（*Precisions*），第 130 页。

25. 见乔格·希尔德（Georg Hirth），《德国文艺复兴时期的住宅：对国内现代艺术的建议》（*Das deutsche Zimmer der Renaissance：Anregungen zu häuslicher Kunstpflege*），慕尼黑：乔格·希尔德出版社，1880 年，第 2 页。

此，获得真切体验的目标就是让他的住所成为大自然子宫中的一个小包厢，得以往外看向日内瓦湖。[26]

只有大自然才能消除人们对社会和前途的灰心和沮丧，这个观点时常出现在乔治斯－爱德华的日记和信件中（以及在他儿子写的某篇传记中）；这种情绪化的极端让人联想到让－雅克·卢梭的《新爱洛伊丝》（1761 年）、《忏悔录》（1782 年）、《一个孤独漫步者的遐想》（1782年）等作品里近乎患有忧郁症的陈述、令人迷醉的魅力以及占据了大量篇幅的欣快的画面。乔治斯－爱德华的作品从未提及卢梭，但卢梭却十分深刻而透彻地影响了他聆听自我的方式和在大自然中的现代自我投射。而乔治斯－爱德华、他的建筑师儿子和卢梭这三人对感受和地点的偏好形成了一种微妙的三角关系。

带形长窗是一种以人为本的（该术语在洛桑讲座上为柯布西耶所称道，因为当他提到门窗时，用的"人孔"一词）、现代的、世俗化的（或者说是具体的，但不说是极为单调的）建筑装置的具体表现，它的存在是为了鼓励继承卢梭的遐想、独处和沉思，尽管如此定论也许有些草率。综观来说，这些因素赋予了带形长窗"最突出的特点，使其成为房屋的主要吸引力"，具有绝对的重要性和理论及诗意方面的迫切性。所以当建造承包人科伦坡告诉柯布西耶，说他不能铸造钢筋混凝土梁时，对建筑外观相当满意的柯布西耶给出了替换方案——将 3 根小型的圆柱形金属横梁包裹在窗框之中——使得设计最终得以落成。[27]

小屋的花园包含在左岸由直线围成的湖堤内，向湖的方向望去，湖堤升起，形成了一道屏障，只在中心地带有个开口。加上临街一面的树篱和朝东较短一面约 2 m 高的封闭墙体，整个花园仿佛"夏天的起居室"。[28] 接近赭石红的封闭墙体、白色石灰粉刷的湖堤、中央的开口以及小

26. "包厢"（Loge）这个词被勒·柯布西耶（Le Corbusier）用在洛桑讲座上，来定义那类设置在"可以看见周边场景的场所中的住宅类型"［ce site (qui) est une salle de spectacle］，见笔记 4 和笔记 14，柯布西耶的重点。
27. 勒·柯布西耶（Le Corbusier），《1923 年的一座小屋》（Une Petite Maison, 1923），第 30 页。柯布西耶

的个人图书馆没有收录《新爱洛伊丝》（Julie, ou la nouvelle Héloïse），但有 2 卷 1908—1909 年版本的《忏悔录》（Les Confessions），上面题有"查尔斯－爱德华－让纳雷，1909 年"（Ch.-É-Jeanneret, 1909），画出了包括"去沃韦，造访该地区，发现它最可爱之处，泛舟湖上，然后扪心自问，是否大自然未曾将如此美丽的地

方呈献给叫朱莉、克莱尔或是圣普鲁的人"在内的篇章。让－雅克·卢梭（Jean-Jacques Rousseau），《忏悔录》（Confessions）（1782 年），安吉拉学者（Angela Scholar）译，纽约：牛津大学出版社，2000 年，第 149 页。
28. 勒·柯布西耶（Le Corbusier），《精确性》（Precisions），第 129—130 页。

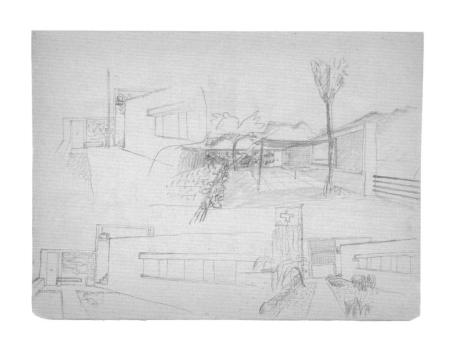

图 7. 湖畔别墅，科尔索，1924—1925 年，4 个外部透视，由铅笔和粉蜡笔在纸上绘画，25.3 cm × 33 cm，巴黎：勒·柯布西耶基金会，FLC 5103

型的内置水泥桌，构成了一幅完整的面向天空的内部空间画面。不出意料，在某个发表的摄影作品中，静置的水泥桌和摆在窗台上的家庭日用品，构成了名副其实的"居住空间的静物"。[29]

湖堤屏障的浅色粉刷中和了石墙本身自然而粗糙的特点，成为一种意想不到的处理技巧，让夏天的房间更能适应家庭生活。此外，白度挑战着人的无意识的感知，乡土的建筑材料消失了，但其符号仍然得以延续，不论是视觉的还是触觉的。因此围墙成为它自身的标志，成了石头制成的手工制品的标志，更是传统而古老的手工技术的标志。而墙上的开口也因为传统的砖石结构而成为典型。

所有这些元素或是装置表达出的信息是相互联系的，但需要单独进行分析。首先：由裸露的石头构成的围墙屏障上有着传统的被称为"墙洞"的开口，这种屏障是透过窗户历史看到的建筑历史中的一个派系，而柯布西耶对新建造技术的运用，引发了"当代建筑革命"，使得带形长窗成为了另一个派系。[30] 其次：在《1923 年的一座小屋》中，有一句"而南面的墙……有一个成比例的方形穿孔（目标是人的尺度）"，人们可能会说，柯布西耶在这个"绿色植物的房间"，有意地复制了佩雷的拟人化概念。[31] 最后：与带形长窗相反，围墙屏障的开口，是从连续的景观序列中选择并分离出了一个视角（图 6）。正如奥托·弗里德里希·博尔诺夫描述的"窗户带来的令人狂喜的效果"，当人们透过窗户看到的景象"像是随机取舍的，却是经过审慎选择的，那就能成为一幅绘画了"。[32] 这点可以用拍摄那个开口的方式来证明，即框定一个静

29. 见威利·鲍皙格（Willy Boesiger）和奥斯卡·斯通诺霍（Oscar Stonorov），《勒·柯布西耶和皮埃尔·让纳雷：作品全集，1910—1929 年》（Le Corbusier und Pierre Jeanneret : Ihr Gesamtes Werk von 1910–1929），苏黎世：吉斯贝格尔出版社，1930 年，第 74 页。

30. 透过历史窗户看到的建筑历史

是勒·柯布西耶（Le Corbusier）的纯粹主义讲座和写作中时常重复出现的主题。勒·柯布西耶，《精确性》（Precisions），第 51 页，首次出现在一系列展现历史发展的草图中，这也是洛桑讲座的主题，见笔记 4 和 14。

31. 勒·柯布西耶（Le Corbusier），《1923 年的一座小屋》（Une Petite Maison, 1923），第 26 页。

32. 奥托·弗里德里希·博尔诺夫（Otto Friedrich Bollnow），《人与空间》（Mensch und Raum），斯图加特：科尔哈默出版社，1963 年，第 162—163 页，作者和肖尔（Shore）译。博尔诺的里尔克（Rilke）的 10 首以窗户为主题的诗走进我的视野。

止（沃韦的湖畔）或运动的（例如一艘帆船，前提是摄影师必须具备一定的耐心）主题。柯布西耶坚持这种绘画视角的作用，在小屋的第 3 张草图中，他加入了一种"新的陈词滥调"，由铅笔创作，描绘了有一艘帆船的画面，后来出现在了寄往出版社的小出版物上。[33]

两种开口类型确立了一种对比关系，成为柯布西耶划分传统建筑与新建筑的界限，而每一种开口类型都对其所在空间的特征塑造起到决定性作用，因为开口的形状能赋予空间典型的特点（图 7）。这点十分明显地体现在有窗户的环境中：窗户的工艺系统、框定的空间，以及通过不可思议的景观建立起的视觉与心灵的关系。这些空间之间有着一种看似荒谬实则符合逻辑的关系：带形长窗使得室内空间完全融入室外空间中，然而作为屏障的乡土围墙上打开的视野却让封闭的花园具有了内部空间的特征。这种对立由一系列在建造场地上逐渐建立起来的相关关系精心策划而成。长窗和墙洞在同一高度，墙洞的宽度恰好与两个基本模块的总和一致——一宽一窄——通过与带形长窗并列设置而构建起来。因此从湖畔方向看，围墙和可以看到的部分立面便是两片相同比例的低矮的长方形，开口位于轴向位置，颜色几乎相同（围墙是白色，立面的石膏很可能是淡绿色，尽管在一些草图中仍是"淡粉色"）。在较早的阶段，柯布西耶曾设想围墙用钢筋混凝土打造，开口向下倾斜到右侧，并在一幅草图中将围墙刷成"暗粉色"。[34]

湖畔别墅简单而匀称的立面及围墙形态、其基本构成和对立并置、看似未完成的花园的防卫空间、面向湖面和屏障的墙体带来的古色古香的意蕴——所有这些都让柯布西耶产生联想，如他在一封从建造地点寄出的给他未婚妻伊冯·加里斯的信里写道："这是水边一座古老的庙宇。"（图 8）[35]

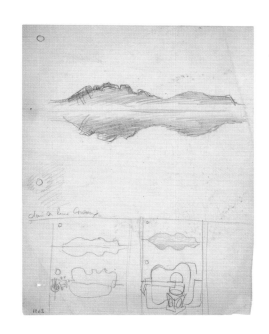

图 8. "科尔索的月光"（Clair de lune Corseaux），未注明日期，由铅笔在描图纸上绘画，27 cm × 21 cm，巴黎：勒·柯布西耶基金会，FLC 2451

33. 勒·柯布西耶（Le Corbusier），《1923 年的一座小屋》（Une Petite Maison，1923），第 50 页。

34. 见平面图纸和从湖的视角看去的房子及花园的立面图。

35. 勒·柯布西耶（Le Corbusier），给伊冯·加里斯（Yvonne Gallis）的信，1924 年 9 月 11 日，FLC R1-12-13。

日内瓦湖和阿尔卑斯山脉：在霍德勒和杜尚之间构造全景

图 1. 从瑞士布洛奈向东看日内瓦湖景色，1922 年，由彩铅和粉蜡笔在纸上绘画，24 cm × 31.5 cm，《拉罗歇集》，私人藏品

由于过去数十年间，包括日内瓦湖流域以及其中的丘陵、山坡等在内的地区，被彻底改造成了瑞士西部最重要的旅游度假胜地，在第一次世界大战之后的旅游指南及车站公告牌上随处可见。[1] 因而当勒·柯布西耶的父母在 1919 年为了更好的气候条件而决定离开拉绍德封时，该地区自然而然地引起了他们的关注。他们最终选定了一间小木屋，靠近布洛奈，位于沃韦北部的一个小村庄——沙布勒，他们的儿子对这独特的选址应该起到了一定的影响作用。[2] 在 1922 年的 9 月，当他去拜访他的父母时，他画家的天性被日内瓦湖那宽广的盆地和阿尔卑斯山的全景给激发了出来，而这些美景也正是他们搬新家的原因。在几天之内，他就做出了大量关于布洛奈及其周边地区的景观研究（图 1）。[3]

数十年之后，在《小屋》（1954 年）一书中，柯布西耶曾描述那些早期的踏勘与研究，都是他为父母在科尔索附近建造湖畔别墅的选址工作的一部分，描述如下："在 1922 年和 1923 年，我反反复复地乘坐往返巴黎和米兰的高速火车，或是往返巴黎和安卡拉的东方快线。我已经酝酿好了一个房屋的方案。一个在选址之前的方案？一个需要为它找到合适场地的房屋方案？

1. 见吉勒斯·巴比（Gilles Barbey）和雅克·古柏勒（Jacques Gubler）的论文《建筑命题》（*Werk-Archithese*），第 6 期，1977 年 6 月，目前的文章部分基于斯坦尼斯劳斯·凡·莫斯（Stanislaus von Moos），"日内瓦里维埃拉"（Riviera lémanique），凡·莫斯编，《勒·柯布西耶：拉罗歇集》（*Le Corbusier：Album La Roche*），米兰：爱莱克塔出版社；纽约：莫纳赛里出版社，1996 年，第 63—78 页。

2. 勒·柯布西耶（Le Corbusier）对

该地景观视角的狂热被记录在他父亲的日记中。见亚瑟·鲁埃格（Arthur Rüegg），"勒·柯布西耶的住宅和在苏黎世的落脚"（Le Corbusiers Wohnungen und sein Zürcher Pied-à-terre），卡琳·吉米（Karin Gimmi）等人编，《纪念斯坦尼斯劳斯·凡·莫斯》（*SvM：Die Festschrift für Stanislaus von Moos*），苏黎世：建筑历史与理论研究所，2005 年，第 210—233 页。

3. 《勒·柯布西耶：拉罗歇集》（*Le Corbusier：Album La Roche*），第 14，

17—24，27 页，见凡·莫斯（von Moos），"里维埃拉的日内瓦湖地区"（Riviera lémanique），来源同上，第 69—72，103—105 页，研究年表总结在第 76—77 页注释 3，又见尼古拉斯·福克斯·韦伯（Nicholas Fox Weber），《勒·柯布西耶的一生》（*Le Corbusier：A Life*），纽约：阿尔弗雷德克诺夫出版社，2008 年，第 176，196 页及其他各处。

是的。"[4]

　　随书还出版了一张草图，图中指出了最终被选为建造场地的位置。这个位置距国际铁路线很近，因此，或许正如既是商人又是建筑师的柯布西耶所期望的，由于洛桑的四通八达，湖畔别墅，或称为小屋，和欧洲的大城市（巴黎、伦敦、阿姆斯特丹、柏林、慕尼黑、苏黎世、维也纳、米兰和马赛）之间得以快速联系，距离似乎只在咫尺之间。紧接着，这本书介绍了这个项目的实施结果：正如方案中所展示的那样，这座房子本身按照事先设计好的那样，沿着所对的湖面全景布局。而交通图与阿尔卑斯山脉的全景图则出现在双开的扩展版上，就像在一本旅游小册子里那样。

　　柯布西耶是否有可能早几年就已经知道了费迪南德·霍德勒画作中日内瓦湖壮丽的全景？大多数人认为，霍德勒是 20 世纪初期瑞士最重要的画家。他使得阿尔卑斯山脉的景色在继湖泊、冰川与瑞士雪山山峰之后成为艺术作品中又一象征性的标志，尤其在 19 世纪晚期伯尔尼高原通过蒸汽船、铁路和齿轨铁路向游客开放之后。[5] 这些作品主要表达了 2 个主题。一个是对形成阿尔卑斯山脉的那令人敬畏的地质运动的夸大；这个主题在多年之前已经引起了欧仁·伊曼纽尔·维欧勒 - 勒 - 杜克和约翰·拉斯金的兴趣，尽管霍德勒的作品的灵感毫无疑问是来自地质学家卡尔·福格特。[6] 另一个主题则论证了霍德勒对景观的概念是他对宇宙产生超凡认识的起点。[7] 在他人生最后阶段所画的位于布洛奈向西几千米，谢布尔境内的日内瓦湖的风景，表现出了上述的那些主题的综合，以及从象征主义到抽象主义演化的欧洲景观画的顶峰。[8]

　　在霍德勒之后仅仅几年，柯布西耶与日内瓦湖之间的对话就开始了。如果算不上是直接的影响，霍德勒也无疑是研究景观中的生理心理学特性的开山之人，柯布西耶在随后研究日内瓦湖及其地形时才能在此基础上进一步发展。然而，在 1922 年的时候，柯布西耶的兴趣仍主要

4.　勒·柯布西耶（Le Corbusier），《1923 年的一座小屋》（Une Petite Maison, 1923），苏黎世：吉斯贝尔出版社，1954 年，第 6—7 页。

5.　勒·柯布西耶（Le Corbusier）频繁提及费迪南德·霍德勒（Ferdinand Hodler）具有里程碑意义的丰富的作品，尤其是在早期他与查尔斯·拉波拉特尼（Charles L'Eplattenier）、威廉·里特（William Ritter）、自己的父母等人之间的通信中，尽管我不曾听说任何关于霍德勒的景观的评论。见《勒·柯布西耶：信的主人》（Le Corbusier : Lettres à ses maîtres），第 2 卷，《给查尔斯·拉波拉特尼的信》（Lettres à Charles L'Eplattenier），玛丽 - 珍妮·杜蒙特（Marie-Jeanne Dumont）编，巴黎：过梁出版社，1911 年，第 75 页；以及《勒·柯布西耶往来函件之家书》（Le Corbusier : Correspondance ; Lettres à la famille），第 1 卷，1900—1925 年，雷米·包多义（Rémi Baudouï）和阿诺德·德塞勒斯（Arnaud Dercelles）编，戈利永：音弗利欧出版社，2011 年，第 117，234—235 页及其他各处。

6.　卡尔·克里斯托夫·福格特（Carl Christoph Vogt），《地质学教科书：用于讲座和自我指导》（Lehrbuch der Geologie und Petrefactenkunde : Zum gebrauche bei Vorlesungen und zum selbstunterrichte），不伦瑞克：菲韦格和索恩出版社，1854 年。作为 19 世纪 70 年代日内瓦的一名艺术学生，霍德勒（Hodler）和福格特一同上课。见奥斯卡·贝契曼（Oskar Bätschmann），"费迪南德·霍德勒的景观作品"（Das Landschaftswerk von Ferdinand Hodler），贝契曼、史蒂芬·艾森曼（Stephen F. Eisenman）和卢卡斯·格洛尔（Lukas Gloor）编，《费迪南德·霍德勒：景观》（Ferdinand Hodler : Landschaften），苏黎世：瑞士艺术研究所 / 苏黎世出版社，1987 年，第 24—48 页；以及"费迪南德·霍德勒的秩序性"（Ferdinand Hodler : Geordnete Natur），托比亚·贝佐拉（Tobia Bezzola）、保罗·朗（Paul Lang）和保罗·穆勒（Paul Müller）编，《费迪南德·霍德勒：景观》，苏黎世：苏黎世美术馆，2004 年，第 51—61 页。

7.　详见达里奥·干博尼（Dario Gamboni），"霍德勒和象征意义"（Hodler et les symbolismes），贝契曼（Bätschmann），马蒂亚斯·弗雷纳（Matthias Frehner）和扬斯 - 耶格·禾佑瑟（Jans-Jörg Heusser）编，《费迪南德·霍德勒：研究—开端—工作—成功—语境》（Ferdinand Hodler : Die Forschung–Die Anfänge–Die Arbeit–Der Erfolg–Der Kontext），苏黎世：瑞士艺术研究院，2009 年，第 249—262 页。

8.　这个演化过程据说结束于年轻的彼埃·蒙德里安（Piet Mondrian）的作品。见贝亚特·威斯默（Beat Wismer），"当费迪南德·霍德勒遇见彼埃·蒙德里安"（Ferdinand Hodler, Piet Mondrian : Eine Begegnung），威斯默编，《当费迪南德·霍德勒遇见彼埃·蒙德里安》（Ferdinand Hodler, Piet Mondrian : Eine Begegnung），阿劳：阿尔高艺术博物馆；巴登：拉尔斯·穆勒出版社，1998 年，第 13—39 页。

图2. 费迪南德·霍德勒（瑞士人，1853—1918 年），《考克斯附近的上升云朵景观》，1917 年，帆布油画，65.5 cm × 81 cm，苏黎世艺术博物馆

在绘画上。可能是受到了几次前往布洛奈时同行画家阿梅德·奥占芳的鼓励，柯布西耶创作了一系列朴素的新古典主义风格的彩色图画，且相比于霍德勒，其风格更偏向于受到让–巴蒂斯–卡米耶·柯洛的影响。[9] 他的一幅全景铅笔画中，视角从沙布勒看向湖泊，直到那激动人心的山脉轮廓，这个作品是典型的为将阿尔卑斯山脉吸收到他的新古典主义风格所做的尝试。[10] 萨瓦山就像凭空出现的一样，它的轮廓被鲜明地勾勒出来，层次分明，岿然不动，巍峨参天，向湖对岸的观景者呈现出一片广阔的全景，甚至不需要前景的铺设。在这样的情境中，很难不联想起霍德勒所勾画的那引人入胜的湖面风景（图 2）。

1924 年，先是在洛桑所做的一个讲座中，紧接着在巴黎、巴塞尔和苏黎世，柯布西耶大量介绍沃州海岸的美景，无法抗拒地提出了一种标新立异的崇高性理论，即迷人的（或仅仅是如画的）美景对面具有崇高性，从而将对景观的喜爱和其在《新精神》中所推崇的理性几何形体理论相联系。[11] 正如 18 世纪瑞士的高山景观理论家阿尔布莱克·冯·哈勒和卡斯帕·沃尔夫最先断言的，柯布西耶明确的新古典主义偏好给崇高性理论留下了很少的发展空间；他也没有受到拉斯金在《论山区风景》（1856 年）中对阿尔卑斯山起源于地表逐渐破坏的解释的困扰。在他心理生理学的观点中，景观中断断续续的锯齿状线条被视作有问题的、令人心烦的，进而让人不舒服；而与之相对的，波浪形的轮廓或是笔直的水平线则是平和的，因此也是和谐的（第 66 页，图 3）。"这些间断的线让人不舒服"，他在草图的一侧写着，"这些连续的线条则令人愉悦；这些杂乱的线条令我们困扰；这些有韵律感的构成则令人宽慰。"[12] 在早前的讲座中，他

9. 这些是对开页 3 和 4，笔者推断可能是 1919 年，《勒·柯布西耶之拉罗歇集》（Le Corbusier: Album La Roche）。

10. 同上，对开页 14 和第 103 页。这幅画作很可能创作于 1921 年（或 1922 年）；一幅类似的画作随后出版于勒·柯布西耶（Le Corbusier），《小屋》（Une Petite Maison），第 18 页。

11. 见蒂姆·本顿（Tim Benton），《现代主义修辞学：作为演讲者的勒·柯布西耶》（The Rhetoric of Modernism: Le Corbusier as a Lecturer），巴塞尔：比克霍伊泽出版社，2009 年，第 52—92 页。关于理性几何形体理论，见勒·柯布西耶–索格涅尔（Saugnier），"MM. 法国建筑师事务所的三段回忆：第一段——体积"（Trois Rappels à MM. les architectes: Premier Rappel; Le Volume），《新精神》（L'Esprit nouveau），第 1 卷，1920 年 10 月，第 90—96 页。

12. 勒·柯布西耶（Le Corbusier），在巴黎拉普大厅的一次讲座记录，1924 年，引用于本顿（Benton），《现代主义修辞学》（The Rhetoric of Modernism），第 81 页。

图 3. 万国宫，日内瓦（局部），1927 年，屋顶平台透视图，1927 年，由铅笔和墨水在草图纸和薄纸上绘画，67.6 cm × 61.9 cm，巴黎：勒·柯布西耶基金会，FLC 23384

曾以相似的口吻写过："面对着我曾在黑板上画过的各种各样的线条，会产生不同的感觉。间断与连续线条之间的区别足够刺激心跳，其对应结果便是由形态催生的令人震惊或令人宽慰的感受。"[13]

显然，已经危如累卵的终究不是一个风景画理论，而是一种新的会帮助建筑师们组织世界的审美观。[14] 在另一张为了同一讲座所绘的草图上，柯布西耶明确地将登茨杜米迪山所体现出的阿尔卑斯崇高性与德国建筑，并最终与 19 世纪后期的哥特式建筑联系起来，对他而言，这种影响与英国人和瑞士裔德国人在瑞士罗曼德殖民地所造成的负面影响相似。在我们的理解中，要消除这种影响，只能通过将建筑物依据一种新的、经过提炼的古典主义风格进行重置，而这种古典主义风格必须契合勒格拉蒙山那清晰的轮廓和"有用的过往"的历史遗存，如拉沃地区"不朽的，可能经历了千年"的石头防护墙。[15]

几年之后，在 1926 年，当柯布西耶在设计万国宫的方案的时候，小湖（*Petit lac*）——日内瓦湖西部的尖端与湖的全貌引起了他的关注。[16] 有趣的是，方案大多数的透视图都是从湖上的视角来表达的，因而在背景中侏罗山那"静谧稳重"而"令人愉悦"的轮廓就成为其中唯一包含的自然环境要素。而位于南地平线的勃朗峰，这座成为日内瓦为人熟知的明信片图案的山峰，因其景观更"杂乱"一些，只有那些少数被选中的能够登上礼堂屋顶平台的人才能看到。[17] 在对

13. 同第 74 页注释 12。

14. 同时，勒·柯布西耶（Le Corbusier）断言，这个新的审美观"如果要得到推行的话，需要遵循一些基本原理"。为了这个目的，"一个有效的出发点就是生理感觉。这里的生理感觉指的是对给定视觉现象的生理反应。我的眼睛将面前的景象传输到意识中"。同上。

15. 有了这些想法，他又兜回到他早年关于瑞士罗曼德文化及其对地中海古典主义的罪责的理念上。见亚历山大·钦格利亚-凡奈尔（Alexandre Cingria-Vaneyre），《造访鲁埃的别墅：对话瑞士罗曼德的造型艺术》（*Les Entretiens de la Villa du Rouet : Essais dialogués sur les arts plastiques en Suisse romande*），日内瓦：朱利安出版社，1908 年。

16. 见维尔纳·欧克林（Werner Oechslin）编，《勒·柯布西耶和皮埃尔·让纳雷：1927 年日内瓦万国宫设计竞赛》（*Le Corbusier und Pierre Jeanneret : Das Wettbewerbsprojekt für den Völkerbundspalast in Genf 1927*），苏黎世：建筑历史与理论研究所和阿曼出版社，1988 年。又见马丁·梅尔兹（Martin Merz），"柯布西耶的一意孤行：柯布西耶的日内瓦万国宫设计竞赛作品（1926—1933 年）"[Pushing Corb : Campaigning for Le Corbusier's Project for the Palace of Nations in Geneva（1926-33）]，曾晒淑（Shai-tsu Tzeng）编，《师大艺术史研究论义：现代性的媒介》（*Shida Studies in Art History : Agents of Modernity*），台北：SMC 出版社，2011 年，第 227—284 页。译者注：万国宫（Palace of the League of Nations）即国际联盟总部（the headquarters of the League of Nations）。

17. 该处远景发现于万国宫方案轴测图简介的左下角，现存于苏黎世联邦理工学院建筑历史与理论研究所。又见 FLC 23384。见阿道夫·马克思·沃格特（Adolf Max Vogt），《勒·柯布西耶：高贵的野蛮人》（*Le Corbusier : The Noble Savage*），坎布里奇：麻省理工学院出版社，1998 年，第 160—182 页，尤其是第 167 页。

ses racines allant chatouiller (bien loin) les modestes
fondations de la petite maison.

L'acacia ? Il enlevait leur soleil aux salades du voisin.
Il fut enlevé.

Le paulownia est demeuré seul

Un cerisier. Le paulownia

Le saule-pleureur ? Il pleurait de trop, prenant son soleil
à la chambre à coucher. Il trempait ses feuilles dans le lac ;
il était poétique, tout et tout ! Coupé, le saule-pleureur !
Alors, le paulownia est demeuré avec ses grosses

55

图 4. 湖畔别墅，科尔索，1924—1925 年，花园围墙上的观景窗视野和房屋自身的带形窗，勒·柯布西耶，《1923 年的一座小屋》，苏黎世：吉斯贝格尔出版社，1954 年，第 54—55 页

那个视野的描写中（图 3），地板石块的延伸线条指向的并不是勃朗峰，而是莫乐峰，一座差不多位于日内瓦与勃朗峰中间的锥形的山峰。因而，后者就像是前者被毁坏的版本，像它旁边的实体原型。如果自然和历史让我们面对的千年衰退过程带来的结果是一种含蓄的暗示信息，那么，建筑学就应该追溯到其纯粹的起源，而万国宫的设计也应是如此。值得一提的是，在地质学上，至少根据维欧勒－勒－杜克的观点，勃朗峰现在的地貌是经过千年侵蚀的结果，而这样的演变也是从近圆锥形的山丘开始的。[18]

在沙布勒所画的安格尔式的独特而又神奇的萨瓦山全景图证明，这位画家在为他的父母找寻房址时，最终选择在这湖边是十分合适的，使得阿尔卑斯山高耸的天际线所带来的令人不安的戏剧效果被湖水玄妙的静谧感所缓和，如同从海平面冉冉升起。尽管受到居家功能布局的条框限制，仅比火车车厢稍大的小屋仍像是剪辑山湖景色的工具。仿佛为了说明典型的二分法，这些景色也能分成两种类型：通过花园围墙上近乎正方形（尽管实际上是水平的长方形）的开孔可俯瞰湖面，与风景画的传统比例相符；而位于卧室的带形长窗则可涵盖全景（图 4）。实际上这个至少 11 m 的长窗，可以说是为框定沙布勒的画中场景而设置的。在提出为阿尔卑斯的景色构建这样一个取景框之前，柯布西耶回到了将全景画作为一种艺术形式的一个发源地。[19] 不知是否因为巧合，在那段时间他也经常设计展览装置，或者更确切地说，实景模型——一个源于 19 世纪的经典装置，他十分热衷于用其推行城市化相关的理念。[20]

马塞尔·杜尚的《给予：1. 瀑布，2. 燃烧的气体》（1946—1966 年）一书提供了一个颇具

18. 欧仁·伊曼纽尔·维欧勒－勒－杜克（Eugène Emmanuel Viollet-le-Duc），《勃朗峰施工测量研究：其冰川现状及演化过程》（Le Massif du Mont-Blanc : Étude sur sa construction géodésique, sur ses transformations et sur l'état ancien et moderne de ses glaciers），巴黎：J. 博德里出版社，1877 年，第 77 页。

19. 见乌尔斯·克瑙比勒（Urs Kneubühl）编，《视觉旅行之瑞士全景》（Augenreisen : Das Panorama in der Schweiz），伯尔尼：瑞士阿尔卑斯山博物馆和瑞士阿尔卑斯山俱乐部，2001 年。

20. 见《勒·柯布西耶之拉罗歇集》（Le Corbusier : Album La Roche），第 79—81 页。

图 5. 弗斯德瀑布，沙布勒，瑞士，由斯蒂芬·邦兹拍摄

争议的较为极端的方法，来代替柯布西耶式的以建筑手法捕捉风景。如果说小屋是一个捕捉湖畔全景的光学设备，《给予》中的方法则更接近于一个摄像机暗箱的感知模型。杜尚的作品以2个窥视小孔代替柯布西耶的带形长窗；而目的并非观察湖畔全景，观察者可以看到近景中那斜倚的裸体女性，以及背景中青翠欲滴的树木围绕着瀑布，构成一组准新艺术派的景致。[21]

杜尚很可能并不知道科尔索的那座房子。即便他知道，以他对柯布西耶怀有的那种"无畏而坚定的蔑视"，当他 1946 年住在沙布勒附近的贝尔维尤旅馆时，也不会有兴趣前去拜访一下。[22] 然而最近的研究显示，《给予》的主旨来源于那次在日内瓦湖流域的短暂停留。在旅馆的时候，杜尚拍摄了许多附近瀑布的照片，而这些照片成为他日后创作的装置中"滑槽"意象的基础，但他显然忘记了他是在哪里拍的这些照片。数十年之后，一批瑞士的杜尚追随者在艰苦的调查工作后，终于定位到了弗斯德附近的瀑布——在沙布勒的小镇上，距离科尔索几千米远，靠近拉图尔德佩勒。古斯塔夫·库贝尔曾在这里安度晚年（图 5）。[23]

尽管乍看之下，柯布西耶与杜尚水火不容，但实际上他们之间存在着兴趣方面极大的相似性，这基于一系列共同的远远超出正式含义的隐喻主题。[24] 他们都以自创的方式在人造自然景观和工业景观（*paysage industriel*/industrial landscape）特征的问题上做文章，都将景观理解为创作和理性思考的场所，但奇怪的是，他们最终却都构建了杳无人烟的浪漫场景（图 6 和图 7）。在柯布西耶的《城市景观图》中，他使我们忘记了日内瓦湖流域绝不是像让－雅克·卢梭

21. 见贝斯·A. 普莱斯（Beth A. Price）等，"景观的演变：材料和《已知的条件》背景下的方法"（Evolution of the Landscape : The Materials and Methods of the *Etant donnés* Backdrop），迈克尔·R. 泰勒（Michael R. Taylor）编，《马塞尔·杜尚：已知的条件》（*Marcel Duchamp : Étant donnés*），费城：费城艺术博物馆，2009 年，第 262—281 页，以及本文注释 24。

22. 罗宾·米德尔顿（Robin Middleton），序言，菲利普·杜柏伊（Philippe Duboy），《让－雅克·勒克：一个谜》（*Jean-Jacques Lequeu : Une Énigme*），巴黎：阿赞出版社，1987 年。见凡·莫斯（von Moos），"与勒·柯布西耶擦肩而过"（The Missed Encounter with Le Corbusier），斯蒂芬·邦兹（Stefan Banz）编，《马塞尔·杜尚和弗斯德瀑布》（*Marcel Duchamp and the Forestay Waterfall*），苏黎世：JRP/ 荣格出版社，2010 年，第 258—275 页。

23. 见邦兹（Banz），简介，《马塞尔·杜尚和弗斯德瀑布》（*Marcel Duchamp and the Forestay Waterfall*），第 9—13 页；以及"错误的景观：马塞尔·杜尚和弗斯德瀑布"（Paysage fautif : Marcel Duchamp and the Forestay Waterfall），同上，第 26—57 页。

24. 见凡·莫斯（von Moos），"与勒·柯布西耶擦肩而过"（The Missed Encounter with Le Corbusier）；以及杜柏伊（Duboy），《让－雅克·勒克》（*Jean-Jacques Lequeu*）。

图 6. 安德烈·拉法利，法国人，1925—2010 年，"马塞尔·杜尚在他的工作室中考虑对他最后的作品《给予》的保密，最终在他去世后在纽约揭晓"，1966 年，由水粉和蛋彩在纸上绘画，38.1 cm × 30.5 cm，纽约：弗朗西斯瑙曼艺术馆

图 7. 勒·柯布西耶（右）与阿纳托尔·戴·蒙茨，法国公共教学和美术部部长，注视着展示在新精神纪念馆的"300 万居民的当代城市"透视图，1925 年，勒·柯布西耶，《现代建筑年鉴》，巴黎：乔治斯·克雷公司，1926 年，第 136 页

在《新爱洛伊丝》（1761 年）中描绘的那种田园牧歌式的天堂，而是高度城市化的扩展地带。[25] 反之，杜尚则彻底地无视最初将他吸引到场地的一切。未曾赞颂引人入胜的湖畔景观，而是继续对被人遗忘的瀑布进行冥思苦想——然而同时也将瀑布进行彻底的抽离和简化（就像柯布西耶对日内瓦湖所做的那样），清除它原有的文化与建筑界面（磨坊、酿酒厂、射击台），因而不会给我们留下一个仅仅是对库尔贝瀑布媚俗而拙劣的模仿。

25. 尤其见古柏勒（Gubler），"各区域的特性"（Les Identités d'une région），《建筑命题》（Werk-Archithese）；第 6 期，1977 年 6 月，第 3—11 页。

插图 8. 日内瓦湖风景，1918—1920 年，由铅笔和彩铅在纸上绘画，25.4 cm × 33 cm，巴黎：勒·柯布西耶基金会，FLC 4791

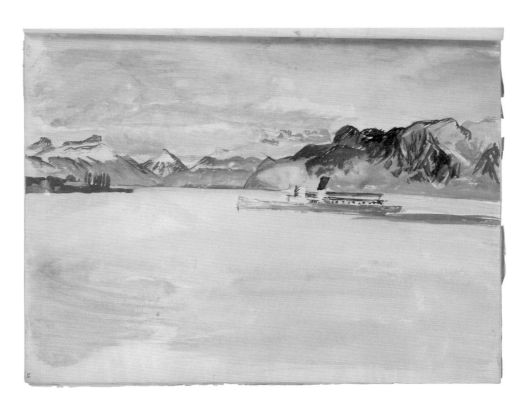

插图 9. 有船只的日内瓦湖风景，未注明日期，由铅笔、水彩和水粉在纸上绘画，25 cm × 32.8 cm，巴黎：勒·柯布西耶基金会，FLC 4910

插图 10. 万国宫，日内瓦，1927 年，在风景中的透视图，由炭笔和铅笔在草图纸上绘

画，75.7 cm × 186.6 cm，巴黎：勒·柯布西耶基金会，FLC 23169

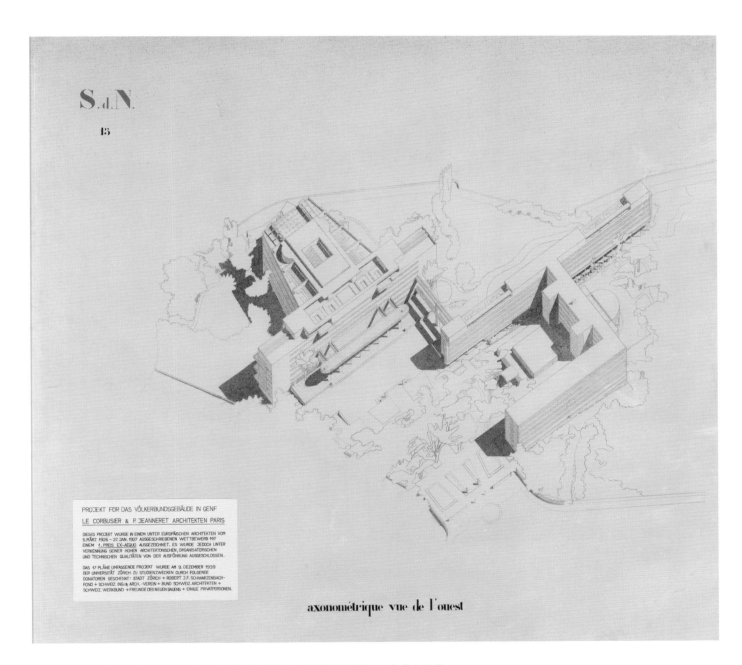

S.d.N.

15

PROJEKT FÜR DAS VÖLKERBUNDSGEBÄUDE IN GENF

LE CORBUSIER & P. JEANNERET ARCHITEKTEN PARIS

DIESES PROJEKT WURDE IN EINEM UNTER EUROPÄISCHEN ARCHITEKTEN VOM
5. MÄRZ 1926 - 27. JAN. 1927 AUSGESCHRIEBENEN WETTBEWERB MIT
EINEM 1. PREIS EX-AEQUO AUSGEZEICHNET. ES WURDE JEDOCH UNTER
VERKENNUNG SEINER HOHEN ARCHITEKTONISCHEN, ORGANISATORISCHEN
UND TECHNISCHEN QUALITÄTEN VON DER AUSFÜHRUNG AUSGESCHLOSSEN.

DAS 17 PLÄNE UMFASSENDE PROJEKT WURDE AM 9. DEZEMBER 1939
DER UNIVERSITÄT ZÜRICH ZU STUDIENZWECKEN DURCH FOLGENDE
DONATOREN GESCHENKT: STADT ZÜRICH + ROBERT J.F. SCHWARZENBACH-
FOND + SCHWEIZ. ING.- & ARCH.-VEREIN + BUND SCHWEIZ. ARCHITEKTEN +
SCHWEIZ. WERKBUND + FREUNDE DES NEUEN BAUENS + EINIGE PRIVATPERSONEN.

axonométrique vue de l'ouest

插图 11. 万国宫，日内瓦，1927 年，西侧视角轴测图，日光晒印于纸上结合墨水和拼贴添加，135.5 cm × 147 cm，建筑历史与理论研究所（GTA），苏黎世联邦理工学院

日内瓦：世界城市，1928 年

1929 年，埃尔·利西茨基在一本莫斯科杂志《建筑工业》上发表了一篇令人震惊的文章，批判勒·柯布西耶的世界城市项目，也就是位于日内瓦郊区的世界城市。利西茨基曾是柯布西耶最好的俄国盟友。随后，捷克评论家卡雷尔·泰奇反复重申了这种批判的论调。其大意十分简单：通过运用基于黄金分割的规则线条，追求让人联想起古代亚述及巴比伦的金字形神塔的形式，柯布西耶颠覆了现代建筑的建造法则，复兴了构成方法和纪念性空间塑造的学术实践。[1]

1928 年，柯布西耶接受了比利时慈善家保罗·奥特莱的委托。奥特莱热衷于向世界城市人口推行文化和教育。早在 1914 年之前，奥特莱就设想过创建世界城市，并委托了法国建筑师欧内斯特·哈巴德设计位于荷兰海岸的一处场地。[2] 对柯布西耶而言，这个项目为他提供了一雪前耻的机会，一年之前，他在万国宫的竞赛中败北，巧合的是此次项目选定的场地在日内瓦湖湖畔，就在他折戟之地的不远处。

柯布西耶的世界城市方案的野心不仅仅局限于之前的两个项目，方案的组成部分——图书馆、博物馆、科学协会、大学、研究所——将分散布置，形成综合的城市组合，沿着 2 条平行的轴线有序地组织，一条轴线通向湖边，另一条建立起全局中最具有纪念意义的元素——博物馆和其他研究所之间的关系。柯布西耶的博物馆方案基于一个螺旋的形态，这种设计暗示了美索不达米亚的金字形神塔和埃及石室坟墓的形式。在他的图纸里，系统地比较了博物馆的轮廓和湖对岸的阿尔卑斯山峰。

正如他后来在 1928 年和奥特莱一起出版的小册子中解释的，景观元素是该项目的首要考虑因素："被选中的场地位于大萨科奈和普莱格尼之间的一处高地上，拥有俯瞰日内瓦地区的绝佳高度，且是东南西北 4 个方位中最宏伟壮阔的视角。"[3] 他坚持要让世界城市"从全方位向外展示，从城市、码头、大湖和小湖的视角，世界城市就像一个巨大的地标"。不仅仅是一个均衡的格网，方案的规则线按照地理维度设置，因此世界博物馆的对角线象征着 4 个方位基点，上面承载着严格布局的建筑组合。

这个充满了野心的项目构思迸发于 2 个目标的碰撞：一个是外部的，是已经被柯布西耶反映在科尔索的湖畔别墅项目（1924—1925年）和万国宫项目中的景观；另一个是内在的，基于方案的几何结构。但奥特莱目前的野心超出了他所拥有的资源，最终该项目无疾而终。尽管如此，柯布西耶后来将他的概念再次用在了博物馆上，放弃了历史主义的特点，坚持了螺旋形的方案；最好的例证就是 1931 年的"无限成长的美术馆"（Musée à Croissance Illimitée/ Museum of unlimited growth）。

1. 埃尔·利西茨基（El Lissitzky），"偶像和偶像崇拜"（Idoli i idolopoklonniki），《建筑工业》（Stroitelnaya Promyshlennost）9，第 11—12 号，1929 年，第 854—858 页；卡雷尔·泰奇（Karel Teige），"世界城市"（Mundaneum），《建筑施工》（Stavba）7，1929 年 4 月，第 145—155 页。

2. 朱利亚诺·格雷斯莱利（Giuliano Gresleri）和达里奥·马泰奥尼（Dario Matteoni），《世界城市：安德森，哈巴德，奥特莱，勒·柯布西耶》（La città mondiale : Andersen, Hébrard, Otlet, Le Corbusier），威尼斯：马西里欧出版社，1982 年；格雷斯莱利（Gresleri），"世界城市规划"（The Mundaneurn Plan），卡洛·帕拉索洛（Carlo Palazzolo）和里卡多·维奥（Riccardo Vio）编，《勒·柯布西耶寻踪》（In the Footsteps of Le Corbusier），纽约：里佐利出版社，1991 年，第 92—113 页。

3. 勒·柯布西耶（Le Corbusier），"建筑项目"（Le Projet architectural），《世界城市》（Mundaneum），国际协会联盟（Union des associations internationales），1928 年，第 30 页，吉纳维芙·亨德里克斯译。

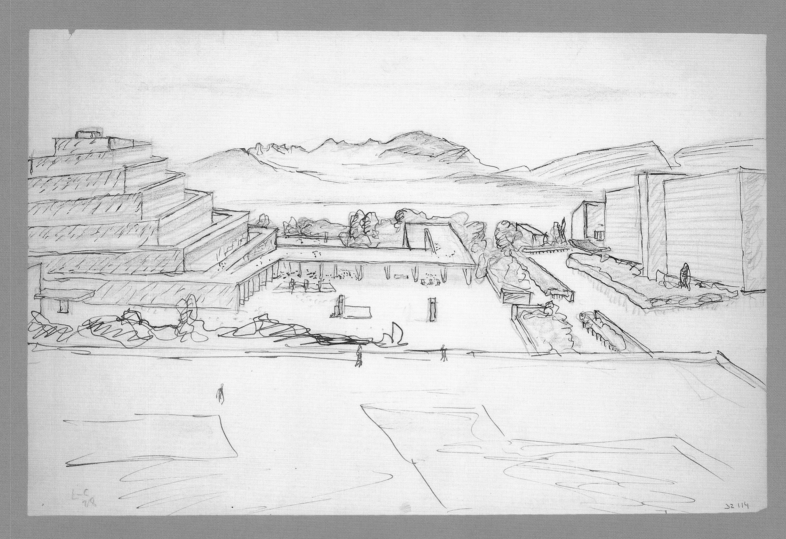

世界城市，日内瓦，1928 年，原址的博物馆透视图，由墨水、铅笔和彩铅在纸上绘画，
23.9 cm × 35.4 cm，巴黎：勒·柯布西耶基金会，FLC 32114

世界城市，日内瓦，1928 年，朝湖面方向的鸟瞰，由墨水在纸上绘画，53.7 cm ×
112.3 cm，巴黎：勒·柯布西耶基金会，FLC 24520

克里斯托夫·施诺尔

从慕尼黑到柏林：德国城市的城市空间

图 1. 从特阿庭大街视角看音乐厅广场，慕尼黑，1910—1911 年，由铅笔在纸上绘画，12.6 cm × 20 cm，巴黎：勒·柯布西耶基金会，FLC 2030

当 1910 年查尔斯-爱德华·让纳雷刚到德国的时候，城市规划（*Städtebau*/ urban planning）的概念对他来说是前所未闻的。他对城市空间的理念表现出了满腔的热情，随后全身心地投入了探索研究中，这使得他对该领域有了深刻的理解。他在德国旅途中的详细研究始于 1910 年 4 月，直到 1911 年 5 月结束，此次旅行奠定了他在城市方案和建筑设计两个方面的基础。他在德国用了超过一年的时间旅行、研究和工作，其间他全力投入的 4 篇游记（*carnets de voyage*）充满了各种例证，他不知疲倦地寻找信息和灵感。[1] 他的手稿"城市建设"是他相当"没耐心的研究"的结果，尽管主要关注点还是在美学，同时也结合了他详细而彻底的对城市规划的视觉和美学方面的调查，以及为功能主义的声辩。[2]

让纳雷 1910 年 4 月 9 日到达慕尼黑，期望找到一份与西奥多·费舍尔共事的工作。费舍尔是这座城市的扩张地区的规划者，也是让纳雷后来给予极大尊重和赞美的人。尽管当时费舍尔并没有合适的工作给他，但他们的对话给了这位有抱负的建筑师相当有价值的对城市规划的深刻见解，并且他很可能还给让纳雷推荐了一些文献阅读。让纳雷在洛茨贝克街找了一间房，此处住所在古典主义的慕尼黑的城市中心，就在音乐厅广场的后面。关于特阿庭教堂和特阿庭街的图纸，都是从一些不常见的视角来描绘城市情景，揭示了让纳雷对空间和建筑并列排布的兴趣（图 1）。[3]

慕尼黑是他接下来 2 个月的大本营，在此期间他进行了一次全面彻底的城市规划领域的文献搜索。他将大量的时间花在皇家法院和图书馆，有时也在巴伐利亚州的国家博物馆的小型图书馆内。由于图书馆位于路德维希街，让纳雷需要时常穿过平静甚至有些荒凉的古典主义街道。这条街道上"没有一棵树，有的只是无法给人留下任何印象的石墙，厚重有力，没有任何

1. 勒·柯布西耶（Le Corbusier），《德国游记》（*Les Voyages d'Allemagne : Carnets*），朱利亚诺·格雷斯莱利（Giuliano Gresleri），米兰：爱莱克塔出版社；巴黎：勒·柯布西耶基金会，1994 年。

2. 查尔斯-爱德华·让纳雷（Charles-Édouard Jeanneret），"城市建设"（La Construction des villes），手稿，私人收藏，出版于克里斯托夫·施诺尔（Christoph Schnoor）编，《城市建设：勒·柯布西耶的第一个城市条约（1910/1911 年）》（*Le Corbusiers erstes städtebauliches Traktat von 1910/11*），苏黎世：建筑历史与理论研究所，2008 年。

3. 克劳斯·施佩希滕豪泽（Klaus Spechtenhauser），"慕尼黑"（Munich），斯坦尼斯劳斯·凡·莫斯（Stanislaus von Moos）和亚瑟·鲁埃格（Arthur Rüegg）编，《成为勒·柯布西耶之前的勒·柯布西耶：应用艺术、建筑、油画和摄影，1907—1922 年》（*Le Corbusier before Le Corbusier : Applied Arts, Architecture, Painting and Photography, 1907–1922*），纽黑文：耶鲁大学出版社，2002 年，第 166—169 页。

图 2. 弗里德里希·冯·格尔特纳（德国人，1791—1847年），大学，慕尼黑，1835—1840年，明信片，约 1910年，查尔斯 – 爱德华·让纳雷的收藏，拉绍德封城市图书馆

店铺打通这面墙体"。[4] 北边就是弗里德里希·冯·格尔特纳设计并建造于 1835—1840 年的大学建筑；让纳雷买了这座建筑的明信片（图 2）并记下了这座令人印象深刻的庭院式的后退尺寸，似乎是想要预计出他的"300 万人城市"需要的锯齿砖的数量。哥特式晚期的圣母教堂，十分具有纪念性，在一系列的水彩渲染画中格外惹人注目。对于让纳雷而言，它代表着一种材料——红砖的宏伟堆砌，高达 97 m，"以其炫目的外表让观众为之迷醉，而人们需要十分困难地扭曲身体才能看到它完整的野蛮的线条"。[5] 让纳雷在"城市建设"中用了好几页篇幅，比较了圣母教堂和位于威尼斯的被誉为"黄金和大理石的童话王国"，以及"古典珠宝盒中的奇异东方宝石"的圣马可大教堂。[6]

城市规划不仅对于让纳雷来说是一个全新的领域，也是最近才从建筑学中分离出来的学科。[7] 他潜心投入他的研究中，并在他的导师查尔斯·拉波拉特尼的建议下开始撰写一本小册子，后来 1910 年 9 月在拉绍德封举办的瑞士城市联盟的会议上提了出来。正如卡米洛·西特在《基于艺术原则的城市规划》（1889 年）中曾概括的，[8] 让纳雷的使命便是树立一个基于美学观点的城市设计范例。因此在慕尼黑和柏林，让纳雷读了很多（尤其是德国的）关于城市规划的当代文献，深入消化了 70 余篇，其中他最基本的参考点便是西特的《基于艺术原则的城市规划》。具有类似影响作用的还有同时代的建筑师和艺术史学家保罗·舒尔茨 – 瑙姆堡、卡尔·亨里齐、阿尔伯特·埃里奇·布林克曼和费舍尔。[9] 让纳雷扩展了原计划的小册子规模，直至当

4. 让纳雷（Jeanneret），"城市建设"（La Construction des villes），城市建设手稿，第 126 页；《城市建设》，第 329 页。

5. 让纳雷（Jeanneret），"城市建设"（La Construction des villes），城市建设手稿，第 151 页；《城市建设》，第 349—350 页，吉姆·桑德森（Kim Sanderson）译。

6. 同上。

7. *Construction des villes*（城市建设）是 *Städtebau*（城市规划）的法语字面翻译。约瑟夫·布瑞克斯（Joseph Brix）和菲利克斯·根兹麦（Felix Genzmer）是 1903—1904 年夏洛特堡艺术学院城市规划的两位最主要的导师，他们于 1907 年创立了城市规划研讨班。

8. 卡米洛·西特（Camillo Sitte），《基于艺术原则的城市规划》（*Der Städtebau nach seinen künstlerischen Grundsätzen*），维也纳：格雷泽尔出版社，1889 年。

9. 完整复原的参考文献目录见施诺尔（Schnoor）编，《城市建设》（*La Construction des villes*），第 615—617 页，尤其是保罗·舒尔茨 – 瑙姆堡（Paul Schultze-Naumburg），《文化工作》（*Kulturarbeit*），第 4 期，《城市规划》（*Der Städtebau*），慕尼黑：高威出版社，1906 年；卡尔·亨里齐（Karl Henrici），《实用美学在城市规划中的作用》（*Beiträge zur praktischen Ästhetik im Städtebau*），慕尼黑：高威出版社，1904 年；阿尔伯特·埃里奇·布林克曼（Albert Erich Brinckmann），《广场和纪念碑：近代城市规划的历史和美学研究》（*Platz und Monument : Untersuchungen zur Geschichte und Ästhetik der Stadtbaukunst in neuerer Zeit*），柏林：瓦斯穆特出版社，1908 年；以及西奥多·费舍尔（Theodor Fischer），《城市东扩》（*Stadterweiterungsfragen*），斯图加特：DVA 出版社，1903 年。

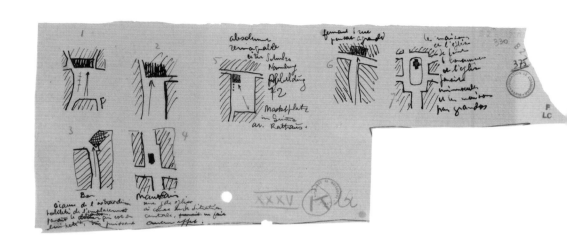

图3. 城市广场规划，1910 年，绘于保罗·舒尔策－瑙姆堡的期刊出版后，《文化工作》，第 4 期，《城市规划》，慕尼黑：高威出版社，1906 年，由墨水在纸上绘画，26.6 cm × 11 cm，巴黎：勒·柯布西耶基金会，FLC B2-20-330

年 10 月，他已经撰写了超过 600 页，也就是后来的"城市建设"。他不仅拖过了会议的最后期限，最终还是拉波拉特尼为那次会议写了文章。[10] 到了将近 11 月，让纳雷开始在位于新巴贝斯堡的彼得·贝伦斯办公室工作，此后他的研究强度明显减弱，最终在 1911 年 3 月彻底放弃了。直到 1915 年他在巴黎才重新投入这个课题中，而他的手稿终身也没有发表。

1910 年年末，让纳雷已经完成了 2 个篇章——"未来城市设计的可能策略"［Des moyens possibles/Possible strategies（for future urban design）］和"关键应用"（Application critique/Critical application），以及各类介绍性的章节，还有最庞大的篇章——"城市的构成要素"（Les Éléments constitutifs de la ville/ The constitutive elements of the city）的前 5 节。此外，他还以摘录的形式收集了丰富的材料，还有他自己翻译的德国城市设计的文献，以及剩下 5 个章节的一些片段。尽管"城市建设"最终未能完成，但它仍是一部关于城市设计的与众不同的论著：没有像约瑟夫·斯塔宾的近现代作品《城市规划》（1890 年）那样在主要方向上偏向技术和规范，而是成为一种城市美学构成元素的语法，与这种思路契合的也就是后来科尼利厄斯·古利特的《城市规划手册》（1920 年）。[11] 让纳雷定义的城市是由住宅楼群、街道广场、围墙、桥梁、树木、小花园和公园、墓地和田园城市组成的。城市语法的优势在于，让纳雷对构成城市的各种元素的美学及功能影响进行了详细阐述（图 3）。

这种方法可以说是超越了西特，因为西特仅仅研究城市广场及其视觉和空间影响，而几乎没有提及街道和街道景观的形成和布局。另一方面，让纳雷则认为在他整个手稿中最重要的一个篇章就是关于街道的。[12] 由于将如此的重要性赋予了街道，西特对他的手稿产生的直接影响就相对较小了。让纳雷阅读了 1902 年以来西特的德文原文作品和卡米尔·马丁的法语译本；他

10. 查尔斯·拉波拉特尼（Charles L'Eplattenier），"城市美学"（L'Esthétique des villes），《拉绍德封瑞士城市联盟代表大会会议纪要及论文集，1910 年 9 月 24 和 25 日》（Compte-rendu des délibérations de l'Assemblée générale des délégués de l'Union des villes suisses, réunis à La Chaux-de-Fonds, les 24 et 25 septembre 1910），苏黎世：欧瑞尔菲斯利艺术学院出版社，1910 年，第 24—31 页。
11. 约瑟夫·斯塔宾（Josef Stübben），《城市规划》（Der Städtebau），达姆施塔特：伯格斯特拉瑟出版社，1890 年；科尼利厄斯·古利特，《城市规划手册》（Handbuch des Städtebaues），柏林：德尔·齐克尔建筑出版社，1920 年。
12. 让纳雷（Jeanneret），"城市建设"（La Construction des villes），城市建设手稿，第 96 页；《城市建设》，第 290 页。

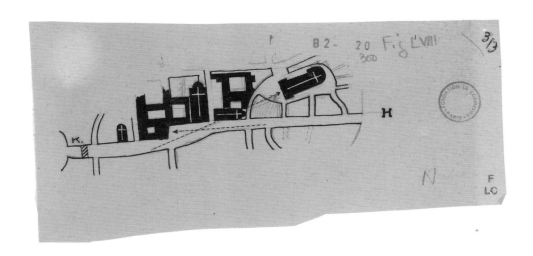

图4. 诺伊豪泽尔大街，慕尼黑，1910 年，从发表于《瑞士建设年鉴》的图纸上描下来的图底关系草图，10 cm × 24.5 cm，巴黎：勒·柯布西耶基金会，FLC B2-20-300

没有将马丁平白添加的关于街道的章节整合到他自己的手稿中，而是继承了亨里齐和舒尔茨－瑙姆堡对优秀的街道设计的观点，他们关于弯曲的街道和巧妙的退界的注解评论对让纳雷具有最根本的重要性。[13] 以上观点可以由让纳雷所画的那些精巧的慕尼黑诺伊豪泽尔大街的图底关系图证明（图4），图中还包括了圣母教堂。仿照舒尔茨－瑙姆堡的模式，让纳雷探索了一组由几栋房屋构成的退界组合（图3），在街道的一侧形成小型广场，而街道的外曲线则引导过道上的行人视线望向圣母教堂的塔楼。[14] 舒尔茨－瑙姆堡在讨论到街道的空间质量时，引入了有机街道系统的概念；让纳雷接受了他的立场，即认为有机街道的布局的功能性大大优于格网结构，例如在拉绍德封的例子。同时他也追随这位德国建筑师，主张不同种类的交通方式的分离。[15] 因此他后来的《街道分类》便在这里找到了出发点。按照这种方式，让纳雷将中世纪的城市，如乌尔姆理解为有机实体，因其街道和广场的布局方式都考虑行人的视角。

1890 年左右，当西特正致力于《城市规划》一书中对城市空间的首次讨论时，德国涌现了大量关于空间现象的建筑学和美学理论。以奥古斯特·施马索夫、海因里希·沃尔夫以及阿道夫·凡·希尔德布兰特为代表的那些艺术家和艺术史学家发展了空间理念，认为空间是带有实际影响的抽象概念。而一些像生理学、心理学这样的新学科对正在发展演变的艺术理论的影响，也是显而易见的。[16] 西特本人也具体表达了这种相互影响，通过医疗培训和艺术培训，他特别清楚观察者对空间和建成环境的感知。[17] 但是，让纳雷似乎对这些理论的具体内容并不熟

13. 施诺尔（Schnoor）编，《城市建设》（La Construction des villes），第 37—40 页。

14. 与舒尔茨－瑙姆堡（Schultze-Naumburg）发表于《文化工作》（Kulturarbeiten）中的布拉格案例相比较，第 4 期，图示 30，让纳雷（Jeanneret）画过这个案例的速写，FLC B2-20-319。

15. 舒尔茨－瑙姆堡（Schultze-Naumburg），《文化工作》（Kulturarbeiten），第 4 期，第 66 页；让纳雷（Jeanneret），"城市建设"（La Construction des villes），城市建设手稿，第 98 页；《城市建设》，第 293 页。

16. 见哈丽·弗朗西斯·毛格瑞（Harry Francis Mallgrave）编和译，《移情、形式和空间：1873—1893 年德国美学中的问题》（Empathy, Form, and Space : Problems in German Aesthetics, 1873–1893），盖蒂艺术史与人文中心，1994 年。

17. 见加布里尔·莱特雷尔（Gabriele Reiterer），《视觉：卡米洛·西特的城市规划中的空间和感知》（AugenSinn : Zu Raum und Wahrnehmung in Camillo Sittes Städtebau），萨尔茨堡：帕斯泰特出版社，2003 年。

悉，在"城市建设"手稿中没有提及施马索夫、沃尔夫或是其他研究感知理论的学者。[18] 事实上，让纳雷也仅仅是通过亨里齐、西特、舒尔茨－瑙姆堡和布林克曼等人的应用实际美学理论，吸收了其中的空间理论及其对观察者的影响。在这些人的理论的影响下，让纳雷总结了一些理念，如：公共广场的围栏和其中纪念碑的不对称组织（西特）；街道空间对漫游者的影响（亨里齐）；广场开口的重要性（舒尔茨－瑙姆堡）；对广场围栏里的人性尺度的观察（布林克曼）；以及对有均衡对称的法国皇家广场的重大兴趣（仍是布林克曼）。让纳雷高度关注这些见解，他在笔记里写道："我们可以由此推论，布林克曼先生完美地总结了他的书"，然后他将布林克曼的"建设城市就是利用建筑塑造空间！"（Städte bauen heißt：mit dem Hausmaterial Raum gestalten!）翻译成了法语：Construire des villes veut dire：av. du matériel de maison dresser des volumes!（To construct cities is to shape spaces using buildings!）[19] 让纳雷认为建筑空间是一个可塑的抽象元素，经常使用"实体性"（corporalité）一词来表达无形要素的有形特质。[20]

"这个早晨，柏林给了我一场可怕的欢迎。"让纳雷在他 1910 年 10 月 18 日刚刚从慕尼黑到达柏林时，如此在信中告诉他的父母。[21] 3 天后，他又写道："柏林没能征服我，当你一旦离开广阔的林荫大道，便只剩下厌恶和惊骇。"[22] 让纳雷称柏林为具有一成不变的规律性的"地狱"，任何一个熟悉柏林公寓街区的阴暗面的人都能理解这种批判。尽管如此，他还是认可这座城市宏伟的直线条，赞美胜利大道傍晚的效果，"街道的顶端矗立着胜利纪念柱（Siegessäule），它完全笼罩在紫色的落日余晖中，柱体表面反射出的闪闪光辉，投射到被车轮打磨过的碎石路面上。"[23]

18. 唯一已知的例外是在《东方游记》（voyage d'Orient）笔记本中，明确提到威廉·沃林格（Wilhelm Worringer），让纳雷（Jeanneret）的旅伴奥古斯特·克利普斯坦（August Klipstein）将沃林格的作品《抽象和移情》（Abstraktion und Einfühlung）（1907 年）介绍给他。勒·柯布西耶（Le Corbusier），《东方游记笔记本》（Voyage d'Orient：Carnets），格雷斯莱利（Gresleri）编，米兰：雷克塔出版社；巴黎：勒·柯布西耶基金会，1987 年，速写本 1，第 43 页。

19. 布林克曼（Brinckmann），《广场和纪念碑》（Platz und Monument），第 170 页，引用于让纳雷（Jeanneret），"城市建设"（La Construction des villes），城市建设手稿，第 448 页；《城市建设》，第 558 页。

20. 比较弗朗西斯科·帕桑蒂（Francesco Passanti）和笔者对"实用性"（corporalité）一词的讨论。"建筑：比例、古典主义和其他议题"（Architecture：Proportion, Classicism, and Other Issues），《成为柯布西耶之前的柯布西耶》（Le Corbusier before

Le Corbusier），第 68—97 页；施诺尔（Schnoor）编，《城市建设》（La Construction des villes），第 218—219 页。

21. 让纳雷（Jeanneret），写给父母的信，1910 年 10 月 18 日，FLC R1-5-67。

22. 让纳雷（Jeanneret），写给父母的信，1910 年 10 月 21 日，FLC R1-5-68。

23. 让纳雷（Jeanneret），"城市建设"（La Construction des villes），城市建设手稿，第 123—124 页；《城市建设》，第 327 页。

柏林似乎并不太受到让纳雷的青睐，但这座城市为他在城市设计的教育方面提供了最大的帮助，受用数十年。1910 年 6 月，他就来这里看过"水泥展览"（Ton-Kalk-Cement Ausstellung/Claylimestone-cement exhibition）和"城市设计展览"（Städtebau-Ausstellung），后者展示了城市设计发展的最前沿。6 月 8—20 日，他出席了德意志工艺联盟的会议，看到了大柏林总体规划设计竞赛的入围作品；他因此决意为建筑师赫尔曼·詹森工作，因为他认为詹森的竞赛方案是"本质上可实施的"。[24] 詹森的竞赛方案演绎了西特的理论，采用大街区和大量在内部的花园相结合的形式，然后由一片带形景观公园贯穿整个城市，表达的理念是将如画式的城市规划和具有纪念意义的个体相结合，这也是当时沃尔特·科特·贝伦特所提倡的。[25]

当公共花园那让人心旷神怡的平静感开始受到争议的时候，让纳雷的语气十分放松。"在提尔公园，"他写道，"人们在紧邻着喧闹的马路的巨大森林中重新享受到了无比和平的印象。"[26] 他对新花园郊区展开了接近浪漫主义的描述，例如距离城市中心 30 分钟火车的尼古拉湖，平静得像天堂一般，他的那些描述完善了关于柏林的生动画面："所以，春天或夏天的傍晚，在任何一处这样的郊区漫步，从柏林大熔炉走出来的游客一定会为之震惊；他会深深觉得自己处在一种让人焕然一新的平静之中。"[27] 事实上这是他亲身感受尼古拉湖的经历，在那里他从一群建筑中看到了赫尔曼·穆特修斯受到英国工艺美术馆启发而设计的大别墅。

让纳雷在柏林回慕尼黑的途中，用仅仅 5 天的时间造访了 11 座城市，包括哈雷、瑙姆堡、维尔茨堡、奥格斯堡等。这次旅行是一次利用火车时刻表精心规划的小杰作，让纳雷在一座城市通常只停留几个小时。这次旅途的重点，也是主要目标，其实是像舒尔策－瑙姆堡为他的《文化工作》其中一卷《城市规划》所做的，从同一个角度为城市拍摄照片，使得空间和建筑的品质可以清晰地展现在城市空间影像中。让纳雷在他的"应用批判"篇章中，利用这些视角作为设计的灵感来源：例如他在奥格斯堡拍的圣乌尔里希的照片，在狭长的被拉伸的城市广场的远处，以教堂作为收尾，这样的画面很可能启发了他为拉绍德封画的草图，比如他提出在利

24. 让纳雷（Jeanneret），给拉波拉特尼（L'Eplattenier）的信，1910 年 6 月 27 日，FLC E2-12-68；以及让纳雷，给威廉·里特（William Ritter）的信，1910 年 6 月 21 日，FLC R3-18-4。

25. 沃尔特·科特·贝伦特（Walter Curt Behrendt），《统一的街道界面

作为城市规划中的空间元素对既有城市规划的贡献》（Die einheitliche Blockfront als Raumelement im Stadtbau : Ein Beitrag zur Stadtbaukunst der Gegenwart），柏林：卡西雷尔出版社，1911 年。

26. 勒·柯布西耶（Le Corbusier），《德

国之旅》（Les Voyages d'Allemagne），速写本 2，第 122 页。

27. 让纳雷（Jeanneret），《德国装饰艺术运动研究》（Étude sur le mouvement d'art décoratif en Allemagne），拉绍德封：赫斐利出版社，1912 年，第 48 页。

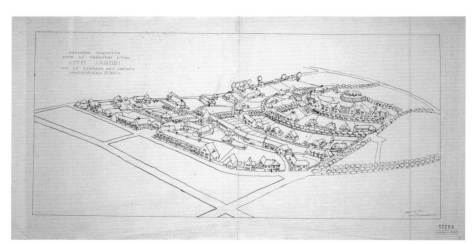

图 5. 格奥尔格·梅岑多夫（德国人，1874—1934 年），"玛格丽特高度"房地产，埃森，1909—1912 年，入口建筑，出自梅岑多夫，《小型住宅和住区》，达姆施塔特：A. 科克出版社，1920 年

图 6. 莱克雷泰的花园城市规划方案，拉绍德封，1914 年，由日光晒印于纸上，55.9 cm × 107.8 cm，巴黎：勒·柯布西耶基金会，FLC 30268

奥波德－罗伯特大街利用垂直街道布置的建筑做一个类似的隔断。

城市设计展览展示了近年德国花园郊区的案例。让纳雷正是在这里通过理查德·雷迈斯克米德了解了靠近德累斯顿的海勒劳的新发展。尽管后来凭借海因里希·特塞诺设计的节日剧院（Festspielhaus/Festival theatre，1911 年）而声名大噪，海勒劳只是在"城市建设"中被让纳雷一带而过。[28] 1910 年 10 月，他去拜访正在海勒劳跟随埃米尔·雅克－达克罗兹学习艺术体操的兄弟阿尔伯特时，走访了郊区，然后声称："总的来说，雷迈斯克米德没能让我为之狂热。"[29] 让纳雷对"玛格丽特高度"（Margarethenhöhe）表现出了更大的兴趣，这是格奥尔格·梅岑多夫为位于埃森的玛格丽特克虏伯基金会设计的工人安置住房，该作品也是让纳雷在城市设计展览上见过的。他仔细地阅读了梅岑多夫关于这个住区设计的宣传册，并将其核心观点翻译到他关于花园城市的那个篇章。当意识到"玛格丽特高度"包含了很多他在"街道与广场的合理布局"一章中所讨论的特征时，让纳雷甚至使用一些该住区的突出特点，作为他 1914 年为拉绍德封设计莱克雷泰花园郊区的参考案例（图 6），如最突出的一点就是梅岑多夫设计了一座极富浪漫色彩的桥式建筑作为住区的入口（图 5）。

让纳雷在德国期间，像海绵一样吸收了大量城市设计方面的知识，对城市空间的感知和调节有了深刻的理解。尽管后来作为勒·柯布西耶，他几乎完全放弃了 1910 年对城市规划的速成学习，但还是打下了他城市设计的基础，甚至有助于他学习和贯通建筑空间。

28. 让纳雷（Jeanneret），"城市建设"（La Construction des villes），城市建设手稿，第 74 页；《城市建设》，第 279 页。 29. 勒·柯布西耶（Le Corbusier），《德国之旅》（Les Voyages d'Allemagne），速写本 3，第 53 页。

插图 12. 从波茨坦无忧宫视角看橘园，1910 年，由铅笔和水彩在纸上绘画并粘于硬纸板上，29 cm × 22 cm，巴黎：勒·柯布西耶基金会，FLC 2857

插图 13. 慕尼黑圣母教堂，1911 年，由水彩、铅笔和墨水在纸上绘画，35.5 cm × 44 cm，建筑历史与理论研究所（GTA），苏黎世联邦理工学院

意大利

项目：

教堂，博洛尼亚，1963—1965 年

多米诺住宅，墨西拿，1915—1916 年

好利获得电子计算中心，罗镇，1961—1964 年

罗马周边项目，1934 年

医院，威尼斯，1962—1965 年

土耳其

项目：

伊兹密尔规划，1948 年

La Chaux-de-Fonds 拉绍德封 ••••• Lucerne 卢塞恩

Rho 罗镇

Milan 米兰

Genoa 热那亚

图 例：

 1907年9—11月到访

 1911年5—11月到访

 1921年8—9月到访

 1922年9月到访

 1934年6—10月到访

 项目

意大利和东方国家

From Dresden 从德累斯顿来

Prague 布拉格

Vienna 维也纳　　Pressburg（Bratislava）普莱斯堡

Esztergom 埃斯泰尔戈姆　　Vác 瓦茨
Budapest 布达佩斯

Baja 包姚

Vicenza 维琴察

Verona 维罗纳　　Venice 威尼斯

Ferrara 费拉拉　　Ravenna 拉文纳
ologna 博洛尼亚

isa 萨　　Florence 佛罗伦萨

Siena 锡耶纳

Rome 罗马　　Tivoli 蒂沃利

Naples 那不勒斯　　Brindisi 布林迪西

Pompeii 庞贝

Capri 卡普里岛

Messina 墨西拿

Agios Georgios 圣乔治斯

Novi Sad 诺维萨德

Belgrade 贝尔格莱德

Iron Gates 铁门
Turnu Severin 塞维林堡

Negotin 内戈廷

Knjaževac 克尼亚热瓦茨

Sinaia 锡纳亚

Câmpina 坎皮纳

Bucharest 布加勒斯特

Gabrovo 加布罗沃　　Tarnovo 大特尔诺沃

Kazanlak 卡赞勒克
Stara Zagora 旧扎戈拉

Edirne 埃迪尔内

Istanbul 伊斯坦布尔

Tekirdağ 泰基尔达

Bursa 布尔萨

Thessaloníki 塞萨洛尼基

Mount Athos 阿陀斯山

Delphi 德尔菲

Izmir 伊兹密尔

Patras 佩特雷　　Eleusis 伊洛西斯
Athens 雅典

从布加勒斯特到伊斯坦布尔：与威廉·里特在巴尔干半岛

左图：土耳其记忆，1914 年，由水粉和铅笔在纸上绘画，50 cm × 53 cm，巴黎：勒·柯布西耶基金会，FLC 4090

图 1. 威廉·里特肖像，1916 年，由墨水和粉蜡笔在纸上绘画，27.7 cm × 41.3 cm，巴黎：勒·柯布西耶基金会，FLC 3783

　　勒·柯布西耶在他 1925 年的名为"告白"的文章中，再现了他以学徒身份进行的一场漫长的旅行，浪漫而带有波希米亚风情：一个徘徊漫步的学生面对冷酷残暴的大城市，一个又一个地探索着，满足他对知识的热切渴望，同时过着"流浪狗"的生活，在资产阶级宴会紧闭的大门外挣扎于垂死边缘，还陷入一种漫无边际的孤独之中，像一个"寻找老师的孩童"，希望有人能给予他指导，带领他突飞猛进。[1] 但事实上，年轻的查尔斯－爱德华·让纳雷在他还是学生的岁月里，很少真正独自一人；他从不缺少老师，甚至多于他主动寻找的。1910 年，当他还在接受他第一个导师查尔斯·拉波拉特尼的远程教育时，他已经从他的第 2 位导师奥古斯特·佩雷那里获益良多，然后他为自己寻找了第 3 位导师，出乎意料地投入到了与眼前利益相去甚远的领域。威廉·里特（图 1），一位瑞士作家，让纳雷 1910 年 5 月在慕尼黑遇到了他，后来他成了让纳雷最亲密的朋友、知己、顾问和文学老师，他会给让纳雷介绍旅行的艺术，尤其是在德国的时候，成了让纳雷的导游，后来他们更是一起踏上了东方之旅，从维也纳穿过巴尔干半岛各国到达伊斯坦布尔。

　　里特出生在纳沙泰尔，这里的人说法语，主要信奉天主教。他的文学造诣在十分年轻的时候就已经很突出了，后来又通过大量的旅行逐渐丰富了积累。他 1890 年首次受邀出国，来到了布加勒斯特，在这里他结识了一些艺术家和文人，激发了他对罗马尼亚本土建筑、乡村的装饰艺术以及民间习俗的兴趣和热情。之后他来到了奥匈帝国东部的斯拉夫和巴尔干半岛地区的乡村，探索了那里的偏远地区，与当地的斯拉夫人达成一致，期望他们被认可为具有独特文化的群体。他不仅在旅行手账、中长篇小说中为这个愿望辩护，而且一直延续到 1900 年他到达慕尼黑成了音乐和艺术评论家的时候。作为象征主义时代的审美家，里特试图去了解所有的艺术类型，他花在练习音乐和绘画方面的精力几乎等同于写作。他的旅行速写本揭示了他涉猎的范围，主要包括景观素描以及斯洛伐克、奥地利、匈牙利、塞尔维亚、罗马尼亚等地的村庄景象，还有乡村石碑、流行的裙子样式、牲畜车、正在工作的收割机、干草垛等的速写，所有这

---

1. "告白"（Confession）是柯布西耶的《现代装饰艺术》（*The Decorative Art of Today*）的最后一章，也是带有辩护性的一章，詹姆斯·邓尼特（James Dunnett）译，坎布里奇：麻省理工学院出版社，第 193—214 页。原版为《现代装饰艺术》（*L'Art décoratif d'aujourd'hui*），巴黎：乔治斯·克雷公司，1925 年。

些成为一种原始而乡土的生活方式的象征，而这让里特深深地着迷，并推荐给了他年轻的朋友让纳雷。

让纳雷将他的旅行计划提前通知了里特。他在一封 1911 年 3 月 1 日从柏林寄出的信中提到，他正准备放弃在彼得·贝伦斯办公室的学徒身份，还谈到了计划与一位德国朋友奥古斯特·克利普斯坦一起进行徒步旅行。根据让纳雷的描述，克利普斯坦是一个稳重温和的年轻人，后来成了一名书商，因为要撰写关于格列柯的艺术历史理论，而需要到布加勒斯特去看一看那里收藏的大师绘画作品。尽管让纳雷的兴趣并不在此，他最期待的是走访伊斯坦布尔、雅典和罗马，但他还是抓住了与克利普斯坦同行的机会，因为他确定克利普斯坦是一个不错的旅伴。此外，让纳雷已经沉醉于穿越里特曾提到的那些国家的想法中：

为了总结我的研究，我准备开展一次长途旅行……你已经让我喜欢上了斯洛伐克的土地、匈牙利的平原，还有保加利亚和罗马尼亚那些我说不出名字的乡村，我想去那里看一看。想徒步穿过一个保存完整的波希米亚的角落，想再看一看维也纳并爱上它，从多瑙河乘船顺流而下，到达圣索菲亚大教堂尖塔下的金角湾。然后呢？如果我不是完全的低能者，如果我的灵魂可以在不朽的大理石面前难以言喻地颤动，那么就只剩下狂喜了。[2]

但他还没有完全准备好：

我将游历在具有历史意义的土地上，但因为我对一切的无知，那里的石头便无法显露它们的秘密、故事和承载的回忆！难道我还不开始以一些有用的阅读来启蒙吗？我们曾在某个夜晚像这样讨论过《多瑙河的铁门》，正是那样的文字让我充满了奇异的幻想，到处都是黑暗的野蛮人部落和亮闪闪的罗马军团，以及那让人难以承受的震动！《浮士德的沉沦》最开始的旋律表达出匈牙利平原本身的辽阔和这种壮观景象所能引起的高涨的情绪。但是有没有一些更慷慨的诗人，记录下更具体的感觉呢？君士坦丁堡！可能我再也不会以更迷人的方式看到这座城市了，它呈现在慕尼黑展览上西涅克的充满魔力的画作中。自从几年前读了克劳德·法尔的《杀人犯》，我便喜欢上了里面的城市。我仍然想要更多。书！书！哪里能找到《雅典卫城的祈

2. 查尔斯－爱德华·让纳雷（Charles-Édouard Jeanneret），给威廉·里特（William Ritter）的信，1911年3月1日，357号盒子，瑞士文学档案馆，在伯尔尼的国家图书馆，威廉·里特基金会。引用于本文的信件，如未另注明，均为此来源。如未另注明，均由克里斯汀·休伯特（Christian Hubert）翻译。又见《勒·柯布西耶和威廉·里特往来函件，1910—1955年》（*Le Corbusier, William Ritter : Correspondance croisée, 1910–1955*），玛丽－珍妮·杜蒙特（Marie-Jeanne Dumont）编，巴黎：过梁出版社，2013年。

祷》？在（厄内斯特）勒南的那一卷？并且告诉我，请告诉我，你读了这么多，谁才是我在这漫长的遐想中的非凡而亲密的领路人。[3]

里特立即在慕尼黑与他年轻的朋友发起了一场会面，从而帮助让纳雷准备他的旅行，给了他所有必要的推荐信、联系人和说明书，推荐他翻阅很多自己保存的关于地域的书籍，详细研究自己的速写本和摄影作品。在某次每周例行的讨论过程中，里特建议让纳雷以一系列说明信的形式记录一路上的印象，然后汇总成一部叙事作品，随后会帮让纳雷找一家出版商。

在最后众多简短的信件中，只有一封稍长，是德国旅途的开场白。尽管让纳雷确实做了详细的记录，但他很快放弃了将它们写成信件。不仅是因为他缺乏时间和值得分享的愉快经历，他更愿意把他的文章发给家乡的一家报社赚些钱。[4]

最终，这位年轻建筑师的画作和摄影相比于他的信件，提供了更丰富的关于这次穿越巴尔干半岛旅行的信息。人们可以看到很多里特讨论过的本土化的主题：乡土住宅、装有像船桅杆那样长的杆子的木质水井、墓碑、传统服饰、村庄景象、牛群等。[5] 让纳雷和他的导师一样对民俗艺术、编织物、挂毯，特别是陶艺，充满了热爱。那些制陶术至今仍然能在当地陶工的工作室中找到，里特和让纳雷都很想收藏。[6] 在布加勒斯特，他看到了 1906 年罗马尼亚国家展览上重建的波雅尔的"考拉村"（*Coula*）。[7] 结构是一个正方形的平面，轮廓低矮下沉，四坡屋顶，有柱廊的阁楼和白色的外立面，在他心中留下了深刻的印象，他不仅在笔记本中画下了速写，还用它作为灵感来源，设计了接下来一年建造于拉绍德封的给他父母的房子——让纳雷-佩雷别墅。

村庄节庆的时候，让纳雷听到了传统的吉卜赛、斯拉夫和土耳其音乐，并对此产生了兴趣。当里特听闻这个消息，显得更加兴奋。"我要感谢你喜爱东方的歌曲，感谢你像我一样喜爱穆安津的祷告和拜占庭的礼拜仪式"，他写道，"我们肯定会有许多共同之处。"[8] 尽管让纳雷没有时间完全追随他导师的足迹沿着多瑙河（图 2）穿越斯拉夫的乡村——从维也纳到布达佩

3. 让纳雷（Jeanneret），给里特（Ritter）的信，1911 年 3 月 1 日。

4. 让纳雷（Jeanneret）的文章从 1911 年 7 月 20 日开始出现在拉绍德封的《旅行攻略》（*La Feuille d'avis*）小报上。

5. 在匈牙利的包姚，让纳雷（Jeanneret）描述道："在开满玫瑰花的庭院的尽头，一根弯曲而倾斜的巨大桅杆以一种庄严的形式放到最低，从井的深处打出水来。"让纳雷，给里特（Ritter）的信，1911 年 5 月 30 日从塞尔维亚寄出。

6. 同上。"我们彻底地搜寻了一遍花瓶，然后因为一个意外发现而决定在这个让人沮丧失望的小镇做一段时间的停留，我们展开了一次突袭：清空了整个精品店，买下了他们积压已久的老花瓶，这些花瓶的质量应该跟你自己的藏品几乎相同。我们在包姚这座精致的小镇的一家偏僻的陶瓷店，重复着'罪恶'的收藏。"

7. 考拉村是建造于罗马尼亚的用于抵御土耳其人侵略的要塞型乡村民居。

8. 里特（Ritter），给让纳雷（Jeanneret）的信，1911 年 9 月 16 日。

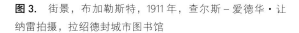

图2. 内戈廷附近的要塞，从多瑙河的角度看去，1911年，查尔斯－爱德华·让纳雷拍摄，拉绍德封城市图书馆

图3. 街景，布加勒斯特，1911年，查尔斯－爱德华·让纳雷拍摄，拉绍德封城市图书馆

斯，再从布达佩斯到布加勒斯特——但他仍然通过里特的视角欣赏了它们。[9]

大城市仅仅占了让纳雷观察的一小部分，他绝大多数的精力都放在了风景如画的村庄和"精致的小镇"上。[10] 他用了2个相当直白的词形容布达佩斯，而对贝尔格莱德也没有花太多笔墨。[11] 多亏了里特的介绍，让纳雷在布加勒斯特（图3）被奉为座上宾，而不是潦倒的游客，然后他得以再次拿出钢笔，投入他的导师一直敦促他去培养的感觉主义写作中。"太神奇了，"他在给里特的信中写道：

布加勒斯特激发你想到的那些尖锐的词汇，恰好表达了我在那儿的感受，这种对身体的可怕的侮辱，这种对西奥多拉式的渴望。还有美丽的吉卜赛女人售卖的丁香花散发出的腐烂气味。然后想象那里的画家创作的不能称之为油画，而是一团糊在吉卜赛塑料上的污泥。用色方面，画面中的柠檬黄与脏绿色和紫罗兰形成鲜明对比，而黑色，完全的黑色则会让一切都淹没在冰冷的、讽刺的、野蛮的病态中。通过这些，传播那让人难以置信的为粗鲁的人们所喜欢的肉感的粉色，因为那就是真实的身体。所有这一切夹杂着丁香花环绕着，充斥着你的脑袋和血脉，让人感到炸裂。[12]

为此，里特回信道："布加勒斯特既有着迷人的霓虹，也充满了腐烂的气息。对于我而言，燃烧的鹅卵石和腐臭的污泥散发出一种忧郁的绝望，加上高烧的煎熬，或许唯有自杀才能终结。在我骄傲而英勇的年轻时代，我生活在蒂姆波维奇河畔，从未经受身体上如此的折磨，我几乎不需要饮用那甜美的河水，来让自己永远沉浸在乡愁之中而期望再见到它。"[13]

在布加勒斯特停留一周以后，让纳雷和克利普斯坦启程南下，去往保加利亚的巴尔干地

9. 关于让纳雷（Jeanneret）可能去的典型的斯拉夫村庄，里特（Ritter）如此写道："你在德累斯顿、布拉格和佩斯特不会找到未经开发的原始斯拉夫聚落。我最喜爱的村庄和教堂不可能在铁路线附近找到。你必须徒步走到山间去寻找，而这通常需要在外花去好几天的时间。"里特，给让纳雷的信，1911年，5月13日。

10. 让纳雷（Jeanneret），给里特（Ritter）的信，1911年5月11日。

11. 他描述布达佩斯为"十分令人沮丧和失望"，让纳雷（Jeanneret），给里特（Ritter）的信，1911年5月30日。

12. 让纳雷（Jeanneret），给里特

（Ritter）的信，1911年7月从土耳其培拉寄出。

13. 里特（Ritter），给让纳雷（Jeanneret）的信，1911年7月9日。Dor 是"乡愁"（nostalgia）的罗马尼亚语。

图 4. 伊斯坦布尔景象，1911 年，查尔斯－爱德华·让纳雷拍摄，拉绍德封城市图书馆

图 5. 拜占庭和帝国宫殿一隅的遗址，伊斯坦布尔，1911年 8 月那场大火之后，查尔斯－爱德华·让纳雷拍摄，拉绍德封城市图书馆

区。他们的交通方式比较缓慢，于是让纳雷得以继续学习他们正在走访的巴尔干地区的传统民居。沿途他到处拍摄刷着白色石灰的房屋、满是花草的庭院、藤架、拱形的大凉廊——以及所有住所的室外延伸和家庭隐私区域。随着他们越来越接近地中海，民居建筑开始转向土耳其风格，有着凸出的花格窗，但与户外的联系仍然遵循相同的原则。"布尔萨的土耳其房屋仿制了卡桑里克和包姚的庭院。其建造原理十分引人注目。庭院是一圈花枝满溢的建筑围墙，局部被棚架覆盖……它组成了花园特殊而重要的一部分。它更像是一间夏季室。"[14]

　　离开埃迪尔内后，这两个旅行者终于穿越土耳其到达伊斯坦布尔（图 4），在那里数个星期中途停留的平静中，让纳雷得以再次提笔写下一些新的文章，尽管并不是他所承诺的书信。他为这座城市着了迷，拜访了这里的清真寺（图 5），并通过画实测图来更好地捕捉和领会其中的空间组织和规模比例。此外，他还绘制了传统建筑的速写，拍摄了墓园。而当他接触了当地的文学，一下子便醉心于"土耳其精神"，向往蒙着面纱的女子的曼妙剪影，甚至若不是导师的坚决阻挠，他很可能去到皮埃尔·洛蒂山展开一场浪漫的冒险。

　　里特有些失望，因为他没有从让纳雷那里收到如他们所想的完整的旅行反馈。于是当他年轻的朋友回来后，里特确认了那些记录的工作原来一直在进行。接下来的两年半中，让纳雷只要写出一些叙述的篇章，便将它们寄给里特，随后收到一些评论和鼓励。速写本也是同样地被送到德国的艺术出版商手中，评估其编辑利益。对让纳雷而言，这项任务是他旅行的延伸；让他巩固了一路积累下来的印象、决心和内在力量。

　　1914 年 8 月，第一次世界大战爆发，里特在他纳沙泰尔的家中避难，后来搬至附近勒朗德龙的传统村庄，在那里，两位友人可以经常见面往来。他们一起在山间徒步，在湖中游泳。他们从同一个绝佳视角画速写（图 6），一起出发寻找这片区域的乡村和宗教遗产，常常彻夜长谈。他们就这样形影不离地生活了 3 年。然后让纳雷决定听从里特曾给他的建议：离开他土生土长的地方，去别处拼搏事业。因此他去了巴黎。尽管里特对于这位亲密的朋友在如此令人痛

14. 勒·柯布西耶（Le Corbusier），《东方游记笔记本》（*Voyage d'Orient：Carnets*），茱莉亚诺·格雷斯莱利（Giuliano Gresleri）编，米兰：爱莱克塔出版社，巴黎：勒·柯布西耶基金会，1987 年，速写本 3，第 5—6 页。

图 6. "威廉·里特将要画画"，1916 年，由铅笔在纸上绘画，
15 cm × 21 cm，巴黎：勒·柯布西耶基金会，速写本 A1

苦的时候离开而感到心烦意乱，但他坚信这位年轻人是一个福星，并且决定给他传授最后一课。他用了当年用在让纳雷开始东方之旅时的策略：他要求让纳雷以说明信的形式寄"巴黎之旅"给他。让纳雷也确实这么做了一年多，但当战争结束他就停止了，像他的导师一样，让纳雷开启了作为先锋圈子里的一名艺术评论家的事业。因此到了 20 世纪 20 年代，这两人的角色仿佛互换了，里特从未尝试重获他作为评论家的地位和影响力，而是隐退在提契诺，保持沉默；另一边的柯布西耶则不断地撰写评论、出书、旅行，并且获得了巨大的成功。"整个世界都是他的接待室。"里特如是说。[15]

他们再也没有讨论过《东方游记》的手稿，最终该书在里特去世多年后的 1966 年出版，但他们二人从没忘记过它（第 94 页）。柯布西耶将它视作自己的文集，里特则认为这是他作为一名成功的导师的证明。在他最后的几封信中，有一封 1953 年的，信中写道："我亲爱的朋友查尔斯－爱德华，我多么怀念那些你在去君士坦丁堡的途中给我寄优美的说明信的日子啊！现如今你已经拥抱了整个世界，你的积累一定十分丰富而壮丽了！"[16]

15. 里特（Ritter），"我与瑞士艺术家的关系"（Mes relations avec les artistes suisses），手稿，盒子 28，瑞士文学档案馆，位于伯尔尼的国家图书馆，威廉·里特基金会。

16. 里特（Ritter），给让纳雷（Jean-neret）的信，1953 年 8 月 9 日，FLC R3-20-46。

插图 14. 伊斯坦布尔的轮廓，1911 年，由水彩在纸上绘画，40.5 cm × 31.8 cm，巴黎：
勒·柯布西耶基金会，FLC 1938

插图 15. 伊斯坦布尔的轮廓，1911 年，由墨水在纸上晕染，9 cm × 30 cm，巴黎：勒·柯

布西耶基金会，FLC 1794

插图 16. 石墙与木结构建筑透视图，伊斯坦布尔，1911 年，由水彩、墨水和铅笔在

纸上绘画，12.5 cm × 20 cm，巴黎：勒·柯布西耶基金会，FLC 2455

插图 17. 博斯普鲁斯海峡的船只，1911 年，由水彩、墨水和铅笔在纸上绘画，23.2 cm × 29 cm，巴黎：勒·柯布西耶基金会，FLC 1939

从阿托斯圣山到雅典：《东方游记》中的希腊

图 1. 阿托斯圣山，1911 年，由铅笔在纸上绘画，10 cm × 17 cm，巴黎：勒·柯布西耶基金会，速写本 3

图 2. 圣狄奥尼索斯剧场修道院，阿托斯圣山，1911 年，由铅笔在纸上绘画，10 cm × 17 cm，巴黎：勒·柯布西耶基金会，速写本 3

查尔斯－爱德华·让纳雷 1911 年旅行的原真性，在他巴尔干之旅中的体现更甚于他的伊斯坦布尔和希腊之行。巴尔干之旅恰巧发生在奥斯曼帝国分崩离析，被凯末尔·阿塔土尔克创立的土耳其共和国取代之际。让纳雷形容巴尔干地区为"未被损坏的乡村"（unspoiled countries），这里的乡村（countries）指的是乡下的、小规模的、在垂死的奥斯曼体系中内向型的单元。它们由于宗教信仰的不同、土地的瓜分和政治体系的不完善而四分五裂。它们还受到当时欧洲列强的军事威胁。但对于让纳雷来说，这趟旅行无关于地缘政治或时事：这是一次启蒙之旅。数年后他写道："土耳其阿德里安堡、拜占庭、圣索菲亚或萨洛尼卡的土耳其、波斯的布尔萨、帕特农神庙、庞贝城、古罗马斗兽场，这些建筑都展现在我眼前。"[1]

在 1925 出版的《现代装饰艺术》中，勒·柯布西耶描绘了一幅欧洲地理文化地图，各个欧洲城市通过它们的文化、工业和民俗相互区分。越深入东南方向，民俗的主导力越强。让纳雷的这些区分似乎在暗示方言及其相关的工艺属于纯形式的表达，未受工业文明的影响，因而能够指导现代艺术，正像非洲面具和克拉雕塑对立体主义产生的影响一样。然而让纳雷想要从希腊保留的是它的文化——也就是，希腊怀有的古典时代和拜占庭帝国的遗迹，当时的希腊只略微区别于巴尔干地区的大多数国家，它的一半国土仍在奥斯曼帝国统治下。让纳雷对于当代希腊的沉默有多种含义。

让纳雷写道："阿托斯不是美丽，而是有趣。"[2] 10 世纪拜占庭帝国皇帝扬尼斯发现了这里并将其作为东正教的圣地（Agion Oros，"圣山"），有 20 多座修道院（大多数是希腊的，也有俄罗斯、比利时、塞尔维亚、罗马尼亚，以及之前的意大利的）的家园，伊斯坦布尔和希腊塞萨洛尼卡之间的山区半岛在奥斯曼帝国仍然保持自治。直到 19 世纪下半叶，通过地理学家、

1. 勒·柯布西耶（Le Corbusier），《现代装饰艺术》（The Decorative Art of Today），詹姆斯·邓尼特（James Dunnett）译，坎布里奇：麻省理工学院出版社，1987 年，第 207 页，原版为《现代装饰艺术》（L'Art décoratif d'aujourd'hui），巴黎：乔治斯·克雷公司，1925 年。

2. 查尔斯－爱德华·让纳雷（Charles-Édouard Jeanneret），给威廉·里特（William Ritter）的明信片，1911 年 9 月 3 日，阿吉欧斯帕罗斯修道院，阿托斯圣山，瑞士文学档案馆，位于伯尔尼的国家图书馆，威廉·里特基金，除非另有注释，均由克里斯汀·休伯特（Christian Hubert）翻译。

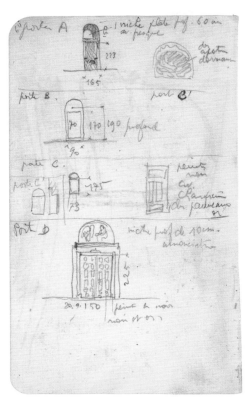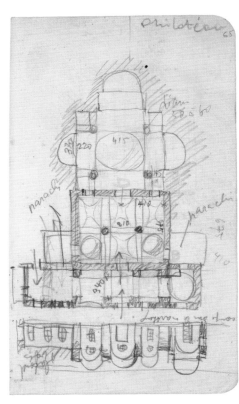

图3和图4. 菲洛斯欧修道院，阿托斯圣山，1911年，教堂草图及平面图，由铅笔在纸上绘画，各17 cm × 10 cm，巴黎：勒·柯布西耶基金会，速写本3

军事官员、学者、摄影师、建筑师和作家们的争相探寻，方才使得阿托斯为西欧所知。奥古斯特·舒瓦齐，让纳雷十分推崇的建筑历史学家，于1875年造访此地并创作了几幅速写。[3]

让纳雷因此成为早期到此僧侣飞地的旅客，这里使用希腊语，且禁止女性到访。1911年8月24日，让纳雷由伊斯坦布尔乘船抵达，从正面经过海拔约300 m的西佩特拉修道院，其"美式风格的建筑效果"吸引了他的目光。[4] 着陆之前，借着对这座山谜一样的、金字塔式形象的深刻印象，他画了一幅阿托斯圣山的速写（图1），这幅画将于1954年与拉图雷特圣玛丽修道院（1953—1960年）的速写同时重新出版。[5] 让纳雷在达芙妮港口着陆，随即由此爬上阿托斯圣山的行政人员所在地卡利亚斯，获取在修道院暂住的许可。[6]

让纳雷拜访了其中的8座修道院，其速写（图2）、观察笔记、测量图纸，以及喷泉、门廊、窗户、浮雕、烟囱、柱子中楣，还有包括家具在内的室内布局（图3和图4）等的丰富的建筑细节记录了51页笔记。他为主导的色彩做注解（"褪色的十分稀释的红色"、浅群青、绿

3. 奥古斯特·舒瓦齐（Auguste Choisy），《1875年的小亚细亚和特克斯：旅行记忆》（L'Asie mineure et les Turcs en 1875 : Souvenirs de voyage），巴黎：菲尔曼–迪多出版社，1876年；《拜占庭建筑艺术》（L'Art de bâtir chez les Byzantins），巴黎：股份制公司期刊图书馆，1883年。让纳雷于1913年得到舒瓦西1899年出版的《建筑史》（Histoire de l'architecture），1914年他在他自1911年开始记录的笔记本上抄下了《东方游记》（Le Voyage d'Orient）中

关于拜占庭建筑的段落。1965年7月，在去世前的一个月，勒·柯布西耶纠正了他1914年的文本。次年由巴黎：活力出版社出版。他1911年旅途中的6本速写本最先由朱利亚诺·格雷斯莱利（Giuliano Gresleri）于1987年影印出版（见注4）。

4. 勒·柯布西耶（Le Corbusier），《东方游记：笔记》（Voyage d'Orient : Carnets），格雷斯莱利（Gresleri）编，米兰：雷克塔出版社；巴黎：勒·柯布西耶基金会，1987年，速写本3，第43页。

5. 见丹尼尔·保利（Danièle Pauly），"过去是我唯一的主人"（Ce passé qui fut mon seul maître），保利编，《勒·柯布西耶和地中海》（Le Corbusier et la Méditerranée），马赛：括号出版社，1987年，第52页。

6. 他随身带有君士坦丁堡东正教教会会长的介绍信，称让纳雷（Jeanneret）为"到此圣名之地参观神圣教堂并学习的建筑师"，拉绍德封：市图书馆。

图 5. 雅典卫城，1911 年，吕卡伯托斯山丘眺望卫城的 2 个视角，由墨水在描图纸上绘画，27 cm × 21.4 cm，巴黎：勒·柯布西耶基金会，FLC 2454

色、血红色、赭石色等），也记录种植情况、景观中地平线的角色、修道院周围的环境以及光影。在对圣潘泰莱蒙修道院白色走廊的描述中，他首次使用某品牌名称"瑞普林白"来描述这种色彩。[7] 1911 年让纳雷已经像一名建筑师、画家和景观设计师一样思考和行动。

他对身边的生活同样十分关注。通过观察僧侣，他能够分辨那些不拘小节的僧侣以及"卡拉卡洛修道院的工作僧侣！他们的节俭好客像是对我的祝福。卡拉卡洛的善良的人们！"[8] 在让纳雷看来，除了妇女，其他任何事物都能在阿托斯找到：富人、穷人、移民、躲藏的窃贼、懒惰的人、受剥削的人、银行家僧侣，以及隐士。

让纳雷于 9 月 7 日到达下一站——希腊塞萨洛尼卡，此处对他并没有太大的吸引力。他几乎没有提到古老的罗马伽勒利的圆形建筑或阿基迪米特里奥斯的拜占庭教堂和它的马赛克，仅仅提到"马赛克应从材料而不是颜色中达到效果"。[9] 他对美丽的地形视而不见，最令人震惊的是，他完全没有提到希腊人、土耳其人、美洲人、犹太人的群体，这些群体 30 多年后被德国军队灭绝，结束了这座城市的国际化个性。

对现代塞萨洛尼卡的沉默预示了他对当代雅典、厄琉西斯、德尔斐的态度。他在雅典逗留的每一天，1911 年 9 月 14 日至 27 日，都会登上雅典卫城，最终做了 35 页左右的笔记，包括卫城山门、帕特农神庙、雅典娜胜利女神庙和从卫城上鸟瞰的速写（图 5）。伊瑞克提翁神庙则奇怪地没有出现。

让纳雷在旅程的一开始就有对当地色彩的丰富的描绘——包括羊毛织物、布料、舞蹈和人们的行为。然而在他对阿托斯圣山僧侣的评论之后，再没有此类更深刻的观察。他极少在笔记中提及这个时期的希腊居民和他们的日常生活。关于当代雅典的景观和声音，他仅提到咖啡馆

7. 勒·柯布西耶（Le Corbusier），《东方游记：笔记》（*Voyage d'Orient : Carnets*），速写本 3，第 88 页。他下一次提及"瑞普林白"（Ripolin White）是 14 年后，在《现代装饰艺术》（*L'Art décoratif d'aujourd'hui*）中。

8. 勒·柯布西耶（Le Corbusier），《东方游记》（*Journey to the East*），伊凡·扎克尼克（Ivan Žaknić）编译，坎布里奇：麻省理工学院出版社，1987 年，第 181，185 页。原版为《东方游记》（*Le Voyage d'Orient*），巴黎：活力出版社，1966 年。

9. 勒·柯布西耶（Le Corbusier），《东方游记：笔记》（*Voyage d'Orient : Carnets*），速写本 3，第 91 页；评论与《东方游记》（*Journey to the East*）第 170 页中略有不同。

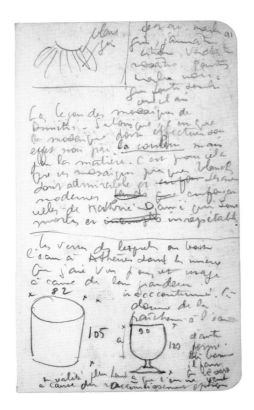

图 6. 厄琉西斯，未注明日期，由水彩、水粉和铅笔在纸上绘画，10 cm × 17 cm，巴黎：勒·柯布西耶基金会，速写本 3

图 7. 在雅典的笔记和速写，1911 年，由铅笔在纸上绘画，17 cm × 10 cm，巴黎：勒·柯布西耶基金会，速写本 3

中使他厌烦的大声的音乐。他对于这座城市的描绘极其简要，他将希腊整体描绘为一片沙漠，唯有凝望和冥想古迹能够使这片沙漠退散。在厄琉西斯（图 6），他饱受痢疾折磨，"让纳雷想到死亡。"[10] 他的另一处仅有的对希腊的评论是："雅典用来喝水的玻璃杯是我见过最好的，原因是它们特殊的尺寸。这种尺寸能够保持水的凉爽。"（图 7）

现代希腊令让纳雷失望：而希腊的古迹使这种失望稍稍缓和。在从帕特雷去往意大利布林迪西之前，他经过德尔斐，在此他写了 30 多页的笔记，包括对古迹、雕塑、景观以及博物馆中特定风格的物品的速写和注解。

1911 年，让纳雷促成了另一个令人惊讶的组合；而他大胆地、颇有见地地将飞机与帕特农神庙相搭配是 10 年以后的事情了。这一次，形而上学地，涉及帕特农神庙和阿托斯圣山。在 1966 年的《东方游记》中柯布西耶讲述了一次修道院的深夜仪式："夕阳西下之时，伊比利亚修道院的大门将会在穿越整个半岛到此欣赏礼拜圣歌的朝圣者身后关闭……当晚，主教堂内的深色墙壁在其毗邻的无数拜占庭时期壁画的映衬下显得黯淡无光，而他们将反复吟诵祷文直至清晨。"[11] 正是在这个仪式中，他听到了东正教圣歌。受病痛折磨筋疲力尽的他陷入恍惚："伟大的和平包围着我们，无限痛苦的我们……最后，我闭上眼睛，看到了黑色的裹尸布上覆盖着金色的星星……我像人形模特似的被拖进了餐厅。"他陷入笼罩着这个全男性世界的阴暗气氛和神秘感中。"……是的，去往那里需要刚勇……近乎超越人类的与自己的斗争，以古老的微笑拥抱死亡！"被生存危机所包围的让纳雷以一种将神秘的阿托斯圣山与悲剧的帕特农神庙联系起来的方式谈论死亡。[12]

10. 勒·柯布西耶（Le Corbusier），《东方游记：笔记》（Voyage d'Orient : Carnets），速写本 3，第 91，128 页。

11. 勒·柯布西耶（Le Corbusier），

《东方游记》（Journey to the East），第 173，183，205—206 页。

12. 保罗·V. 特纳（Paul Venable Turner），《勒·柯布西耶的教育》（The Education of Le Corbusier），纽约：加尔兰出版社，1977 年，第 102 页。

在雅典他也谈及死亡，但是以不同的方式："今天再次地……我看到尸体被抬走，青色的脸庞暴露在空气中……"随后立即联系到雅典卫城："它每个小时都变得更加致命。第一次的冲击最为强烈，钦佩、崇拜，然后毁灭。但它消失并且远离了我；我在立柱和残忍的横檐前滑倒；我再也不想去那里了。我从远处看它就像一具尸体。同情之感已经结束。它是一个人们无法逃避的预言艺术。如同一个巨大的不可改变的真相，没有知觉。"[13] 他在 1911 年的笔记中写道："帕特农神庙已经死了。"[14]

尽管在随后的几年，柯布西耶在捍卫他的现代性概念时会不时地提及雅典娜神庙，在这次启蒙之旅中他将纪念碑与死亡的预感联系在一起。正是有了这些，他将希腊的两个历史时代联系起来——上古时期和拜占庭时期。在《东方游记》中他写道："但是当我看到我的速写本中的伊斯坦布尔时，它温暖了我的心灵！"[15] 伊斯坦布尔对他来说仍然是一座卓越的城市，土耳其则是个鲜活的国家——而不是像希腊一样，只是个理念。

13. 勒·柯布西耶（Le Corbusier），《东方游记》（*Journey to the East*），第 235—236 页。

14. 勒·柯布西耶（Le Corbusier），《东方游记：笔记》（*Voyage d'Orient : Carnets*），速写本 3，第 69 页。

15. 勒·柯布西耶（Le Corbusier），《东方游记》（*Journey to the East*），第 236 页。

插图 18. 雅典帕特农神庙，1911 年，面向大海的景色，由水彩、水粉和铅笔在纸上绘画，
13.3 cm × 21.7 cm，巴黎：勒·柯布西耶基金会，FLC 2850

插图 19. 雅典帕特农神庙，1911 年，切向视图，水彩、水
粉和铅笔在纸上绘画，21 cm × 13.7 cm，巴黎：勒·柯布
西耶基金会，FLC 2851

罗马：关于城市景观

图 1. 罗马圣彼得大教堂前的勒·柯布西耶，1921 年，巴黎：勒·柯布西耶基金会，FLC L4-19-123-001

在 1921 年出版的《人文地理学原理》中，地理学家保罗·维达尔·白兰士写道："拱门和穹顶，所有这些不可思议的成果无不诉说着埃及的、古希腊的艺术，以及罗马的、拜占庭的艺术。"又说道，"我们在这些残存的纪念碑和遗迹中找寻的不仅仅是艺术的熏陶，还有在人类事业中留存的案例。"[1] 仅仅几个月后，1922 年勒·柯布西耶在《新精神》首次发表的"罗马的教训"中提出这一特点，在 1923 年出版的《走向新建筑》中，这也成了他最著名的宣言。[2] 在《走向新建筑》中他还对建筑师提出"3 个提醒"并且号召读者睁开他们的"没有在看的眼睛"来观察 3 种类型的机械物体。但他唯一从中提取的教训则是关于罗马（图 1），对这座城市特点的描绘在全书 218 张插图中占有不少于 21 张。[3]

让纳雷在 1907 年的旅行中没有到访意大利首都。直至 1911 年 10 月，在他从巴尔干地区、土耳其和希腊的长途旅行返家途中，他来到这座本应是他旅程第一站的城市。[4] 在此之前，他在 1889 年出版的卡米洛·西特的《基于艺术原则的城市规划》和 1908 年出版的阿尔伯特·埃里奇·布林克曼的《广场和纪念碑》的文字中探索过罗马。在这两本他在慕尼黑图书馆查阅的书中，他探索了古罗马和现代城市广场的城市空间。[5] 这些阅读带来的唯一结果体现在他 1910—1915 年的手稿"城市建设"中，在手稿的注释中他建议道："注意建筑、街道、开放空间、城市阴影的保护的理念（罗马：艾曼纽二世纪念碑，靠近圣彼得大教堂的街区、台伯河的

1. 保罗·维达尔·白兰士（Paul Vidal de la Blache），《人文地理学原理》（Principes de géographie humaine），巴黎：阿尔芒科兰出版社，1921 年，第 158 页。除非另有注释，均由吉纳维芙·亨德里克斯（Genevieve Hendricks）翻译。
2. 勒·柯布西耶（Le Corbusier），"罗马的教训"（La Leçon de Rome），《新精神》（L'Esprit nouveau），第 14 期，1922 年 1 月，第 1591—1605 页。
3. 勒·柯布西耶（Le Corbusier），《走向新建筑》（Toward an Architecture），约翰·古德曼（John Goodman）翻译，洛杉矶：盖蒂研究所，2007 年，第 193—212 页。原版为《走向新建筑》（Vers une architecture），巴黎：乔治斯·克雷公司，1923 年。关于这段文字的更早期的分析，见让－路易斯·科恩（Jean-Louis Cohen），"罗马的教训"（La Leçon de Rome），美利达·塔拉莫纳（Marida Talamona）编辑，《意大利的柯布西耶》（L'Italie de Le Corbusier），巴黎：拉维莱特出版社，2010 年，第 31—39 页。
4. 见弗朗西斯科·帕桑蒂（Francesco Passanti），"建筑：比例、古典主义和其他议题"（Architecture : Proportion, Classicism, and Other Issues），出版于斯坦尼斯劳斯·凡·莫斯（Stanislaus von Moos）和亚瑟·鲁埃格（Arthur Rüegg）编辑，《成为柯布西耶之前的柯布西耶：应用艺术、建筑、油画和摄影，1907—1922 年》（Le Corbusier before Le Corbusier : Applied Arts, Architecture, Painting and Photography, 1907–1922），纽黑文：耶鲁大学出版社，2002 年，第 69—97，188—193 页。
5. 克里斯托夫·施诺尔（Christoph Schnoor）编辑，《城市建设：勒·柯布西耶优秀城市规划论文集 1910—1911 年》（La Construction des villes : Le Corbusiers erstes städtebauliches Traktat von 1910/11），苏黎世：GTA 出版社，2008 年，第 37—43 页。

图 2 和图 3. 罗马梵蒂冈和丽城法院速写，1911 年，由铅笔在纸上绘画，各 10 cm × 17 cm，巴黎：勒·柯布西耶基金会，丽城速写本

图 4. 罗马阿文丁速写，1911 年，由铅笔在纸上绘画，10 cm × 17 cm，巴黎：勒·柯布西耶基金会，阿文丁速写本

两岸以及圣天使城堡）。"[6]

　　1911 年 10 月 14 日到达罗马的他沮丧地向查尔斯·拉波拉特尼吐露"这座城市没有灵魂"。[7] 一周后在他离开之前，他在给威廉·里特的信中写道："罗马小得可怜，而圣彼得大教堂是个完全的败笔。"[8] 然而遗迹在他看来仍然伟大，在他类别繁多的图纸中有数十张用来赞颂这些古迹，比如纳沃纳广场、卡皮托利尼广场、古建筑（君士坦丁凯旋门、马克森提斯殿、古罗马斗兽场、卡拉卡拉浴场），还有基督教堂（圣母大教堂、科斯梅丁圣母教堂）。[9] 他在全景框架中追溯梵蒂冈和丽城的关系脉络（图 2 和图 3），旨在展现"长久以来被强调的地平线上由一维的线性几何图形串联出轮廓，它自身简单但丰富，有贵族气派"，并补充说这样的组合"永远不嫌太长"。作为他观察的主旨的"轮廓"，如此重要以至于他将"轮廓"这个词看作动词。他在阿文丁山的绘画（图 4）中注释道："立方体，表面！轮廓，线条，以及概念图。几何形式，然后突然显出了轮廓。"他在回去前写信给里特告知自己的发现："我对白色着迷，对立方体、球体、圆柱体，以及圆形底盘的角锥体着迷，这些都由无垠的广阔统一在一起。棱镜使之互相平衡，创造韵律，使其相互作用，和一条黑色的巨龙一起，在地平线上起伏，形成基础。"[10]

6. 查尔斯－爱德华·让纳雷（Charles-Édouard Jeanneret），《城市建设》（La Construction des villes），1910—1915 年，洛桑：人类时代出版社，1992 年，第 171 页。
7. 让纳雷（Jeanneret），给查尔斯·拉波拉特尼（Charles L'Eplattenier）的信，1911 年 10 月 15 日。出版于《勒·柯布西耶：书信往来》（Le Corbusier : Lettres à ses maîtres），第 2 卷。《给查尔斯·拉波拉特尼的信》（Lettres à Charles L'Eplattenier），玛丽－珍妮·杜蒙特（Marie-Jeanne Dumont）编辑，巴黎：横梁出版社，2006 年，第 286 页。
8. 让纳雷（Jeanneret），给威廉·里特（William Ritter）的明信片，1911 年 10 月 21 日，FLC R3-18-122。
9. 勒·柯布西耶（Le Corbusier），《东方游记：笔记》（Voyage d'Orient : Carnets），朱利亚诺·格雷斯莱利（Giuliano Gresleri）编辑，米兰：雷克塔出版社，巴黎：勒·柯布西耶基金会，1987 年，速写本 5，第 2, 9 页；速写本 4，第 133, 134 页；速写本 4，第 143 页。
10. 让纳雷（Jeanneret），给里特（Ritter）的信，1911 年 11 月 1 日，FLC R3-18-128。帕桑蒂（Passanti）在斯特凡娜·马拉美（Stéphane Mallarmé）的两首诗中找到了这些名词。帕桑蒂（Passanti），"建筑"（Architecture），第 89 页。

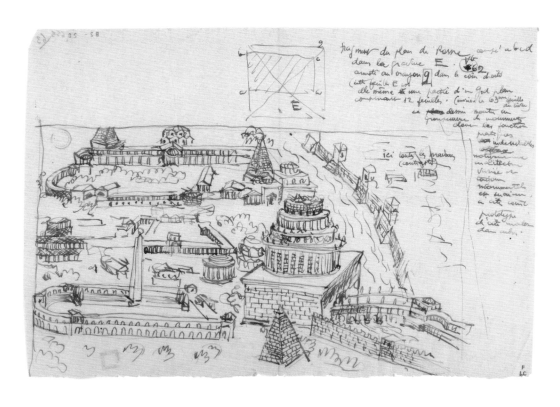

图 5. 根据部分皮洛·利戈里奥的雕刻"雅邦意象"（Anteiquae urbis imago）（1561 年）所作的图纸和笔记，1915 年，由墨水在描图纸上绘画，25 cm × 36 cm，巴黎：勒·柯布西耶基金会，FLC B2-20-655

图 6. 根据部分利戈里奥雕刻"雅邦意象"（Anteiquae urbis imago）（1561 年）所作的图纸及原始体块，1915 年，选自勒·柯布西耶《走向新建筑》，巴黎：乔治斯·克雷公司，1923 年，第 128 页

1915 年柯布西耶在巴黎的国家图书馆中"重回"罗马。在国家图书馆他抄写了乔瓦尼·巴蒂斯塔·皮拉内西《罗马景色》中的一些他认为"十分可塑"的内容，并且将其与法国首都的代表景观相比较，说道："顺便一提，我认为这种对立十分有趣，比如，皮拉内西和加百列·佩雷利。前者是生气勃勃的狂人，一个富有的、风流的天主教徒，给予罗马最大、最有生气的精神。后者则像所有从前和以后的法国人一样，简明而谨慎。人们认为［济安］贝尼尼嘲笑巴黎。这是有道理的。"[11] 但给他最大启发的是皮洛·利戈里奥 1561 年创作的名为"古老城市的图像"的雕塑。在他追溯那种景象之余，他说道："这图像展现了一组纪念碑，它们毋庸置疑的实用功能决定了多样的纪念式的建筑，并将作为林中的现代城市的原型。"（图 5）将 1911 年在罗马发现的"原始体块"归于基于现成教科书的再生产，1920 年他将再次用这张速写来解释他发表于《新精神》第一期的文章"可塑性 1：原始条件审查"（图 6）。[12] 这张速写在他的许多出版物中的反复出现证实了它在柯布西耶城市主义的形成和他与自己先前如画般的风景主题的决裂中的奠基地位。从现在开始他反对历史城市的持续建设中孤立建筑物的自由建造，反对和谐的街道景观中出现异军突起的建筑。也可以说让纳雷在 1911 年的旅行中对提沃利的哈德良别墅的探索提供了以系列山脉为背景建立一组分离的建筑的具体案例。[13]

在阿梅德·奥占芳，也许还有皮埃尔·让纳雷的陪伴下，1921 年 8 月，他第 2 次来到罗马。在寄给父母的明信片中他说道："罗马非常棒。这里有许多美丽的事物。"[14] 他没有画他自

11. 速写，FLC B2-20-203—205。

12. 勒·柯布西耶（Le Corbusier），"可塑性 I：原始条件审查"（Sur la plastique I：Examen des conditions primordiales）.《新精神》（L'Esprit nouveau），第 1 期，1920 年 10 月，第 43 页。

13. 见格雷斯莱利（Gresleri），"从别墅到别墅：让纳雷·阿德里亚诺"（Dalla villa alle ville：Jeanneret e Adriano）.塔拉莫纳（Talamona）编辑，《意大利的勒·柯布西耶》（L'Italia di Le Corbusier），米兰：雷克塔出版社，2012 年，第 136—150 页。

14. 勒·柯布西耶（Le Corbusier），给他父母的明信片，1921 年 8 月 21 日，娜伊玛（Naïma）和让·皮埃尔（Jean-Pierre）收藏，日内瓦。

己或者同伴的照片，而是调查城市空间，以及建筑，频繁地断断续续地记录弗留利－威尼斯朱利亚大区的道路、圣三一教堂的阶梯，还有品奇欧公园等。有些文艺复兴时期的建筑令他耳目一新，比如文书院宫、法尔内塞宫，以及美第奇别墅。他不再蔑视 1907 年时令他恼怒的巴洛克，并拍摄了波洛米尼的圣依华堂。最重要的是，这次旅行由他对圣彼得大教堂的详细考察主导。1911 年时他拍摄了一些教堂的照片，但直到 1915 年他才开始对大教堂的描画。在 1921 年秋天回到巴黎之前，他根据观察总结自己的文章"罗马拼贴"："罗马，永远是一片废墟，在城市的历史中独一无二，使久经沙场的灵魂欣喜并变得崇高。"[15]

在接下来一个月出版的"罗马的教训"中，首先便是对"恐怖的罗马""如画的户外集市"，以及延长了的"罗马文艺复兴的低级趣味"和圣彼得大教堂的悲惨失败的警告。[16] 勒·柯布西耶指责教皇的工作"鲁莽而轻率"，认为他们"毁了一切"米开朗琪罗的美丽作品。他十分钦佩米开朗琪罗，将米开朗琪罗的天赋归功于他对古罗马的探索发现。同时，柯布西耶也被古罗马深深迷住："米开朗琪罗看到并牢记罗马斗兽场的恰当的尺度；卡拉卡拉浴场和君士坦丁教堂则向他展现了崇高的意图能够克服的极限。"在一幅引人注意的画作中，柯布西耶将圣彼得大教堂与斗兽场相比较以强调这样一个事实：如果米开朗琪罗的作品没有落入"野蛮人之手"，计划中的大教堂将会"像一个街区，独特而完整"。[17]

罗马的教训的另外两个部分与《走向新建筑》章节中讨论的解决当代问题的议题相关。罗马人"征服"的区域与第一次世界大战中日耳曼人"摧毁"的区域相比较，柯布西耶显露出他对法国人的失望，他想把阿尔福维尔的砖厂的材料卖给他们的企图徒劳无功。[18] 他从管理的角度看罗马方法，确信"管理一个大型商业系统时，必须采用基本的、简单的、无可争议的原则"。他用"见过汽车"的眼睛观察罗马，反对"叶形首都，尺度感缺失，没有品位的檐口装

15. 法耶特（De Fayet）[勒·柯布西耶（Le Corbusier）]，"罗马拼贴：公元 3 世纪初"（Mosaïques romaines : Début du IIIe siècle ap. J. C），《新精神》（L'Esprit nouveau），第 13 期，1921 年 12 月，第 1514 页。
16. 勒·柯布西耶（Le Corbusier），《走向新建筑》（Toward an Architecture），第 206—207，211—212，228 页。

17. 画作，FLC 5425。这幅速写被柯林·罗（Colin Rowe）作为他的文章的开篇插图，"挑衅的立面：正面绘画和对立构图"（The Provocative Façade : Frontality and Contrapposto），蒂姆·本顿（Tim Benton）、克里斯托弗·格林（Christopher Green）等，《勒·柯布西耶，世纪建筑大师》（Le Corbusier, Architect of the Century），伦敦：大不列颠艺术委员会，1987 年，第 24—28 页。
18. 勒·柯布西耶（Le Corbusier），《走向新建筑》（Toward an Architecture），第 199，196，201—203，200，202，212 页。见圣母堂速写，FLC B2-15-87。

Pour les grands spectacles collectifs, on a élevé le cirque.

Unité grandiose, simplicité éminente : la foule est une foule entière, groupée, palpitante, une.

A travers les campagnes, venant des montagnes où sont les sources d'eau fraîche et pure, on a tendu les aqueducs.

图 7. 罗马斗兽场和罗马输水道，选自勒·柯布西耶《光辉城市》，布洛涅－比扬古：今日建筑出版社，1935 年，第 186 页

饰"和"地下"结构，也就是"最初的西方秩序"。汽车的比喻十分清晰："他们在极好的底盘上制造可怕的车身。"因此，柯布西耶推崇的是古代罗马。他将建筑归纳为"纯形式"，心理上剥去了它们的大理石装饰，关于这些大理石，他确信罗马人对其"一无所知"。回归到"简单体块"的"特征多样性"，他重现了 1920 年的插图，将利戈里奥的雕塑与原始体块相联系。

"对明智的人，对那些了解的、有欣赏力的人，那些有抵抗力的、能够核查的人"的教训十分清晰明朗。而对于其他人，则是灾难。为了引导他的读者，勒·柯布西耶加入了解释性的插图，使用的是他在国家图书馆创作的明信片和画作，以及像所有游客一样从阿里纳利等代理商那里购买的照片底片。他没有直接使用这些图片，而是将它们进行了多样的视觉处理。用添加的手段，他将圣天使城堡、可隆纳宫及巴贝里尼宫作为卡尔代里尼司法宫立面的衬托。他还使用了删减、倒置，以及最重要的摄影修饰的手法，使他能够将科斯马丁的圣母堂"现代化"。因此，勒·柯布西耶的指导是基于其详尽手段的说服策略。

"罗马的教训"的出版无疑涵盖了他对这个主题的思考，并且他延续使用这些图解注释和照片。1924 年 3 月的《新精神》中，他将培拉、伊斯坦布尔、锡耶纳和罗马归为一组，说到"几何、不可改变的秩序、战争、组织"。[19] 他的速写作为 1933 年 4 月在地区工会期刊《序幕》中发表的文章"罗马"中的插图，他 1933—1935 年为这个期刊供稿，1935 年他开始写《光辉城市》（图 7）。他们的排版很不一样，从那时起，他使用罗马形式来说明"罗马以为征服了世界"。当柯布西耶向官方政权寻求委托时，他强调"罗马军团向外占领野蛮人的土地"。从他仔细观察过的建筑中，他选取斗兽场，这个为"一致整体的、活力的、令人兴奋的群体"而建造的建筑，他希望同样的一群人能够在他 1936 年构思的未实现的巴黎 10 万人体育场聚集。[20] 他也回到了输水道的主题，展现了他对卡拉卡拉浴场的思考，也激发了他 1915 年横跨日内瓦罗纳河的布汀桥项目。这一主题在他 1932 年阿尔及尔的奥勃斯规划中还将再次出现。

19. 勒·柯布西耶（Le Corbusier），"分类和选择（审查）"[Classement et choix (examen)]，《新精神》（L'Esprit nouveau），第 21 期，1924 年 4 月，未注明页码。

20. 勒·柯布西耶（Le Corbusier），《光辉城市》（The Radiant City），帕梅拉·奈特（Pamela Knight）、艾利诺·李维欧克斯（Eleanor Levieux）、德里克·科尔特曼（Derek Coltman）翻译，纽约：猎户星出版社，1967 年，第 185—186 页。原版为《光辉城市》（La Ville radieuse），布洛涅－比扬古：今日建筑出版社，1935 年。

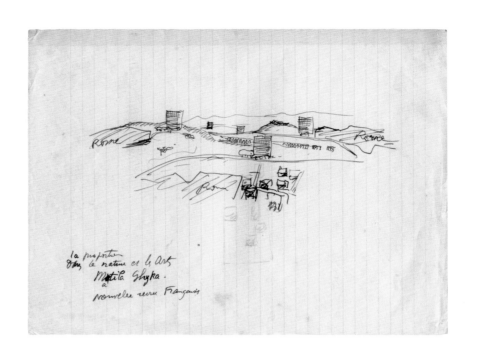

图 8. 罗马郊区改造工程，1934 年，鸟瞰图，由墨水在纸上绘画，21 cm × 27 cm，丽娜·柏巴蒂研究所，巴西圣保罗

勒·柯布西耶不会为罗马做瓦赞计划，但他思考这座城市的组织结构并将其与古遗迹相联系。1934 年他对罗马周边的速写中，他在拉齐奥的郊外设置了他的笛卡儿式的摩天大楼，背景中他画了一些输水道的片段（图 8）。在同一时期，他大量巴黎的项目似乎都受到这座不朽城市的影响和启发，这座他在 1911 年深情凝望其轮廓的不朽城市。似乎是再次被利戈里奥的雕塑所震惊，1925 年他在《明日之城市》中评论道："在相同元素的住宅背景下，罗马将它的宫殿和寺庙建得很高。他们在城市中突显。建筑从它的混杂的城市背景中脱离了出去。"[21] 巴黎项目的模型，与蒙马特山、蒙帕纳斯区域相联系，如同他在旅行速写中记录的一样：被保护的地平线下水平的和竖直的线条，与远处的纪念碑相对。对勒·柯布西耶来说，他首次使用情绪高昂的词汇，罗马教会了他"城市景观应该（如何）谱画"。[22]

21. 勒·柯布西耶（Le Corbusier），《明日之城市及规划》（The City of To-morrow and Its Planning），1929 年；伦敦：建筑出版社，1947 年，第 87 页。

原版为《明日之城市》（Urbanisme），巴黎：乔治斯·克雷公司，1925 年。

22. 勒·柯布西耶（Le Corbusier），《东方游记：笔记》（Voyage d'Orient :

Carnets），速写本 5，第 140 页，作者的强调。

插图 20. 圣母百花大教堂和佛罗伦萨旧宫及周围景观，1907 年，由水彩和铅笔在纸上绘画，13.7 cm × 17.7 cm，巴黎：勒·柯布西耶基金会，FLC 1979

插图 21. 锡耶纳圣多米尼克修道院，1907 年，由水彩和铅笔在纸上绘画，14.8 cm × 10.3 cm，巴黎：勒·柯布西耶基金会，FLC 1917

插图 22. 庞贝广场，1911 年，由铅笔和水彩在纸上绘画，23.5 cm × 32 cm，巴黎：勒·柯布西耶基金会，FLC 2859

雅克·卢肯

比萨：奇迹广场之谜

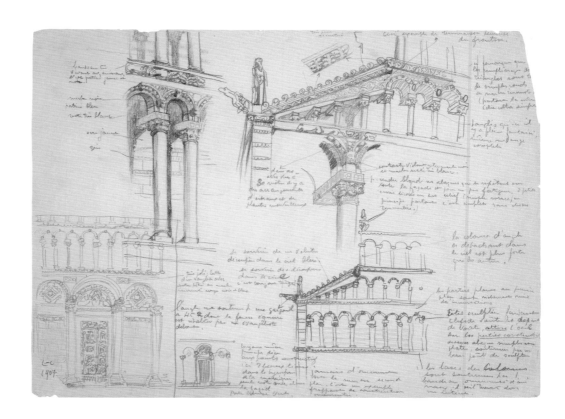

图1. 在比萨做的笔记和速写，1907 年，由铅笔在纸上绘画，25.4 cm × 34 cm，巴黎：勒·柯布西耶基金会，FLC 5837

　　为了理解比萨在勒·柯布西耶心中的重要性，让我们跟随他 1907 年意大利之旅的脚步。[1] 这是他的首次重要旅行，比他的东方之旅还要早 4 年。比萨可以说是他的最初几站之一。查尔斯－爱德华·让纳雷于 9 月 6 日周五下午 3 点钟抵达奇迹广场。这里的一切令他目眩神迷。他将在比萨待至 9 月 10 日，并且因为不得不离开而感到懊悔。9 月 11 日他出发去佛罗伦萨，在那儿他停留了更久。9 月 19 日他在从佛罗伦萨寄给查尔斯·拉波拉特尼的一封长信中写道："首次与伟大的奇迹接触；在短短几个小时中我便被'征服'了（正如你所说）……我再也不可能感受到那种傍晚 6 点的平静，躺在远离人群的草坪上，看烟花绽放。"[2] 在他所描述的比萨的"伟大的奇迹"中，让纳雷主要指大教堂，他认为教堂立面"十分壮观"，他将其要素画下来并做了注释（图1）。[3] 这些画作展示了 19 世纪的风采，沿着维欧勒－勒－杜克的尽管并不精确的线条。两天后，9 月 21 日，让纳雷感到要在信中添几句话，着重表达他对比萨的情感并暗示对佛罗伦萨一定程度的失望："现在我已经走遍了这里的所有地方。这座城市的建筑似乎并不十分丰富。是这样吗？还是说我的目光仍然被比萨所占据？"[4]

　　4 年后，1911 年 10 月，让纳雷结束了他的东方之旅。走过伊斯坦布尔、阿托斯圣山、雅典、德尔斐之后，他回到意大利：那不勒斯、庞贝、罗马以及在他重返拉绍德封前的几站之

1. 见朱利亚诺·格雷斯莱利（Giuliano Gresleri），《勒·柯布西耶：托斯卡纳之旅（1907 年）》[*Le Corbusier: Il viaggio in Toscana (1907)*]。威尼斯：马尔西里奥出版社，1987 年。

2. 查尔斯－爱德华·让纳雷（Charles-Édouard Jeanneret），给查尔斯·拉波拉特尼（Charles L'Eplattenier）的信，佛罗伦萨，1907 年 9 月 19 日。出版于《勒·柯布西耶：书信往来》（*Le Corbusier: Lettres à ses maîtres*），第 2 卷，《给查尔斯·拉波拉特尼的信》（*Lettres à Charles L'Eplattenier*），玛丽－珍妮·杜蒙特（Marie-Jeanne Dumont）编，巴黎：横梁出版社，2006 年，第 77 页，除非另有注释，均由克里斯蒂安·休伯特（Christian Hubert）翻译。

3. 同上。

4. 同上，第 87 页。添加日期 1907 年 9 月 21 日。

图2. 斜塔和大教堂，比萨，1911 年，由铅笔在纸上绘画，13 cm × 21 cm，巴黎：勒·柯布西耶基金会，FLC 2510

图3. 洗礼堂、大教堂和公墓，比萨，1911 年，由墨水和铅笔在纸上绘画，13 cm × 21 cm，巴黎：勒·柯布西耶基金会，FLC 2506

一，比萨。10 月 28 日，在比萨度过了最后一个下午，让纳雷在给拉波拉特尼的卡片中写道："交响乐根据古典规则而创作。比萨是我第一个也是最后一个倾慕之物。它是真实的美丽。4 年多前你收到我在这里寄给你的第一张卡片。现在这张会是一段时期内的最后一张。"[5]

让纳雷在他第 2 次游历比萨时经历了和 4 年前初次到访同样的震撼。但是他看待建筑的眼光发生了改变。只要比较他 1907 年和 1911 年的画作就可以看出端倪。1907 年的画作中，他会详细分析建筑的元素并且在绘画中加入评论。而 1911 年的画作，他的着眼点在建筑与建筑之间的关系，尤其是建筑物的体量（图 2 和图 3）。他在《新精神》中发表的一篇文章中用到了其中的一张画作来说明"光影中的体量"（volumes brought together in the light）的建筑学概念，图名为"比萨：圆柱、球形、圆锥、立方体"（Pisa: cylinders, spheres, cones, cubes）。[6] 让纳雷此时将比萨奇迹广场看作一个整体，他在给威廉·里特的信中强调："整个奇迹广场就像一个空心块，并记下谁在这样说：我曾见过雅典！"[7] 他用奇迹广场上建筑群轮廓的速写进一步阐述他的观点。在给他旅行前期的伙伴奥古斯特·克利普斯坦的信中，他更进一步地写道："我仍然爱着比萨。一个坚实的存在，亲爱的。是的，即使看过了帕特农和庞贝。尤其在夜晚。我是一头夜鹰，而几乎所有鲜活的记忆都来自被遗弃的街道的黑暗时光。"[8]

最后，即便去过了雅典和卫城，比萨仍然是"伟大的奇迹"，尽管他在意大利见到的大多数——除了庞贝、哈德良别墅以及古罗马——属于让纳雷不期望更新的传统。几个星期后，在给奥古斯特·佩雷的信中他总结了他对意大利最深刻的印象，列举最令他动容的场所："罗马

5. 让纳雷（Jeanneret），给拉波拉特尼（L'Eplattenier）的信，1911 年 10 月 28 日。出版于《勒·柯布西耶：书信往来》（Le Corbusier : Lettres à ses maîtres），第 2 卷，第 286 页。

6. 勒·柯布西耶（Le Corbusier），《明日之城市及规划》（The City of Tomorrow and Its Planning），1929 年；伦敦：建筑出版社，1947 年，第 73 页。初版为"分类和选择（审查）"[Classement et choix (examen)]，《新精神》（L'Esprit nouveau）第 5 期，第 21 篇。再版为《明日之城市》（Urbanisme），巴黎：乔治斯·克雷公司，1925 年。

7. 让纳雷（Jeanneret），给威廉·里特（William Ritter）的信，1911 年 11 月，瑞士，瑞士文学档案馆，位于伯尔尼的国家图书馆，威廉·里特基金。

8. 让纳雷（Jeanneret），给奥古斯特·克利普斯坦（August Klipstein）的信，佛罗伦萨，1911 年 11 月 1 日。引用于格雷斯莱利（Gresleri），《勒·柯布西耶》（Le Corbusier），第 9 页。

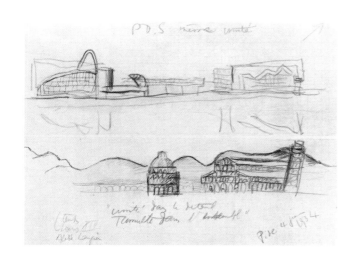

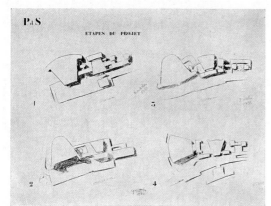

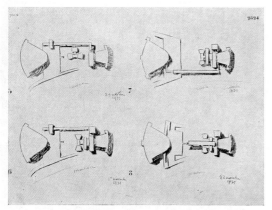

苍白的残骸！除了庞贝。除了帕拉蒂尼山和古罗马浴场，以及在平原，在听得到圣彼得鼾声的花园，哈德良别墅，还有比萨。"[9] 在同一封信中，他还说道，"意大利的一切都支离破碎。对我来说意大利是建立了教义的墓地，我信仰的宗教在这里腐化。几乎不可置信的大屠杀。4 年中我的思想经历了井喷式的增长。在东方，我充分体验了权力和统一。我的凝视是横向的，因此并没有注意到路途中令人毛骨悚然的错误。我觉得我很野蛮。意大利使我变成了一个亵渎者……所有曾令我欣喜的古物如今使我害怕。我喋喋不休地谈论初等几何，渴望有一天能得到它的知识和力量……我对白色、立方体、球体、圆柱体、角锥体着魔，所有这一切结合并延伸穿过一片空虚。"[10]

如前面提到的《新精神》中的文章所暗示的，对"基础几何"的看法是否可以充分解释柯布西耶对比萨的着迷？1934 年 6 月 4 日，在他回罗马的途中，柯布西耶经过比萨。他从火车上瞥见了奇迹广场的建筑物。根据他的自述，他立即开始绘画这些建筑物整体的轮廓：比萨公墓、洗礼堂、大教堂，还有斜塔。这幅速写与他 20 多年前给里特的信中的速写十分相似。在"全集"第 2 卷中，柯布西耶比较了这幅速写和他 1931—1932 年为莫斯科苏维埃宫殿构思的项目，他一直为输掉了这个项目而懊恼。[11] 突然间，奇迹广场遥远的景象使他明白了理解这一重大项目的关键。尽管任何熟悉柯布西耶苏维埃宫殿总体对称布置的最终方案的人在将之与比萨自由布置的建筑相比较时，都可能会感到惊讶（图 4）。根据现有证据判断，比萨和莫斯科的类似并不体现在整体的布局。而是在于柯布西耶所说的建筑的"自由器官"中。

在"全集"第 2 卷的某处有阐述苏维埃宫殿的各种可能的布局的插图（图 5）。1931 年 10 月 6 日至 11 月 22 日的研究展示了大量"无序"的布局中或多或少具有的相同的元素。柯布西耶在说明中写道："人们能够在项目的不同阶段看到它的组成部分，已经互相之间独立，一点一

图 4. 莫斯科苏维埃宫殿与比萨大教堂、公墓和斜塔的比较，1934 年，源自威利·鲍皙格《勒·柯布西耶和皮埃尔·让纳雷：作品全集，1929—1934 年》，苏黎世：吉斯贝格尔出版社，1934 年，第 132 页

图 5. 苏维埃宫殿，莫斯科，1931—1932 年，设计过程的 8 个步骤，源自威利·鲍皙格《勒·柯布西耶和皮埃尔·让纳雷：作品全集，1929—1934 年》，苏黎世：吉斯贝格尔出版社，1934 年，第 130 页

9. 让纳雷（Jeanneret），给佩雷（Perret）的信，1912 年 3 月 14 日。出版于《勒·柯布西耶：书信往来》（Le Corbusier : Lettres à ses maîtres），第 1 卷，《给奥古斯特·佩雷的信》（Lettres à Auguste Perret），杜蒙特（Dumont）编，巴黎：横梁出版社，2002 年，第 61 页．

10. 让纳雷（Jeanneret），给里特（Ritter）的信，1911 年 11 月．

11. 威利·鲍皙格（Willy Boesiger），《勒·柯布西耶和皮埃尔·让纳雷：作品全集，1929—1934 年》（Le Corbusier et Pierre Jeanneret : Œuvre complète, 1929-1934），简称"全集"，苏黎世：吉斯贝格尔出版社，1934 年，第 132 页。

点呈现出它们各自的定位以达成综合的解决方案。"[12]

柯布西耶对比萨的着迷一直持续。第二次世界大战后瑞士当局委任他为巴黎大学城（1930—1933年）的瑞士馆创作新的作品。[13] 1948年他用壁画替代战争中毁坏的摄影壁画（photographic fresco）。在那之后，他着手于同样受损的南立面。1957年他设计了3座战时壕沟，壕沟的下部正对上色的瓷釉嵌板。在其中的小板上人们看到了什么呢？比萨。奇迹广场上的建筑群整体轮廓，与1911年给里特的信中和1934年6月4日的速写相似，但这次比萨的景象面对着坐落在纽约东河的联合国大楼的图画，柯布西耶在1947年与这个项目失之交臂。[14] 另一个体现比萨、苏维埃宫殿和联合国大楼间的联系的证据在《模度》的跨页中，这三者的速写并置其中。[15] 在跨页的注记中，柯布西耶写道："不再仅仅是'光影中形状的组合'，而是内部肌理，如同健康果实的果肉那么结实，协调统领一切：层别化……所有这些显示了对'建成物的分子组织'（*molecular organization of things built*）的斗争，追求人体尺度的和谐。"

此时，一个新词汇替代了旧词汇；器官，"已经互相独立"，被建成物的分子结构替代，受模度的支持。然而关注点不是仍然没有改变吗？柯布西耶1960年最后一次回到比萨的主题，更多是暗喻："当你描绘比萨斜塔，发现它的倾斜与大教堂和洗礼堂之间的关系时，你会体会到这一令人震惊的现象中蕴含的诗意。"[16]

让我们再一次回到器官的问题及其与自由平面相关的首次发展。1927年在《活着的建筑》杂志发表的文章"建筑在何处"将纳伊的M女士住宅项目——也就是1925年的迈耶住宅项目作为分析案例。[17] 在对住宅平面的解说中，柯布西耶详细说明了采取1914—1915年的多米诺住宅的骨架的结果并描述了各个器官所需的独立性："（这）柱子与房间的角落分离并且设置于中部。烟道离开了墙体；单独设置在房间中央，它们作为出色的暖气管补充而存在。楼梯成为了自由的组合物，等等。所有地方的组成物都拥有了它们自己的特色并相互之间自由存在。"[18]

12. 同第120页注释11，第130页。插图"项目的不同阶段"（Les Diverses étapes du projet）已出版于《今日建筑》（*L'Architecture*）第10期，1932年秋冬，第30页。

13. 在瑞士馆上，见伊凡·扎克尼克（Ivan Žaknić），《勒·柯布西耶：瑞士馆；一座建筑的自述》（*Le Corbusier : Pavillon Suisse ; Biographie d'un bâtiment*），巴塞尔：伯克豪泽出版社，2004年。

14. 尽管扎克尼克（Žaknić）对3座壕沟项目做了详细描述，但他没有提到比萨的绘画。同上，第331—335页。

15. 勒·柯布西耶（Le Corbusier），《模度》（*The Modulor*），彼得·德弗朗西亚（Peter de Francia）和安娜·博斯托克（Anna Bostock）翻译，坎布里奇：哈佛大学出版社，1954年，第165—166页。初版《模度》（*Le Modulor*），布洛涅–比扬古：今日建筑出版社，1950年。

16. 勒·柯布西耶（Le Corbusier），《创作是一段坚忍的探索》（*Creation Is a Patient Search*），詹姆斯·帕姆斯（James Palmes）翻译，纽约：普拉格出版社，1960年，第37页。

17. 勒·柯布西耶（Le Corbusier），"建筑在何处"（Où en est l'architecture），《今日建筑》（*L'Architecture vivante*）第5期，1927年秋冬；关于自由平面的法语文本再版于鲍皙格（Boesiger）和奥斯卡·斯托罗诺夫（Oscar Stonorov），《勒·柯布西耶和皮埃尔·让纳雷：作品全集，1910—1929年》（*Le Corbusier et Pierre Jeanneret : Œuvre complète, 1910–1929*），苏黎世：吉斯贝格尔出版社，1937年，第87，91页。该卷中同时出版迈耶别墅的相关内容。

18. 勒·柯布西耶（Le Corbusier），"建筑在何处"（Où en est l'architecture），第24页。

图 6. 大学城的瑞士馆，巴黎，1930—1933 年，室内场景，源自威利·鲍皙格，《勒·柯布西耶和皮埃尔·让纳雷：作品全集，1929—1934 年》，苏黎世：吉斯贝格尔出版社，1934 年，第 85 页

为了获得与机器的类比，柯布西耶又说道，"一天我们注意到住宅能够像汽车一样：简单的表皮之下是能够在自由状态下无限增加的独立组成部分。"这里我们应当注意到在"全集"第 2 卷中对瑞士馆大厅照片的说明再次使用了用来描述迈耶别墅的短语："自由平面、列柱、竖井、曲线划分、楼梯都是这样互相独立。"（图 6）[19]

这时人们能够提出假设，比萨，像雅典一样，能够帮助理解自由平面。奇迹广场上建筑物的自由布局，就像雅典卫城的建筑物，能够类比自由平面中各组成部分的独立性。在雅典卫城和奇迹广场，吸引着柯布西耶的独立建筑物之间像拓扑学一样的联系需要深入理解。最终，它能够阐明自由平面的原则，以解开比萨之谜。

19. 勒·柯布西耶（Le Corbusier），见鲍皙格（Boesiger），《勒·柯布西耶和皮埃尔·让纳雷：作品全集，1929—1934 年》（Le Corbusier et Pierre Jeanneret: Œuvre complète, 1929–1934），第 85 页。

卡普里岛：“建筑‘真正的’精神内涵”：民俗、自然与景观

IL "VERO„ SOLA RAGIONE DELL'ARCHITETTURA

图 1. 艾米利奥·恩里科·维斯马拉（意大利人，1873—1940 年），特拉格拉房屋，卡普里，1925 年左右，阳台上景观摄影，取自勒·柯布西耶，“建筑‘真正的’精神内涵”，《住宅》第 10 期，总第 118 期，1937 年 10 月 15 日，第 1 页

1937 年 10 月，《住宅》杂志刊登了一篇勒·柯布西耶的文章（图 1）。[1] 这篇由作者和艺术评论家拉斐尔译为意大利语的文章是对摩德纳工程师艾米利奥·恩里科·维斯马拉和特拉格拉房屋的致敬。特拉格拉别墅是艾米利奥于 20 世纪 20 年代中期在卡普里岛东侧为自己建造的别墅。作品设计说明包括别墅摄影和柯布西耶所画的占据特大号 4 折页面的别墅 1~4 层平面图（图 2）。图画注解包括地形参照、景观笔记，以及描述室内空间连续性的文字，为读者提供了关于别墅的鲜活的说明。柯布西耶在文章的一开始便表明他的意图：“我的朋友维斯马拉在没有建筑师的帮助下自己建造的别墅，位于古罗马皇帝提比略的愉悦之岛，卡普里岛浪潮一次次地拍打着矗立在一旁的 150 米高的岩石，这是人们混着最丑恶的利益，激烈谈论建筑风格时的绝佳辩词，然而即便这一代建筑中投入了如此多的激情——新建筑的一代：机器时代文明的建筑正繁荣发展。”[2]

前一年在罗马，柯布西耶在沃尔特会议上专注于建筑和造型艺术的关系，他投递了一篇文章，预见了《住宅》杂志文章中的某个主题，对《新时代的建筑》的更大范围的谈论，这一看法从 20 世纪 20 年代后期就开始初现雏形。[3] 他带着他的论文来到罗马，1936 年 7 月，在乘坐

1. 勒·柯布西耶（Le Corbusier），“建筑‘真正的’精神内涵”（Il 'vero'sola ragione dell'architettura），《住宅》（*Domus*）第 10 期，总第 118 期，1937 年 10 月 15 日：第 1—8 页。贯穿全文的参考初始纸稿为“建筑‘真正的’精神内涵”（Le 'Vrai' seul support de l'architecture）（简称 Le

'Vrai'），1937 年 6 月 17 日，见勒·柯布西耶手稿集，FLC，A3-2-419。玛格丽特·肖尔（Marguerite Shore）翻译。
2. 勒·柯布西耶（Le Corbusier），“建筑‘真正的’精神内涵”（Le 'Vrai'），第 1 页。
3. 伏特会议，亚历桑德罗·伏特基

金（Alessandro Volta Foundation）赞助，1930 年由意大利爱迪生通用电力公司在意大利皇家学院创立。1936 年的会议于 10 月 25—31 日举办，由身兼建筑师和院士的马塞洛皮亚琴蒂尼（Marcello Piacentini）组织。

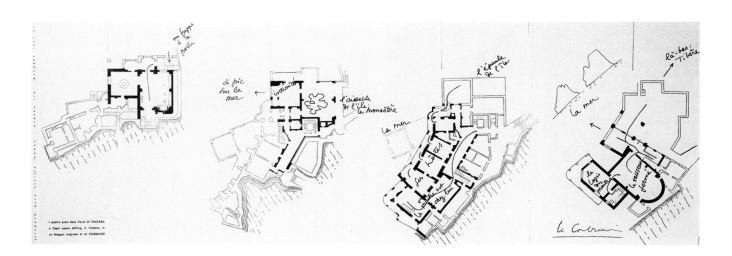

图 2. 艾米利奥·恩里科·维斯马拉（意大利人，1873—1940 年），特拉格拉房屋，卡普里，1925 年左右，勒·柯布西耶所画的 4 层别墅平面折页，取自勒·柯布西耶，"建筑'真正的'精神内涵"，《住宅》第 10 期，总第 118 期，1937 年 10 月 15 日，页码不明

齐柏林伯爵号航空母舰去往里约热内卢的途中写就。[4] 文字强调过去的文明和如今机器时代的断层，"在所有层面都具有建设性的文明，新事件、新标识的传达者"，带领人们质疑人类存在的基础以及"人与自然、人和命运"之间的关系。[5] 它包含了一种寻找，柯布西耶写道："特别是飞机和飞船的航行，成果尤其丰硕"，因为"从飞机上看到的居住地、建成区或农场，与自然形成对照，未受人类侵扰而是遵循宇宙规律冷漠蔓延的自然——阿尔卑斯山脉，河流、河口、沙漠、原始森林、海域和海洋等——这些都使得灵魂陷入对这种既非贫瘠也非百无一用的检视"。

在新的语境下，建筑的范畴得以极大地拓展，包含了"视觉现象中的一切，建成的一切，从无数的当代产物到港口设施、水路设施、道路设施、铁路线和航线，城市、农场和村庄"。柯布西耶以数月后将《住宅》杂志上发表的文章主题作为他的文章结论：

建筑即是建造庇护所。庇护所则是用材料建成。

材料的使用依靠技术。

技术具有普遍性和国际性。

建筑受太阳：我们的主人的限制。因此，建筑受气候影响。

建筑受地形、地理的影响。因此它包含风景并诠释风景。建筑也因此与自然相联系。建筑受时代精神的影响。时代精神由历史的深度、当下的感受和未来的视野组成。

会议后，柯布西耶和未来主义画家阿图罗·恰切利参观了卡普里岛，两人由"未来主义宣言"（1909 年）的作者菲利波·托马索·马里内蒂和艺术家恩里科·普兰波利尼介绍相识。此次旅行是为了与海伦·费舍尔相见，"一位美国妇人，"柯布西耶写道，"她恳求我为她建造一

4. 勒·柯布西耶（Le Corbusier），纸稿，注"1936 年 7 月 11 日/齐柏林伯爵号（赤道省）"[11 juillet 1936/ à bord du Zeppelin（Equateur）]，FCL U3-17-90。

5. 勒·柯布西耶（Le Corbusier），

"理性主义建筑绘画和雕塑的协作关系的发展趋势"（Les Tendances de l'architecture rationaliste en rapport avec la collaboration de la peinture et de la sculpture），《1936 年 10 月 25—31 日艺术会议第十四项：主题；

视觉艺术与建筑报告》（Convegno di arti 25–31 ottobre 1936–XIV：Tema；Rapporti dell'architettura con le arti figurative），罗马：意大利皇家学院，1937 年第 15 期，第 107—119 页。

处……庇护所"，就在这座岛上。⁶ 我们没有关于费舍尔的具体信息，在柯布西耶的记事簿和通信录中也没有她的痕迹。只有一处，在柯布西耶旅行后写给恰切利的信中，他懊悔没有关于这个女人或者卡普里岛别墅的信息。⁷ 总之，这个项目将永远不会继续。

尽管如此，柯布西耶简短的卡普里岛之旅标志着他与维斯马拉的友谊的开端，维斯马拉欢迎他和恰切利到特拉格拉别墅做客。建筑师伯纳德·鲁道夫斯基和路易吉·科森扎，还有维斯马拉的朋友和同事埃德温·切里奥和卡洛·安吉洛·塔拉莫纳也在场。⁸ 维斯马拉，一名工程师，在 1906 年前后初次访问卡普里岛，当时他作为为岛上供电并修建缆车的公司的持股人来到这里。⁹ 第一次世界大战结束之际，他回到这里，投资改进卡普里岛旅游和旅馆设施，他买了托罗山侧翼，也就是为人所知的蓬塔特拉格拉，开始对一间小屋进行扩建。建成的别墅由纯粹的典型的田园卡普雷塞建筑风格的柱子和拱顶组成（图 3 和图 4）。维斯马拉将裸露的砌石地基和新钢筋混凝土上部构造在一系列的拱顶和悬臂梁中结合起来。别墅的 1~4 层都直接与阳台的构造相关，形成虚实韵律，似乎像自然生长出来的一样紧抓着山坡。

这座别墅的架构在很长一段时间内都是讨论的热门话题。柯布西耶在《住宅》发表的文章中提及的讨论主要涉及结构的两个方面——钢筋混凝土的使用和建筑与景观之间被强调的非模仿关系——重新激发了风景会议中的讨论，该会议在身兼建筑师、工程师及小岛的市长数职的恰切利的鼓动下，于 1922 年 7 月 8 — 10 日在卡普里岛首次举办。¹⁰ 会议聚集了一系列方案，这些方案提倡对卡普里岛"自然风光、田园建筑、流行风俗和仪式的保护和保存"。¹¹ 在会议记录中，切里奥描绘了典型的地中海房屋，有着与公认标准不同的独具特色的砌体结构和拱形屋顶，并呼吁保护当地建筑传统，而不是一味地使用"钢筋混凝土，批量生产砖块、铁梁和混凝土"。¹² 新的建造系统的引进使得拱顶被平屋顶所替代，沥青屋面宣告传统建筑技术的淘汰，

6. 勒·柯布西耶（Le Corbusier），"建筑'真正的'精神内涵"（Le 'Vrai'），第 4 页。
7. 勒·柯布西耶（Le Corbusier），给阿图罗·恰切利（Arturo Ciacelli）的信，巴黎，1936 年 12 月 14 日，FCL E1-16-94。
8. 建筑师詹尼·科森扎（Gianni Cosenza），路易吉·科森扎（Luigi Cosenza）之子，记得他的父亲谈起这次会议和与会者。与作者的会谈，2011 年 11 月 11 日。勒·柯布西耶（Le Corbusier）在他的记事簿中提

到卡洛·安吉洛·塔拉莫纳（Carlo Angelo Talamona）的出席，1936 年 4 月—1937 年 2 月，FCL F3-6-3。
9. 艾米利奥·恩里科·维斯马拉（Emilio Enrico Vismara），激进党意大利首相弗朗西斯科·萨沃·尼蒂（Francesco Saverio Nitti）的朋友，1907 年创立了西西里通用电力公司的前身。他受法西斯迫害，1938 年搬到巴黎。
10. 见安得里亚·纳斯特里（Andrea Nastri），《埃德温·切里奥的卡普雷塞岛屿》（*Edwin Cerio e la casa*

caprese），那不勒斯：洁净出版社，2008 年。
11. 埃德温·切里奥（Edwin Cerio），《景观会议集》（*Il convegno del paesaggio*）序言，那不勒斯：加斯帕雷卡塞拉出版社，1923 年，第 2 页。
12. 西利奥（Cerio），"阿尔塞纳乡村建筑"（L'architettura rurale della contrada delle sirene），《景观会议集》（*Il convegno del paesaggio*），第 56 页。

逐渐损害岛上建筑的统一性并削弱其景观的特点。马里内蒂出席会议并发表演说：

如果田园风格指的是对建筑简洁性的追寻，那么我们同意。如果田园风格指的是使住宅适应岩石的比例和颜色，那么我们同意……我同意现实主义者和未来主义者的观点，但不同意过去主义者的观点……他们对卡普里岛的韵律一无所知！这些韵律有最瞬息万变的多样性，它古怪而有着异想天开的活力，尤其是它的不对称……你必须用极简的方式建造你的房屋，根据地形，根据太阳、阴影和风，根据开着的窗户和凸出的阳台，并考虑视线所及是否令人喜爱。你的房屋便成了这个样子——简单，具有逻辑，并且真正地具有卡普雷塞风格——不对称高于一切。每个房间都有独特的结构和必需的层高。每扇窗户都有能够感受光和空气的维度和位置。[13]

未来主义建筑师维尔吉利奥·马奇得到的任务是维护钢筋混凝土。维斯马拉，切里奥认为他是个直言不讳的行动者，兼具工程师和艺术家的天赋，他认为景观保护关系公民教育。

14 年后，柯布西耶在卡普里岛的短暂停留中，维斯马拉详细谈论了现代建筑及其与景观的关系。[14] 恰切利谈到想要做一本特拉格拉别墅的绘画集，其后不久便邀请柯布西耶为其作序。[15] 尽管这本书从未出版，柯布西耶的序言在几个月后，由维斯马拉翻译，成为《住宅》杂志中的一篇文章。[16]

文章中，柯布西耶阐述了个人在他的居所中的自由："建筑有许多定义。最令人信服的定义是：'建筑是建造庇护所。'人的身体、心灵和思想的庇护所。这一项目没有限制：他能够无限制地被探索"，直到庇护所"成为那一个栖息其中的人的形象"。[17] 他继续说道，只有建筑本

13. 菲利波·托马索·马里内蒂（Filippo Tommaso Marinetti），"实践的阶梯"（Lo stile pratico），《景观会议集》（Il convegno del paesaggio），第 67 页。

14. 勒·柯布西耶（Le Corbusier），记事簿目录（见注释 8）。

15. 恰切利（Ciacelli），给勒·柯布西耶（Le Corbusier）的信，卡普里，1937 年 1 月 28 日，FCL E1-16-94。

16. 1937 年 7 月 10 日，勒·柯布西耶（Le Corbusier）写信给维斯马拉（Vismara），申明他已经完成序言并将提交一些别墅的速写。显然在此时，维斯马拉仍然想要出版恰切利（Ciacelli）的绘画集。勒·柯布西耶给维斯马拉的信，FLC A3-2-418。

17. 勒·柯布西耶（Le Corbusier），"建筑'真正的'精神内涵"（Le 'Vrai'），第 1 页。

图 3. 艾米利奥·恩里科·维斯马拉（意大利人，1873—1940 年），特拉格拉房屋，卡普里，1925 年左右，混凝土拱顶的景象，出版于勒·柯布西耶，"建筑'真正的'精神内涵"，《住宅》第 10 期，总第 118 期，1937 年 10 月 15 日，第 51 页

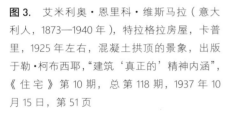

图 4. 艾米利奥·恩里科·维斯马拉（意大利人，1873—1940 年），特拉格拉房屋，卡普里，1925 年左右，阳台景象，取自勒·柯布西耶，"建筑'真正的'精神内涵"，《住宅》第 10 期，总第 118 期，1937 年 10 月 15 日，第 2 页

身发源于精确性和对关系的精准把握，并具有"锐利和明晰的指导思想"时，才能具有这种自由。这些品质，他继续说道，"是传统流行建筑的特征，形成于数个世纪的现场实验。在这么长的过程中，定义了分类，建立了等级；达到了纯粹。"

过去几个世纪的技术匮乏与之前的 20 年的进展相对照，他强调建筑须适应时代的需求。将维斯马拉认定为他自己的住宅的建造者，他写道：

我试着设身处地。事实上，有几天我确实这么做了，因为一个美国女人请求我在那儿也为她建一处住宅。我不得不放弃我的习惯性做法：使用钢筋混凝土以及自由平面和玻璃幕墙。

我限制自己运用现代技术，并乐于使用坚实的砌体墙面。

屋顶和中间的楼板使用平整的钢筋混凝土，浇筑建造者拥有的传统的木拱。除了是钢筋混凝土的十分正规的形式，这些拱顶因为与卡普里岛的建筑规章相和谐而意义重大；我很开心，因为看到个人发明和传统的深奥的规则如此契合的喜悦无以言表……在卡普里岛，与古老的观点相一致是有可能的，因为这些观点是纯粹的产物。[18]

在维斯马拉的特拉格拉别墅，柯布西耶看到了这样的一致性，蕴含在与他长久以来思考的同一种建筑方法中。但是，这座别墅的主要意义并非在此："这正是那种激情，"柯布西耶写道，"人们依靠这种激情与岩石抗争，一方面依附于它，在这之后……将整个卡普里岛纳入建设中。因此，这座别墅不再是古典式的，在平整的表面上建立地基之上的方形盒子。而是如同海岛边上生长出来的建筑。从岩石中、海岛上生长出来，就像植物一样，与海岛浑然一体……盲目的公众大叫：'他毁了风景！'其实，'他创造了风景'。"[19]

再一次地，柯布西耶重申他的信仰，对待地形的严肃性在建筑作品整体的概念中十分重要。适应场地不仅体现在遵循场地的限制，还应利用它在不同视角下的形态和体量。因此，《住宅》杂志中重现的特拉格拉别墅包含了岛上的地形参照，暗示远景对"场地中激动人心的

18. 同第 126 页注释 17，第 4—5 页。 述的项目的速写。
没有勒·柯布西耶（Le Corbusier）描 19. 同上，第 5 页。

空间（的开敞）：海域、海滩，以及远处的提比略（别墅）"，还有山谷里中世纪的圣贾科莫修道院。[20]

柯布西耶写道："建造意图的结果清晰化：和平之屋，修道院。大自然的冥想工具。翻译成建筑，它的要素包括：不同功能的空间及空间之间的流动性……这种流动性成为（绝不会是其他）人在房屋中冥想的走道。"在建筑和艺术的联系上，他又说道，"我告诉维斯马拉：'这是必要的，我亲爱的朋友，为了让阳光照射进这座冥想之屋，并在其中布置来自巴黎的画作和雕塑。因此我们心中最珍贵的情感会得到满足：活在当下的感觉。'"[21]

20. 同 第 126 页 注 释 17，第 6 页。 **21.** 同上，第 7 页。
勒·柯布西耶（Le Corbusier）给维斯
马拉（Vismara）的原画已丢失。

威尼斯：关于人体尺度

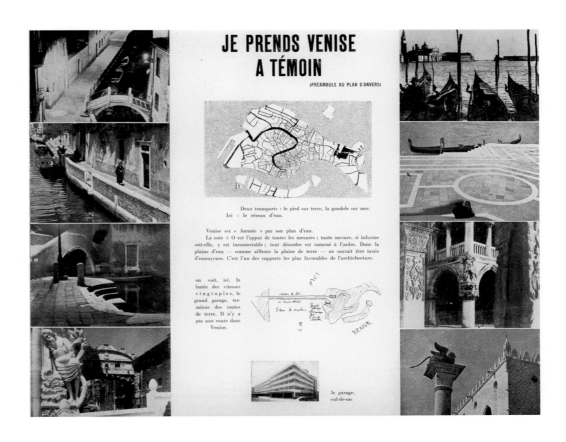

1934 年 7 月勒·柯布西耶抵达威尼斯参加"当代艺术与现实：艺术和国家"会议，谈论当代建筑的趋势。[1] 第一天的议程以绘画为主题，艺术家安德烈·洛特谈到那些决定抛弃"人体，吉他，果盘"的艺术家所领导的新文化复兴的黎明。作为回应，柯布西耶肯定了再生的需求，但强调在经历了一个世纪充满"科学性的征服"和"基本道德剧变之后……我相信重生……我看到机器时代第 2 阶段的展开，这是致力于和谐的阶段"，过去 100 年达成的科技和社会创新将能够与人类意识永恒的欲望和需求相协调。"为了阐明这点，"他继续说道，"我将与你们谈论威尼斯，关于威尼斯……作为紧凑的纯粹的整体。"柯布西耶随即开始他的即兴演说，"相当意外地"对这座潟湖城市的城市结构和它的文明的分析解说；这些考量在 10 天后发表于《美术》，随后收录在《光辉城市》（图 1）和《当大教堂尚呈白色》（1937 年）中。[2]

柯布西耶继续肯定地说道："威尼斯是一个整体。在现在的语境中，它是一个独特的现象，一个独一无二的例子，它整体和谐，彻底纯粹并且文明统一……对那些想要探寻一个健康的系

1. 会议于 1934 年 7 月 25—28 日在威尼斯总督宫参议院举办。论文集出版于《思想国访谈：艺术与现实；艺术和状态》（Entretiens : L'Art et la réalité ; L'Art et l'État），巴黎：国际联盟，智力合作研究所出版社，1935 年。文中前 3 段的引用都出自于此，第 75，76 页，除非另有注释，由玛格丽特·肖尔（Marguerite Shore）翻译。
2. 勒·柯布西耶（Le Corbusier），"威尼斯谈话录"（L'Entretien de Venise），

《美术》（Beaux-Arts），第 84 期，1934 年 8 月 10 日：第 1 页；"我像一个目击者拜访威尼斯"（I Call Upon Venice as a Witness），《光辉城市》（The Radiant City），帕梅拉·奈特（Pamela Knight）、埃莉诺·勒维厄（Eleanor Levieux）、德里克·科尔特曼（Derek Coltman）翻译，纽约：猎户星出版社，1967 年，第 268—269 页；《当大教堂尚呈白色》（When the Cathedrals Were White），弗朗西斯·E. 希斯洛普

二世（Francis E. Hyslop, Jr.）翻译，纽约：麦格劳－希尔出版公司，1964 年，第 14—17 页。后两本原版为《光辉城市》（La Ville radieuse），布洛涅－比扬古：今日建筑出版社，1935 年；以及《当大教堂尚呈白色》（Quand les cathédrales étaient blanches），巴黎：普隆出版社，1937 年。

130

统如何引导人性更好地发展的研究者来说，威尼斯是一个绝佳的案例。"他把威尼斯描述为城市规划的伟大范例，威尼斯在不寻常的物理环境中发展起来，并且延续改变、协同的姿态，它的一切与人体尺度相协调。他列举了引导威尼斯城市规划的 4 个关键策略，第 1 个策略是威尼斯的水面。"威尼斯的'水系平面'促成了它的形成，"他陈述道，"最受欢迎的建筑支撑要素之一"，水面也迫使城市的一切迎合人体尺度，从河岸的台阶，到运河、堤岸和桥的尺度，无不如此。第 2 个策略是威尼斯的自然对设施系统的必要性提出了要求，威尼斯的设施系统"如此杰出，至今仍然完美运行，而世界上的其他城市没有哪个能够抵制机器的大规模使用"。在这些设施中，威尼斯人最初的关注点是交通，"因为水无处不在，水为城市提供防护，却也成为交通的阻碍。问题是人们如何在水上行动和生活，不仅是偶尔如此，而且是在他们进行日常商业活动的时候"。

贡多拉（gondola）的发明是对这个问题的科技性的回答，它的形态迅速完善，很快便适应了威尼斯的水系、潟湖的淤泥以及湖边的甘蔗林，并且像柯布西耶所写，从那时开始从未改变，"这证明了因果联系的存在具有基础性，如果现存的物体一直以来满足了人们的需求，并且根据人体尺度建造"。因此他的观点是："贡多拉是标准化物件——甚至比小汽车更加标准化。几个世纪以来，贡多拉从未改变并且因此保持着在希腊神庙中才能瞥见的完美。"

第 3 个使威尼斯成为当代城市规划范例的策略是交通分异：水上交通机械化而岸上交通自然化。在被称作卡利（calli）的狭窄小巷中，"玄关从住宅内部开启"，同时"无数小型桥梁严格根据人体尺度设计"，扩展至"人类过道……严格遵从有效的流通系统而设置"。柯布西耶感到威尼斯人的生活始终受到人类步幅等尺度的规范。他们"见缝插针般建立的花园"以及开阔的广场建立起一种紧密的、统一的建筑肌理，"令人印象深刻的水库……为聚集的人群"创造完美运作的城市有机体，其中"一切都是尺度、比例和人的存在"。

第 4 个决定性的策略是威尼斯人的公民精神，这使得威尼斯成为一座闪耀的城市。柯布西耶认为全体居民都参与创造了这个城市各个方面展露出的一致的集体的艺术，小到日常生活中的物件。这种艺术，与纪念性的建筑一起，在一座独特城市和文化景观的创造中扮演了重要角色。

图 2. 总督宫，威尼斯，美术馆透视图，1907 年，由铅笔和墨水在纸上绘画，24.8 cm × 32 cm，巴黎：勒·柯布西耶基金会，FLC2176

柯布西耶用以阐述《光辉城市》中论述威尼斯的两页文字的照片说明了集体努力的论述中的城市元素，这种观点他在学生时期游历威尼斯时就已产生。查尔斯－爱德华·让纳雷于 1907 年 10 月下旬在与他的同学莱昂·佩兰一起初次造访威尼斯，作为他意大利之行的最后一站。[3] 在威尼斯多雨的两周，让纳雷只画了两幅画，一幅描绘圣马可大教堂边门的雕刻大理石，另一幅描绘总督宫窗户的细节（图 2）。[4] 他的怠惰因循反而促使这两个伙伴沉浸于这座城市的韵律和生活乐趣中。让纳雷在给他父母的信中写道："我们喜悦地游玩……我们想象威尼斯只有圣马可大教堂和广场。我们没有工作，我总共画了两幅画，但我们在圣马可听闻了很多精彩的故事，感到极其喜悦，几乎是狂喜，而又极其平静而深刻。坐在教堂后殿的角落里……我理解了什么是'完美的和谐'。"[5] 在同一封信中，他描述他夜间的散步"要么沿着斯基亚沃尼的堤岸，要么穿过狭窄蜿蜒的称为'卡利'的阴凉小巷（以）沉浸于淡去声响的魅力中、总督宫宽阔的表面中高贵的骄傲的和谐，或圣马可拱桥和尖塔的温暖的节奏"。[6]

他在威尼斯购买的明信片展示了他感兴趣的其他艺术品和建筑：圣乔治马焦雷教堂、安康圣母教堂、圣乔凡尼保罗大教堂以及邻近的坎普广场、军械库、菲拉纳教堂，斯拉夫人圣乔治会堂内卡尔巴乔的画作，还有在威尼斯大学院的作品，"在那儿，（乔瓦尼）·贝里尼、丁托列托和提香给他传授了重要的一课"。[7]

1910 年让纳雷在慕尼黑研究他的手稿"城市建设"时调查了威尼斯的城市空间。他在卡米洛·西特 1889 年出版的《城市建设艺术：遵循艺术原则进行城市建设》中查询圣马可广场的平面，将其作为入口被隐藏的略微不规则的空间的案例。[8] 1915 年 8 月，当他在巴黎国家图书

3. 查尔斯－爱德华·让纳雷（Charles-Édouard Jeanneret）和莱昂·佩兰（Léon Perrin）于 1907 年 10 月 25 日至 11 月 7 日在威尼斯停留。见克劳迪娅·隆巴迪（Claudia Lombardi），"1907 年：在意大利旅行；拉绍德封－威尼斯－维也纳"（1907：Viaggio in Italia；La Chaux-de-Fonds-Venezia-Vienna），美利达·塔拉莫纳（Marida Talamona）编辑，《勒·柯布西耶在意大利》（L'Italia di

Le Corbusier），米兰：雷克塔出版社，2012 年，第 412—416 页。
4. 画作，FLC 2112，FLC 2176。
5. 《勒·柯布西耶：书信往来；家庭信件》（Le Corbusier：Correspondance；Lettres à la famille），第 1 卷，1900—1925 年部分，雷米·包多义（Rémi Baudouï）和阿诺·德塞尔斯（Arnaud Dercelles）编辑，戈利永：音弗利欧出版社，2011 年，第 78—79 页。

6. 同上，第 148 页。
7. 同上。
8. 克里斯托夫·施诺尔（Christoph Schnoor），"意大利的城市空间模型：以威尼斯和罗马为'城市建设'的案例"（L'Italia come modello di spazio urbano：I riferimenti a Venezia e Roma nella 'Construction des villes'），塔拉莫纳（Talamona）编辑，《柯布西耶在意大利》（L'Italia di Le Corbusier），第 175—187 页。

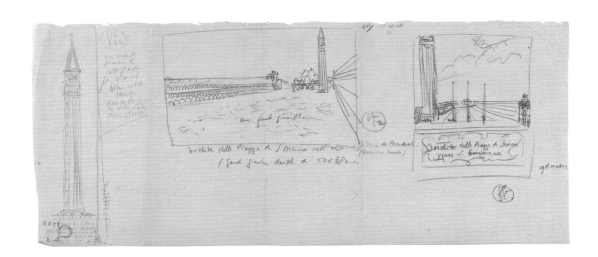

图 3. 圣马可广场，威尼斯，1915 年，从左至右：钟楼，面向广场景观；从圣马可教堂向外看的景观，1915 年，由铅笔和墨水在纸上绘画，17.8 cm × 38.1 cm，巴黎：勒·柯布西耶基金会，FLC B2-20-253

图 4. 勒·柯布西耶在课堂上，弗斯卡利宫与朱斯蒂宫，威尼斯，1952 年 9 月 27 日，巴黎：勒·柯布西耶基金会，FLC L4-7-63

馆快要完成他的手稿时，让纳雷最关注的是罗马和威尼斯的城市形态。他创作了一幅威尼斯的鸟瞰图和 7 幅 18 世纪雕刻中的城市景观，已说明威尼斯空间原有的多样性（图 3）。[9]

他在笔记中写道："威尼斯提供了可能是最典型的杰作、成功的连续适应的案例。它没有哪里被当成一个整体，但它很好地展示了它的多样性。比如说，在威尼斯的一项研究的形式中，关于'适应时代改变的城市'的整个部分；如画的风景的魅力，对自然元素的利用：这一魅力的状态；分析平面和立面的形成过程；城市布局的资源。"[10] 他在某一工作表的顶端写道："我选择威尼斯是因为它提供了纪念性和景观性。它回应了自由人民的所有需求。"[11] 在 1915 年的笔记本中，让纳雷暗示回应这些需求的地方："威尼斯——广场：聚集，夸张地叙述真相和目标：曲线和曲面；圣乔凡尼：对比，纪念碑，建筑；大运河：如画的风景；圣乔治马焦雷教堂：纪念性的，空间元素。"[12] 同一页上的标题展露了让纳雷与某些具体场所的密切关联："生活乐趣 / 庞贝伊斯坦布尔日本威尼斯"。[13] 在他的画作的边缘，让纳雷指出了这座潟湖城市和纪念性为主导的罗马之间的区别："威尼斯的任性和狂欢与罗马的野蛮且强调对称、法兰西的愉悦和敏感以及理智的对称形成了鲜明的对比。"[14]

1922 年 9 月初，柯布西耶和劳沃·拉罗歇一起来到威尼斯研究安德烈亚·帕拉第奥的建筑。[15] 这次旅行中的水彩和铅笔画，后来集结成"拉罗歇集"，和其他内容一样记录在小小的笔记本上。[16] 专辑包含了对威尼斯教堂（圣欧达奇教堂、圣乔治马焦雷教堂、奇特雷教堂、威尼斯救主堂）的研究，从远处眺望这些教堂以强调它们体量的安排，还有一系列彩铅描绘的朱代卡运河的宽幅全景图。[17] 正如斯坦尼斯劳斯·凡·莫斯所写，柯布西耶想要发表一篇关于威

9. "城市建设"（La Construction des villes）中的笔记和速写，FLC B2-20-4。
10. 笔记和速写，FLC B2-20-12。
11. 笔记和速写，FLC B2-20-233。
12. FLC 速写本 A2，1915 年，页码不明。
13. 同上。
14. 笔记和速写，FLC B2-20-233。

15. 劳沃·拉罗歇（Raoul La Roche），艺术收藏家和银行家，委托勒·柯布西耶（Le Corbusier）设计他在巴黎的居所。
16. "拉罗歇集"现属于瑞士的一位私人收藏家。另一小速写本为 FLC 速写本 21，1916—1922 年。
17. 《勒·柯布西耶：拉罗歇集》（Le

Corbusier: Album La Roche），斯坦尼斯劳斯·凡·莫斯（Stanislaus von Moos）编辑，米兰：雷克塔出版社；巴黎：勒·柯布西耶基金会，1996 年。专辑中其他 3 幅关注于在维琴察的帕拉第奥式建筑。

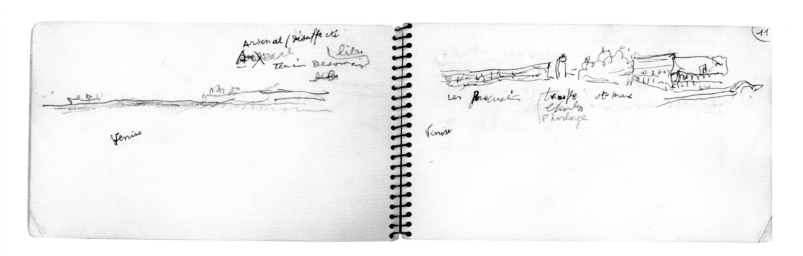

图5. 军械库和圣马可广场，威尼斯，1963 年 8 月 29 日—9 月 1 日，由彩铅和墨水在纸上绘画，总：11 cm × 36 cm，巴黎：勒·柯布西耶基金会，速写本 T70

尼斯和帕拉第奥的文章，但从未实现。[18] 但在他 1924 年发表于《新精神》的文章 "排序和筛选二（选择）" 中，威尼斯再次被提及。[19]

柯布西耶受到委托在圣约伯教堂附近，即卡纳雷吉欧运河和火车站之间的潟湖西北面设计一座新的市立医院（图 4），他因此专注于研究威尼斯多功能城市空间的多样性。市民医院协会主席卡洛·奥图蓝吉邀请他于 1963 年 8 月底参观这座城市（图 5），艺术史学家，同时担任斯坦普利亚基金会主任的朱塞佩·马扎里奥陪同柯布西耶进行此次参观。他回忆道：

"柯布西耶用他的领悟力观察一切，这使得他与其他人疏远并显得沉默寡言，不善交际。他快速且精准地在他的笔记本上记录他的思考：他用简单几笔就能描绘出一件物体，就像在极短的时间内突然捕捉到它……面对这军械库的墙面，他（问）我这是否是克里姆林宫的建造者所建造，他觉得尺寸和工艺都十分精妙。后来，在圣约伯教堂前，他多次徘徊的地方……我鼓起勇气问他是否考虑设计威尼斯医院，是否已做了决定。他看着我说：'人不能在高处建造；人必须能够在建筑之外建造。然后必须找到尺度。'" [20]

柯布西耶清晰地辨别出他的朋友——也是家庭医生——雅克·辛德梅耶的想法，雅克在那个夏初告诉他 "现代医院很高，无论如何都有 10~12 层楼"，这样的医院不会适合威尼斯。[21]而他像往常一样，渴望从上空俯瞰城市的肌理：在总督宫参观卡尔巴乔的作品展览时，他请求

18. 见凡·莫斯（von Moos），"威尼斯的教训"（La Leçon de Venise），于《勒·柯布西耶：拉罗歇集》（Le Corbusier : Album La Roche），第 2 卷，第 26 页。

19. 勒·柯布西耶（Le Corbusier），"排序和筛选二（选择）" [Classement et choix II（Décisions opportunes）]，《新精神》（L'Esprit nouveau）第 5 期，总第 22 期，1924 年 4 月。再版为勒·柯布西耶，《明日之城市》（Urbanisme），巴黎：乔治斯·克雷公司，1925 年，第 63—73 页。

20. 朱塞佩·马扎里奥（Giuseppe Mazzariol），"勒·柯布西耶在威尼斯的建筑"（Un'architettura di Le Corbusier per Venezia），伦佐·杜比尼（Renzo Dubbini）和罗伯托·索迪纳（Roberto Sordina）编辑，《勒·柯布西耶的威尼斯 H VEN LC 医院：感言》（H VEN LC Hôpital de Venise Le Corbusier : Testimonianze），威尼斯：IUAV-AP 项目档案，1999 年，第 27，30 页。

21. 雅克·辛德梅耶（Jacques Hindermeyer），与勒·柯布西耶（Le Corbusier）通话的打印稿，1963 年 7 月 5 日，FLC 12-20-157。

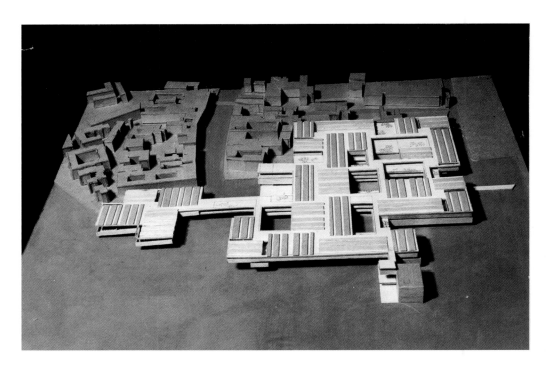

图 6. 医院，威尼斯，1962—1965 年，模型，木材，21 cm × 111 cm × 111 cm，巴黎：勒·柯布西耶基金会，FLC L3-15-56

到屋顶俯瞰城市风景。[22]

这次旅行中的笔记和画作中标记了许多威尼斯乡村的耕地划分，这些是他在回巴黎的飞机上观察到的，还有一幅网格的速写，其中标示了开放空间（绿色）和建成空间（黄色）。[23] 玛丽·塞西尔·奥拜恩坚持认为这可能是威尼斯医院的首张速写。[24] 另一幅网格速写，画于 1963 年 11 月 3 日，注释"威尼斯，医院的网格（水平向）"，明确表达了它的设计意图，以及决定使该平面能够呼应威尼斯城市系统的肌理。柯布西耶认为这种计划是"一种新的层级框架和多样性的表达方法"。[25]

初步设计的图纸名为"城市中的定位"，作于 1964 年 10 月 1 日，图中将新的医院和柯布西耶思考了将近半个世纪的威尼斯的纪念性建筑并置，形成比较。[26] 在城市总平面中，他把医院和圣乔治马焦雷教堂、安康圣母教堂、圣马可广场、圣马可大会堂、圣乔凡尼保罗大教堂、里亚托桥、芳达科大厦用红色色块标出。

柯布西耶在水平网格中布置医院的体量，使它们如指状延伸整合至现存的城市肌理中（图 6）。沿着圣约伯教堂，他使建筑跨过潟湖，使其腾空架于底层架空柱上而不会遮挡到达陆地的

22. 见乔治·布塞托（Giorgio Busetto），"朱塞佩·马扎里奥"（Giuseppe Mazzariol），莱奥波尔多（Leopoldo Pietragnoli）编辑，《20世纪的威尼斯原型》（*Profili veneziani del Novecento*），威尼斯：超新星出版社，2001 年，第 20—55 页。
23. FLC 速写本 T70，1963 年 8 月 4 日至 1954 年 8 月 30 日，马丁岬。

24. 玛丽·塞西尔·奥拜恩（Marie Cecile O'Byrne），"勒·柯布西耶在威尼斯的医院项目"（El proyecto para el hospital de Venecia de Le Corbusier），博士论文，加泰罗尼亚大学，巴塞罗那建筑学校，2007 年。
25. 勒·柯布西耶（Le Corbusier），引用于瓦莱里娅·菲利纳提（Valeria Farinati）编辑，《勒·柯布西耶的威

尼斯 H VEN LC 医院，1963—1970 年：新医院的功能分析》（*H VEN LC Hôpital de Venise Le Corbusier, 1963–1970 : Inventario analitico degli atti nuovo ospedale*），威尼斯：IUAV-AP 项目档案，1999 年，第 46，54 页。
26. 画作，FLC 6276。

游客观赏这座历史城市的视线。1964 年 3 月 11 日，完成了对初步设计的研究后，柯布西耶在给奥图蓝吉的信中写道："我一直专注于你的威尼斯医院的项目。医院如同住宅，都是'人的住所'。人之为人的关键在于：他的身材（高度）、他的步幅（伸展）、他的眼睛（视线）、他的手（眼睛的姐妹）。他的整个物理性质在这其中，与其紧密联系。问题就是这样产生的。幸福即是和谐。与你的医院平面相联系的会延伸至周围环境：渗透。透过你的城市，我已经同意和你在一起（图 7）。"[27]

图 7. 勒·柯布西耶、纪尧姆·茉莉·德·拉·福恩特、卡罗·奥图蓝吉和伊纳吉欧·穆内尔在医院项目的新闻发布会上，威尼斯，1961 年 4 月 11 日，巴黎：勒·柯布西耶基金会，FLC L4-5-14

27. 勒·柯布西耶（Le Corbusier），给卡洛·奥图蓝吉（Carlo Ottolenghi）的信，1964 年 3 月 11 日，FLC 12-20-113。

插图 23. 医院，威尼斯，1962—1965 年，纪尧姆·茱莉·德·拉·福恩特（智利人，1931—2008 年）所画立面图，1967 年，剪切－粘贴银色凝胶印刷品及剪切－粘贴纸，由炭笔、彩铅、圆珠笔，以及墨水图章在纸上绘画，45.1 cm × 544.8 cm，纽约：现代美术馆，唐·高曼购买基金，菲利斯·兰伯特购买基金及迈克尔·马哈仁姆购买基金

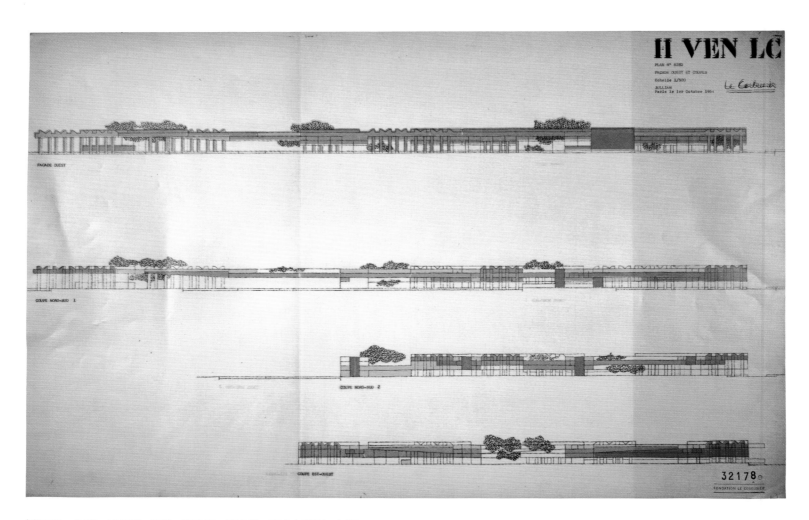

插图 24. 医院，威尼斯，1962—1965 年，西立面，南北向剖面，东西向剖面，由彩色明胶在纸上打印，51.3 cm × 80.8 cm，巴黎：勒·柯布西耶基金会，FLC 32178B

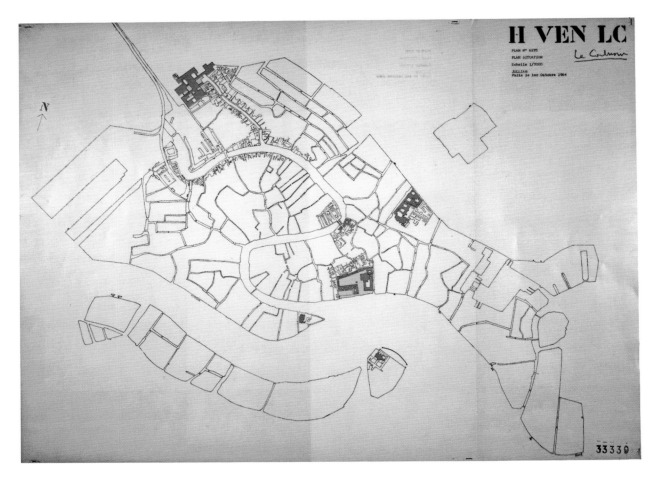

插图 25. 医院,威尼斯,1962—1965 年,标明新医院和威尼斯著名建筑物的场地平面,1964 年,由彩色明胶在纸上打印,51.4 cm × 70 cm,巴黎:勒·柯布西耶基金会,FLC 33339

比利时

项目：

斯凯尔特河左岸城市规划，安特卫普省，1933 年

康内尔别墅，布鲁塞尔，1929 年

世界水博览会法国馆，列日，1937 年

已建成项目：

吉埃特住宅，安特卫普省，1926—1927 年

万国博览会飞利浦展馆，布鲁塞尔，1958 年（已拆）

捷克斯洛伐克

项目：

城市规划，兹林，1935 年

英国

项目：

"理想家园展"，伦敦，1939 年

西班牙

项目：

巴塞罗那房屋，1933 年

马西亚计划，巴塞罗那，1933 年

瑞典

项目：

西奥多与乌拉·阿兰伯格的展览馆，斯德哥尔摩，1961—1962 年

城市规划，斯德哥尔摩，1933 年

苏联

项目：

苏维埃宫殿，莫斯科，1931—1932 年

莫斯科规划，1930 年

已建成项目：

中央局大厦，莫斯科，1928—1936 年

图例：

 到访地点

 项目

 已建成项目

欧洲，从西到东

Oslo
奥斯陆

Stockholm
斯德哥尔摩

Göteborg
哥德堡

Moscow
莫斯科

Prague
布拉格

Zlín
兹林

Vienna
维也纳

castille

西班牙：踏入已知之境

左图："卡斯蒂利亚"（Castille），1928 年，由铅笔在纸上作画，17.5 cm×10.5 cm，巴黎：勒·柯布西耶基金会，速写本 C11

图 1. 费尔南德·莱热、皮埃尔·让纳雷和柯布西耶在西班牙，1930 年，巴黎：勒·柯布西耶基金会，FLC L4-14-16

勒·柯布西耶 4 次出访西班牙。1928 年，他在马德里和巴塞罗那任教；1930 年，他和皮埃尔·让纳雷以及费尔南德·莱热（图 1）驾着他豪华的瓦赞穿越西班牙；1931 年，柯布西耶又一次在皮埃尔的陪伴下，沿着地中海海岸驾驶，乘船到得土安，最后到阿尔及利亚，1932 年，他出席在巴塞罗那举行的解决当代建筑问题国际委员会（CIRPAC）会议，并在马约卡短暂游玩。[1]

这里我们不会讨论 1932 年之行催生的作品——例如始于 1933 年的为巴塞罗那设计的马西亚项目或以"一房一树"（A house，a tree）为口号的住房项目，或者是 1932 年为弗洛蒙托酒店绘制的迷你草图。我们关心的是柯布西耶记录的有关西班牙及其景观的印象。他在他的信件、笔记、采访以及发表的两篇关于西班牙之行的文章中都有提及：他在《不妥协者报》上发表"西班牙"谈论 1928 年西班牙之行，在《计划》上发表"旅途的回报……或经验"记录 1931 年之行。莱热对 1930 年之行的记录《走在西班牙的路上》也补充了此行的印象，这与柯布西耶自己在 1928 年的印象相呼应，并且对 1931 年之行起到了预示作用。莱热的文章也发表在《不妥协者报》上，与柯布西耶两年前的文章发表在同一板块"艺术家之旅"。[2]

艺术家的旅行：当我提及印象这一术语的时候，我指的是如下的意思。柯布西耶即兴的新闻式的记叙包含两个关键的概念——景观及其精神，他的记录是早期现代旅游业的典型代表。不断加快的速度以及较低的花费使得速旅（the quick trip）作为一种新事物成为可能，得益于速旅的推动，同时以上述印象作为基础，现代旅行故事得到发展，当时，实证主义关于环境影响个人品质的学说转变成了关于全人类精神的非理性的本质主义猜想，后者认为，同一片土壤养育的人具有集体的同质性，不可避免地产生与他们所处景观相同的形式。这样的旅行印

1. 见胡安·何塞·拉赫尔塔（Juan José Lahuerta），《柯布西耶："西班牙"；记事本》（*Le Corbusier: "Espagne"; Carnets*），巴黎：勒·柯布西耶基金会；米兰：雷克塔出版社；绍普夫海姆：班格特出版社，2001 年；以及《柯布西耶与西班牙》（*Le Corbusier e la Spagna*），米兰：雷克塔出版社，2006 年。

2. 勒·柯布西耶（Le Corbusier），"西班牙"（Espagne），《不妥协者报》（*L'Intransigeant*），1928 年 6 月 18 日；以及"旅途的回报……或经验"（Retours … ou l'enseignement du voyage），《计划》（*Plans*），第 8 期（1931 年 10 月），第 92—108 页。除特别提示，接下来所有引文均来自以下内容：由劳拉·马尔蒂内斯·德·盖

尔（Laura Martínez de Guereñu）和费尔南德·莱热（Fernand Léger）全部翻译的"走在西班牙的路上"（Sur les routes d'Espagne），《不妥协者报》，1930 年 11 月 3 日。再版有改动，"坐在柯布西耶的瓦赞车上"（Dans la Voisin de Le Corbusier），《我们的旅行》（*Mes voyages*），1960 年；巴黎：文学教育出版社，1997 年，第 79—84 页。

图 2. "卡塔卢尼亚"（Catalogne），1928 年，由铅笔在纸上作画，10.5 cm×17.5 cm，巴黎：勒·柯布西耶基金会，速写本 C11

象最具现代性的一点不在于它们的主观性或独特性，而在于它们的标准化。它们通过大众市场出版物传播，关系到已为普通受众熟知的观点。西班牙代表一个特殊的主体，自罗马时代，这个国家作为一个具有异国情调的、不变的场所的形象就已经树立起来。西班牙的特质与景观融入一系列陈词滥调式的表达，这些表达将这个国家塑造成为北边大众触手可及的初级的东方（Orient）。例如，1936 年，《当代艺术》杂志联手瓦贡力和托马斯库克旅游公司组织了一次圣周旅行活动，杂志用了几页篇幅大张旗鼓地宣传此次活动："1936 年复活节：穿越西班牙，热烈与神秘的存在。"[3]

热烈、神秘：这两个词正是柯布西耶几年前在他的旅行记录中使用的表达。在 1928 年的文章中，他写到"热烈的景观"和"热烈的几何形态"（图 2）。他在致《太阳报》的报告中说道："西班牙的民间传说和流行歌曲表现出同样神秘的感官上的激情……这里的环境对居民的影响比其他任何地方都更为明显。'热烈'是西班牙的特质。"[4] 以上的讨论如下总结再好不过了：神秘、热烈以及对环境与民族之精神的本质主义解读被不可抗拒地捆绑在他们的民间故事和景观中。在《西班牙》一文中柯布西耶以一种戏剧化的方式描写西班牙的社会环境："独特、不安分、恒久、愤怒，灵魂从层层茂盛的植被和丰裕的幸福中解脱出来，一切都是红石、红沙、灰岩、黄泥，以及贫瘠的两岸中间意料之外的大河。"在同一篇文章的第 2 行，他提到普罗斯佩·梅里美的《卡门》（1845 年），指出它虽然有部分不准确，但是一本关于西班牙的小说。虽然他所指的对象常常更加当代，但他的评论凸显出他的偏见的本质是传统的。我已经提过，从 19 世纪晚期的颓废派（Decadents）到 20 世纪 20 年代和 30 年代放荡不羁的波希米亚人，西班牙是现代旅行者的目的地。作为早期队伍最重要的人物之一，莫里斯·巴雷斯对第二批旅行者也产生了重要影响。例如书籍《血、肉体的快感和死亡》（1896 年）以及《格列科，或托莱多的秘密》（1912 年）对于前往西班牙的旅行者来说，几乎是不可或缺的。阿梅德·奥占芳出版了一份报告，记录了 1923 年他与柯布西耶的客户、艺术收藏家劳沃·拉罗歇在西班牙的公

3. 《当代艺术》（L'Art vivant）中的广告，第 200 期（1936 年 2 月）：封底。

4. 祖亚昆·伊索（Joaquín Llizo），

"勒·柯布西耶的几句话"（Unas palabras de Le Corbusier），《太阳报》（El sol），1928 年 5 月 11 日。

图3. 巴塞罗那的弗拉明戈舞者，1932 年（注明的日期是
1931 年），由铅笔在纸上作画，21 cm×18 cm，巴黎：勒·柯
布西耶基金会，速写本 22

路旅行，并在他的回忆录中说起巴雷斯是他青年时期最喜爱的作家之一。[5] 几次对比应该足以说明柯布西耶也受巴雷斯作品的影响。巴雷斯在《血、肉体的快感和死亡》中写道："西班牙的一切就像一座不竭的火山一样爆发"；他将西班牙的愤怒与辣椒的口感做比较，说前者用来催生"热情"还不坏。[6] 他们对西班牙的描写还存在其他更清晰的相似点——他们触及对象的方式都是从严格的空间角度。当巴雷斯写"西班牙是另一个非洲"的时候，柯布西耶在 1928 年的文章开头表现了类似的力度，他从同样有利的角度观察他的对象："西班牙位于比利牛斯山脉后面，这说明了很多事情。"那么，说明了哪些事情呢？

柯布西耶说，他接受邀请去马德里授课有一个条件，那就是他要看斗牛表演。他在 1928 年的文章中用长篇幅对比了斗牛与弗拉明戈舞蹈，但这也不是他原创的。柯布西耶从精密度、准确度以及几何形状的角度解读斗牛和弗拉明戈（图 3），[7] 而奥占芳和维森特·乌依多博几年前在《新精神》中已经尝试过，弗朗西斯·皮卡比亚以双向、可逆、无限的滑稽模仿的方式解读西班牙舞者和机器时也用了这一方式。奥占芳形容他在巴塞罗那遇见的弗拉明戈舞者拉尼娜·德洛斯·贝伊涅斯的手指像钢铁一般，还写道她那具有爆发性的舞蹈会夏然而止，具有"金属的精确度"。[8] 对于柯布西耶来说，"图形弗拉明戈"（quadro flamengo）始于一种"迟缓的机器的平滑流畅"，然后快速地达到最大程度的暴力，"所有转瞬停止，肌肉紧缩：游戏胜在精确"。

但在老生常谈的领域里，柯布西耶拓展了对已知、已见的解读，用"景观"一词作为百搭牌贯穿整个文本。他在 1928 年写道："整个景观在弗拉明戈的组合中表达出来"；"吉他始终是一种充满热情的景观"。最后，他提出："景观是一场游戏。在这个令人惊异、痛楚的、占有支配地位的地方，唯有教堂现身，淹没在光中，受旱灾侵袭……我常常对那些害怕几何形态之热

5. 阿梅德·奥占芳（Amédée Ozenfant），"过去的我"（Le Mois passé），《新精神》（L'Esprit nouveau），第 18 期，1923 年 11 月：第 13—14 页；以及《回忆录：1886—1962 年》（Mémoires, 1886–1962），巴黎：塞格尔出版社，1968 年，第 127—128 页。

6. 莫里斯·巴雷斯（Maurice Barrès），《血、肉体的快感和死亡》（Du sang, de la volupté et de la mort），

1896 年，巴黎：普隆出版社，1921 年。

7. 维森特·乌依多博（Vicente Huidobro），"西班牙"（Espagne），《新精神》（L'Esprit nouveau），第 18 期，1923 年 11 月，第 25—28 页。约从 1915 年开始，弗朗西斯·皮卡比亚（Francis Picabia）创作了一些画描绘西班牙舞者和机器。见《弗朗西斯·皮卡比亚：机器和西班牙语》（Francis Picabia: Máquinas y españolas），巴

塞罗那：塔比埃斯基金会；瓦伦西亚：瓦伦西亚当代艺术博物馆，胡里奥·冈萨雷斯中心，1995 年。

8. 值得一提的是多年之后，在《疯狂的爱》（L'Amour fou）中，巴黎：伽利玛出版社，1937 年，安德烈·布勒东（André Breton）用曼·雷（Man Ray）拍摄的一张西班牙舞者的照片来阐述他所说的"凝固的爆炸"（explosante-fixe）的美学概念。

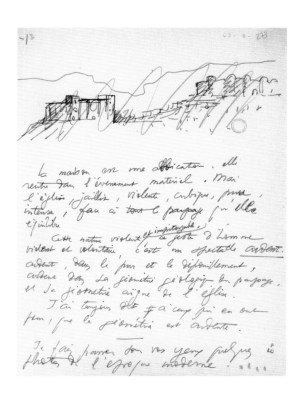

图 4. 在马德里准备一场讲座时所绘的图，表现以城堡和教堂加冕的西奎萨城，1928 年，铅笔在纸上作画，27.5 cm×22 cm，巴黎：勒·柯布西耶基金会，FLC C3-8-272

烈的人说，可悲！"

柯布西耶乘火车穿越卡斯蒂利亚山脉（第 140 页）创作的少量素描突出了这个观点。在他的马德里课堂的讲义中，他的一些素描通过超大的几何形状的立体图形从屋顶升起来表现教堂和西奎萨城堡，并以更高的山脉为背景（图 4）。他用同样的形容词"热烈的"来描述这些建筑形式，他发现它们的几何形状不逊于景观。虽然柯布西耶似乎又一次把建筑解读为在新的平衡状态中主宰或修复自然的元素，但在这里不是——至少这么说不确切。相反，尽管几何形状与景观都有所夸张，但它们彼此相互激励。西班牙在其过于充沛的状态中被激发的视角，尤其是在过于丰沛的缺乏矛盾的视角中，自罗马时期以来已经成了一个刻板印象。柯布西耶同他之前的很多人一样，去西班牙旅行是为了目睹已经被看见的，同时又被后者震惊。

不足为奇的是，柯布西耶通过景观传达的西班牙的想象最终成了一种新刻板印象的典型，这一想象具有清晰的殖民主义根源。在他 1931 年的文章中，景观和精神依然是关键的主题，但柯布西耶引入了一个细微差别，即强调景观的纯洁性。这种纯洁性表现在这个国家广袤、近乎荒芜的土地上不仅仅是物质的、表象的，同时随着景观和精神的相互作用，它也是精神的。柯布西耶写道："这个国家纯洁而高贵，"又补充道："也简朴。"他这样写道："农田包围中的房屋是简朴的。"并强调了这个词。对于他来说，这不仅是在描述未经破坏的土地，也在赞美保护这片无瑕的土地的意志："一切都保存完好，富有生机，真实、鲜活如同年轻的女子。"我们不会再详述景观或处女地和女性身体的比较，也没有更多相关的老生常谈或者与殖民主义关系不大的内容。重要的是发现可能破坏这一纯洁的主体，它是西班牙的景观精神及其精妙的纯洁性（图 5）绝无法容忍的。莱热在他 1930 年的文章中称这一主体是"北边的男人"，或者"北欧的厄运"，而柯布西耶在 1931 年的文本中以更加戏剧化的语言表达——换句话说，就是现代文明、资本主义，这一概念在这两位朋友的文章中的表达简单而富煽动性——钱和旅游业。柯布西耶在同一篇文章中写道："不要玷污，不要金钱带来的堕落。"还揭示了钱的罪孽和污点，但我们并不相信这些天真的看法。

柯布西耶在文本中借机评论了西班牙的现代主义。他有几处用语讽刺，比如当他提到马德里格兰大道在建的西班牙国家电信公司的摩天大楼；有时当他写到巴塞罗那与众不同——是北

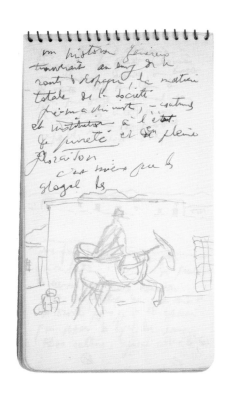

图 5. 游记和一幅画着一个男人骑驴的画，安达卢西亚，1931 年，铅笔和墨水在纸上作画，17.8 cm×9.8 cm，巴黎：勒·柯布西耶基金会，速写本 B7

欧的勤奋精神与地中海的美感的结合体，他的语言真诚。但遇到主要的基础设施建设，例如，他驾着瓦赞高速驶过的地中海沿岸的现代公路，他的反应不出意料地非常矛盾。一方面，他用总体正式的术语称赞它，仿佛这条道路仅仅是观赏景观的一处有利的视角；另一方面，他感到惋惜，因为正是沿着这条现代公路，北方将入侵他想象中未经开发的西班牙。不管是哪种情况，柯布西耶用来描绘他的西班牙印象——千年文化、雕刻景观、热情的几何结构、高贵和纯洁——的图像，只是起安慰作用的修辞格，贫穷和落后的常见隐喻。处女西班牙这一想象背后的关于"比利牛斯山另一边"的态度再清楚不过了：它反映了某种人文主义，即在"他者"（other）中找到北方发达社会失去的所有美德与纯洁。柯布西耶带着典型的家长作风希望西班牙保持这些美德，并且最终想让它不经任何歪曲、继续保留"千年"贫穷和原始的落后，正如他 1931 年写的，想让西班牙永远不变。但这会不会是柯布西耶在危机时期所需的想象？如果是这样，那么这应该是一个双重危机：20 世纪 20 年代末困扰欧洲的社会、政治和经济危机，以及柯布西耶在日内瓦和莫斯科遭遇失败后产生的个人危机。

　　柯布西耶穿越西班牙的旅途中，到底什么是最重要的？我们来看 1930 年和 1931 年的旅行。第 1 次旅行，他在 11 天内旅经约 2800 km，第 2 次，他在 4 天内行经从加泰罗尼亚到马拉加约 1500 km 的距离。事实上，在那时，汽车、马路和速度是这些让人目不暇接的旅途的主要特征，而这些旅途正如菲利斯·弗格的环球航行一样超越了时间和经验，具有典型的现代意义和旅游意义。由于汽车高速驶过一个"静止的国家"，汽车和公路成为思考这个国家的有利角度。莱热写道："我们是从金属瓦赞里走下来的野蛮人，我们在一个缓慢的国家快速前行。"[9]这是本质的反差：一种"平躺在地上"的静态的景观和"在景观中全速前进、一刻不停的机器"。莱热写道："人们会想这是怎么回事。"他总结道："勒·柯布西耶告诉我，'这就是这么回事，而且很长时间也都会是这样。'"柯布西耶以自己的方式成为现代旅游的先知，而且说实话，他一点也没错。

9.　莱热（Léger），"走在西班牙的路上"（Sur les routes d'Espagne）。

插图 26. 勒·柯布西耶与西班牙促进当代建筑发展建筑师技师协作委员会，马西亚计划，巴塞罗那，1933 年，水彩作于纸上，147 cm×659 cm，加泰罗尼亚建筑师公会，巴塞罗那

兹林，捷克斯洛伐克：拔佳（Bat'a）连锁店计划，1935 年

兹林概览，1935 年，巴黎：勒·柯布西耶基金会，FLC H3-14-255-008

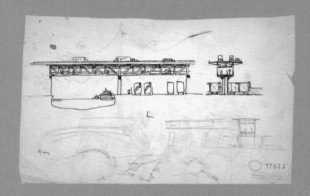

兹林计划，1935 年，工业区一段高架路的截面图和正面图，铅笔和有色铅笔在牛皮纸上作画，32.4 cm×50.8 cm，巴黎：勒·柯布西耶基金会，FLC 17923

1935 年，勒·柯布西耶受捷克斯洛伐克鞋制造商拔佳之邀担任比赛评委，此行他发现了兹林——1918 年成立的跨国公司工业帝国的首府。[1] 柯布西耶经历了与俄罗斯和意大利企业不愉快的合作经历，他终于找到了一位真实而开明的老板——拔佳创始人托马斯的兄弟简·拔佳。柯布西耶的朋友亚森特·迪布勒伊是一位工人出身的记者，他赞扬"拔佳案例"是福特主义的典范。受"拔佳案例"触动，柯布西耶在兹林看到一个"闪耀的奇迹"，声称他"在所有理性的机制之下"发现了"一个无比宝贵和有效的因素：心灵"。[2]

兹林的工业组织清晰，与拉绍德封正交、模块化的形态类似。拔佳现代化的建筑由弗兰蒂塞克·加赫拉牵头的机构内的设计工作室设计。该建筑满足了商业需求，不仅提供了生产场地，还提供了市场推广和传播的媒体工具。柯布西耶终于找到他理想的具有进取精神的赞助人，甚至在没有明确委任的情况下，他便立即开始研究兹林的布局。

柯布西耶的计划与加赫拉计划中的"蔓延的花园城市"和"流动分区"相反，前者提出要"为进出口建立宽阔的运输道路，在生产单位、制造中心、管理中心、住房、娱乐中心、教育中心、医院、学校和幼儿园等之间建立联系"，还要对扩建的形式进行定义。[3] 柯布西

耶拒绝"美国之恶——真正的癌症"，即避免那个国家"对花园城市的过分执着"，保留河谷的南面供工厂使用。[4] 这样一来，北边的被建筑群分割的居住区就不会被干扰（那些建筑群与他 1934 年为北非内穆尔提议修建的建筑群完全相同）。

但他最感兴趣的是人口流动、原材料以及鞋类制成品。在穿越河谷的轴向高速路的南边，他扩展了拔佳的标准建筑系统，并使之合理化，让它们有相同的混凝土骨架。柯布西耶分析了与河谷和高速路垂直的一系列交叉区域中工厂的铁路、公路和水路之间的关系。他的研究极其具体，将道路网络的要素作为穿越水路的高架路的组成部分展示出来，表露了他对多产的兹林的痴迷。因此，工业区的扩展成了融入整体的一部城市机器。

拔佳项目选址在德热弗尼采河谷的斜坡上，重新利用了"光辉城市"（1930 年）的元素，尤其是柯布西耶在其中称作"绿色城市"的一系列锯齿状的住宅区。更重要的是，它代表了他后来在 1945 年引介的"人类三大聚居地规划"的第一个规划。[5] 拔佳公司的新工厂位于法国摩泽尔省的拔佳城，是依照拔佳在荷兰、英国、南斯拉夫以及远在印度和巴西的工厂的相同的模型建造的。

1.　让－路易斯·科恩（Jean-Louis Cohen），"客户即主人：勒·柯布西耶遇见拔佳"（Unser Kunde ist unser Herr：Le Corbusier trifft Bat'a），温菲尔德·奈丁格（Winfried Nerdinger）编，《兹林：典型现代城市》（Zlín：Modellstadt der Moderne），柏林：约维斯出版社，2009 年，第 112—147 页。

2.　勒·柯布西耶（Le Corbusier），给

"简·拔佳先生与他的合作者"（Monsieur Jean Bat'a et à ses collaborateurs），1935 年 5 月 9 日，FLC H3-14-12，由吉纳维芙·亨德里克斯（Genevieve Hendricks）翻译。

3.　勒·柯布西耶（Le Corbusier），备忘录，1935 年 6 月 17 日，FLC H3-14-193。

4.　勒·柯布西耶（Le Corbusier），

写给拔佳（Bat'a）的信，1936 年 1 月 2 日，FLC H3-14-35。

5.　勒·柯布西耶（Le Corbusier），《人类三大聚居地规划》（Les Trois établissements humains），巴黎：德诺埃尔出版社，1945 年。

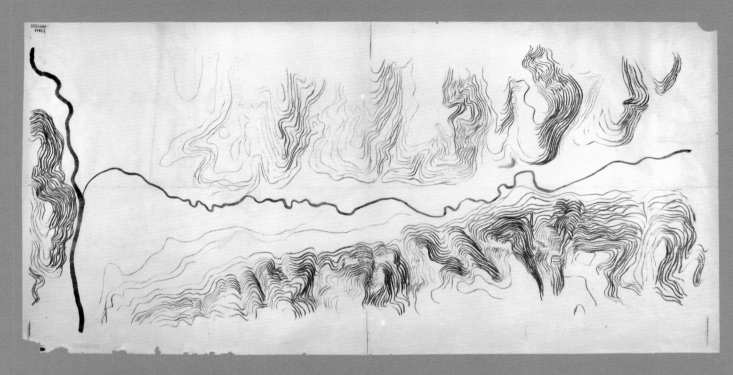

兹林地形平面图以及德热弗尼采河河谷，1935 年，墨水和铅笔在牛皮纸
上作画，115 cm×233.1 cm，巴黎：勒·柯布西耶基金会，FLC 17943

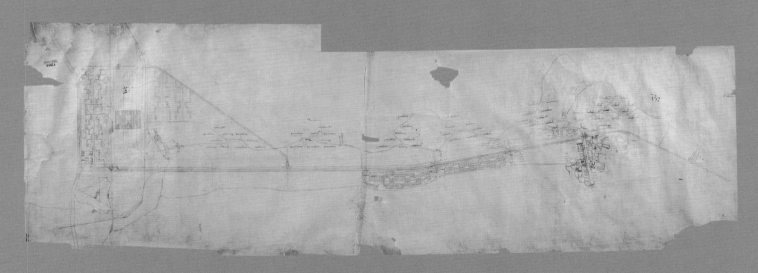

兹林规划图，1935 年，墨水、铅笔和彩色铅笔在牛皮纸上作画，91.4
cm×271.9 cm，巴黎：勒·柯布西耶基金会，FLC 17945

莫斯科：从亚洲式村庄到大都市

图 1. 柯布西耶在一群苏联建筑家中间，莫斯科，1928 年 10 月，从左至右依次是：安德烈・布罗夫、勒・柯布西耶、尼古拉・索博列夫、亚历山大・维斯宁和乔吉・戈尔茨，巴黎：勒・柯布西耶基金会，FLC L4-4-175

在两次世界大战之间的时期，莫斯科对于勒・柯布西耶来说具有特殊的意义。作为新兴的全球性力量，莫斯科不仅是柯布西耶在两次世界大战期间设计的最大的建筑——中央局大厦（1928—1936 年）的地址，还有着柯布西耶最非凡的，但也最难实现的宏伟计划之一——苏维埃宫殿（1931—1932 年）。虽然他在苏维埃俄国的首都待的时间总共不超过 6 个星期，他与这个国家的往来从 1920 年到 1939 年持续了将近 20 年，并在这期间孕育了很多想法和策略。

1928 年 10 月 10 日，柯布西耶访问莫斯科，此前《真理报》已经大张旗鼓地宣布了这个消息。就在柯布西耶在莫斯科的白俄罗斯站下火车之前，一种相互间的吸引将他与俄罗斯前卫派的主人公们联系在一起，这一联系持续了近 10 年。正如《新精神》报道的有关新俄罗斯的政治局势和文化活动那样，柯布西耶的出版物和项目受到了俄罗斯知识界阿纳托利・卢那察尔斯基等政治家以及卡西米尔・马列维奇和埃尔・利西茨基等艺术家的关注。[1] 但在柯布西耶抵达莫斯科后不久，利西茨基发表了一篇文章批判柯布西耶的世界城市（1928 年）项目，于是二人热切的关系就结束了。[2]

虽然反动主义的瑞士批评家亚历山大・德・森格尔称他是"布尔什维克主义的特洛伊木马"，但柯布西耶欣赏苏维埃俄国的原因从根本上说来是非政治的。[3] 他认为布尔什维克主义的特点在于"任何东西都尽可能地大，最大的理论，最大的项目。最大化。指向任何问题的核

1. 见让－路易斯・科恩（Jean-Louis Cohen），《勒・柯布西耶与神秘的苏联：莫斯科理论与项目，1928—1936 年》（Le Corbusier and the Mystique of the USSR : Theories and Projects for Moscow, 1928–1936），普林斯顿：普

林斯顿大学出版社，1992 年。
2. 埃尔・利西茨基（El Lissitzky），"偶像与偶像崇拜"（Idoli i idolopoklonniki），《建筑行业》（Stroitel'naia Promyshlennost'），第 11—12 期（1929 年）：第 854—858 页。

3. 亚历山大・德・森格尔（Alexandre de Senger），《布尔什维克主义的特洛伊木马》（Le Cheval de Troie du bolchevisme），比尔市：烛台出版社，1931 年。

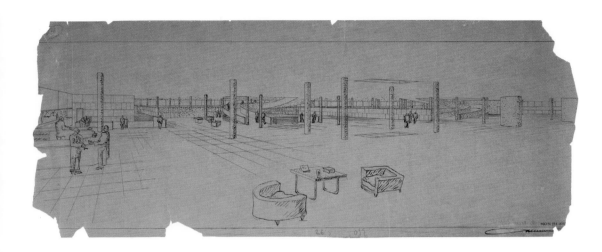

图2. 中央局总部，莫斯科，1928—1936年，大厅的内部视角，看向坡道，由墨水、铅笔和彩色铅笔在描图纸上作画，29.8 cm×73.1 cm，巴黎：勒·柯布西耶基金会，FLC 16112

图3. 从白俄罗斯站的人行道所画的奥西普·博夫的凯旋门，莫斯科，1928年10月，墨水和铅笔在纸上作画，20.9 cm×27 cm，巴黎：勒·柯布西耶基金会，FLC 5540

心。彻底地考察它。想象整体。宽度与大小"。[4] 事实上，苏维埃项目似乎使柯布西耶有机会改变他的建筑项目和城市规划的规模。

柯布西耶对于列宁建立的政权以及斯大林保持谨慎的态度，当斯大林建立起他的政权时，柯布西耶的母亲曾提醒他小心一些，不过柯布西耶依然被1928年他在莫斯科遇见的建筑师和学生们的热情打动（图1）。亚历山大·维斯宁，这个被柯布西耶视为"构成主义鼻祖"（founder of Constructivism）的人和他的杰出的弟子伊万·莱奥尼多瓦极大地吸引着柯布西耶，以至于他最初把用来回应卡雷尔·泰奇对他的批判的文章"捍卫建筑"献给了维斯宁。[5] 在他返程的路上，他在让-雅克·卢梭的《社会契约论》的边缘写下："苏联是唯物主义的，但基于一个本质上与精神相关的前提：信仰。"[6]

柯布西耶到底在1928年的莫斯科之行发现了什么，促成他在中央局的竞争（图2）中发生了改变？由于禁止在街上作画，柯布西耶只能秘密地画了少量草图，这些草图记录了历史遗迹，凯旋门（图3），克里姆林宫的塔，但很少记录这幢新建筑，虽然柯布西耶能够参观它的好几处实例。然而新生俄罗斯资本的氛围和整体的形式深深地影响了他。两年前，沃尔特·本杰明也对此产生了强烈的印象，他在《莫斯科日记》中写道，"莫斯科的村庄形象突然毫无伪装地跃到你的面前，"它开阔的空间"有一种散乱的、田园的特质，仿佛这广阔的地域总是在被坏天气、融雪或者雨溶解"。[7]

4. 勒·柯布西耶（Le Corbusier），"伟大的……或者大的概念"（Bolshoi... or the Notion of Bigness），《光辉城市》（The Radiant City），由帕梅拉·奈特（Pamela Knight）、埃莉诺·勒维厄（Eleanor Levieux）以及德里克·科尔特曼（Derek Coltman）翻译，纽约：猎户星出版社，1967年，第182—183页，《光辉城市》（La Ville radieuse）原版的句子是"Bolche ou la notion du grand"，《序幕》（Prélude），第5部分，第4节，1932年，并再版，布洛涅-比扬古：今日建筑出版社，1935年。

5. 勒·柯布西耶（Le Corbusier），"捍卫建筑"（Défense de l'architecture），《今日建筑》（L'Architecture d'aujourd'hui），第4卷，第10期（1933年10月）：第38页。写于1928年从莫斯科返回的火车上，首次在布拉格发表，题为"捍卫建筑，回应卡雷尔·泰奇"（Obrana achitektury, Odpoved' K. Teigovi），《神殿》（Musaion）第12卷，第2期（1931年），第42—53页。

6. 勒·柯布西耶（Le Corbusier），在让-雅克·卢梭（Jean-Jacques Rousseau）《社会契约论》（Du contrat social）边缘的笔记，1762年，巴黎：

弗拉马里翁出版社，1929年。勒·柯布西耶的个人图书馆，FLC J 106。除非特别注明，所有翻译均由吉纳维芙·亨德里克斯（Genevieve Hendricks）翻译。

7. 沃尔特·本杰明（Walter Benjamin），"莫斯科日记"（Moscow Diary），《十月》（October），第35期（1985年冬），第112页。原发表题目为"莫斯科日记"（Moskauer Tagebuch），1926—1927年；法兰克福：苏尔坎普出版社，1980年。

柯布西耶回到巴黎后不久，在《不妥协者报》发表了名为"莫斯科的建筑"的文章。文章中，柯布西耶写道。"秋天的莫斯科是一个阴郁的城市（也许冬天风景会更美），克里姆林宫就像它王冠上的宝石，建筑目睹并铭记了这个城市的新的精神。"[8] 他描绘"街道充满巨大的、阴森的混凝土建筑，被明亮的广场照亮"，这说明"这个城市已经决定站在新的指示牌之下"；虽然有这些发展，但"莫斯科作为一个萌芽中的新世界，依然穿着亚洲式村庄的旧衣"。

在利昂·特罗茨基妹妹奥尔加·卡梅内瓦的帮助下，柯布西耶得以在莫斯科综合技术博物馆做讲座，在讲座上，他谈到了本质上相同的内容。面对包括卢那察尔斯基和维斯宁在内的观众，他借助草图（图4）抨击了这个城市从最初就赖以发展的放射式系统。一个参加此次讲座的人留下了一段意味深长的记述：

柯布西耶先生在演讲结束时告诉我们，莫斯科还是一个亚洲式的城市，要改善她，我们需要重新铺路，拆除旧房屋，保留历史遗迹。还要扩大公园和花园，把商业区移到另一个区域，二级街道需要以手术级的精确度移除，这样，在与主干道相邻的新街道就能修建摩天大楼。[9]

柯布西耶清楚自己对莫斯科历史形态的责难可能导致的消极影响，他劝告观众："为什么你们不对这个新世界的城市有一个更大的城市规划？"[10] 但同时，他将自己置于建筑历史遗迹的保护者的位置，坚持认为"绝对有必要让建筑保持原样，作为过去的'当代'的见证者，起到教育作用以及激起人们对构思精妙的建筑的欣赏"。在这一点上他很谨慎，没有提及具体的项目，但在他的演讲中的一幅画作中，他首次描摹了容纳300万居民的当代城市（1922年）的主要特征。

柯布西耶不仅关注莫斯科的物理形态，还关注城市空间的使用。正如小说家乔治斯·杜哈迈尔同时描绘的那样，"快乐的糊状"的莫斯科人群就像一阵"黏腻的浪潮"，"沿着人行道溢

图4. 莫斯科的平面图和一个大都市的两个理论上的示意图，画于莫斯科综合技术博物馆的一场讲座中，1928年10月20日，蜡笔在纸上作画，108 cm×72 cm，莫斯科：师塞谢夫国家建筑博物馆

8. 勒·柯布西耶（Le Corbusier），"莫斯科的建筑"（L'Architecture à Moscou），《不妥协者报》（L'Intransigeant），1928年12月24日，第5页，FLC A3-2-32。由肯尼斯·希尔顿（Kenneth Hylton）翻译。

9. 电力企业 MOGES 的不知名员工，"未来城市：建筑师勒·柯布西耶在综合技术博物馆有关建筑与城市主义的讲话"笔记（La Ville future : La Conférence faite par l'architecte Le Corbusier au Museé Polytechnique sur l'architecture et l'urbanisme），1928年10月26日，莫斯科，FLC D1-7-25，由希尔顿（Hylton）翻译。

10. 勒·柯布西耶（Le Corbusier），"未来城市"（La Ville future）的草稿，由希尔顿（Hylton）翻译。

出"，被有轨电车的机头分开，柯布西耶也围于城市建筑的人群压力，于是将流通作为他的俄罗斯项目的基础。[11]

柯布西耶到访莫斯科的时机再好不过了，当时正在讨论莫斯科的未来，苏维埃的领导人询问了他的意见。柯布西耶首先被邀请处理"绿色城市"相关项目，"绿色城市"是一个选址在城市东北部的公众娱乐休闲场所。这个想法最初是由宣传工作者米克哈尔·科尔佐夫提出来的，柯布西耶非常感兴趣。他在写给金兹堡的信中评论了莫伊西·金兹堡和迈克尔·巴尔希的设计方案："绿色小镇成了汽车检修的修理厂（加油、润滑、检查部件、维修和车辆保养）。"[12] 但在他 1930 年 3 月的备忘录"有关莫斯科和绿色城市的评论"中，他反对局部的解决方案，并将这项专门的计划变成了一个基本原理，他写道："当我们谈到大城市的去中心化，我们必须避开'驴之路'；我们要清空中心，建立交通方式（有轨电车、公车、轿车等），在市内建立绿植中心，容纳过去的种子：比如莫斯科的克里姆林宫和博物馆等。"[13] 于是，他通过这样的友好一击摒弃了金兹堡和巴尔希的去城市化计划。

几周以后，在 1922 年，柯布西耶自开始构思城市规范方案后首次受官方机构邀请，讨论一整座城市的命运。讨论的基础是一份含 30 个要点的问卷，问卷由莫斯科城市新规划办公室主管谢尔盖·戈尔尼设计；紧接着，柯布西耶制订了一份明确的计划，并附上了城市改变总规划的 21 份草图。他建议，在现有的市中心，仅保留少数的历史建筑，实行一个在布局、分区以及建筑等方面具有创新性的系统。

柯布西耶又一次站在了构成主义者的对立面，他坚持认为："如果我们想培养思想贫乏的大众，那我们就非城市化；如果我们想培养思想活跃的、强大的、现代的大众，我们就促进城市化，使城市集中和发展。历史和数据证明巅峰时代诞生于城市人群最集中的时期。"[14] 于是他提出了用一个新的、独特的城市替代莫斯科，因为"巴黎不是莫斯科。这里（巴黎）有资本家；那里有共产主义者；这里封闭而西方化，那里屈从而东方化；这里陈旧而保守，那里住着最近的游牧民，可塑性强"。与仅专注于商业区的"瓦赞计划"（1925 年）相反，在他看来，跟"当代城市"相比，"莫斯科方案追求一种整体性，一整个大城市……更清晰"。

柯布西耶详细的长篇汇报"莫斯科问题的答案"只有俄罗斯的读者知晓，因为它仅在 1933 年作为《城市规划》《明日之城市》俄罗斯译本的补充出版过。[15] 其中描绘的城市之所以非凡有几个原因。柯布西耶首次将产业作为城市构成的要素，组成规划的 1/3，还带有居住区，居

11. 乔治斯·杜哈迈尔（Georges Duhamel），《莫斯科之行》（Le Voyage de Moscou），巴黎：法国信使出版社，1928 年，第 155—158 页，由希尔顿（Hylton）翻译。
12. 勒·柯布西耶（Le Corbusier），写给莫伊西·金兹堡（Moisei Ginzburg）的信，1930 年 3 月 17 日，《精确性：建筑与城市规划状态报告》（Precisions on the Present State of Architecture and City Planning），由伊迪丝·施雷柏·奥杰姆（Edith Schreiber Aujame）翻译，坎布里奇：

麻省理工学院出版社，1991 年，第 266 页。原版为《精确性：建筑与城市规划状态报告》（Précisions sur un état présent de l'architecture et de l'urbanisme），巴黎：乔治斯·克雷公司，1930 年。
13. 勒·柯布西耶（Le Corbusier），"有关莫斯科和绿色城市的评论"（Commentaires relatifs à Moscou et à la ville Verte），备忘录，1930 年 3 月 12 日，FLC A3-1-65，第 1—2 页。
14. 勒·柯布西耶（Le Corbusier），"答一份关于莫斯科的问卷"

（Réponse à un questionnaire de Moscou），备忘录，1930 年 6 月 8 日，FLC B2-5-586，第 63—64 页，第 2 卷。由希尔顿（Hylton）翻译。
15. 勒·柯布西耶（Le Corbusier），"莫斯科问题的答案"（Otvety na voprosy is Moskvy），《城市规划》（Planirovka Goroda），前言，S.M. 戈尔尼（S. M. Gorny），莫斯科：国家书籍杂志联合 – 造型艺术出版社，1933 年，第 175—208 页。

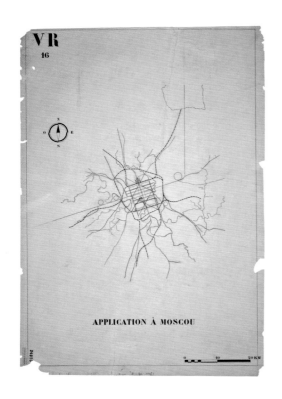

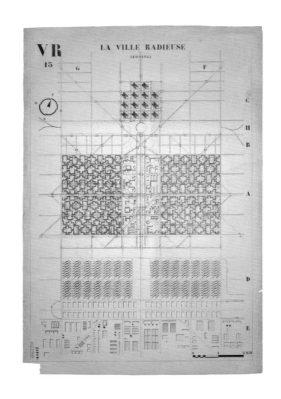

图 5. 应用于莫斯科的光辉城市原则，1930 年，墨水在描图纸上作画，111 cm×75.3 cm，巴黎：勒·柯布西耶基金会，FLC 24910

图 6. 光辉城市，1930 年，分区规划图，日光晒印于纸上，118.5 cm×76.3 cm，巴黎：勒·柯布西耶基金会，FLC 24909B

住区的构想则根据主要用于集体设施的成熟的缩进原则。苏联自 1928 年开始实施斯大林的五年计划，如果柯布西耶使产业并入的构想符合五年计划提出的重点，共享设施就可以视作公有住房原则的一种延伸，金兹堡的纳康芬公寓楼建筑（1928—1929 年）建立起该原则对应的建筑类型。柯布西耶提议的城市规划还中和了资本主义大都市的形式与苏维埃项目带来的启发。

柯布西耶的莫斯科方案受到俄罗斯同行的尖锐批评，当它以"光辉城市"出现在 1930 年布鲁塞尔的国际现代建筑协会时（图 5），它成了一种普遍的原则。在光辉城市，莫斯科铁路只保留了一小部分。它们的消失揭示了这个方案所根源的城市规划，在整个 20 世纪 30 年代（图 6），这一规划将经过几次改变并投入使用。柯布西耶放弃把规划以书的形式发布，而是在《光辉城市》中一笔带过，在这本 1935 年的作品中，他展示了所有莫斯科规划思想成果促成的项目计划。[16]

他的莫斯科之行带来的其他成果也清晰可见。在 1928 年、1929 年以及 1930 年的 3 次莫斯科之行中，柯布西耶几乎没有离开过城市。离城市最远的一次是在 1928 年，在建筑师谢尔盖·科茨的陪同下，柯布西耶参观了当地的村庄。另一次旅行缘起于他观看了谢尔盖·爱森斯坦 1929 年的电影《总路线》，电影中的一个主要拍摄地是一个俄罗斯的国营农场，由维斯宁的一个门徒安德烈·布罗夫设计。这个布景向柯布西耶展示了他自己的作品中可发掘的农业的元素，组成了他的《光辉农场》（1933—1934 年）的一个参照点。在那个项目中，他借用了布罗夫复杂的设计中的一些元素，将它们与他的巴黎别墅和布法罗的粮仓相融合。[17]

16. 勒·柯布西耶（Le Corbusier），"莫斯科实践"（Application to Moscow），《光辉城市》（*The Radiant City*），第 291 页。

17. 弗拉基米尔·索列夫（Vladimir Solev）（简称 V.S.），《苏维埃荧幕》（*Sovetsky Ekran*），第 46 期（1928 年 11 月 13 日）：第 5 卷。

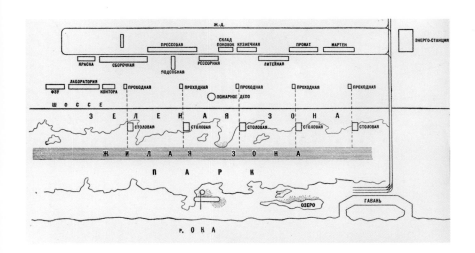

图7. 尼古拉·密刘汀（俄国人，1889—1942年），下诺夫哥罗德附近一座工业线性城市的规划，来自密刘汀，《新社会主义乌托邦：建造社会主义城市的问题》，莫斯科：国家出版社，1930年

他的俄罗斯经历同时促成了线性工业城市概念的缓慢渗透，这一概念由曾委任建造了纳康芬公寓楼的高级官员尼古拉·密刘汀阐述的观点发展而来。尼古拉·密刘汀的书《新社会主义乌托邦：建造社会主义城市的问题》（1930年）展示了针对下诺夫哥罗德（图7）、伏尔加格勒以及马格尼托哥尔斯克的简要城市规划，这些规划成为柯布西耶1945年《人类三大聚居地规划》中的观点的主要来源。[18]

尽管柯布西耶本人在苏联有过失落的经历，但得益于1917年革命带来的集中化的权力以及五年计划的启动，他视苏联为技术人员的乐土。在西方，他会参加"地面动员"的战斗，在《光辉城市》的书页间或者别的地方向"权威"表达自己，在俄罗斯，他不仅将"现代建筑的外观"与新居住项目和集体设施的扩散联系起来，还将其与土地国有化联系起来。于是他在1931年写道："西方奇怪的小块土地（私有财产被无限分割）已经将我们束缚于一种整形外科般的建筑上。苏联自由的土地提供了开放的规划。"[19]他继续道，"在这种情况下"，他赞成"现代建筑的蓬勃发展……建筑师或城市规划专家以完整的有机体来响应"。从这一点来看，中央局大厦和苏维埃宫殿是两次尝试——一个以成功加冕，一个以失败告终，它们要建造这样的有机体以应对莫斯科景观带来的挑战。1928年，他在从莫斯科买的地图的边缘画下草图，证实了他想将东西文化融合的愿望。[20]他没能在自己的规划项目中实现这个愿望，这也成了他难偿的夙愿。

18. 见科恩（Cohen），"局长拿铅笔"（Le Commissaire prend le crayon），尼古拉·密刘汀（Nikolai Miliutin）介绍，《新社会主义乌托邦：建造社会主义城市的问题》（Sotsgorod : Le Problème de La construction des villes socialistes），巴黎：出版商的版本，2002年。原版为《新社会主义乌托邦：建造社会主义城市的问题》（Sotsgorod : Problema stroitelstva sotsialiticheskikh gorodov），莫斯科：哥西达特出版社，1930年。

19. 勒·柯布西耶（Le Corbusier），"决定"（Décisions），《计划》（Plans），第10期（1931年12月），第94,96页。
20. 地图，FLC D1-7-106。

莫斯科：中央局大厦，1928—1936 年

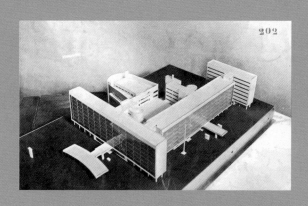

中央局大厦，莫斯科，1928—1936 年，模型，巴黎：勒·柯布西耶基金会，FLC L3-19-15

1928 年 10 月，勒·柯布西耶在 1927 年竞争国际联盟失败后终于得到慰藉。一次在莫斯科组织的针对建造消费者合作社中央联盟或称"中央局"的竞赛中，俄罗斯参与者要求将项目委托给柯布西耶，这一意外的发展表明了柯布西耶在苏联的人气。在最初的赞助人伊西多尔·留比莫夫的努力下，建筑最终于 1936 年落成。那是当时柯布西耶接手过的最庞大、最复杂的工程。

设计初期，组成项目大部分的办公室和会堂将共同沿着莫斯科中心的历史辐射式街道米亚斯尼茨卡亚街形成一个闭合岛。办公室的平行六面体与会堂的曲线形式形成反差，与国际联盟项目呼应，该项目的底层架空柱包含在最终的设计中，起到了决定性作用。

1929 年，当柯布西耶在里约热内卢展示中央局大厦时，他将其等同于一个别致的景观。办公室"以平面和剖面的方式展开，为了创造出两个层面，这里陡峭、垂直，那里是一个缓和的中空。重要的是，中部侧楼比两边厢房矮一层楼。这是整个在底层架空柱上抬高并分离了"。[1] 正是这个底层架空柱"带来了丰富的柱面、阴影或半阴影中的光，从精神角度讲还具有一种令人震惊的紧迫感。在下面，光的效果极富想象色彩。而上面，以天空为背景，有水晶棱镜完美的边缘，被石头围绕"。

一个主要的考量在于内部可能出现强烈的循环，因为引导 2500 位员工进入 6 楼的是螺旋斜坡。柯布西耶又采用了一个景观的类比来区分"两个层面"：

第一个层面是在混乱中来到一处在地平面上的巨大的、水平的飞机：它是一片湖。第二个层面是稳定、静止的工作，免于人来人往的熙熙攘攘，每个人各就其位，易于管理：但它也是河流，是通达的方式，直通办公室。

我在莫斯科越来越多地使用"循环"（Circulation）一词来说明自己的观点，我说得太频繁以至于最后让一些最高苏维埃（Supreme Soviet）的代表紧张起来……建筑是循环。仔细想，它批评了理论方法，神圣化了"底层架空"原则。

建筑的大部分是根据产生于巴黎的设计建造的。只有被柯布西耶称作"精确的呼吸作用"的复杂的供热和通风系统，因为它昂贵的成本而被放弃了（这一系统设计后过了多年，"空气调节"这一术语才出现，它结合了一面被空气空隙隔开的两面玻璃窗组成的中和墙壁，以及向每个房间输送空气的机械的通风系统）。尽管在建造过程中，前包豪斯学校的主任汉斯·迈耶称它是一场"玻璃与混凝土的狂欢"，建成后，掌管建筑的政治局官员拉扎尔·卡冈诺维奇将它比作"一只巨大的、粉红色的、短腿的母猪"，[2] 评论家们并没有停止对它的进一步批评。不过，柯布西耶找到了一位热情的拥护者——构造主义建筑师亚历山大·维斯宁，他将它视为"一个世纪内在莫斯科建造的最好的建筑"。[3]

1. 勒·柯布西耶（Le Corbusier），《精确性：建筑与城市规划状态报告》（Precisions on the Present State of Architecture and City Planning），由伊迪丝·施雷柏·奥杰姆（Edith Schreiber Aujame）翻译，坎布里奇：麻省理工学院出版社，1991 年，第 47，58 页。原版为《精确性：建筑与城市规划状态报告》（Précisions sur un état présent de l'architecture et de l'urbanisme），巴黎：乔治斯·克雷公司，1930 年。

2. "汉斯·迈耶穿越苏俄"（Hannes Meyer über Sowjetrussland），《建筑业协会》（Die Baugilde），第 30 期（1931 年）：1602；拉扎尔·卡冈诺维奇（Lazar Kaganovich），在莫斯科建筑师集会上的讲座，1945 年 3 月，莫斯科，俄罗斯国家社会政治历史档案馆（RGASPI），卡冈诺维奇档案，第 81 卷，inv.3，第 186 号文件夹，第 34 页。由作者本人翻译。

3. 亚历山大·维斯宁（Alexander Vesnin），"轻快、超薄、明晰"（Legkost, Stroynost, Yasnost），《苏联的建筑》（Arkhitektura），第 2 卷，第 12 期（1934 年 12 月）：第 8 卷，由肯尼斯·希尔顿（Kenneth Hylton）翻译。

中央局大厦，莫斯科，1928—1936 年，可见斜坡的内景，理查德·佩尔拍摄

中央局大厦，莫斯科，1928—1936 年，一个典型办公室的透视图，由墨水、铅笔和彩色铅笔在描图纸上作画，37.2 cm × 60.7 cm，巴黎：勒·柯布西耶基金会，FLC 16109

莫斯科：苏维埃宫殿，1931—1932 年

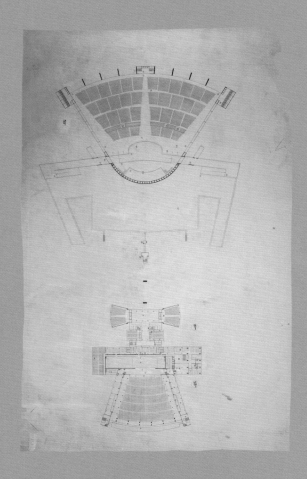

苏维埃宫殿，莫斯科，1931—1932 年，第一层规划，墨水在描图纸上作画，225.7 cm×108.7 cm，巴黎：勒·柯布西耶基金会，FLC 27252

　　勒·柯布西耶在国际联盟的竞争中失败后的第 5 年，他再次遭遇了当时日内瓦的挫折，这一次是在莫斯科举办的竞争苏维埃宫殿的比赛，这一建筑旨在庆贺新政权的建立。它将建于克里姆林宫西南方，毗邻莫斯科河，在马上要被拆毁的基督救世主教堂的原址。在仅限俄罗斯队伍参加的初赛后，几个西方建筑师也受邀提交作品，其中包括沃尔特·格罗佩斯、埃里希·门德尔松、汉斯·珀尔茨希和奥古斯特·佩雷。柯布西耶于 1931 年 9 月接到参赛邀请。

　　虽然从柯布西耶最早的中央局大厦的图纸中可以看出，它已经镌刻在莫斯科中心街区的节奏中，但他后来在宫殿项目中所作的宫殿局部草图（包括一个可容纳达 1.6 万人的会堂），表现出他有所犹豫（第 120 页，图 4）。一张标注 10 月 12 日的素描展现了一面又长又厚的、与河流平行的墙壁，两个咬合的会堂被柯布西耶所称的"听觉墙"（acoustic wall）从岸边隔开。6 周后，这一设计被另一个注重严格对称性的设计替代：两个会堂位于一个轴向结构的某一端，而这个结构由一个含有次要组成的支柱连接起来。

　　正如展示报告中所阐述的，这两个结构明显的自主性源自对背景因素的考虑："克里姆林宫的山丘提供了一个观看建筑奇观（古老教堂和宫殿）的连续视野。山丘耸立于河流之上，沿着克里姆林宫的边缘下降，经过花园，走向宫殿的选址地点。基于对众多因素的考虑，我们决定将宫殿地址定于克里姆林宫的长轴之上，与河流平行。我们觉得，通过这样的方式，我们能达到物质与精神的和谐。"[1]

　　元素与其设计之间的转换使得我们了解循环和声学。引向大会堂的连续的表面组成一种宏大的建筑学式的漫步，穿过位于下端的巨型广场。斜坡使得"人流通畅、不间断地流动"，可以比作"一条山间小路"。大会堂的设计和由金属支架支撑的小会堂一样，从巴黎声学家古斯塔夫·里昂的研究发展而来，悬浮于一个抛物线的拱形结构，让人想起工程师尤金·弗莱西奈的弓弦式桥梁。在大会堂前，一个能容纳 5 万人的平台"尤其有助于声音投射"，创造出一个露天的音响系统。柯布西耶后来在 1935 年纽约的一次讲座上以令人震惊的方式画下了这些元素。

　　由于 1932 年向社会主义现实主义的转向，这个被《真理报》称为"大会飞机棚"的项目计划，成为不可接受的，柯布西耶也从竞争中退出。[2] 入选决赛的项目中规中矩。1934 年 6 月，在去罗马的途中，柯布西耶看见比萨的奇迹广场时，他还在一张草图上写下："苏宫如出一辙。"[3] 正如雅克·卢肯所说，这似乎是一个悖论，没有什么能比柯布西耶死板的宫殿设计更能与比萨歪斜的构成区分——柯布西耶设计的终稿没能将产自工业创造的形式融入莫斯科的古老景观中。[4]

1. 勒·柯布西耶（Le Corbusier）和皮埃尔·让纳雷（Pierre Jeanneret），"莫斯科苏维埃宫殿建筑项目"（Projet pour la construction du Palais des Soviets à Moscou），竞标报告备忘录，1931 年 12 月。FLC H3-6-1，第 22，35 页。由吉纳维芙·亨德里克斯（Genevieve Hendricks）翻译。

2. 罗泽（Gr. Roze），"苏维埃宫殿"（Dvorets sovetov），《真理报》（Pravda），1932 年 1 月 20 日。

3. 威利·鲍皙格（Willy Boesiger），《勒·柯布西耶和皮埃尔·让纳雷：作品全集，1929—1934 年》（Le Corbusier et Pierre Jeanneret：Œuvre complète, 1929–1934），苏黎世：吉斯贝格尔出版社，1934 年，第 132 页。

4. 见雅克·卢肯（Jacques Lucan）的文章，"比萨：奇迹广场之谜"（Pisa：The Enigma of the Piazza dei Miracoli），本书第 118 页。

苏维埃宫殿，莫斯科，1931—1932 年，在纽约修复中的模型的照片，
约 1935 年，纽约：现代艺术博物馆，建筑部与设计研究中心

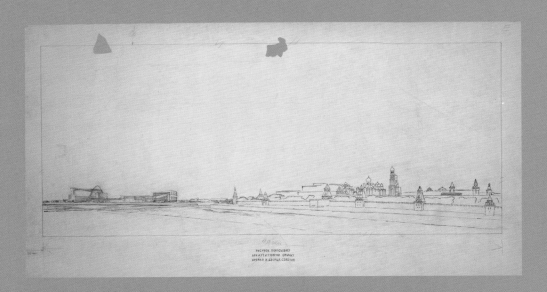

苏维埃宫殿，莫斯科，1931—1932 年，侧面图，表现"克里姆林宫与苏维埃宫殿
的建筑学融合"，墨水和铅笔在描图纸上作画，57 cm×98 cm，巴黎：勒·柯布
西耶基金会，FLC 27247

项目：

绿色工厂，奥布松，1940—1944 年

法国标致（Peugeot）的工人住房，奥丹库尔，1925 年

波烈别墅，博尔姆·莱米莫萨，1916 年

屠宰场和冷冻仓库，沙吕伊，1917 年

屠宰场和冷冻仓库，加尔希齐，1918 年

艾洛古赫规划，1935 年

马赛南规划，1946 年

马赛维尔规划，1946 年

光辉农场，比阿瑟，1933—1934 年

光辉村庄，比阿瑟，1934—1938 年

拉罗谢尔－拉帕利斯规划，1945 年

罗布，罗克布吕讷－卡普马丹，1949—1955 年

罗克，罗克布吕讷－卡普马丹，1949—1955 年

生物研究所，罗斯科夫，1939 年

圣迪埃重建规划，1945 年

圣高登规划，1945 年

教堂与沉思城，圣博姆会议中心，斯特拉斯堡，1964 年

锁控塔，康布－尼弗，1960—1962 年

工人住房，莱日－卡普－费雷，1924 年

公寓，马赛，1946—1952 年

赛科斯住宅，拉巴勒米和，1935 年

弗吕日佩萨克居住区，佩萨克，1924—1926 年

水塔，波当萨克，1918 年

曼德洛特夫人的别墅，勒普拉代，1929—1931 年

集体住宅，赫泽雷南特，1952—1955 年

朗香教堂，朗香，1950—1955 年

勒·柯布西耶的小屋，罗克布吕讷－卡普马丹，1951—1952 年

克劳德和杜瓦尔工厂，圣迪埃，1945—1947 年

工人住房，圣尼古拉－达列蒙，1917 年

已建成项目：

集体住宅，布里昂弗埃，1955—1960 年

拉图雷特圣玛丽修道院，艾布－舒尔阿布雷，1953—1960 年

圣彼得教堂，菲尔米尼，1960—2006 年

文化中心，菲尔米尼，1955—1965 年

体育场，菲尔米尼，1955—1968 年

集体住宅，菲尔米尼，1959—1967 年

图例：

 项目

 已建成项目

法国

Saint-Nicolas-d'Aliermont
圣尼古拉-达列蒙

Briey-en-Forêt
布里昂弗埃

Strasbourg
斯特拉斯堡

Roscoff
罗斯科夫

Paris
巴黎

Hellocourt
艾洛古赫

Saint-Dié
圣迪埃

Piacé
比阿瑟

Ronchamp
朗香

Kembs-
Niffer
康布-尼弗

Audincourt
奥丹库尔

Rezé-les-Nantes
赫泽雷南特

Garchizy
加尔希齐

Challuy
沙吕伊

La Rochelle-La Pallice
拉罗谢尔-拉帕利斯

Eveux-sur-Arbresle
艾布-舒尔阿布雷

Aubusson
奥布松

Firminy
菲尔米尼

La Palmyre
拉巴勒米和

Pessac
佩萨克

Lège-Cap-Ferret
莱日-卡普-费雷

Podensac
波当萨克

La Sainte-Baume
拉圣博姆

Roquebrune-
Cap-Martin
罗克布吕讷-
卡普马丹

Saint-Gaudens
圣高登

Marseille
马赛

Le Pradet
勒普拉代

Bormes-les-Mimosas
博尔姆·莱米莫萨

LA RÉCEPTION.

6

LE JARDIN SUR LE TOIT

DU JARDIN SUR LE TOIT
20 AVRIL 1928

3151

大西洋海岸：自然是灵感之源

左图：迈耶别墅，塞纳河畔纳伊，1925 年 10 月，屋顶花园透视图，来自寄给迈耶夫人的含插图的信，墨水和铅笔在描图纸上作画，62 cm×116.7 cm，巴黎：勒·柯布西耶基金会，FLC 31514

对勒·柯布西耶来说，自然，尤其是景观，作为创造力的隐喻起着重要作用。1925 年 10 月，他写信给新婚的迈耶夫人（左图），试图劝说她接受他第 3 稿的别墅设计，这幢昂贵的别墅位于巴黎高级住宅区讷伊，俯瞰圣詹姆斯公园，柯布西耶通过自然的感观描述了居住在这幢别墅的乐趣：

从卧室上去，你会来到没有铺设一砖一瓦的屋顶，映入眼帘的是日光浴室和泳池，绿草生长在地板之间。抬头是天空。因为四周有墙壁，所以没有人会看见你。夜里你可以看见星星以及圣詹姆斯豪华花园里黑压压的树。就像罗宾逊（当时巴黎的一个边远郊区），又像卡尔巴乔的画。一个放松之地……这完全不是一个法式花园，但多亏了圣詹姆斯公园的高树，这片树林能让你想象自己已远离巴黎。[1]

建筑设计的起源同它的乐趣一样，也是以自然的方式表现。柯布西耶这样总结道：

夫人，这个设计不是制图者在工作室接电话的间隙里匆忙拿着铅笔拼凑而成的。它在完满的平静中，在一处高古典主义的地址面前，在爱的关照下慢慢成熟（图 1）。[2]

柯布西耶还画了一幅湖边风景的素描，视角是他为父母修建的房屋的位置。他父母的房屋"湖畔别墅"建于 1924—1925 年，我们知道一些柯布西耶关于这幢房屋的视野的想法，因为在 1924 年 2 月 18 日洛桑的一堂课上，当时房屋还处于设计阶段，他探索了景观、品位和风格的一组有害的关联（第 66 页，图 3）。[3] 他将"北方的"（照着德语读）哥特风格与他认为更古典的（以及法式的）风格对立起来。他认为哥特式对带刺的浪漫主义的钟爱（他称之为"当下的危机"与"上一代"）就像日内瓦湖东端的山脉密迪齿峰，而湖的东端南方的更缓和的勒格拉蒙山同时响应了"新精神"和"古典精神"。[4] 正是在一张勒格拉蒙山的图像下，柯布西耶画下了"湖畔别墅"的第 3 次设计图，以及那张激发了"迈耶别墅"设计的素描。他为父母设计的小房子和花园围绕着一扇长窗，从窗户往外，就能穿过湖面看到勒格拉蒙山，而密迪齿峰在左边的远处。柯布西耶称，正是这个"私人化"的景观成了"迈耶别墅"设计的灵感，这不是从

1. 勒·柯布西耶（Le Corbusier），兼有小素描和评论的画作，寄给迈耶（Meyer）夫人，1925 年 10 月，FLC 31525，如非特别注明，均由作者本人翻译。

2. 同上。

3. 蒂姆·本顿（Tim Benton），《现代主义的修辞：勒·柯布西耶作为演讲者》（The Rhetoric of Modernism：Le Corbusier as a Lecturer），巴塞尔：伯克豪斯出版社，2009 年，第 80—86 页。

4. "新精神，古典精神（我将看到它）"[Esprit nouveau, esprit classique（nous le verrons）]，一张素描的笔记，比较了密迪齿峰和勒格拉蒙山以及里瓦兹的景观，FLC C3-6-30。同上，第 82 页。

图 1. 迈耶别墅，塞纳河畔纳伊，1925 年 10 月，海岸风景，来自寄给迈耶夫人的含插图的信，墨水在描图纸上作画，63 cm × 115.3 cm，巴黎：勒·柯布西耶基金会，FLC 31525

字面上说的，而是作为一种精神上的隐喻，代表着平静和休憩。[5] 在柯布西耶心中，在这个创造的过程中，显然存在着一种模拟的联想：进出都是景观。

在 20 世纪 20 年代早期，柯布西耶相信视觉感知作用于心灵直接的、物质的效应，即他称为"自然之学"的移情理论的另一个版本。[6] 1924 年后，这个坚定的信念渐渐消失，但是他把自然当作灵感之源的信念贯穿了他的一生。从 1927 年到 1935 年，几乎他所有的绘画作品都受到法国大西洋岸的阿卡雄湾的环礁湖的景观、人和人造物的启发。柯布西耶接触这一地区得益于阿梅德·奥占芳，1918 年 9 月，奥占芳邀请柯布西耶前往波尔多，他们一起在环礁湖东岸的昂代诺绘画。柯布西耶在附近的莱格和佩萨克参与修建住宅群的 3 年时间（1924—1926 年）里，他与昂代诺短暂的相识得到了进一步发展。自 1925 年到 1938 年，他几乎每年在勒比奎度假，在那里，松树覆盖的沙丘从大西洋海岸将环礁湖分开。他在那里所作的彩绘和素描着重将这些内容细致地描绘出来。[7] 但最近发现的柯布西耶摄于 1936—1938 年的阿卡雄湾的照片，揭示了这一地点对于柯布西耶的意义的新内容。柯布西耶的相机购于 1936 年夏天，是一部小型的带弹簧的 16 mm 超广角的摄像相机，他用它为勒比奎附近的沙滩拍下了数百张静止的照片。[8] 1926 年，柯布西耶的父亲去世，同年 8 月，在写给他母亲的信中，他这样描述勒比奎：

5. 同第 163 页注释 4。

6. 所谓詹姆斯－兰格（James-Lange）理论由西奥多·李普斯（Theodor Lipps）发展并普及起来。例如西奥多·李普斯和理查德·玛利亚·沃纳（R.M. Werner），《美学贡献》（Beiträge zur Ästhetik），汉堡：利奥波德沃斯出版社，1890 年。移情的心理学理论在 19 世纪 80 年代的巴黎极具影响力，通过查尔斯·亨利（Charles Henry）的文章传递给《新精神》（L'Esprit nouveau）的读者。见查尔斯·亨利，"光、颜色与形状"（La lumière, la couleur et la forme），《新精神》第 6 期，1921 年 3 月，第 605—623 页；《新精神》第 7 期，1921 年 4 月，第 729—736 页；《新精神》第 8 期，1921 年 5 月，第 948—958 页；以及《新精神》第 9

期，1921 年 6 月，第 1068—1075 页。

7. 见克里斯多夫·格林（Christopher Green），"建筑师也是艺术家"（The Architect as Artist，蒂姆·本顿（Tim Benton）编，《勒·柯布西耶：世纪建筑师》（Le Corbusier : Architect of the Century），伦敦：大不列颠艺术委员会，1987 年，第 110—130 页；让－皮埃尔·约尔诺德（Jean-Pierre Jornod）、奈玛·约尔诺德（Naïma Jornod）以及凯撒·门茨（Càsar Menz），《勒·柯布西耶：绘画作品目录》（Le Corbusier : Catalogue raisonné de l'œuvre peint），米兰：斯基拉，2006 年。又见尼可拉斯·马克（Niklas Maak），《勒·柯布西耶：沙滩上的建筑师》（Le Corbusier : The Architect on the Beach），慕尼黑：黑默出版社，2011 年，书中有一段关于

柯布西耶着迷于自然的有趣的讨论，本书中马克的文章也有提及。

8. 勒·柯布西耶（Le Corbusier）可能用的是西门子 B 电影摄像机，模仿奇那摩（Kinamo）制造于 20 世纪 30 年代初，在 20 世纪 20 年代，很多人类学家和纪录片人曾使用。见蒂姆·本顿（Tim Benton），"勒·柯布西耶的秘密照片"（Le Corbusier's Secret Photographs），娜塔莉·赫斯多佛（Nathalie Herschdorfer）以及拉达·乌姆施泰特（Lada Umstätter）编，《勒·柯布西耶和摄影的力量》（Le Corbusier and the Power of Photography），伦敦：泰晤士与哈德逊出版社，2012 年，第 8—28 页。

环礁湖的景色令人心神宁静，第一眼看过去，它纤细的线条、精致的色彩以及海岸线上堆积的野蛮人的房屋就让人为之惊叹，现在也让人愉悦……巨大的沙丘使得这片海洋免于内地的影响，沙地上种着黄色的不凋花，边缘起伏如同荒漠的沙。[9]

"野蛮人的房屋"是在环礁湖钓鱼和捕获牡蛎的当地人修建的木制棚户（图2）。关于这些"棚户"，柯布西耶在他的书《一栋住宅，一座宫殿》中写下了一段动人的片段，其中，根据他的定义，他解释道可以把这些房屋视作宫殿："宫殿是以其外形的高贵打动我们的房屋。"[10] 柯布西耶同情阿卡雄湾的渔民，这可以从他为他们拍摄的许多照片中看出来（图3）。

柯布西耶对阿卡雄湾的热情糅合了女性身体、自然以及未受现代性污染的真实的生活方式等元素。最重要的是，它是一个沉思之地，在那里，柯布西耶开始思考自然的"宇宙"力量。在他的书《光辉城市》（1935年）中，人应该臣服于太阳、水、火等统治地球的巨大的力量系统而成为一个基本原则。书中，柯布西耶提出了他对以下内容的认知：由日月统治的自然法则、潮汐运动、蒸发和降雨促成的风与水的运动，这些塑造了景观。[11] 在说明24小时周期时，他总结道："这奇妙的景象由两种元素的相互作用产生，一阳一阴——太阳和水。"1936年9月，他在香特可蕾大酒店的游客记录中写下这样一段话：

我喜欢木制房屋，因为它们不管是在精神上还是在构造上都是真实的。勒比奎被毁了！在有这些道路和施工人员之前我就认识了它。环礁湖受周期为13小时的潮汐支配，这是真正的宇宙定律，环礁湖孕育了恒久的多样性和无限的组合。现在，这些房屋变成了"巴斯克人"（Basques），空有虚假的涂漆的水泥和假木头铸成的梁！……我真的认为如果这片土地当时是交给了野蛮人，它的另一半，也就是环礁湖就能被挽救。到哪里能找到一点真实的东西？……[12]

图2. 准备牡蛎的渔夫，阿卡雄湾，日期不详，来自勒·柯布西耶藏品中的明信片，巴黎：勒·柯布西耶基金会，FLC L5-5-38-001

图3. 一个女人在牡蛎养殖场劳作的照片，阿卡雄湾，1936年，来自柯布西耶用16 mm超广角相机拍摄的影像照片，巴黎：勒·柯布西耶基金会

9. 勒·柯布西耶（Le Corbusier），写给母亲的信，1926年8月5日，FLC R1-6-135。

10. 勒·柯布西耶（Le Corbusier），《一栋住宅，一座宫殿》（Une Maison, un palais），巴黎：乔治斯·克雷公司，1928年，第52页。

11. 勒·柯布西耶（Le Corbusier），《光辉城市》（The Radiant City），由帕梅拉·奈特（Pamela Knight），埃莉诺·勒维厄（Eleanor Levieux）以及德里克·科尔特曼（Derek Coltman）翻译，纽约：猎户星出版社，1967年，第77页。原版为《光辉城市》（La Ville radieuse），布洛涅－比扬古：今日建筑出版社，1935年。

12. FLC E2-8-109。

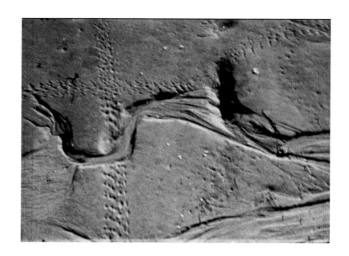

图 4. 勒比奎附近沙滩上的松果，约 1936—1938 年，来自柯布西耶用 16 mm 超广角相机拍摄的影像照片，巴黎：勒·柯布西耶基金会

图 5. 勒比奎附近沙地上小溪的照片，约 1936—1938 年，来自柯布西耶用 16 mm 超广角相机拍摄的影像照片，巴黎：勒·柯布西耶基金会

在数千张拍摄于勒比奎海滨和布列塔尼的照片中，许多凸显出自 1927 年以来就融入了他的绘画的元素：海贝、漂流木、松果以及沙滩上的记号（图 4）。柯布西耶发现这些"诗性之物"（*objets à réaction poétique*）（激发诗意情感的客体）是灵感的源泉，一部分原因在于它们的形态令他着迷，还有一部分是因为它们反映出这些元素对事物的塑造。在《光辉城市》中，"和谐"这一概念是由一幅画着一个海贝和一个松果的画来表达的。柯布西耶痴迷于海贝多年，因为海贝结合了几何学与自然变化。1923 年 1 月，他写信感谢荷兰建筑师西奥多·范·杰德维尔德寄来一本他的以海贝为主题的杂志《颠覆》，信中柯布西耶说自己在 20 年以前就在一个博物馆研究过像这样的贝壳。[13]

1929 年在阿根廷的航空旅行经历触发了柯布西耶对大自然的宇宙力量的反思。[14] 他观察一条大河弯曲的轨迹，得出了"蜿蜒法则"（law of the meander），即关于历史进程以及洞穿繁复寻找简单方法的道理（第 321 页，图 5）。1929 年，柯布西耶在完成布宜诺斯艾利斯、圣保罗和里约热内卢演讲之行后，"蜿蜒法则"几乎成为他的所有讲座的重要组成部分。1933 年 3 月 18 日，他与路易斯·迪拉富尔飞越阿特拉斯山脉和姆扎卜山谷荒漠，他描述道："古老的水的游戏——水蒸气。河流或者腐蚀或者渗透……财富的消失或者创造。那么俯视众生的上帝，确信已将地球交付命运——它的命运。"[15] 面对自然巨大的力量，柯布西耶感到无助，他思考着"协调者"的必要性——能"凸显现代的人性美"的男人或者女人。[16] 年轻的查尔斯－爱德华·让纳雷在青少年时期曾津津有味地阅读爱德华·舒雷的《伟大的参与者》，他在他的书《飞行器》的结尾呼应了其中末日启示般的话语："有时，在世纪的进程中，一个人已经出现在那里，充满

13. 勒·柯布西耶（Le Corbusier），写给西奥多·范·杰德维尔德（Theodore van Wijdeveld）的信，1923 年 1 月 8 日，FLC R3-6-149。
14. 关于这段经历，在柯布西耶的《精确性：建筑与城市规划状态报告》（*Precisions on the Present State of Architecture and City Planning*）的

"美国序言"（American Prologue）中有一段更精彩的描述，由伊迪丝·施雷柏·奥杰姆（Edith Schreiber Aujame）翻译，坎布里奇：麻省理工学院出版社，1991 年，第 4—7 页。原版为《精确性：建筑与城市规划状态报告》（*Précisions sur un état présent de l'architecture et de*

l'urbanisme），巴黎：乔治斯·克雷公司，1930 年。
15. 勒·柯布西耶（Le Corbusier），《飞行器》（*Aircraft*），伦敦：工作室出版社，1935 年，第 116 页。
16. 同上。

图 6. 表现勒比奎附近沙滩的海水轨迹的拼图，1936—1938 年，来自柯布西耶用 16 mm 超广角相机拍摄的影像照片，巴黎：勒·柯布西耶基金会

着天才的力量，建立起他的时代的统一。一个人！羊群需要一个牧羊人。"[17] 20 世纪 30 年代，柯布西耶努力将他目睹的自然的暴力、活跃的力量与他的艺术和建筑的理性结构结合，他的思想变得更加丰富与复杂。

柯布西耶似乎试图通过拍摄一系列沙地上的小分支来捕捉微观层面的巨大的自然力量，在他的脚下，海洋和风的影响创造了小溪流和沙地上奇异的形状（图 5）。他的一些照片形成一个系列，需要像看电影一样来解读，在这些照片中，半透明的水的涟漪与沙地上的小起伏做比较（图 6）。在这些照片中，秩序与混乱、自然力量与人的理性的矛盾以及艺术家从中创造艺术的追求清晰地流露出来，更值得一提的是，这些照片的拍摄是由一部取景功能有限的小型电影摄像机完成的。照片拍摄的设计过程不可能易如反掌，柯布西耶从来没有将这些照片打印出来。这些照片体现了他在欣赏和理解自然形态以及塑造自然的力量上付出的努力，以及取景和拍照时简单的愉悦。

17. 同第 166 页注释 15，第 123 页。爱德华·舒雷（Édouard Schuré），《伟大的参与者：宗教秘密历史之概说，罗摩、克利须那、海尔梅斯、摩西、俄耳甫斯、毕达哥拉斯、柏拉图、耶稣》（Les Grands Initiés : Esquisse de l'histoire secrète des religions. Rama, Krishna, Hermès, Moïse, Orphée, Pythagore, Platon, Jésus），巴黎：佩兰出版社，1889 年。

尼可拉斯·马克

阿基坦：在现代主义更广阔的海岸上

图 1. 柯布西耶收集的"诗性之物"，巴黎：勒·柯布西耶基金会

1926 年夏天，勒·柯布西耶好几周什么也没做，这是多年以来的第一次。他在写给母亲的信中说道："过去的 10 天，什么事也没做……但我学会了游泳，游得很好。"[1] 这位所谓的理性主义者被广阔的松树林所震惊，"松香和松脂温暖而强烈的气息，最重要的，是无情炙烤着的太阳。"[2] 他暑假待在勒比奎的渔村，在法国西南部莱日和卡普·费雷之间的一个半岛上，一边被阿卡雄湾宁静的水域围绕，另一边是看上去无边无际的直线绵延超过 100 km 的大西洋海岸。那年柯布西耶 38 岁。他熟知波尔多地区，因为他受人委托，在佩萨克为法国实业家亨利·弗吕日修建一处由 51 幢房屋组成的工人住所，工程开始于 1924 年。1918 年，柯布西耶已经和朋友阿梅德·奥占芳到访过阿卡雄湾，那时，他们一起在昂代诺作画，他还会继续到法国的各个沙滩收集贝壳、石头和其他东西。他在海湾待上好几个小时，看潮涨潮落，拍摄其中的规律、退潮在沙地上留下的波纹及足迹、投射出奇异阴影的贝壳、一个年轻女人陷入湿沙的赤脚以及在阳光下闪烁的湿木片。于是他通过两种方式将这些沙滩的发现据为己有——收集实物和拍照，就好像他害怕感受到伊塔洛·卡尔维诺的故事《集沙》里的男人感受到的那种失落，男人从各种沙滩收集沙粒，只是为了看到它唤起回忆的力量在脱离原处时消失殆尽。[3]

早在 1925 年，柯布西耶就开始积聚那些在大西洋和地中海海岸找到的自然物：木块、被侵蚀的石头，尤其还有贝壳，不久后这些物品达到好几百件（图 1）。[4] 他把发现的物品称

1. 勒·柯布西耶（Le Corbusier），写给母亲的信，1926 年 8 月 4 日，FLC R1-6-135。1926 年在勒比奎的旅途中，又见尼古拉斯·福克斯·韦伯（Nicholas Fox Weber）翻译，《勒·柯布西耶的一生》（Le Corbusier : A Life），纽约：艾尔弗雷德·克诺夫出版社，2008 年，第 239—241 页。

2. 韦伯（Weber），《勒·柯布西耶的一生》（Le Corbusier : A Life），第 240 页。

3. 伊塔洛·卡尔维诺（Italo Calvino），《集沙》（Collezione di sabbia），米兰：伽桑蒂，1984 年。

4. 勒·柯布西耶（Le Corbusier），"建筑本身，是所有抒情诗的支撑"（L'Architecture à elle seule, est un support de lyrisme total），《今日建筑》（L'Architecture d'aujourd'hui），第 4 期，1935 年 7 月，第 86 页。

图 2. 两个海贝和一个松果，拍摄日期不详，铅笔在纸上作画，27 cm×21 cm，巴黎：勒·柯布西耶基金会，FLC 4829

为"诗性之物"，并以不明显的规则将它们放置在桌上和盒子里。[5] 很长一段时间，这个收藏被视为柯布西耶的一个癖好，但事实上，这些物品成为他的设计理论的中心。早在 1925 年，它们作为新生活方式的宣言，首次亮相于巴黎的"艺术装饰与现代工业博览会"，柯布西耶在博览会上展示了配有标准化家具的可重复生产的建筑，他还在上面摆放了奇异的零碎杂物。

柯布西耶继续画贝壳、石头和浮木块等（图 2）。在风格上，这些画作和他在其他建筑草图和笔记本里潦草记录的观察所体现的狂野不同。柯布西耶常常把线条和记号粗暴地掷于纸上，仿佛他的手在试图跟上想法希望它达到的速度。他绘图的关键不在于记录眼前的事物——如果需要记录，他会使用早年旅行时就开始使用的现代摄影媒介，他会为了通过描绘事物来将它们转化。有时他将绘画完美地转换成文字：一幅草图变成一句话或反之；其他时候，绘画似乎在重现思考的过程，图片与概念和术语相混，图片和文字融合形成一个整体，眼前的事物和脑中的事物在来回转换的时候凝固了。因此他的绘画中充满着两种不同的节奏：草图的敏捷流畅，以及在纸上细细雕琢的"诗性之物"的慢节奏——柯布西耶会画出海贝破裂的螺旋纹路或者一块浮木，就像一位外科医生用一把外科手术刀解剖尸体一样。这种微观放大的方法是打开形态世界的最重要的钥匙之一，而在柯布西耶看来，这个世界不能通过创造性的智慧建造出来，具有"心智所不能认知的丰富"。[6]

从 20 世纪 30 年代初开始，贝壳和蜗牛就像某种螺旋运动着的秘密想法遍布柯布西耶的作品。从世界城市项目（1928 年）的宏伟设计到一个无限扩展的"无限成长的美术馆"（Musée à Croissance Illimitée）（1931 年）的想法，海贝螺旋状的形态就像一个隐藏的主题贯穿他的整个作品。20 世纪 30 年代，柯布西耶的建筑变得越发地贴近自然形态。多孔的粗糙的石墙出现了，

5. 在他 1942 年的书《与建筑系学生的谈话》（Entretien avec les étudiants des écoles d'architecture）（巴黎：德诺埃尔，1942 年）中，他首次把它们称为"诗性之物"（objets à réaction poétique），并说道："海洋磨圆的一块卵石……湖泊或河流打磨的一块碎砖，或骨头、化石、树根或海藻，有时简直令人惊骇。"《柯布西耶与建筑系学生的谈话》（Le Corbusier Talks with Students from the Schools of Architecture），由皮埃尔·沙斯（Pierre Chase）翻译，纽约：猎户星出版社，1961 年，第 70 页。

6. 勒·柯布西耶（Le Corbusier），引自吕西安·埃尔韦（Lucien Hervé），《勒·柯布西耶：艺术家与作家》（Le Corbusier：L'Artiste et écrivain），纳沙泰尔：狮鹫出版社，1970 年，第 11 页。英法双语。

图 3. 柯布西耶与阿尔伯特·让纳雷，阿卡雄，1930 年，巴黎：勒·柯布西耶基金会，FLC L4-16-57

接着是木板纹表面的混凝土。同时，他的底层架空柱在宽度和粗糙度上加强，仿佛它们也受到他在沙滩发现的自然物的质感的影响。

1935 年，柯布西耶在撰写《光辉城市》时，他称自己是"海的男人"（un homme de la mer），比起大城市的颓唐，他更喜欢渔夫古旧、原始的生活方式："我去的地方，秩序产生于人与自然无尽的对话，产生于为生活的奋斗，产生于享受开阔的天空、四季的更替和大海的歌唱的乐趣。"（图 3）[7] 因此，1952 年，在法国与意大利的边界附近的马丁岬，柯布西耶把一个抽象的蜗牛壳的形状雕刻在他的小书房也就不足为奇了。这个俯视大海的小屋不仅是一处休憩的场所，还是一个宣传场所。1955 年，《科学和生活》杂志的记者来这里拜访柯布西耶，他将记者们领到这个小屋旁边的另一个小屋，这里放置着他的收藏品；他想在这里，右手拿着一块卵石拍照。[8] 这不是柯布西耶第一次邀请摄影师来海边。1946 年，他曾穿着泳裤在长岛摆姿势拍照。[9] 随即，吕西安·埃尔韦拍了一张他在马丁岬的卵石沙滩半裸的照片，在布拉塞的镜头面前，他在棕榈叶间摆造型，就像一个本地人偶遇了另一个文明，还得来一副眼镜。这些照片不是做私人用途拍摄的——它们是一个成功的形象宣传的一部分，将柯布西耶刻画成一个孤独的思想者，梦想着远离城市文明的新建筑。当关于战后现代主义群体住房的抗议堆积如山，仍被很多人视为理性、机械导向的建筑的代表人物的柯布西耶，将自己塑造成基于自然的建筑原则的先驱。

虽然这样的个人推广容易被简单地解读为宣传，但他对海洋及其破碎的残物的爱超越了宣传。它成了一个新建筑理论的原材料。1946 年和 1947 年，柯布西耶住在纽约，到访了长岛的几个沙滩。在几处写作中，他描述了自己走在拍岸浪边如何发现了一只蟹壳并把它带走。正是

7. 勒·柯布西耶（Le Corbusier），《光辉城市》（The Radiant City），由帕梅拉·奈特（Pamela Knight）、埃莉诺·勒维厄（Eleanor Levieux）以及德里克·科尔特曼（Derek Coltman）翻译，纽约：猎户星出版社，1967 年，第 6 页。原版为《光辉城市》（La Ville radieuse），布洛涅－比扬古：今日建筑出版社，1935 年。

8. 这样的自我推广确实古怪，因为记者之行的目的不是为了描绘建筑家的夏日消遣，而是为了了解他关于缓解法国战后房屋紧张的对策。见"我们的特派员在柯布西耶家——一个想住遍法国的男人"（Nos envoyés speciaux chez l'homme qui peut loger tous les Français：Le Corbusier），《科学与生活》（Science et vie）23，第 457 期，1955 年 10 月，第 74—75 页。

9. 接下来的例子见尼可拉斯·马克（Niklas Maak），《勒·柯布西耶：沙滩上的建筑师》（Le Corbusier：The Architect on the Beach），慕尼黑：黑默出版社，2011 年，第 46—49，115 页。

图 4. 朗香教堂，1950—1955 年，朝向圣坛的内视图，吕西安·埃尔韦拍摄，巴黎：勒·柯布西耶基金会，FLC L3-2-192

这个蟹壳在多年后给了他创作朗香教堂（图 4）屋顶的灵感。[10] 令人惊奇的是，柯布西耶把这件海洋发现放大化并置于孚日山脉某处的逸事很快就被媒体宣传出来。更令人震惊的是，柯布西耶的发现这一逸事与一本 1921 年的法语书有相似之处，这本书讲述一个男子在沙滩漫步，发现了一个不寻常的物件，这个物件为他提供了无限的新想法。书的作者是诗人与哲学家保罗·瓦列里，早在柯布西耶前往勒比查的 4 年前，他就出版了著名的建筑与哲学的对话《欧帕里诺斯》，书中，苏格拉底和斐德罗以地狱中死者的影子的身份讨论了"建筑行为"[11]。令人惊异的是，瓦列里笔下的苏格拉底谈到一段经历，让人想起柯布西耶的故事。苏格拉底说道，他"在岸边走着"，在那里他"发现了一件大海抛来的东西；一件白色的东西，白色是最纯粹的白，顺滑、坚硬、易碎、明亮……它特别的形状让我抛弃了其他所有的思考。谁创造了你？我思考着。你不记得了，但是你仍有你的形状"。[12]

《欧帕里诺斯》在瓦列里的思想中占据着关键的位置，并且它体现了一种具有作者风格的方法——利用柏拉图式的对话来反对柏拉图。德国哲学家汉斯·布鲁门贝格认为，瓦列里笔下的苏格拉底不可能回答他所问的问题——谁创造了他发现的这件物品，因为这件物品抗拒任何形式的"古典本体论"（classic ontology），即坚定地"认为一件物品的自然或人工的来源始终是可解的"。[13] 在布鲁门贝格看来，《欧帕里诺斯》是现代欧洲思想的核心文本，因为它将一种

10. 勒·柯布西耶（Le Corbusier），《朗香教堂的文本和图纸》（*Textes et dessins pour Ronchamp*），巴黎：有生力量出版社，1965 年，第 20 页。
11. 保罗·瓦列里（Paul Valéry），"欧帕里诺斯，或建筑师"（Eupalinos, or the Architect），见保罗·瓦列里，《对话》（*Dialogues*），由威廉姆·麦考斯兰·斯图尔特（William McCausland Stewart）翻译，纽约：潘塞恩出版社，1956 年，第 114 页。原版为《欧帕里诺斯，或建筑师》（*Eupalinos, ou l'architecte*），巴黎：法国新杂志出版社，1921 年。
12. 同上，第 82f 页。
13. 汉斯·布鲁门贝格（Hans Blumenberg），"苏格拉底与模糊的客体"（Sokrates und das objet ambigu），赫尔穆特·库恩（Helmut Kuhn）和法兰兹·魏德曼（Franz Wiedmann）编辑，《关切：关于人的哲学忧虑》（*Epimeleia: Die Sorge der Philosophie um den Menschen*），慕尼黑：普斯泰特，1964 年，第 306 页，由作者翻译。

反柏拉图的讽刺应用于一件模糊的客体，而这种讽刺最后产生了与这一客体完全不同的概念。

瓦列里自己收藏了大量贝壳，也深受他在岸边发现的破碎化的形态吸引，在他的作品中，他称它们是"模糊的客体"和思想的图形。[14] 柯布西耶个人与瓦列里有交情：他有一本《欧帕里诺斯》，还做了注释。[15] 这很有可能说明柯布西耶的建筑理论深受作者的影响。当柯布西耶致力于模数系统和他的书《直角的诗》时，他读了瓦列里的"男人与海贝"，[16] 他的"模糊的客体"可解读为柯布西耶"诗性之物"理论的理论蓝图。正如瓦列里，柯布西耶不仅收集原生态的贝壳，并把它们视作自然不可超越的数学和谐的例证，他还收集了裂缝的、破碎的贝壳和浮木块，以及磨损的砖块。它们不是畸形的手工艺品，不像一些人工烧制的砖块，掉落海里，在水的运动的作用下，分明的棱角变成平滑的卵形，它们也不是看起来"被处理过的"或"被打造的"的"自然"物，不像那些破裂的海贝——螺旋结构似乎被人从内向外翻出来看。当裂缝开裂，很难确切地说哪里是里，哪里是外。已有的描述空间的方式在面对这些事物时消弭了。

柯布西耶不断地拍摄这些艺术品。最初，最微小的改变都能引发最严密的法则产生完全令人费解的突变。这个矛盾正是柯布西耶建筑中数学与偶然形态的关系的核心，它导致空间谱系被彻底废除，正如他在巴黎外的"萨伏伊别墅"（1928—1931 年）所做的尝试：由于底层架空的设计，房屋飘浮于景观之上，入口在下面，访客向上进入起居区域，消解了"前"与"后"的观念。朗香教堂的设计灵感来自一个蟹壳，他利用来自浪漫主义和超现实主义的美学手段，利用对称的回声和镜面反射，将这种惯常特质的消弭延伸开，囊括一种更开放、更具互动性的对内部和外部的定义，比如有孔的内墙在外部重现。如果没有瓦列里"模糊的客体"作为概念模型以及后来具有类似精神的柯布西耶的"诗性之物"，这样打破分类也不可能发生。

14. 对于布鲁门贝格（Blumenberg），以及"模糊的客体"（objet ambigu），瓦列里（Valéry）引入了一种新的类别，一种超现实的混合体，消弭了自然和艺术的区别。汉斯·布鲁门贝格（Hans Blumenberg），《美学与隐喻学文体》（*Ästhetische und metaphorologische Schriften*），法兰克福：苏尔坎普，2001

年，第 89ff 页 。

15. 关于勒·柯布西耶（Le Corbusier）的沙滩发现以及他与保罗·瓦列里（Paul Valéry）的关系，见尼可拉斯·马克（Niklas Maak），《勒·柯布西耶：沙滩上的建筑师》（*Le Corbusier : The Architect on the Beach*），慕尼黑：黑默出版社，2011 年。

16. 保 罗· 瓦 列 里（Paul Valéry），"男 人 与 海 贝"（L' Homme et la coquille），《文集（五）》（*Variété V*），巴 黎：新 法 兰 西 杂 志 出 版 社，1944年，第 6—38 页，勒·柯布西耶（Le Corbusier）所有的一本收藏于勒·柯布西耶基金会，FLC 364

插图 27. 拉坦诺附近的景观，1915—1916 年，由铅笔、水彩和
水粉在纸上作画，35.5 cm×42.5 cm，巴黎：勒·柯布西耶基金会，
FLC 4088

插图 28. 水边景色与沐浴者，1918—1920 年，铅笔、水粉、粉
蜡和水彩在纸上作画，17.7 cm×25.5 cm，巴黎：勒·柯布西耶
基金会，FLC 3723

插图 29. 海边景观，1917 年，铅笔和水彩在纸上作画，
35.5 cm × 51 cm，巴黎：勒·柯布西耶基金会，FLC 2879

插图 30. 瓶子、杯子和船，拍摄日期不详，墨水在方格纸上作画，
20.8 cm × 27.8 cm，巴黎：勒·柯布西耶基金会，FLC 910

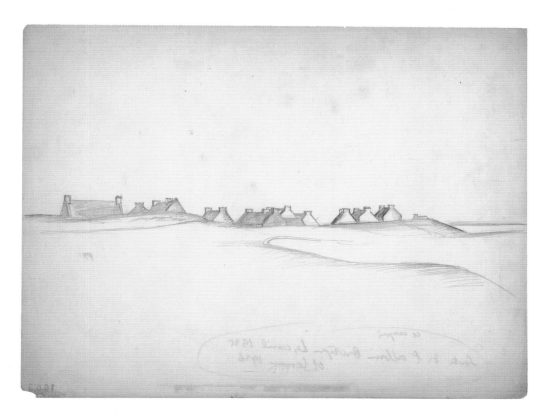

插图 31. 布列塔尼的房屋，拍摄日期不详，铅笔绘于纸上，
25 cm×32.8 cm，巴黎：勒·柯布西耶基金会，FLC 1903

插图 32. 海边沙滩、岩石和船，1937 年，墨水和粉蜡作于纸上，
36.1 cm×48 cm，巴黎：勒·柯布西耶基金会，FLC 2427

佩萨克：弗吕日现代居住区，1924—1926 年

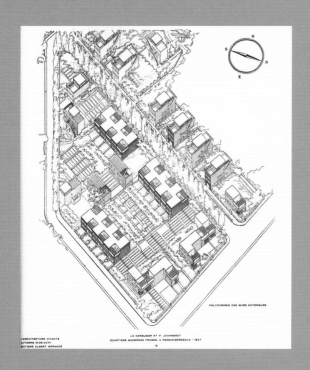

弗吕日现代居住区，佩萨克，1924—1926 年，表现色彩方案的轴测图，来自《活着的建筑》第 5 期，1927 年秋，插图 15

查尔斯-爱德华·让纳雷最初在巴黎的项目之一是一个较小的工人住房计划，建于 1917 年，位于诺曼底的一个小城圣尼古拉-达列蒙。虽然勒·柯布西耶后来没能把另一个计划卖给汽车制造商标致（1925 年他为该公司在奥丹库尔设计住房），1923 年，波尔多附近一家工业锯木厂的主人亨利·弗吕日联系了柯布西耶，他带着极大的热情阅读了当年出版的《走向新建筑》。书中"富有逻辑而进步的观点"让弗吕日心情澎湃，他委托柯布西耶为罗克布吕讷-卡普马丹的工人设计一处住房综合设施。[1] 该设施建于 1924 年，应用了填满水泥砖的混凝土结构，水泥砖由水泥浆喷枪覆盖处理。

弗吕日还资助了邻里计划（1925 年），并委托柯布西耶建造他所称的位于波尔多郊区佩萨克的"现代居住区"（quartiers modernes）。弗吕日将把这一套包含了 130 处住房的整体作为商业投资出售，这也是柯布西耶首次尝试城市规模的项目。这次项目中，柯布西耶提出的方案既不是他一直拥护至 1920 年的优美的花园城市，也不是法国大城市混乱的郊外。如果建筑体量的多样性看起来类似后者，那么它们清晰的形状、活泼的色彩则与波尔多传统的典型的单层房屋（échoppes）决裂，也不同于模仿英吉利海峡对面的类型的村舍。

基于土地不规则四边形图的 3 种结构代表了柯布西耶 10 年以来研究的内容：棋盘格房

屋，即混凝土构建的多米诺住房计划（1914—1915 年），空间被分组以组成小长方体块或设计成"之"字，配以绿廊减轻体量；棋盘格房屋后，拱形房屋通过"莫诺尔型"（Monotype）（1919 年）细长的拱顶结构联结起来；主要的类型被称为摩天大楼（gratte-ciel），这是雪铁龙住宅的另一种形式，柯布西耶自 20 世纪 20 年代早期便开始致力发展。这些所谓摩天大楼建筑包含两个单元，支配了整体的主街道的长度。尽管建筑具有它的多样性，这 51 处房屋构成的现代居住区利用传统的方式构造，没有使用水泥浆喷枪，正如最初设计的那样，共有一定数量的标准化的钢窗，以展现使用工业材料的益处。[2]

尤其是这条郊区开发的新原则催生了一种多彩的景观，仿佛纯粹派的静物画在真实的空间中展开。主街道旁连续的摩天大楼正面的透视图与某些画作中盘子堆叠或者瓶子的轮廓所表现的积聚效应呼应。柯布西耶自豪地向母亲描述这个小城"全然崭新的景象"："屋顶花园使新的村庄各处充满生机，内部或外部的楼梯通向屋顶花园。以前从来没使用过墙壁这一方法，墙壁的色彩使得到处充满节日的氛围，耀眼的白色增强了粉红色——绿色、棕色和蓝色；到处都是细节的统一，到处都充满持续的多样性。"[3]

1. 亨利·弗吕日（Henri Frugès），写给勒·柯布西耶（Le Corbusier）的信，1923 年 11 月 3 日，FLC H1-17-1。
2. 蒂姆·本顿（Tim Benton），评论影像《勒·柯布西耶：项目》（Le Corbusier : Plans），巴黎：勒·柯布西耶基金会与 Echelle-1，2005 年，第一碟。
3. 勒·柯布西耶（Le Corbusier），写给玛丽·夏洛特·艾米丽·让纳雷（Marie Charlotte Amélie Jeanneret），日期不详，1926 年，FLC R1-6-145。

弗吕日现代居住区，佩萨克，1924—1926 年，棋盘格房屋
（quinconces）的外景，巴黎：勒·柯布西耶基金会，FLC L2-
15-147

勒普拉代："作品是景观塑造的"

图 1. 曼德洛特夫人的别墅，勒普拉代，1929—1931 年，正前，巴黎：勒·柯布西耶基金会，FLC L2-19-15

图 2. 曼德洛特夫人的别墅，勒普拉代，1929—1931 年，后方，远眺平原，巴黎：勒·柯布西耶基金会，FLC L2-19-16

在"全集"的第 2 卷，曼德洛特夫人的别墅和伊拉苏住宅在萨伏伊别墅（1928—1931 年）的底层架空结构的白色棱柱旁，这些棱柱作为住所的内部装置具有金属质感的反光的表面，并在 1929 年秋季沙龙展展览，曼德洛特夫人的别墅和伊拉苏住宅，以及查尔斯·德·贝斯特古的公寓（1929—1931 年）复杂的工艺形成了鲜明的反差。[1] 两所房屋都坐落于地面，材料粗糙，工艺老旧。在智利萨帕利亚尔的伊拉苏住宅（1930 年），树干被剥去树皮，涂上颜料，作为瓦片屋顶的支撑。勒·柯布西耶明白惊喜的要义，当他把设计寄送给马蒂亚斯·伊拉苏，在随寄的信中提醒道，有一个创新之处在于他利用当地找到的材料，并遵循了当地的建筑习惯；同时他向他的客户保证"不论外形……寄去的绘画代表一种纯粹的建筑方案。"[2]

1. 威利·鲍皙格（Willy Boesiger），《勒·柯布西耶和皮埃尔·让纳雷：作品全集，1929—1934 年》（Le Corbusier et Pierre Jeanneret : Œuvre complète, 1929–1934），苏黎世：吉斯贝格尔出版社，1934 年，第 59 页。
2. 勒·柯布西耶（Le Corbusier），写给马蒂亚斯·伊拉苏（Matías Errázuriz）的信，1920 年 4 月 24 日，巴黎，FLC I1-17-18，如非特别说明，均由玛格丽特·肖尔（Marguerite Shore）翻译。

曼德洛特夫人的别墅也满足了这些条件，它沿着倾斜的地势纵向延伸，正好与一个轻微的隆起对应，这个隆起阻断了通向小城的缓和但连续下降的地面。因此它通过两个特别的立面断然打破了土地的连续性：向北的是一个呈直线的、扁平的立面，两层楼高，呈直角的楼梯倚靠着它止于一个楼梯平台或阳台（图 1）；向南只有一层楼，只比地平线高几英尺，在三边构成了一个封闭的庭院（图 2）。

建筑师、承包商多米尼克·埃默特蒂以及客户之间的来来回回的通信表明，选择让房屋适应地面导致了多次关于房屋安置高度的误解。[3] 本文将探讨柯布西耶和皮埃尔·让纳雷采用的固定建筑的策略——它被理解为一种地形结构、一种人工改进过的自然景观和一种具有可辨识（真实或假定的）建筑传统的文化实体。[4]

海伦·德·曼德洛特提供的照片和持续的建议让建筑师开始熟悉土地和勒普拉代的周边环境，正是从那时起，房屋与地址的关系的决定性关系以及向南和向北两处景观的重要性，作为具有明确而相对的特点的两个设计便开始酝酿。[5] 在"全集"中，柯布西耶写道：

是景观塑造了作品。房屋所占据的小突起主导了土伦（Toulon），而它本身被群山宏伟的剪影阻挡。你可以保留这无边的景观带来出乎意料的景色的惊喜感，因为这样你用墙将房间与风景隔开，你只需打穿一扇门，当你开门时，只需一步就能远离爆炸似的场景……相反，利用一种私人的布景激活房间的内部，在它之前还有一个悬浮的花园作为第一层，连接住处和为朋友们准备的亭阁。[6]

3. 见多米尼克·埃默特蒂（Dominique Aimonetti），写给勒·柯布西耶（Le Corbusier）和皮埃尔·让纳雷（Pierre Jeanneret）的信，1930年12月22日，FLC H3-2-334。承包商提供给建筑师关于建筑最邻近的土地自然高度的细节。

4. 见布鲁诺·雷克林（Bruno Reichlin），"普罗旺斯的宝石：曼德洛特夫人的别墅"（Cette belle pierre de Provence'：La Villa de Mandrot），丹尼尔·保利（Danièle Pauly）编，《勒·柯布西耶与地中海》（Le Corbusier et la Méditerranée），马赛：括号出版社，1982年，第 131—142 页，埃默特蒂（Aimonetti）多次提醒建筑师们注意他们可能招致的风险，但他们没有在意他的建议。

5. 海伦·德·曼德洛特（Hélène de Mandrot），写给勒·柯布西耶（Le Corbusier）和让纳雷（Jeanneret）的信，1929年12月，FLC D2-1-165。她向建筑师们详细描述了气候、雨水和盛行风，并就最喜欢的房屋的方位给出了建议。

6. 见勒·柯布西耶（Le Corbusier）在鲍皙格（Boesiger）的《勒·柯布西耶和皮埃尔·让纳雷：作品全集,1929—1934年》（Le Corbusier et Pierre Jeanneret：Œuvre complète, 1929–1934），第 59 页。

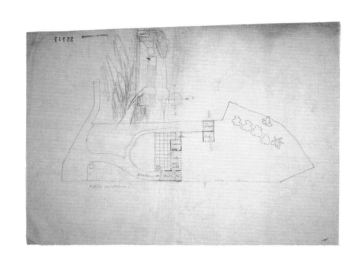

这样展现房屋明确地传达出这些效果，但几乎没有表达出我们应关注的方法。

起居室内相对的墙壁：一面涂了灰泥的墙使得北边几乎完全与远景和阳光隔绝，墙上有一道不透明的门，朝向外部的楼梯平台；那边由大的框架划定界限，框架被分成了透明、半透明和不透明的区域，顺便说一句，其中后者包括朝向花园的门。因此墙壁的物质性和特点得以突出其独特的本质。在北面，内外部的界线构成了一个清晰的间断；在南面，它渐渐变成视觉上明亮的过渡（图 3）。对于这种变化的规划连同对其他方法的发掘慢慢成形。起初这两面墙被画成透明的；后来一面厚墙出现在北面，大概是石质的；接着这面墙被简化，变成了墙墩上的一块嵌板，接着墙墩变成了一根柱子，通向楼梯的出口的位置也确定了，等等。

在最终版本中，两个出口面对着，这样，一条视觉上定向的轴线穿过了建筑，并通过与之正交的长而直的楼梯得以延长（图 4）。这建立了一个方位的对等物，支撑两个出口，并且作为辅助的修辞手段，显示出它们之间的区别：地面的南出口通向空中花园的私人空间，北出口通向楼梯，为住所营造出主厅的感觉，楼梯盛气凌人的姿态使之得到强调。更糟糕的是，由于客户身体不佳，她要求减少楼梯的阶梯数。[7] 为保证广阔的景观在眼前展开的盛景，并营造出惊喜感，建筑师用墙围住客厅，然后"非常简单地修了一扇门"。

但这不是全部。

曼德洛特夫人的别墅开创了对精美材料和传统匠人劳动的重新审视。[8] 这在柯布西耶的一本小册子的一张别墅正面图的说明中得到证实，小册子大部分写于 1932 年 6 月，是为了反驳保守批判家的攻击，他们中有古斯塔夫·乌登斯托克教授、记者卡米尔·莫克莱尔，以及漫画家保罗·易利伯。[9] 说明写道，"这块美丽的普罗旺斯的石头，橙色的，全身装饰着水晶，联结

7. "楼梯，不能太陡，也不能太绕，用外露的钢结构，因为我的腿不好。"曼德洛特（Mandrot），写给勒·柯布西耶（Le Corbusier）和让纳雷（Jeanneret）的信，日期不详，FLC

H3-2-121。

8. 见雷克林（Reichlin），"普罗旺斯的宝石"（Cette belle pierre de Provence）。

9. 勒·柯布西耶（Le Corbusier），

1932 年 3 月 14 日，古斯塔夫·乌登斯托克（Gustave Umbdenstock）在一堂课上攻击柯布西耶以及他有关建筑业工业化和新材料利用的理论，这是柯布西耶对此的回应。

处的质感将使它得到进一步提高。这个计划将从内而外取代整个景观。"[10]

但在这里柯布西耶还引进了一种新的构建方式，它不是通过接连不断地重复这个自由的计划以对隔断进行探索性的微调，而是提出了一种以减少和增加模块为特征的方法，增减由预先确定的正式的聚合规则决定。这一创意带来的一个必然结果就是以纯粹派闭合的纯棱柱反抗开放的形式——以萨伏伊别墅反抗曼德洛特夫人的别墅。

在曼德洛特夫人的别墅中，柯布西耶又一次作为先驱，试图达成现代建筑与本土建筑的和解。当地以及普罗旺斯的传统是增长原则，即利用小屋的聚集以及当地的石头（让建筑从地质意义上扎根于领地，并在文化意义上符合当地建筑传统）。[11] 而现代采用模块化的聚合原则、结构化的秩序，并且首次使用所谓的第 4 面墙——一个不具有支撑功能的填充物，比如玻璃墙，但更先进，一种模块化的填充墙，包含透明、半透明和不透明的部分，有的部分可移动，有的部分固定，这在后来贾奥尔住宅（1951—1955 年）的设计中体现得更为明显。

南面的风景让这样通过聚合达成的构成类型马上变得清晰可辨：基本的孤立的模块——为朋友们相聚的花园前的房间——以及简单的模块的相加，一个挨着另一个，或者在女主人的卧室里，一个在另一个的前面。在北面，承重墙由暴露的石头或由轻填充物元素构成的区分由于第 3 种元素的出现变得更加复杂，它是一块巨大的厚厚的屏帷墙，几乎将客厅完全隔绝，这样，客厅完全被填充墙围绕，悬浮在底层工作室一层透明玻璃薄膜上，而客厅的朝向阳台、位于外部楼梯顶部的门被不对称地安置下来。

从功能上讲，这块厚屏帷是多余的：不透明的填充墙能起到同样的作用。从形态上看，屏帷带有墙中洞类型的出口，代表着不区分承重和填充元素的传统建筑最小限度的、几乎是概念上的主题，柯布西耶曾在后来发表在《现代建筑年鉴》的一幅著名的小素描中称它是"不合常理的"。[12]

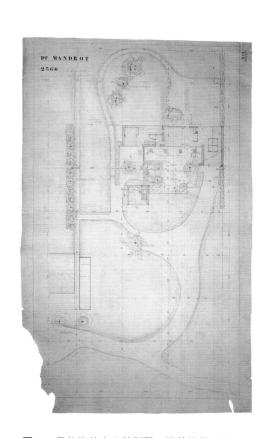

图 4. 曼德洛特夫人的别墅，勒普拉代，1929—1931 年，主楼层和花园的规划，墨水、铅笔和有色铅笔在描图纸上作画，174.7 cm×105.1 cm，巴黎：勒·柯布西耶基金会，FLC 22179

10. 勒·柯布西耶（Le Corbusier），《圣战》（Croisade），第 63 页。

11. 见雷克林（Reichlin），"普罗旺斯的宝石"（Cette belle pierre de Provence）。

12. 勒·柯布西耶（Le Corbusier），《现代建筑年鉴》（Almanach d'architecture moderne），巴黎：乔治斯·克雷公司，1926 年。

但那不是全部。

客厅与土伦平原和瓦尔山脉的隔绝随着设计的推进逐渐地发生，仿佛柯布西耶和让纳雷在慢慢地意识到北面空间的发展；外部楼梯组合的、空间的、象征性的角色；视野向外穿越景观的机遇；尤其是客厅旁的模块造成的间断。正是这种要素和语言的明显的不均一的总体性促使他们做出了关于北面外观和工作的整体意义的决定。我们留下的是对立的语言：它们中的两个对应着柯布西耶式的构成系统——自由的计划、分离式的操作以及增减模块的初始系统，嵌入它们中间的还有第 3 种语言，虽然小但仍可辨知。

北面及其纯朴的架构构成了建筑的主旋律，在这中间存在着一个甚不明晰的主旨，几乎下意识地起着作用，依赖于我们看的方式和看的内容。在我们所称的主厅层，如果我们考虑整个北面，屏帷被移到了左边，但在建筑两层楼高的部分，以及在两面构成它的窄窄的墙壁嵌板上，它是居中的，这样就把分隔客厅与厨房的隔断的石头末端抽象化了。不过，如果我们考虑矩形的大玻璃和两层楼高部分的嵌板，屏帷移到了右边，而与楼梯在感官上形成一块的门相应地移向了左边。这样对对称与不对称的利用使两者达到平衡，基于黄金分割的较大部分，引入了一种古典的、非常学术而正规的表达（厚屏帷、轴向楼梯、对称、黄金分割），但又因它的不对称自相矛盾，也与屏帷背后的因屏帷而得以成为可能的自由计划矛盾。

多年以后，在 1960 年，柯布西耶写到庞贝的房屋，"如果你以为庞贝的房屋是对称的，要按照国立美术学院的传统把它画出来，你会发现你的笔下是令人震惊的不对称和出乎意料的对称"。[13] 曼德洛特夫人的别墅的北面也是同样的情况。

在北面，楼梯及其平台的介入，将北面固定在地面，创造出一个三维的视觉上的中心点，也是一个欣赏景观的有利点。

借着这一面，柯布西耶重温了一个他在其他别墅项目中提到的主题：同时发生的恢复和扭

13. 《勒·柯布西耶：文字与舞台》（*Le Corbusier : Textes et planches*），巴黎：文森特 & 弗雷亚尔出版社，1960 年，第 17 页。斯坦尼斯劳斯·凡·莫斯（Stanislaus von Moos）也发现了柯布西耶使得安德烈亚·帕拉第奥（Andrea Palladio）的建筑受到瞩目。见凡·莫斯，《勒·柯布西耶：拉罗歇集》（*Le Corbusier : Album La Roche*）导语，米兰：雷克塔出版社；巴黎：勒·柯布西耶基金会，1996 年，第 34 页。

图 5. 海伦·德·曼德洛特与她的别墅承包商多米尼克·埃默特蒂，勒普拉代：现代艺术博物馆；纽约：建筑部与设计研究中心

图 6. 曼德洛特夫人的别墅，勒普拉代，1929—1931 年，空中花园朝南的平台，以及雅克·利普契兹的雕塑《抱着吉他斜倚着的裸体》（1928 年），纽约：现代艺术博物馆，建筑部与设计研究中心

曲，或者说对古典的、文艺复兴式的、学院式的别墅的背离，它们的特征退变成了一个基本的概念上的方案：地址的定位、对称性、主要楼层的角色，也可能是卷头插画的解释，毫无疑问还包括构塑和强调了景观的深意的装置。

曼德洛特夫人是一位艺术家和美术老师，更是一位老板，是瑞士拉萨拉艺术家之家以及在城堡中举办的重要会议背后的发起人，她通过众多雕塑来装饰她在勒普拉代的房产，这些雕塑大部分是现代的，其中有一些被安置在了户外（图 5）。[14] 后者中有两件重要的作品出自雕塑家雅克·利普契兹之手，利普契兹的《抱着吉他斜倚着的裸体》被购来专门放在空中花园的平台上（图 6），它是 1928 年的更小的黑色玄武岩雕塑的另一个轻的石灰岩版本。[15]

从 1930 年年初项目开始，这座雕塑就在巨大的空中花园中占据中心的位置，它朝向南面，面向挡住海洋的山坡，三面封闭：北面有客厅的藏书处，东面有女主人的卧室，西面是水泥屏帷和客房。《抱着吉他斜倚着的裸体》大约位于花园轴线的中心，它突出的静态的形象有利于明确庭院空间孤立的、向心的本质；正如柯布西耶所说，这一边的"私人的场景是用来活跃房间的内部"，空中花园"充当前景"。[16] 在电影术语里，我们可以形容花园是一个中景镜头。

利普契兹于 1931 年到访勒普拉代，曼德洛特夫人委托利普契兹专为勒普拉代创作了划时代的《元音之歌》。在作品《我的雕塑人生》中，艺术家描述了他是如何被建筑地址和强烈的光照打动，从而想改变始于 1928 年的《弹竖琴的人》的可塑的图像主题，通过处理雕塑粗糙的表面改变光与影的效果，"以与山脉的背景达成和谐"。[17] 1932 年早期，利普契兹监督雕塑在一根高的石柱上的安装，石柱位于北边，几乎在房产的边界处，在贯穿了客厅对立的两道门、楼梯平台和楼梯的视觉轴线偏右的位置。作品的高度和位置必定是与柯布西耶商量确定过的，

14. 1947—1948 年，当曼德洛特（Mandrot）夫人将她的藏品捐给苏黎世美术馆，她要求雕塑必须立刻现场拍照，照片要以饰带装饰陈列于相关作品陈列的展厅。

15. 见安托万·博丹（Antoine Baudin），《海伦·德·曼德洛特与拉萨拉的艺术家之家》（Hélène de Mandrot et la Maison des Artistes de La Sarraz），洛桑：帕约出版社，1998 年，第 249 页。

16. 勒·柯布西耶（Le Corbusier），见鲍哲格（Boesiger），《作品全集，1929—1934 年》（Œuvre complète, 1929–1934），第 59 页。

17. 雅克·利普契兹（Jacques Lipchitz）与 H.H. 阿纳森（H. H. Arnason），《我的雕塑人生》（My Life in Sculpture），伦敦：泰晤士与哈德逊出版社，1972 年，第 124 页。

柯布西耶认为《元音之歌》起着烘托的作用："走下通向地面的小小的阶梯，你隐约看见一尊利普契兹创作的大雕塑，石柱的最后的棕叶饰向天空展开，高过山脉。"[18] 利普契兹的文件里有一段打印的文本，作家乔治·兰布赫以极大的诗意的关切传达了以下内容：

　　这里有普罗旺斯的光线，远处宏伟的山峰、田野和葡萄园，小小的白房子，老教堂和塔楼藏在远处的石头村；最终，这一切都非常平凡。雕塑在那儿有什么用呢？它的头顶有这些个元素分散在光线里，它承担了管弦乐队指挥的角色，它因景观而生；它成了它的中心，它的意义，它存在的理由……它比高山更高（图7）。[19]

图 7. 雅克·利普契兹，美国人，出生于立陶宛，1891—1973 年，《元音之歌》（1931 年），曼德洛特夫人的别墅庭院里的雕塑（1929—1931 年），勒普拉代，楚格州美术馆

18. 勒·柯布西耶（Le Corbusier），见鲍晢格（Boesiger），《作品全集，1929—1934 年》（Œuvre complète, 1929–1934），第 59 页。
19. 乔治·兰布赫（Georges Limbour），打印文本，雅克·利普契兹（Jacques Lipchitz）档案，巴黎：犹太历史与艺术博物馆。被引用于雅克·布菲（Jacques Beauffet），"利普契兹：1925/1940 年；为雕塑赋予意义"（Lipchitz：1925/1940；Donner sens à la sculpture），布丽奇特·利尔（Brigitte Leal）编，《雅克·利普契兹：蓬皮杜艺术中心藏品，国家现代艺术博物馆与南锡美术博物馆》（Jacques Lipchitz：Collections du Centre Pompidou, Musée National d'Art Moderne et du Musée des Beaux-Arts de Nancy），巴黎：蓬皮杜艺术中心，2004 年。

玛丽·麦克劳德

比阿瑟：光辉农场与光辉村庄

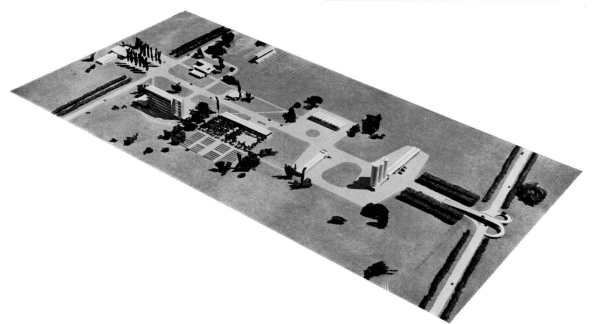

图1. 光辉农场，1933—1934年，模型，巴黎：勒·柯布西耶基金会

图2. 光辉村庄，1934—1938年，模型，右下至左边：合作社仓库、修理店、合作社商店、学校、邮局、公寓楼、俱乐部和市政厅，来自马克斯·比尔，《勒·柯布西耶和让纳雷：作品全集，1934—1938年》，苏黎世：吉斯贝格尔出版社，1939年，第104页

勒·柯布西耶的生涯长久以来被人们研究，但有一个方面的事实鲜为人知——即他与法国西北的小村庄比阿瑟及其周围耕地景观的联系。柯布西耶最不为人知的建筑项目的其中两个——光辉农场（1933—1934年）和光辉村庄（1934—1938年）（图1和图2）便位于此。两者都没有真正投入实施，但这两份方案令他着迷长达20多年之久，并从根本上挑战了他的关于规划的想法。

在20世纪20年代，柯布西耶对农业和法国乡村几乎都没有兴趣。不管他有多么欣赏当地的农业，不管在他的城市项目中利用了多大面积的别致的绿色植被，他的这个阶段的写作几乎没有提及农业。他规划的项目集中在大型城市中心，以高耸的商务楼和大型住宅规划为特征。他对农业生活也不抱有任何浪漫主义的幻想。虽然他在"300万居民的当代城市"（1922年）外的工人住房设计中涵盖了私用园地，他讽刺性地摒弃了任何认为园艺是一种"健康的锻炼"的观点，称它是"愚蠢、效率低下的，有时还很危险的一件事"。[1]几年后，他同样对苏联的去

1. 勒·柯布西耶（Le Corbusier），《明日城市及其规划》（The City of To-morrow and Its Planning），费雷德里克·埃切尔斯（Frederick Etchells），1929年，纽约：多佛出版社，1987年，第202—203页，原版为《明日之城市》（Urbanisme），巴黎：乔治斯·克雷公司，1925年。

城市主义方案不屑一顾，嘲笑他们想"实现让－雅克（卢梭）18 世纪的幻想（毫无智慧可言）"。[2]
在他的生涯的这一阶段，他认为农业应该像现代工业生产：理性、标准化，运用规模经济。
1931 年，他发布了一张阿尔萨斯的鸟瞰图，图的注解谴责法国平分土地给儿子的传统导致"土
地的无限细分"。他宣称："我们生活在一个机器时代，但是这里不能使用机器。"[3]

仅仅两年后，1933 年，柯布西耶对于农村规划的态度改变了。虽然他依然宣扬现代科技，
但他开始承认小规模家庭农场的价值抑或必要性。他还承认，不同的景观需要不同的解决方案；
地域主义作为一个地理和文化上的概念，已经成为规划的一个基本组成要素。毫无疑问，无数
因素影响了这个戏剧化的转变。这里包括柯布西耶越来越关注地形学和本地文化，部分缘起于
他的南美和北非之旅，从更广泛的层面上讲，来自这个时期严峻的政治经济危机，这些危机挑
战了以 20 世纪 20 年代的技术专家治国论作为解决社会问题的方式的思潮。然而他对地域主义
和农业改革的直接动力是 20 世纪 30 年代他参加的一个小型的无名的政治运动，地区工联主义，
通过这次运动，他认识了一位农民活动家，诺贝特·贝扎德。[4] 整整 5 年，柯布西耶深深地沉
浸在这场运动中，其主要部分是农村改革。他编辑并撰写了 3 部新工联主义出版物：《计划》
（1931－1932 年）、《序幕》（1933－1936 年），以及《真实的人》（1934 年）。[5]

1933 年，贝扎德作为一个农业工人以及当地工联主义团体的领袖，向柯布西耶写了一封热
情洋溢的信，恳求他关注农业状况："你已经创造了《光辉城市》，非常好。现在为村庄，为农
村做点事吧。"[6] 柯布西耶立即被这位精力充沛、充满活力的农民吸引，他也热烈地回复了这位

2. 勒·柯布西耶（Le Corbusier），《光辉城市》（The Radiant City），由帕梅拉·奈特（Pamela Knight）、埃莉诺·勒维厄（Eleanor Levieux）以及德里克·科尔特曼（Derek Coltman）翻译，纽约：猎户星出版社，1967 年，第 136 页。原版为《光辉城市》（La Ville radieuse），布洛涅－比扬古：今日建筑出版社，1935 年。
3. 同上，第 149 页。原载于"决定"（Décisions），《计划》（Plans），第 10 期，1931 年 12 月。
4. "地区工联主义"（regional syndicalism）表达出了运动的两个信条。"工联主义"或工团主义，影射战前法国的工联主义运动，运动呼吁工会治理，保护工会利益。
5. 关于勒·柯布西耶（Le Corbusier）如何参与这些出版物以及他的"光辉农场"和"光辉村庄"的研究，更详细的记叙见玛丽·卡罗琳·麦克劳德（Mary Caroline McLeod），"都市主义与乌托邦：勒·柯布西耶从地区工联主义到维希"（Urbanism and Utopia：Le Corbusier from Regional Syndicalism to Vichy），博士论文，普林斯顿大学，1985 年。
6. 勒·柯布西耶（Le Corbusier），《光辉城市》（The Radiant City），第 320 页。柯布西耶的文章中出现了诺贝特·贝扎德（Norbert Bezard）的信的一段摘要，"光辉农场，光辉村庄，1933—1934 年：农业组织"（La "Ferme radieuse," le "village radieux," 1933–34：Réorganisation agraire），《序幕》（Prélude），第 14 期，1934 年 11—12 月：第 5 页。我没能在勒·柯布西耶基金会找到贝扎德的原始信件，但几乎确定的是它写于柯布西耶到访比阿瑟之前，即他的记事簿记载的 1933 年 11 月 19 日。

农民。他对贝扎德的当地工联主义团体的农民这样写道："城市不能独占城市规划者；乡村也在呼喊着他。"[7] 柯布西耶的语言让人想起卡尔·马克思和弗里德里希·恩格斯，他声称："我们必须打破二元论、对立、敌对以及不公正，它们导致这个国家产生了两个阶级，几乎是两种不同的人群。"[8]

　　柯布西耶将自己沉浸在农业状况的研究中。他阅读了农村的文献，包括加斯东·胡内勒的重要的《法国乡村史》（1932年），他还到访法国的乡村，研究传统农场的结构，更重要的是花上几个小时就当地的状况与贝扎德来往和交谈。两人决定一起推进的首个项目是"光辉农场"，这是一个家庭农场的原型。起初他们一致认为并没有一个全法国普适的解决方案；任何农业的提案必须针对具体地点。正如柯布西耶在《序幕》中所写，法国乡村对于"某个完全理论的方案"太过于"美妙而多变"。[9] 地域工联主义者认为在法国的某些区域，小家庭农庄还是常态，私有土地是可以接受的，这也正与"当代城市"以及"光辉城市"计划完全不同，因为后者提倡废除私有财产。柯布西耶声称，"农民和土地间"存在"一种几乎不可分割的联系"。[10]

　　柯布西耶和贝扎德选择了贝扎德所在的区域萨尔特省作为农场计划的地址。这一地区位于卢瓦尔河的北端，在法国，人称"博卡日"（bocage），它由小牧场和农田组成的起伏的地形，以灌木篱墙为边，点缀着片片林地（图3）。大部分农场不超过10公顷。贝扎德所在的村庄比阿瑟位于萨尔特省的北部，勒芒的北边约34 km处，位于比尔河沿岸；它只有600位居民或者120户人家（图4）。[11] 贝扎德认为它对于"喜爱古旧玩意儿"的人来说"很迷人"，但他强烈地感觉到古老的罗马式教堂及其钟楼，以及学校是唯一值得保持的建筑；房屋是猪舍（soues）。村庄位于3条河流的流域，近来刚遭遇洪水，在贝扎德看来，它急需重建；再者，周围的农庄建筑陈旧而破败，许多可追溯至18世纪，甚至更早。最近一个农舍的木横梁倒塌，造成3人

图3. 典型的比阿瑟农庄

图4. 比阿瑟风景与远处的老教堂

7. 勒·柯布西耶（Le Corbusier），《光辉城市》（ The Radiant City ），第331页。
8. 同上。
9. 同上，第322页。来自勒·柯布西耶（Le Corbusier），"光辉农场，光辉村庄"（La "Ferme radieuse," le "village radieux."）。

10. 同上，第191页。来自勒·柯布西耶（Le Corbusier），"图表表达"（Les Graphiques expriment），《序幕》（ Prélude ），第10期，1934年3—4月，第5页。
11. 《勒·柯布西耶素描簿》（ Le Corbusier Sketchbooks ），第1卷，

1914—1948年，弗朗索瓦兹·德·弗朗利厄（Françoise de Franclieu），纽约：建筑历史基金会；坎布里奇：麻省理工学院出版社；巴黎：勒·柯布西耶基金会，1981年，素描簿B5，第318页。

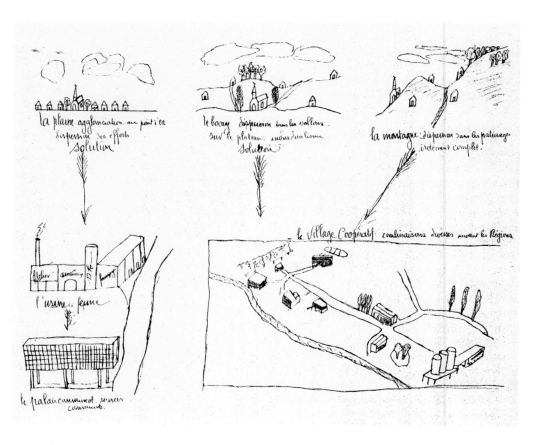

图 5. 诺贝特·贝扎德的素描表现了提议的对巴黎不同地形的规划，来自《住宅与休闲》，布洛涅－比扬古：今日建筑出版社，1938 年，出版于国际现代建筑协会（CIAM）第 5 次会议之后

死亡。[12]

　　贝扎德仔细地记录下这个地区的情况，以备柯布西耶进行设计，并认为多样的土地和小作物生产使得家庭农场一直是农业生产的基本单位（图 5）。在其他地理区域，例如博斯的东面，因为大片的平原仅投入小麦耕种，如果基于大规模的集体化作业制订区域计划会更合适。贝扎德还制作了一系列图表表达组织的形式。柯布西耶与他紧密合作制订计划，与当地居民会面讨论计划。建筑师宣称，在勒芒的一个 50 位农民参加的集会上，当地居民要求他设计第 2 个项目，"光辉村庄"或者"合作社村庄"（Village Coopératif）。他还提到（这并不确定是事实），农民们要求农舍建在底层架空柱或柱子上，以避免他们现在的房屋出现的潮湿和漏水。

　　"光辉农场"项目由一幢独立式的房屋、一个谷仓场院、几个外屋以及占地 20 公顷的各种田地和花园构成，所有的一切都围绕一个南北向穿过这个综合设施的中心服务线。农舍是柯布西耶卢舍尔住宅项目（1929 年）的变体，完全是预制装配的，由金属嵌板和标准化的钢材构成；它还配有最新的便利设施，不仅有自来水和电，还有两个浴室（一个供男士，一个供女士），以及最新的音箱设备。农舍后直接就是农家院，包括动物畜栏、粮仓和一个开放的大谷仓储藏粮食，以及一个单一横梁的储存工具和机器的长棚。关于农场的建筑，柯布西耶提出了一种预制装配的、分段的混凝土拱形屋顶结构，并设计了混凝土地面以适应软管浇洗和快速排水，还有一套精致的轨道系统自天花板悬浮而下，配以滑轮提升、运载和下降货物——这些都是为了

12.　诺贝特·贝扎德（Norbert Bézard），写给勒·柯布西耶（Le Corbusier）的信，日期不详，重印于勒·柯布西耶，《光辉城市》（The Radiant City），第 322 页。

减轻繁重的农场劳动。在贝扎德的素描图表中，他提出了一个庭院的规划以及一条中心服务道路，但是柯布西耶习惯强调运输，所以将它特别突出了。

在"光辉村庄"中，对交通的强调也同样明显。贝扎德最初提出把合作社村庄定在山的一边，这样它就能"沐浴在阳光中"，"被果园环绕"，并且拥有一览乡村的视野。[13] 他将现存的教堂融入在他的村庄广场中。柯布西耶抛弃了贝扎德"诗意的"选址，选择当前的村庄附近的一块平坦的地址，他的解释是重型车辆不可能驶过陡峭的地形。[14] 村庄的计划和农场的一样是由一系列独立式的建筑围绕一条流通线组成的，现在流通线是一条东西向的公路，通过一个半四叶式立体交叉路口（灵感来自美国收费高速公路入口的图示）与一条新建的国道相连。第一个结构是合作社的筒仓综合设施，它架接桥梁，起着村庄大门的作用。接着是机械修理店和杂货 / 补给合作社，接下来是带有室外活动区域的学校、一所邮局以及最受瞩目的为农业工作者和村民设计的一幢 11 层楼高的公寓楼。公寓楼的对面有一个两层楼高的俱乐部，毫无疑问受到苏联项目和地区工团主义观点的启发。柯布西耶将这幢他后来详细设计的最后一幢建筑视为地区文化的中心。

最后，市政厅在村庄道路的终点，里面有市长办公室和本地的工团。在这里，柯布西耶再一次提出利用预制装配的元素和最先进的科技。不过，在两个项目中他都考虑了某种地区上的变化。当地的手艺人打地基、铺瓦片，以及建造隔墙。填充墙（除了农舍）将由当地的石头或碎石制成。最后，他惊叹道，野草和谷物将包裹住"优雅的"混凝土拱顶，真正地将"新农业建筑"与"周围的景观"连接起来。[15]

这个项目从形式上成为一种新的构成安排，它对村庄的展望不是一块密集编织的布，而更像是一系列非对称的物体紧凑地布置在景观之中。从这个角度来说，这个项目既没有遵循传统的已有村庄的密集的织物，也没有采用柯布西耶早期城市规划的严格的几何结构，而可以被看作他后来用在了圣迪埃都市综合设施（1945 年）或者昌迪加尔的国会大厦（1951—1965 年）

13. 勒·柯布西耶（Le Corbusier），《光辉城市》（The Radiant City），第 327 页，来自勒·柯布西耶，"光辉农场，光辉村庄"（La "Fermeradieuse," le "village radieux,"），第 7 页。

14. 同上。

15. 勒·柯布西耶（Le Corbusier）在马克斯·比尔（Max Bill）的《勒·柯布西耶与皮埃尔·让纳雷：作品全集，1934—1938 年 》（Le Corbusier et

Pierre Jeanneret : Œuvre complète, 1934–1938），苏黎世：吉斯贝格尔出版社，1939 年，第 106 页。

图 6. 计划中的书的封面研究，《光辉农场和合作社中心》，与柯布西耶为 1937 年巴黎世博会准备的草图类似，1940 年，铅笔在牛皮纸上作画，27.4 cm×20.4 cm，巴黎：勒·柯布西耶基金会，FLC C3-4-211

上的结构。在接下来的 3 年，柯布西耶详细制定了两个提案（尤其是村庄规划，跟 1934 年的草图差别不大），并为它们的实施而奔走，但没能成功。由于组织网络有限，缺乏资源，地区工团主义者甚至没能建起一个农场。

最后还有一个关于柯布西耶徒劳的乌托邦理想的故事，但是这个故事更长，也更复杂。1934 年，尽管柯布西耶早期批判贝尼托·墨索里尼政权，但他依然转向意大利，希望在那里实现他的农业项目。那年 5 月，他在罗马教授两门课程，他对蓬蒂内沼泽的开发产生了兴趣，该沼泽距离意大利首都不远，柯布西耶一回到巴黎，就提出 1400 个光辉农场可以修建在那里。然而，强大社团主义所主张的集权模式与这种去中心化（提倡区域协作）的结构相抵触，同时蓬蒂内沼泽也与"博卡日"地形相去甚远。柯布西耶和《序幕》团队认为小作物家庭农场能够解决法国西北部地形起伏的问题，而在沼泽地，常见的是小麦地，这对小作物家庭农场的整个原理都是一个挑战。

在柯布西耶和贝扎德试图实施农业改革的过程中，他们也转向了另一种形式的国家主义：1936 年在法国掌权的人民阵线联合政府。柯布西耶力劝贝扎德联系新的农业部长、社会主义者乔治·莫内以讨论关于实施这两个项目的问题。虽然莫内没有为施工提供资金，但他帮助柯布西耶在 1937 年巴黎世界博览会的乡村区争取到了一块展馆区。"光辉农场"和"光辉村庄"都得到了充分的展示，还有更多细节的绘画和村庄（现重命名为合作社中心）的模型照片，以及一幅 50 m² 的壁画《收获》，这幅画的原型是一幅孩子画的画以及一幅巨大的草图，草图名为《大工业征服建筑》，画着一个农民和一个工人手拉着手（图 6）。

然而，柯布西耶的两个乡村项目最有影响力的时候是在国际现代建筑协会的第 5 次会议上，这次会议名为"住宅与休闲"，于 1937 年夏天与交易会同时开展。柯布西耶给会议加上了一个副标题"城市和乡村"，并在他的前言中写道："城市是乡村发展的必然结果（不能反推）。"[16]对于国际现代建筑协会的左派成员来说，他们正接纳着苏联式的集体化及大规模的农业生产，

16. 勒·柯布西耶（Le Corbusier）， renseignements），国际现代建筑协 布洛涅－比扬古：今日建筑出版社，"前言与资料"（Avant-propos et 会，《住宅与休闲》（Logis et loisirs）， 1938 年，第 6 页。

这种家庭农场的提案看上去幼稚而空想化，简单说来，他们对私有财产的支持从政治上来说是反动的。[17] 提倡这些农业项目的运动没有就此停止。柯布西耶在参与 1941—1942 年的维希政府项目时，敦促这些项目的实施，并在那时使得农业改革成为他的研究小组的核心部分，研究小组名为"建筑革命建设者大会"，建立于 1942 年秋，他从维希离开不久。

第二次世界大战之后，或许是因为没能取得成果而感到理想破灭，柯布西耶很大程度上与政治和激进的社会项目断绝关系，专注于他晚期的英雄式作品。但"光辉农场"和"光辉城市"项目持续萦绕在他心中。1956 年，柯布西耶发现他过去的工团组织的同事、《计划》的编辑菲利普·拉穆尔那时已经是一个公司的负责人，这个公司负责下莱茵河和朗格多克的区域开发，拉穆尔正在建造一个重要的水渠以灌溉地区内的农田，柯布西耶立即联系了他。在近乎超现实的长信中，柯布西耶坚定地认为当时正是拉穆尔沿水渠建造一连串"光辉村庄"的好时机。[18] 柯布西耶又一次忽略了一个事实：那里的气候干燥而恶劣，与博卡日肥沃起伏的山脉和多样的地形完全不同。不出所料，这次努力也化为泡影。拉穆尔已经成了一个实用主义者，他更愿与官僚和政府官员合作，并且接受大规模规划的现实。他没有雇用柯布西耶，然而，他成功在南法创造了法国第一批成功的区域和农业规划案例的一部分。不用说，新的开发区没有柯布西耶光辉的梦想中诗意的抒情，缺乏它的亲密和狂妄。

17. 贝 扎 德（Bézard）的 陈 述 以 "乡村的城市规划，第 3 报告附件"（L' Urbanisme rural，Annexe au 3e rapport）发表于《住宅与休闲》（Logis et Loisirs），第 3—16 页，荷兰语的陈述

发表在《住宅与休闲》，第 106—107 页。
18. 勒·柯布西耶（Le Corbusier），写给菲利普·拉穆尔（Philippe Lamour）的信，1957 年 1 月 29 日。重印于吉尔斯·拉戈（Gilles Ragot）

和玛蒂德·迪翁（Mathilde Dion）的《勒·柯布西耶在法国：项目与实施》（Le Corbusier en France : Projets et réalisations），巴黎：箴言出版社，1997 年，第 375—379 页。

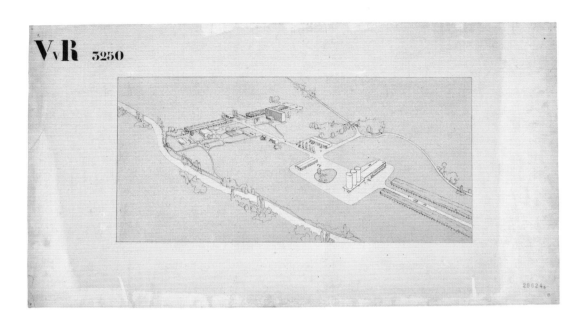

插图 33. 光辉村庄，1934—1938 年，轴侧图，水彩画于
打印纸上，45 cm×80 cm，巴黎：勒·柯布西耶基金会，
FLC 28624B

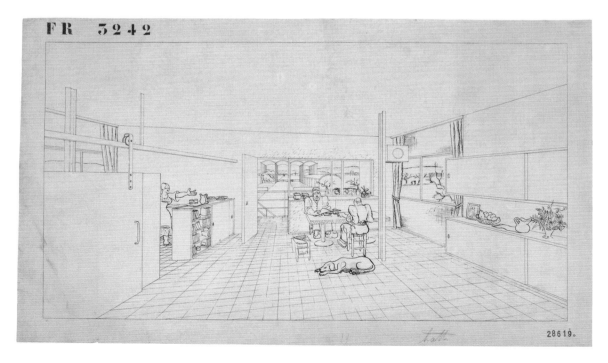

插图 34. 光辉农场，1933—1934 年，农舍起居室内视图，
铅笔在打印纸上作画，49 cm×90 cm，巴黎：勒·柯布西
耶基金会，FLC 28619B

圣迪埃：战后重建的"一个现代空间概念"

图 1. 圣迪埃重建规划，1945 年，模型，从左边的塔楼顺时针方向：行政中心、酒店、博物馆、社区会堂和咖啡馆，来自希格弗莱德·吉迪恩，《建筑，你和我：一个开发区的日记》，坎布里奇：哈佛大学出版社，1958 年，图 32a

1951 年，希格弗莱德·吉迪恩在对近期的建筑的调查《国际现代建筑协会：新建筑的 10 年》中，以勒·柯布西耶关于法国小城孚日圣迪埃（图 1）重建规划的一张照片结尾。[1] 他认为，它是"城市设计发展的重要一步……是为数不多的融贯了现代空间概念的当代城市中心的案例之一"。[2] 吉迪恩在他的同辈人中，不是唯一一个预感方案的原创性和重要性的人。1948 年，荷西·路易斯·泽特赞扬柯布西耶的项目，认为它重新发现了"一些被遗忘的做法，比如将'公民的特质'还给城市的内核"。[3] 早在一年以前，英国建筑师莱昂内尔·布雷特引用圣迪埃项目的"阁楼盛景"，称它"振奋人心"。[4]

这些早期的评论指涉了这个项目的两个重要方面：第一，它囊括了一种新的城市空间——非对称以及自觉的三维度；第二，它揭示了对公民生活的担忧，第二次世界大战前，公民生活在现代建筑和国际现代建筑协会的准则中被很大程度上忽视，尤其是在委员会 1933 年大会提出的四部分功能分区（工作、住宅、休闲、流通）中。这些特点在圣迪埃项目中不仅对柯布西耶自己作为一个设计师的改变意义重大，也影响了战后新型城市规划的出现，其中包括将自由

1. 这篇文章的成文要特别感谢已故的罗杰·奥詹姆（Roger Aujame），他年轻时与勒·柯布西耶（Le Corbusier）合作设计了圣迪埃项目。作为一位建筑师，罗杰身上有着不凡的慷慨与眼界，2009 年 4 月，罗杰与我和马里斯特拉·卡西艾托（Maristella Casciato）共处 3 天，讨论他与柯布西耶共事，尤其是圣迪埃的设计。我还要感谢格雷厄姆美术高等研究基金会的支持，他们资助了这项研究。
2. 希格弗莱德·吉迪恩（S［igfried］Giedion），"市中心，圣迪埃，法国"（Town Centre, St. Dié, France），来自《国际现代建筑协会：新建筑的 10 年》（CIAM : A Decade of New Architecture/Dix ans d'architecture contemporaine），苏黎世：吉斯贝格尔出版社，1951 年，第 230 页。
3. 荷西·路易斯·泽特（J.L.［José Luis］Sert），"从建筑到城市规划"（From Architecture to City Planning），来自斯泰摩·帕帕达基（Stamo Papadaki）编，《勒·柯布西耶：建筑师、画家、作家》（Le Corbusier : Architect, Painter, Writer），纽约：麦克米伦，1948 年，第 85 页。

4. 莱昂内尔·布雷特（Lionel Brett），"空间机器：勒·柯布西耶近期作品评析"（The Space Machine : An Evaluation of Recent Work of Le Corbusier），《建筑评论》（Architectural Review）第 102 期，1947 年 11 月，重印于伊雷娜·默里（Irena Murray）和朱利安·奥斯力（Julian Orsley）编，《勒·柯布西耶与英国：文集》（Le Corbusier and Britain : An Anthology），伦敦：国皇家建筑师协会信托；阿宾顿：劳特利奇，2009 年，第 147—148 页。

图 2. 圣迪埃，1944 年 11 月遭受德国人摧毁后的城市，来自威利·鲍晳格，《勒·柯布西耶：作品全集，1938—1946 年》，苏黎世：吉斯贝格尔出版社，1946 年，第 132 页

排列的建筑并置在铺好步行街道的广场上。本质上说，柯布西耶的项目提出了城市景观的新概念，它强调社区和交际传统的特点，以及一种更开放、动态的空间安排。

圣迪埃是柯布西耶 1945 年战争结束后不久开始的两个项目之一；另一个项目是拉罗谢尔－拉帕利斯的城市规划。1943 年，从事纺织生产的年轻实业家让－雅克·杜瓦尔最开始询问柯布西耶，问他能否接手一个关于圣迪埃现代化建设的项目。柯布西耶拒绝了，称自己太过投入于 ASCORAL，当时被称为"建筑革命建设者大会"，这个组织由建筑师、社会学家、经济学家、工程师和其他专业人士组成，目的在于研究建筑和规划问题。[5] 事实上，柯布西耶刚刚离开维希，在纳粹占领着的巴黎并没有受到任何委托。他后来解释道，他拒绝杜瓦尔的真实原因是他对"冷杉的景观"（ce pays de sapins）没有兴趣。这座地方小城位于孚日山脚下，南锡东南约 50 km 的位置，它自然让柯布西耶想起他的故乡拉绍德封，他花费了多年时间逃离这座位于瑞士侏罗的小工业城市；他在写给杜瓦尔的信中这样说道，比起它，他更着迷于"地中海景观"。[6]

然而，1944 年 11 月，德国人在逃离法国东部时用燃烧弹轰炸了圣迪埃，城中 1.5 万居民中的 1 万名居民变得无家可归，位于默尔特河北边的城市几乎整个部分都被毁了，其中包括商业区以及深受喜爱的 18 世纪的市政厅（mairie）（图 2）。河的北边的主要建筑中，只有古老的中世纪教堂（及其 18 世纪的正面）和它哥特式的修道院残立着。随着紧急情况的发生，杜瓦尔又一次联系了柯布西耶，1945 年 2 月，他成功说服柯布西耶来访这座城市。[7] 柯布西耶深深地被这不幸的景观触动，立刻同意接手项目，到 6 月时，他已经沉浸在项目设计中。正如他所说："古城几乎面目全非……这让我们再一次意识到乡村的可爱迷人。它是一次完全的揭示……一件寻回的宝物。"[8]

5. 这是柯布西耶最初为他的研究小组所起的名字。到 1944 年 11 月以及战争结束之时，他已经将组名改为"建筑革命建设者大会"（Assemblée de Constructeurs pour une Rénovation Architecturale）。 见"ASCORAL 协会章程"（Statuts de l'Association 'ASCORAL'），1944 年 11 月 14 日，打印文件，巴黎：勒·柯布西耶基金会，FLC D3-8-456。

6. 勒·柯布西耶（Le Corbusier），写给让－雅克·杜瓦尔（Jean-Jacques Duval）的信，引用于杜瓦尔，"圣迪埃的战役"（La Bataille de Saint-Dié），来自《勒·柯布西耶与圣迪埃》（Le Corbusier et St. Dié），圣迪埃：孚日圣迪埃市展览馆，1987 年，第 24 页；以及杜瓦尔，《勒·柯布西耶，树皮与花》（Le Corbusier,l'écorce et la fleur），巴黎：过梁出版社，2006 年，第 57 页。杜瓦尔没有给出柯布西耶回信的确切时间，但是信可能是在 1944 年 12 月到 1945 年 1 月之间写的。这两本书提供了有关柯布西耶参与规划圣迪埃的最翔实的记录，包括了项目有关信件的手稿。

7. 杜瓦尔（Duval），《勒·柯布西耶与圣迪埃》（Le Corbusier et St.Dié），第 26—28 页。

8. 勒·柯布西耶（Le Corbusier），"圣迪埃规划"（A Plan for St. Dié），《建筑实录》（Architectural Record）总第 100 期，第 4 期，1946 年 10 月：第 79 页。原版为"圣迪埃规划"（Un Plan pour Saint-Dié），《人与建筑》（L'Homme et l'architecture），第 5—6 期，1945 年 11—12 月。

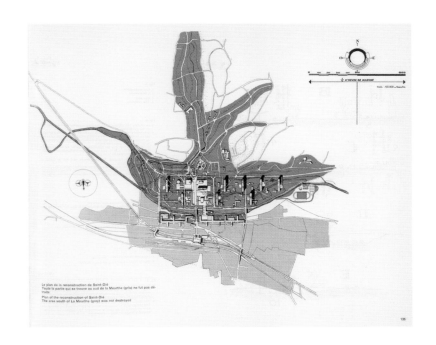

Le plan de la reconstruction de Saint-Dié
Toute la partie qui se trouve au sud de la Meurthe (gris) ne fut pas détruite

Plan of the reconstruction of Saint-Dié
The area south of La Meurthe (grey) was not destroyed

图 3. 圣迪埃重建方案，1945 年，方案中小城未被摧毁的部分是灰色的，来自威利·鲍智格，《勒·柯布西耶：作品全集，1938—1946 年》，苏黎世：吉斯贝格尔出版社，1946 年，第 135 页

他也被小城的工业特质吸引，希望能借着这次项目创造一种新的社区，将工人和先进的商人联系起来。[9] 1945 年 4 月，杜瓦尔说服市政委员会指派柯布西耶为该城市的城市规划顾问（urbaniste-conseil），即城市建筑和规划的顾问。然而，这个头衔无论听起来有多么官方，都不是法国战后重建与城市规划部所承认的职位，那时，该部的领导者是拉乌尔·多特里。虽然多特里曾雇用柯布西耶设计"绿色工厂"（Usine Verte），这个军火工厂的规划由于法国迅速战败而未能实施，但他已经任命了来自洛林的有才而年轻的建筑师雅克·安德烈作为圣迪埃重建的规划者。

柯布西耶并没有却步。安德烈是让·普鲁韦家的一位世交，杜瓦尔和柯布西耶都把他看成一个现代主义者，他决心要把圣迪埃变成一个模范城市（ville pilote）。[10] 柯布西耶带着他典型的傲慢与沉着，表明他可以与安德烈进行一次"成果丰硕的合作"；他坚信年轻的设计师会支持他的项目，甚至在实施的过程中协助他。[11] 同时，柯布西耶指导他在巴黎办公室的一小部分设计师开始着手这个项目，派遣两个年轻建筑系学生罗杰·奥詹姆和埃尔韦·德·洛奥兹负责大部分绘画。[12] 直到 1945 年 8 月，初步计划已经完成。

柯布西耶的一个主要目标是揭开圣迪埃北边缓和山地地形的面纱。他这样写道，"让这片景观又一次被一个懒散、刻板的城市计划埋藏在庭院底或者长廊式街道的墙后简直是犯罪。"[13] 但如果摒弃传统城市构造在他的城市设计中司空见惯，那么他对圣迪埃的提议也代表了他与自己在 20 世纪 20 年代城市规划中的白板法的决裂，这个方法尤其常见在"当代城市"（Ville Contemporaine）（1922 年）中，有着抽象的几何图形和对景观无差别的利用。

为了囊括孚日山脉和周围乡村的景观，柯布西耶建议修筑高耸的住宅区，而不是长的水平排状的房屋［这样的折线式厚板是他对"光辉城市"住宅（1930 年）的解决方案］（图 3）。15 层楼高的塔每个能供近乎 1500 人居住，并且将大量修筑，这样便能帮助长期低迷的建筑业重

9. 同第 194 页注释 8。

10. 杜瓦尔（Duval），写给勒·柯布西耶（Le Corbusier）的信，1945 年 2 月 26 日。发表于杜瓦尔，"圣迪埃的战役"（La Bataille de Saint-Dié），第 27 页。

11. 勒·柯布西耶（Le Corbusier），写给杜瓦尔（Duval）的信，1945 年 6 月 1 日。发表于杜瓦尔，"圣迪埃的战役"（La Bataille de Saint-Dié），第 30 页。

12. 热拉尔德·海宁（Gérald Hanning）、杰吉·索尔当（Jerzy Soltan）和安德烈·沃更斯基（André Wogenscky）也在设计的不同阶段参与到项目中。

13. 勒·柯布西耶（Le Corbusier），"圣迪埃规划"（A Plan for St. Dié），第 80 页。

图 4. 圣迪埃重建方案，1945 年，行政中心透视图，背景是教堂，墨水在牛皮纸上作画，50.4 cm×37.8 cm，巴黎：勒·柯布西耶基金会，FLC 18413

焕生机。两幢建筑将迅速修筑，接着是另外两幢，还有 4 幢已被提出以适应未来的增长。即便塔楼按计划将成为独立的建筑，以展示和呈现景观的视野，它们的安置也遵循了现有城市的轴线结构（与柯布西耶早期城市住宅规划相反），而前两块厚板充当了城市中心的挡板。在住宅区的粗略草图中，比例和对墙壁的处理影响了他在后一年接手的"马赛公寓"项目。

这个项目的其他特点包括一个新的具有速度等级的公路系统（这是他后来的波哥大和昌迪加尔项目的"7 条路"或者 7 条交通线的前身），城市东边的运动区域，一个供小型飞机（旋翼机）使用的停靠站以及默尔特河岸边一个在夏天建造的大型游泳池，泳池是通过修筑隔墙拦截一部分河流造成的。[14] 遵循新的实用主义观点，柯布西耶提出保留河流左（南）岸的幸免于德军炮火的工厂；任何未来的工业建筑都将沿着它的"绿色工厂"的成排建筑修筑。

圣迪埃项目最重要也最具创新性的特征是一个新型的市民中心。柯布西耶说它是"城市的卓越之地，城市的心脏和大脑"，"城市生活因历史遗迹和活动熠熠生辉，成为历史的一部分"。[15] 步行广场以公共和私有建筑的混合为特色：咖啡馆、电影院、游客中心、百货商店、社区会堂、行政中心和地区博物馆。这其中有几幢建筑和柯布西耶早期的项目相似——尤其是行政中心（图 4），就是他阿尔及尔摩天大楼（1938 年）的小型版本，还有被他称为"无限成长的博物馆"的博物馆，与他在 1931 年和 1939 年设计的建筑相似。

虽然集中于城市中心是他工作中一次重大的转向，也违背了国际现代建筑协会的原则，但柯布西耶之前的城市研究已经展现出对公共空间越来越浓厚的兴趣。例如，在"当代城市"中，总设计图中除了有一些小型的学校和大学的标记外，并没有公共建筑；柯布西耶完成"国际联盟"（1927 年）和"世界城市"（1928 年）的设计后不久，完成了"光辉城市"的计划，虽然计划中没有任何功能或建筑学特征的指向，但出现了沿着一条绿色中心轴线的公共建筑的图解。然而，到 1934 年，他的两个城市规划表现出对市民空间新的关注。它惊人地出现在了他的内穆尔计划中，内穆尔对住宅、交通和休闲活动清晰的表达时常使得它被认为是柯布西耶对国际现代建筑协会的思想最严格的应用。不常被提及的是，这一项目也包含了一个公民中心，

14. 奥亚姆（Aujame），与作者的采访，2009 年 4 月 5 日。

15. 勒·柯布西耶（Le Corbusier），第 80 页。"圣迪埃规划"（A Plan for St. Dié），

远离住宅区域，沿水边呈线型安置。第二个项目是他的"光辉村庄"或者"合作社村庄"的提案，提案形成于 1934—1938 年，在提案中他预想了与圣迪埃计划相似的活动，但规模更大一些；在两个计划中，他的目标都是培养一种让居民参与其中的有活力的本地文化。他不想将巴黎人对文化的理解加之于当地人，不管它们是理论的还是前卫的。对他来说弥足珍贵的是感性和精神上的活力，一种直接而自发地从生命喷薄而出的文化的感觉。[16]

圣迪埃的公民中心也背离了这两个项目的线型规划，尤其是在其更中心的组织和人流方向上，让人想起意大利或者古希腊传统的城市广场。这些特质让人想起过去，而市民综合设施在视觉上最震撼并且最具创意的是它的空间的品质。自 20 世纪 20 年代以来，垂直面与水平面间的不对称、变化的轴线、平面的层次和动态的张力已经成为他个人建筑设计的特色。这些突然成了他的城市规划的创作风格。正如他的白色别墅的"自由规划"中的物体，建筑在空间中孤立地站立着，它们的位置被仔细地校准以突出其他建筑而非自然的透视图。柯布西耶敏锐地意识到他创造出了新的东西，它超出了原先的希望展露城市的自然地形的计划。在一处挨着公民中心的草图的说明中，他这样写道，"我认为都市生活只能存在于 3 个维度"，以及"在空中它们自成其书"。[17] 塞尔特也感觉到了柯布西耶的新发现："所有这些形式就这样统一在他的规划中，以满足对新的造型表达的精神需求，这样的表达也是过去几十年以来画家和雕塑家在寻求的，现在将应用于城市。"[18]

柯布西耶在圣迪埃的空间策略似乎将"合作社村庄"已存的空间的物体的并置和在 1938 年阿尔及尔市民论坛规划中简略重释过的一个传统的城市区域的形式结合在一起。这个新的综合设施似乎将多种信息聚集在一起：柯布西耶青少年时仔细研究过的卡米洛·西特对城市广

16. 勒·柯布西耶（Le Corbusier），"作为人文聚会地的核心"（The Core as a Meeting Place of the Arts），来自 J. 蒂里特（J.Tyrwhitt）、J.L. 塞尔特（J. L. Sert）和 E.N. 罗杰斯（E. N. Rogers）斯编，《城市的心脏：走向都市生活的人性化》（The Heart of the City : Towards theHumanisation of Urban Life），纽约：佩莱格里尼和卡德希出版社，1952 年，第 41，48 页。这篇文章是柯布西耶在 1951 年于英格兰霍兹登举办的第 8 届国际现代建筑协会会议上的发言的版本。

17. 勒·柯布西耶（Le Corbusier），"圣迪埃规划"（A Plan for St. Dié），第 82 页。

18. 塞尔特（Sert），"从建筑到城市规划"（From Architecture to City Planning），来自帕帕达基（Papadaki），《勒·柯布西耶：建筑师、画家、作家》（Le Corbusier : Architect, Painter, Writer），第 85 页。塞尔特在这篇文章中大略地提及了柯布西耶近来的城市规划，但圣迪埃项目是他最后说明的一个项目，并且它的篇幅最长。

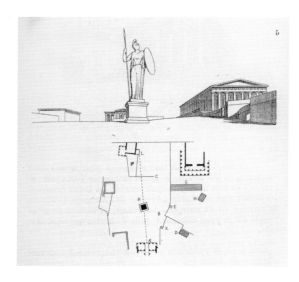

场的分析；比萨大教堂广场及其空间的并置，体现在他一生的草图中；[19]《走向新建筑》（1923年）中出现两次的卫城的简图，抄袭了奥古斯特·舒瓦齐的关于"美景"的章节，讨论"混乱中的平衡"。[20] 柯布西耶确实在《4条路径》（1941年）的"建筑的艺术"一章中提到了舒瓦齐，称这位工程师是一位"在奥林匹斯山山顶"雕刻作品的大师，并称"一切属于他的、经他之手的都无比伟大：通过合适的关系的相互作用，建筑升华为韵律的交响曲"。[21] 正如舒瓦齐解释的，卫城的不对称设计源自一系列视角（图5），所以柯布西耶也通过视角来想象圣迪埃的市民综合设施的空间，相应地调整建筑的布局。

但尽管柯布西耶和杜瓦尔发起了有力的宣传，这个项目注定失败。柯布西耶关于安德烈会支持它的设想是错误的：这位年轻的建筑师继续追求他自己的设计。除此以外，当地的政治领导者竭力争取委任当地的建筑师保罗·雷萨尔，以获得一个更常规的、遵循城市历史的规划。最后，部长任命雷蒙德·马洛来实施安德烈的方案，这个方案经过一系列的妥协，最终在1947年12月获得通过。最终的规划保持了城市18世纪的南北轴线，将交叉的轴线向东延伸，并将一个更大的街道网络加于原先的组织之上（图6）。建筑的表面覆盖着粉红色的类似灰泥的材料，以模拟当地的砂岩，并设计成一种简装的经典风格。唯一能让人想起柯布西耶充满热情的尝试的是1946年杜瓦尔委托的工厂。

根据当地的记录，圣迪埃的居民对马洛的更为保守的方案更加满意。但柯布西耶市民中心的规划捕捉到了一代建筑师的想象（图7）。这个项目带来的最大的影响力无疑发生在美国，在那里，它得以广泛传播，规划的一幅巨型照片在一个旅行展览中展出，展览由明尼阿波利斯

图5. 奥古斯特·舒瓦齐，法国人，1841—1909年，从卫城前门看卫城以及表现主要视觉轴线的规划，日期不详，来自奥古斯特·舒瓦齐，《建筑的历史》，第1卷，巴黎：高蒂尔－维拉尔，1899年，第415页

图6. 蒂耶尔街街景，圣迪埃

19. 吉迪恩（Giedion）在《建筑，你和我：一个开发区的日记》（Architecture, You and Me: The Diary of a Development）（坎布里奇：哈佛大学出版社，1958年，第162页）中，将圣迪埃规划与比萨大教堂广场相比。
20. 在《走向新建筑》（Vers une architecture）中，勒·柯布西耶（Le Corbusier）重印了来自奥古斯特·舒瓦齐（Auguste Choisy）的《建筑的历史》（Histoire de l'architecture）（1899年）中的简图，分别在"给建筑师的3个提醒：规划"（Three Reminders to Architects: Plan）的扉页和"建筑：规划的幻想"（Architecture: The Illusion of the Plan），《走向新建筑》（Toward an Architecture），约翰·古德曼（John Goodman）翻译，洛杉矶：盖蒂研究所，2007年，第115，222页。原版为《走向新建筑》，巴黎：乔治斯·克雷公司，1923年。
21. 勒·柯布西耶（Le Corbusier），《4条路径》（The Four Routes），由多萝茜·托德（Dorothy Todd）翻译，伦敦：丹尼斯·多布森，1947年，第142页。原版为《在4条路上》（Sur les quatre routes），巴黎：伽利玛出版社，1941年。

图 7. 圣迪埃重建规划，1945 年，模型，木头，12 cm×66.5 cm×154.5 cm，巴黎：勒·柯布西耶基金会

的沃克艺术中心和美国艺术联盟赞助支持。1945 年 9 月，照片首次亮相纽约的洛克菲勒中心，接着随着展览的进行传播了近十几年。[22] 极有可能的是，得益于吉迪恩和塞尔特的影响力，市民中心对哈佛设计研究生院的首批城市设计师产生了特别的影响。[23] 直至 1958 年，吉迪恩还称赞市民中心是"城市发展的里程碑"，让"现代空间概念的内在力量……走向圆满"，他还谴责最终的成果是"可怕的老一套"。[24] 当然我们可以讨论圣迪埃留下的可能的部分遗赠：粗野主义的立于混凝土广场的独立式建筑。但我们可能也想知道柯布西耶自己的"勤劳的小城市"的梦想如果实现了会是怎么样的，这代表着"重生"和"新时代的到来"。[25] 也许它已经被实现了，只是是在另一个国家，甚至有更盛大的"阁楼盛景"。

22. 明尼阿波利斯的沃克艺术中心和美国艺术联盟组织的展览于 1945 年 9 月 20 日在洛克菲勒中心的国际大楼的夹楼画廊开始，结束于 10 月 15 日。更早的一次展览于 1944 年 12 月 14 日到 1945 年 2 月 20 日在沃克艺术中心展出（没有圣迪埃规划）。直到 1947 年 5 月，展览已经出展于全国和蒙特利尔的 15 个艺术博物馆和教育机构。将一幅"巨型"的圣迪埃规划的照片（彩色）加入进去是最后的决定，因为它最近刚刚完成（照片不在原始的展览名单中）。

23. 1954 年至 1956 年，吉迪恩回到哈佛教书。之后他去了麻省理工学院教书。

24. 吉迪恩（Giedion），《建筑，你和我》（*Architecture, You and Me*），插图 32 的说明，第 162 页。

25. ［尤金］克劳迪亚斯·珀蒂（［Eugène］Claudius Petit），"穿越极限"（Crossing the Threshold），《建筑实录》（*Architectural Record*）总第 100 期，第 4 期，1946 年 10 月，第 82 页。克劳迪亚斯·珀蒂的文章在勒·柯布西耶（Le Corbusier）自己对圣迪埃的描述之后，提到了这个项目。他的话语呼应了柯布西耶在《作品全集》（*Œuvre complète*）中对项目的描述，一个"决定性的表现法国生存意志的标志"，威利·鲍皙格，《勒·柯布西耶和皮埃尔·让纳雷：作品全集，1938—1946 年》（*Le Corbusier et Pierre Jeanneret : Œuvre complète, 1938–1946*），苏黎世：吉斯贝格尔出版社，1946 年，第 132 页。战后的两年，这一项目代表着建筑师对法国重建的强烈愿望，他一次又一次发表它的图片。

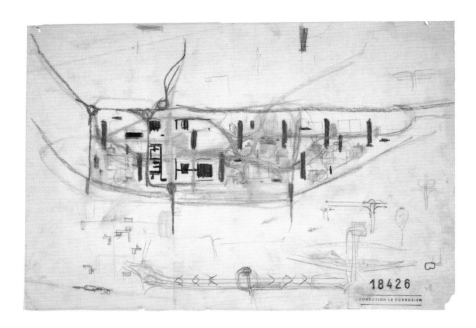

插图 35. 圣迪埃重建规划，1945 年，默尔特河北岸的城
市建筑规划，墨水、铅笔和彩色铅笔在描图纸上作画，26.2
cm×37.4 cm，巴黎：勒·柯布西耶基金会，FLC 18426

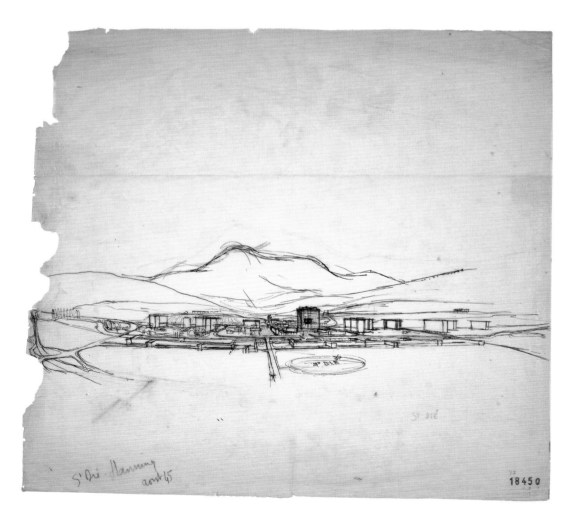

插图 36. 圣迪埃重建规划，1945 年，旋翼机驻地概览图，
墨水和铅笔在描图纸上作画，56 cm×61.8 cm，巴黎：勒·柯
布西耶基金会，FLC 18450

马赛：公寓，抑或"云、天空或星星的陪伴"

图 1. 马赛公寓，1947—1952 年，屋顶的幼儿园，吕西安·埃尔韦拍摄，纽约：现代艺术博物馆，建筑部与设计研究中心

勒·柯布西耶的马赛公寓（1947—1952 年）背倚马赛周围的群山轮廓，建成时，它高耸于一片散布着的郊区房屋和不高的公寓中间（图 1）。这幢公寓群位于从城市向卡朗格峡湾方向延伸的宽阔大道上，卡朗格这条多山的海岸线现已被划为国家公园，公寓的垂直性让人想起常被用来描述人与自然关系的一个比喻：垂直与水平的对立。在他 1928 年的书《一栋住宅，一座宫殿》记录的一个讲座中，柯布西耶着眼于这种二元性：

是拉巴利斯（La Palisse）解释了眼睛只能丈量它所见的事物。它看不见混乱，或者说在混乱、混沌的环境中它很难看见东西。它立即抓住形状。我们在短时间内长大成人，衡量、评价这自我呈现的几何现象，对之心驰神往：像竖石纪念碑一般直立的岩石、绝对水平的海面和曲折的沙滩。这些神奇的关系把我们送到梦想之地。[1]

他以布列塔尼的海岸线和阿尔卑斯景观的照片作为这篇文章的插图。几年后，他在布列塔尼拍了一张照片，准确地捕捉到了这种感觉（图 2）。1929 年，柯布西耶在布宜诺斯艾利斯的讲座"处处是建筑，处处是城市规划"中，进行了一次类似的分析，他直接讨论了帕特农神

1. 勒·柯布西耶（Le Corbusier），《一 un palais），巴黎：乔治斯·克雷公司， 均由作者翻译。
栋住宅，一座宫殿》（Une Maison， 1928 年，第 22 页。如非特别注明，

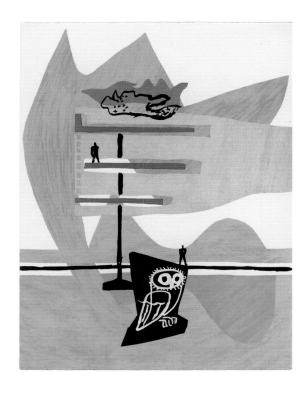

图 2. 布列塔尼的岩石和景观，1937 年，来自柯布西耶用 16 mm 超广角相机拍摄的影像照片，巴黎：勒·柯布西耶基金会

图 3. 雅典卫城的伊瑞克提瓮神庙，1911 年，查尔斯 – 爱德华·让纳雷拍摄，拉绍德封：城市图书馆

图 4. 《直角的诗》里的插图，1947—1955 年，彩色平版印刷，41.2 cm×31.8 cm，纽约：现代艺术博物馆，路易斯·E. 斯特恩的藏品

殿。他认为，正如所见到的支配景观的卫城上的古典寺庙（图 3），自然是一股需要与之谈判和竞争的力量。

确实，对于建筑来说，垂直与水平的对比至关重要。在《直角的诗》的一幅手绘素描中，他把自己表现成水平面上的一条垂直的线（图 4）。正如他在 1929 年布宜诺斯艾利斯的讲座中所说，"多么贫穷，多么匮乏，多么极端的束缚！"[2] 为了证明现代建筑师使用的词汇之匮乏，他接着在不同的景观上描画了一根纯白的棱柱："建筑不再仅由本身构成：它也存在于外部……和谐来自远处、周遭、四处。"[3] 换句话说，建筑学叙述的清教主义因为与景观的关系而充实了。

这是生活、艺术与建筑中的道理。对于柯布西耶来说，笔直地站立在自然水平的原野成为创造力的基本叙述，这一经验在他的《直角的诗》（图 5）中占据了中心位置。[4] 诗歌进一步阐明，垂直与水平的对比更深刻地走入艺术家的心理、性别和奇妙的猜想。马赛公寓的屋顶平台使得垂直 – 水平的并置更加戏剧化。一张屋顶平台叠于景观之上的模型的照片突出了以平行流动的自然景观为背景的升降机塔垂直的棱柱。

在柯布西耶的分析中，屋顶平台的主要功能，除了表现出加固的混凝土网格的水平状态和垂直性，还在于替代被建筑部分破坏的自然草木。虽然塞纳河畔纳伊的贾奥尔住宅（1951—1955 年）冒出来许多野草，就像拉塞勒 – 圣克卢的周末小屋（1934—1935 年），但马赛公寓的屋顶平台并没有绿色植物。自然的缺失再三被强调，取而代之，我们发现了一系列替代有机形态的设计。孩子们的戏水池替代了海洋，而两座离奇的混凝土山丘模拟了后面的山脉（图 6）。来自撒丁岛的石匠塞尔瓦托·贝尔托基被给予了充分的自由来设计这两处为幼儿园儿童打

2. 勒·柯布西耶（Le Corbusier），《精确性：建筑与城市规划状态报告》（Precisions on the Present State of Architecture and City Planning），坎布里奇：麻省理工学院出版社，1991 年，第 77 页，翻译由作者修改。原版为《精确性：建筑与城市规划状态报告》（Précisions sur un état présent de l'architecture et de l'urbanisme），巴黎：乔治斯·克雷公司，1928 年。

3. 同上，第 78 页。

4. 勒·柯布西耶（Le Corbusier），《直角的诗》（Le Poème de l'angle droit），巴黎：活力出版社，1955 年，第 30 页。

图 5. 《直角的诗》里的插图，1947—1955 年，彩色平版印刷，42 cm×31.5 cm，纽约：现代艺术博物馆，路易斯·E. 斯特恩的藏品

图 6. 马赛公寓，1945—1952 年，撒丁岛的石匠塞尔瓦托·贝尔托基创造的一座"山"，吕西安·埃尔韦拍摄，巴黎：勒·柯布西耶基金会，FLC L1-15-103

造的梦幻的游乐场。[5] 混凝土上有几个凹陷最初种上了野草，这是屋顶唯一的在绿植上的让步。但是正如斯坦尼斯劳斯·凡·莫斯在一篇关于马赛公寓和自然的精彩文章中所说的那样，这幢建筑粗糙的表面，加上起伏的遮阳板，有硬化的海绵的质地。[6] 凡·莫斯在分析的结尾说到一个猜想，关于公寓尤其是屋顶平台如何被看成"有机的"，重点在自然精神的以及隐喻的关联，这一思想部分来自 19 世纪英国批评家约翰·拉斯金。然而在另一层面，屋顶平台本身在人工与自然、天和地以及太阳与月亮之间创造出了巨大的戏剧性的反差。

凡·莫斯评论屋顶平台的高栏杆挡住了周围大部分景观，只留下山丘构成了后面卡朗格峡湾崎岖的剪影。柯布西耶在设计巴黎的贝斯泰格公寓（1929—1931 年）时，也使用了相同的策略。富有的艺术收藏家查尔斯·德·贝斯特古在香榭丽舍大道有一幢公寓建筑，由一些接待室和露台构成，柯布西耶为这幢建筑设计了一个两层的阁楼。从这幢建筑越过护墙看过去，只

5. 卡洛琳·马尼亚克·本顿（Caroline Maniaque Benton），《勒·柯布西耶与贾奥尔住宅》（Le Corbusier and the Maisons Jaoul），纽约：普林斯顿建筑出版社，2009 年，第 83 页。　6. 斯坦尼斯劳斯·凡·莫斯（Stanislaus uon Moos），"机器与自然：关于马赛公寓的记录"（Machine et nature：Notes à propos de l'Unité d'habitation de Marseille），克劳德·普　雷拉伦托（Claude Prelorenzo）编辑，《勒·柯布西耶：自然》（Le Corbusier：La Nature），1991 年，巴黎：拉维列特出版社，2004 年，第 48 页。

图 7. 马赛公寓，1945—1952 年，屋顶平台的视野，吕西安·埃尔韦拍摄，巴黎：勒·柯布西耶基金会，FLC L1-12-8

图 8. 马赛公寓，1945—1952 年，屋顶平台的视野和舞台，吕西安·埃尔韦拍摄，巴黎：勒·柯布西耶基金会，FLC L1-15-100

能看见凯旋门、埃菲尔铁塔和圣心大教堂。公寓的屋顶平台如梦一般，露天的起居室种着绿草和雏菊，加上它的家具、燃烧着的壁炉、镜子和鹦鹉（第 270 页，图 2），这些都让人想起"梦想之地"，即由柯布西耶看见的布列塔尼竖立的岩石引出的概念。柯布西耶一贯的做法是从一个刚好位于潮湿而病态的土壤之上的位置过滤和建构景观，创造出他在"萨伏伊别墅"的讨论中谈到的"维吉尔之梦"。[7] 吕西安·埃尔韦拍摄的由柯布西耶指导的很多照片都强调了建筑师塑造出的远景的作用（图 7 和图 8）。

但正如凡·莫斯指出的，拒绝部分景观的进入能够达到将注意力转移到内部的效果，转移到屋顶的形态和功能的组合。柯布西耶在描述这幢建筑时，强调了它的功能：跑道、健身房、露天剧场和幼儿园。[8] 升降机塔和通风烟囱等强烈的垂直元素与更个人、更低的结构相对抗。柯布西耶通过水平的舞台和垂直的露天电影屏幕，从微观形态塑造了公寓楼本身在其环境中的戏剧性。朱利亚诺·格雷斯莱利曾指出这一结构与先锋舞台设计师阿道尔夫·阿庇亚的舞台布景存在相似之处，而柯布西耶于 1909 年以及 1910 年分别在巴黎和德累斯顿与他会面。[9]

支撑这些功能的结构可以看成是一种建筑的静物画——柯布西耶式词汇中的构成元素的组合：楼梯、斜坡、底层架空柱、遮阳板、无门窗的墙以及立方体造型。确实如雅克·卢肯所注意到的，柯布西耶将公寓的屋顶平台引入了一系列素描中，这些素描将他 1918 年的油画《壁炉》（第 226 页）与卫城联系起来。卢肯在未出版的书《难以形容的空间》的手稿中阐释了这一点，他的书力求说明画作、雕塑和建筑之间的关系。[10] 柯布西耶为这些素描注解道"壁炉1918，马赛烟囱"，这表明他认为马赛公寓屋顶的通风烟囱与他的绘画采用了同样的基本美学法则。[11] 正如卢肯所说，这仅仅是柯布西耶在《壁炉》和卫城之间所作的一系列比较中的其中

7. 勒·柯布西耶（Le Corbusier），《细节》（Precisions），第 139 页。又见蒂姆·本顿（Tim Benton），"维吉尔之梦和萨伏伊别墅"（Le 'Rêve virgilien' et la villa Savoye），丹尼尔·保利（Danièle Pauly）编，《勒·柯布西耶与地中海》（Le Corbusier et la Méditerranée），马赛：括号出版社，1987 年，第 90—99 页。

8. 雅克·斯布里利欧（Jacques

Sbriglio），"空气、海洋、阳光、绿植"（Air, mer, soleil, verdure），保利（Pauly）编《勒·柯布西耶与地中海》（Le Corbusier et la Méditerranée），第 101—111 页。

9. 朱利亚诺·格雷斯莱利（Giuliano Gresleri），《东游记：摄影师和作家查尔斯－爱德华·让纳雷》（Viaggio in Oriente : Charles-Édouard Jeanneret

fotografo e scrittore），威尼斯：马尔希利奥，1995 年，第 32, 35—38 页。

10. 雅克·卢肯（Jacques Lucan），"建筑理论的多元化考验"（La Théorie architecturale à l'épreuve du pluralisme），《物质》（Matières），2000 年，第 4 期，第 59 页，原稿始于 1954 年。

11. 同上。

之一，就像他也将卫城与他的莫斯科苏维埃宫殿项目（1931—1932 年）或者比萨的"墓园"进行比较："《壁炉》是卫城。我的'马赛公寓'？它是一种延伸。"[12]

　　吕西安·埃尔韦拍摄的照片可能经过了柯布西耶的同意，它们强调了屋顶的对比的奇异和粗暴。质地与形态的互动模拟了柯布西耶所欣赏的"自然的"地方建筑的效果。这里是想象力的游乐场。柯布西耶对于他的画"人的住宅"（柯布西耶对人类住所的称呼）的评论总结了他关于"马赛公寓"的目标：

　　比起以前，人的住宅从束缚中解脱出来，并且正式占据控制地位，置身于自然之中。它自成一体，它的位置向四方的地平线开放，它的屋顶有云、天空和星星的陪伴。看那（智慧的）猫头鹰，无须呼唤，就来到这里停留（图 4）。[13]

12. 勒·柯布西耶（Le Corbusier），让·佩蒂特（Jean Petit）于《勒·柯布西耶说》（Le Corbusier parle）引

用，巴黎：有生力量出版社，1967 年，第 12 页。

13. 勒·柯布西耶（Le Corbusier），

《直角的诗》（Le Poème de l'angle droit），第 59—60 页。

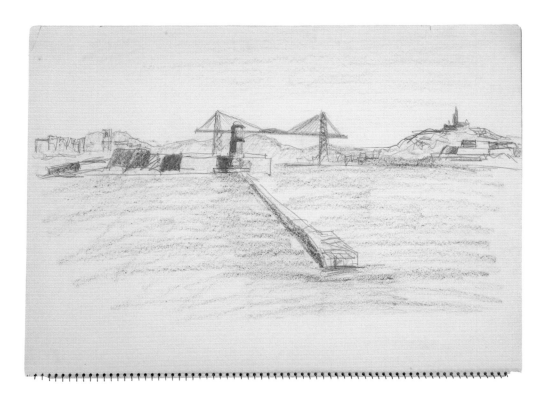

插图 **37.** 马赛的老码头入口，以及运输桥，摄于约 1942 年，铅笔和粉蜡在纸上作画，27 cm×36.5 cm，巴黎：勒·柯布西耶基金会，FLC 5239

插图 **38.** 马赛维尔项目，1946 年，空中透视图，墨水、铅笔和彩色铅笔在纸上作画，75 cm×109 cm，巴黎：勒·柯布西耶基金会，FLC 23107

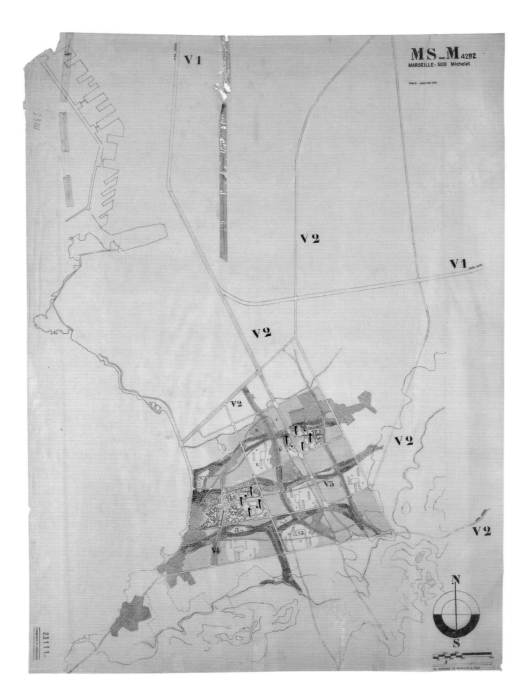

插图 39. 马赛南规划，1946 年，总体规划和"7 种方向"，墨水和彩色铅笔在纸上作画，100 cm×65 cm，巴黎：勒·柯布西耶基金会，FLC 23111A

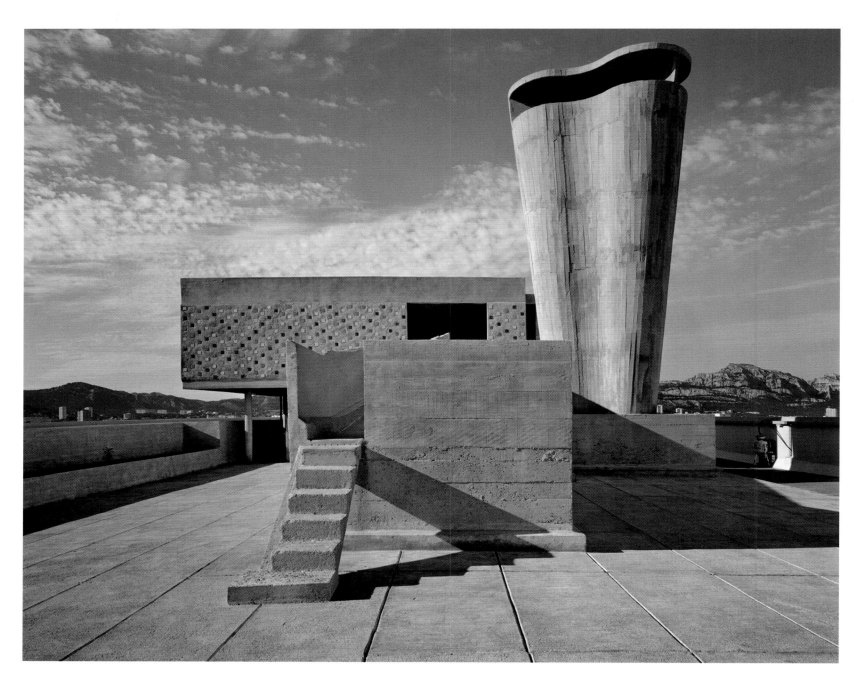

插图 40. 马赛公寓，1945—1952 年，屋顶平台，理查德·佩尔拍摄

插图 41. 马赛公寓，1945—1952 年，屋顶平台模型一览，以普罗旺斯景观为背景安装，黑白印制安装于纸上，10 cm×18 cm，巴黎：勒·柯布西耶基金会，FLC L1-12-38

插图 42. 马赛公寓, 1945—1952 年, 凉廊一览, 纽约: 现代艺术博物馆, 建筑部与设计研究中心, 吕西安·埃尔韦拍摄

插图 43. 马赛公寓, 1945—1952 年, 西面, 理查德·佩尔拍摄

朗香：视觉声学景观

图 1. 朗香教堂，朗香，1950—1955 年，外观，由吕西安·埃尔韦拍摄，巴黎：勒·柯布西耶基金会，FLC L3-3-117-691

勒·柯布西耶批评"一双看不见的眼睛"——毫无冒险精神的眼睛不能发现新事物。他常常翻看他的画作，以重新审视它；他建议阅读《苦寻记》（朗香教堂）（1957 年）朗香卷的读者将书翻转，从不同的视角看教堂的照片："试着倒着看或者从侧面看。你会发现奇妙之处！"[1]

如果今天我们想避免只看到已知的东西（图 1），我们应该怎样看待朗香的景观？超现实主义者上镜时喜欢闭着眼睛：他们看到了什么？

尽管如此，普林尼或者卡尔·林尼厄斯没见过 20 世纪的景观，浪漫主义者也没有，像卡斯帕·大卫·弗里德里希或者约翰·拉斯金这样将我们的注意力引向迷雾和云的人也没有。我们不能逃离我们的时代，只能被迫看着朗香，就像自视为景观画家的彼埃·蒙德里安或者创作声学景观的约翰·凯奇那样。

音箱将周围的声音引入，甚至不放过那些听不见的。它将它们聚集到内部，再将它们返回到外部，不仅将它们放大，而且将它们改变、塑造成形，仿佛它们终于成为自己。音箱不是复制；它不是镜子。在它的内部发生着一种神秘的变化。这是小提琴或者鼓的原理。

以一幢建筑为其形式的音箱是一种被柯布西耶称为"视觉声学"的现象：混乱状态中的自然——在建筑出现之前，这样的环境没有意义，多亏了建筑，一旦环境与建筑产生共鸣，它就被转化、塑造并理解为景观。虽然柯布西耶将他对视觉声学的发现定于早年去帕特农神庙的一次旅行，但直到 1929 年，据《细节》中描述，在穿越阿根廷和乌拉圭上空的空中"漫步"中，他从一架小型飞机上看到了那些景观，他才得以创作一件能够融合景观和建筑于视觉对位法的

1. 勒·柯布西耶（Le Corbusier），《朗香教堂》（The Chapel at Ronchamp），由杰奎琳·卡伦（Jacqueline Cullen）翻译，纽约：普雷格出版社，1957 年，第 47 页。原版为《朗香》（Ronchamp），苏黎世：吉斯贝格尔出版社，1957 年。

图 2. 勒·柯布西耶，《阿尔及尔之歌》的封面，巴黎：法莱斯，1950 年，巴黎：勒·柯布西耶基金会

图 3.《公牛 8》，1954 年，帆布油画，195 cm×97 cm，巴黎：勒·柯布西耶基金会，FLC 162

作品，将两者融于同样的和弦中。[2] 紧接着这些南美飞行后，阿尔及尔的奥勃斯规划实现了，这是他第一个伟大的视觉声学作品。

在建议读者颠倒朗香照片的同一页，柯布西耶写道，"投射的阴影，被清晰地描摹出来，多么迷人的狂想曲和琴格。对位和赋格曲。伟大的音乐！"[3]

柯布西耶回想并且再度创造视觉记忆，有时在他的素描或照片中，有时在他的建筑项目中，对于他来说，这些是承载记忆的场合。1950 年，当柯布西耶开始设计朗香，奥勃斯规划的记忆突然再次出现在他的作品中。

在他的书《阿尔及尔之歌》的封面画中，从那年开始，一只具有女性身体的独角兽飞越了阿尔及尔的海岸（图 2）；背景中的城市揭示了奥勃斯规划的片段，山坡保卫着城市的后方，而城市之上是一系列线性建筑，远看就像白色的长着角的公牛抬起了头。《阿尔及尔之歌》（*Poetry on Algiers*）：这里的"on"表示"关于"，但字面上也表示"在……之上"——置于阿尔及尔山坡之上的诗歌。从阿尔及尔山坡到朗香山坡间意象的转变是直接的。

一只飞翔的、具有女性身体的独角兽飞过滨海景观，这一图像对于柯布西耶来说无疑是重要的。这个女人的一只翅膀处于一只巨大的手掌中，手掌将翅膀包围住，而女人靠在手旁。这幅画常伴着斯特芳·马拉美的一句诗，"将我的翅膀置于你手中"（Garder mon aile dans ta main）。[4]

这幅画面又出现在十几幅画作中，后来的几件作品与之呼应，创造出一种隐秘的一致性。在 1948 年"瑞士学生会馆"的壁画上，在 1953—1965 年的"开掌纪念碑"上，以及在始于 1952 年的"公牛"（图 3）系列上，都能找到它的印记，"公牛"系列由他的左手描画，而他用右手设计和建造朗香。

2. 见勒·柯布西耶（Le Corbusier），"美国序言"（American Prologue），《精确性：建筑与城市规划状态报告》（*Precisions on the Present State of Architecture and City Planning*），由伊迪丝·施雷柏·奥杰姆（Edith Schreiber Aujame）翻译，坎布里奇：麻省理工学院出版社，1991 年，第 vi—xiii 页。原版为《精确性：建筑与城市规划状态报告》（*Précisions sur un état présent de l'architecture et de l'urbanisme*），巴黎：乔治斯·克雷公司，1930 年。

3. 勒·柯布西耶（Le Corbusier），《朗香教堂》（*The Chapel at Ronchamp*），第 47 页。

4. 斯特芳·马拉美（Stéphane Mallarmé），"马拉美小姐的另一把扇子"（Autre éventail—de Mademoiselle Mallarmé），出自《作品全集》（*Œuvres complètes*），巴黎：伽利玛出版社，1998 年，第 31 页。

214

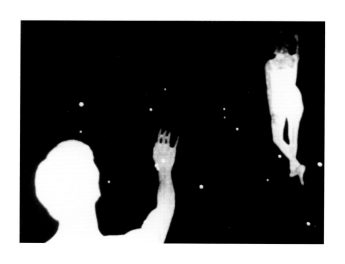

图4. 朗香教堂，1950—1955 年，靠近圣坛的内景，巴黎：勒·柯布西耶基金会

图5. 梅雅·黛伦，美国人，1917—1961 年，来自《夜之眼》的影像图，1958 年，好意电影资料馆，纽约

《公牛》中所有的肖像图都出现在了朗香，它们被谨慎地呈现出来，但清晰可辨。飘浮在空中的女人，公牛的角和头与女人的头融合，女人的乳房与公牛的眼睛融合，从地面升起的弯曲的绳子变为一条完全垂直的线，船，月亮和海洋。

这是精神的景观——一种纯粹的心灵创造，在朗香中构成共鸣。

但它不是唯一的景观。1954 年 4 月，柯布西耶参观了即将完工的教堂，做出了一个决定，深深地影响了它的建筑，体现在两幅类似的草图中。[5] 他的目的在于将圣坛后面的东墙去物质化，他的方法是将它转化成更类似于屏幕的东西，升起的太阳从背后打光，形成一个星群，而女人身形的雕像——我们的圣母，飘浮在星辰之间（图 4）。它就像是一幅窗帘，仿佛掀开它就能看见一片开阔的天空，无形、失重、黑暗，与其他粗糙、白色的墙体形成了对比。

柯布西耶最初想到这个创意很有可能是因为他注意到了脚手架的支承结构穿透墙壁造成的洞，清晨明亮的光线照射进来。柯布西耶一定是将他的记忆与这样的可能性联系起来，他的记忆既强调了他对意象的渴求，也为它赋予了实体。

1946 年，柯布西耶已经见过美国前卫电影之母梅雅·黛伦，并为她写了一篇文章，发表在为她的"古典主义传统的电影"所做的节目中，这些电影于当年 10 月在纽约的普罗温斯敦剧场放映。在朗香，到处可见来自黛伦的第一部短片电影《午后的迷惘》的引文。这部电影带来的视觉冲击在朗香的形态中也能找到对应，1952—1955 年，黛伦拍摄并编辑了《夜之眼》，那正是教堂设计和建造的时间段，电影中的星群和舞者被直接演绎成朗香东墙的星群和飘浮的处女雕塑（图 5）。

柯布西耶为黛伦所写的关于她的电影成就的东西，也可以用来评价朗香：它"在我们眼前展示了包含着深刻心理学意义的客观现实；它在我们心中或者心上敲击出一种轮回的、连续的、循环的、跳跃的或者飞离的时间……人站在存在于空间的事件面前，位于他们的时间的价值之中。人逃离愚蠢的幻想。人处于电影事实的现实中，当镜头协作时就像惊人的发现者，梅雅·黛伦在这样的瞬间将这些现实捕捉……毕竟，诗歌是生活呈上的盛宴，只给那些懂得用双

5. 素描簿 H32，第 49 页，以及绘画，FLC 07524C。

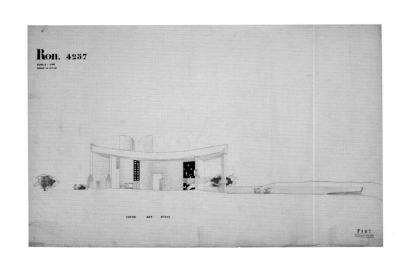

图 6. 朗香教堂，朗香，1950—1955 年，东面的正面图，铅笔在牛皮纸上作画，101.2 cm×65.8 cm，巴黎：勒·柯布西耶基金会，FLC 7107

眼和心接受和理解的人。"[6]

深刻的心理学意义的客观现实在于：朗香的形象突然从物质的变成了精神的，然后再一次从精神的转化成物质的，并且被更深切地感知。

朗香的访客会接近一处骇人的载着水的灰云——屋顶的混凝土外壳，为了进入，我们必须经过它的下方。一旦进入内部，我们发现天空晴朗，云层消散，夜空清澈，海洋平静，南墙多彩的彩虹展开在星辰和地面间。我们身处何处？

雨已经停了；海水退至山脚。和谐的彩虹从天空延伸至顶端，在那里，我们登上一艘船（图 6）：现在我们置身于《创世纪》9：9—17。

一场全球灾难的记忆与消退的形象。柯布西耶在朗香风格化的设计旁写道，"为保护从废墟中挽救出来的石头组成的墙"。[7] 他指的是哪一处废墟？他的话总是有多种解读。朗香的墙根本上是由老教堂废墟中的石头建造的。但那不是朗香在精神层面保护的废墟。柯布西耶在朗香之后的一个项目中从时间顺序与主题两个维度阐释了这一点：《电子诗歌》是为飞利浦展览馆的内部创作的电影剪辑，为 1958 年布鲁塞尔世界博览会设计，影片的开始是夜空星群的景象，它正是从柯布西耶停下的位置继续着它的创造。冷战时期促成了对核灾难的恐惧，柯布西耶试图通过《电子诗歌》催生世界重生和重建的信心。20 世纪 50 年代，他本可以描述朗香——"建筑或毁灭。毁灭大可避免"，正如他在 1923 年在《走向新建筑》的结尾写道，"建筑或革新。革新大可避免。"[8]

这样说来，是不是朗香就没有"自然的"景观了？

不同的声音重叠、融合，就像在音乐的和弦中，每种声音各自不同，但构成了更伟大的和

6. 勒·柯布西耶（Le Corbusier），"古典主义传统的电影"（Films in the Classicist Tradition），宣传册，1946 年秋。再版，薇薇·A. 克拉克（Vèvè A. Clark）、米莉森特·霍德森（Millicent Hodson）和凯翠娜·内曼（Catrina Neiman），《梅雅·黛伦的传奇：纪实性传记与作品集》（The Legend of Maya Deren : A Documentary Biography and Collected Works），第 1 卷，第 2 部分，《房间，1942—1947 年》（Chambers, 1942–1947），纽约：电影资料馆 / 电影文化，1988 年，第 407 页。

7. 勒·柯布西耶（Le Corbusier），《朗香教堂》（The Chapel at Ronchamp），第 90 页。

8. 勒·柯布西耶（Le Corbusier），《走向新建筑》（Toward an Architecture），由约翰·古德曼（John Goodman）翻译，洛杉矶：盖蒂研究所，2008 年，第 307 页。原版为《走向新建筑》（Vers une architecture），巴黎：乔治斯·克雷公司，1923 年。

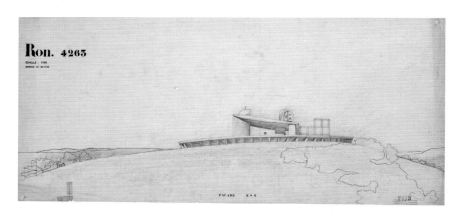

图 7. 朗香教堂，1950—1955 年，从上至下：东面的正面图（倒置）、西南面角的正面图、南北带钟楼的横断面，铅笔、彩色铅笔和粉蜡在牛皮纸上作画，58.4 cm×55.2 cm，巴黎：勒·柯布西耶基金会，FLC 7412

图 8. 朗香教堂，1950—1955 年，东面的正面图，墨水、铅笔和彩色铅笔在牛皮纸上作画，45.9 cm×101.1 cm，巴黎：勒·柯布西耶基金会，FLC 7113

谐；这些声音有个人的记忆的声音、对美学事物的精神共鸣的声音以及自然环境的声音。

在朗香，要到达山峰意味着看着周围的乡村消失（图 7）。访客的视野里只有教堂。柯布西耶计划在教堂周围修筑一个加高的平台，平台呈弯曲的角状，这是为了将访客的注意力引向外部的仪式中（图 8）；平台的边像一面墙一样升起，高度足以遮盖周围的视野，只可见云朵和远处的山脉。1945—1952 年马赛公寓的平台和早至 1929—1931 年查尔斯·德·贝斯特古的屋顶花园也应用了这一方法。

但在教堂的建造中没有加高的平台，柯布西耶不得不依赖山峰周围的植被来遮挡景观。[9] 在记录哪些树应该保留的过程中，他采用了一种有意的模糊操作：他在周围的区域只开放了两处视野——一处朝向东北，面对远处的侏罗山脉；另一处朝向东南，面向朗香的村庄——但接着在最近的前景利用障碍挡住了两处开口，一个障碍是山前的和平金字塔，另一个是村庄前朝圣者小屋的水平的屋顶。两处与各自遮住的景观都具有相似的特质。两处都限制了视野，就像缰绳套住了马。

9. 见安德烈·迈索尼耶（André Maisonnier）的画，1959 年 6 月 30 日，FLC 7514C。

插图 44. 朗香教堂，朗香，1950—1955 年，西面一览，理查德·佩尔
拍摄

艾布－舒尔阿布雷：拉图雷特圣玛丽修道院，1953—1960 年

拉图雷特圣玛丽修道院，艾布－舒尔阿布雷，1953—1960 年，早期设计的总等角透视图，1954 年，铅笔和彩色铅笔在描图纸上作画，60.8 cm×84.8 cm，巴黎：勒·柯布西耶基金会，FLC 01244

来自多米尼加的修道士马里－阿兰·库蒂里耶是天主教会内的现代建筑的热切支持者，1955 年，他在《宗教艺术》中发布了关于 1948 年 7 月 11 日在勒·柯布西耶住所共用晚餐的回忆。据他回忆，建筑师告诉他"他的一生都受到年幼时一次埃玛修道院（位于埃玛山谷的加卢佐的修道院）之行的指引"。[1] 柯布西耶向他展示"他在那里画的草图，在一个小笔记本上：他有序地描摹了花园、两个房间巧妙的布置以及走廊和封闭的墙壁的水平线上的山的轮廓"。

这件趣事发表的时候，柯布西耶正应库蒂里耶的要求设计一座多米尼加修道院拉图雷特，位于里昂和罗阿讷之间的小镇艾布－舒尔阿布雷。1949 年，莫里斯·诺瓦里纳为这一综合设施设计了一个保守的规划，矩形的平面图包含两组建筑（修道院和教堂），这个规划最终被放弃。

1953 年 5 月 4 日，柯布西耶以更为生动的方式强调了他首次参观该建筑地址的意义："我来到这里，我像往常一样拿出我的小素描簿。我画着地平线，我思考太阳的方向，我辨别着地貌。我决定了（建筑的）位置，因为当时还没确定下来。在做这个决定的过程中，我要么犯下罪行，要么成就英雄的壮举。第一个行动就是做这个决定，建筑地址的性质以及在这样的条件下我们的设计的性质。"[2] 这一段叙述以及最初的草图揭示了柯布西耶颠倒了自己惯常的规划方式："这里，在如此易变的、流动的、易转化的、下降的环境中，我说：我不会根据地面建立方位，因为它是流动的……我们根据建筑顶端的水平位置建立方位，这样它能与地平线达成统一。而且我们会根据这条顶端的水平线测量一切东西，直到触地时，才迎合地面。"[3]

在另一个大逆转中，柯布西耶想象的计划颠覆了勒托霍奈的西多会修道院的回廊，他在库蒂里耶的建议下参观了这个地方。在工程师以及未来的作曲家亚尼斯·克塞纳基斯关键性的协助下，他在一个庭院的中心设立了回廊的交叉区域，庭院由建筑的 4 个部分形成：教堂的一处不透明的大亭台，公共区域——餐厅和图书馆——以及以 U 形连接起来的僧侣小屋。"带顶的浮动的小道"替代了外部一处单独的斜坡，交叉在庭院。[4]

柯布西耶数次在与多米尼加人的会面中提及埃玛的修道院和阿托斯圣山，建筑历史学家柯林·罗在项目中发现了更多隐藏的信息源，尤其是关于雅典的："在拉图雷特，比雷埃夫斯和彭忒利科斯山都缺失，我们面对的不是一类埃斯科里亚尔建筑群，而是帕特农神庙的一种……但这样的结构依然有它的规律……尤其是存在建筑体系的交集，可能从地形学的经验上来看，对于初始项目来说，修道院区域的空间力学只是某种对作为原材料的卫城的私人的注解。"[5]

1. "库蒂里耶神父与自己对话"（Le Père Couturier à soi-même），《宗教艺术》（L'Art sacré），卷 9，第 7—8 期（1955 年 3—4 月）：第 4—5 页。马里－阿兰·库蒂里耶（Marie-Alain Couturier）于 1936 年发现日记，直到 1954 年去世才出版。

2. 勒·柯布西耶（Le Corbusier），与宗教社区的访谈，1960 年 10 月，《宗教艺术》（L'Art sacré），卷 14，第 7—8 期（1960 年 3—4 月）：第 5 页。

3. 同上，第 6 页。

4. 勒·柯布西耶（Le Corbusier），建筑地址会议，1995 年 4 月 23 日。被引用于塞尔吉奥·费罗（Sergio Ferro）编辑的《勒·柯布西耶：拉图雷特修道院》（Le Corbusier : Couvent de La Tourette），马赛：括号出版社，1987 年，第 29 页。

5. 柯林·罗，"多米尼加的拉图雷特修道院，艾布－舒尔阿布雷，里昂"（Dominican Monastery of La Tourette, Eveux-sur-Arbresle, Lyons），《建筑评论》（Architectural Review），卷 129，第 772 期，1961 年 6 月，第 401 页。

拉图雷特圣玛丽修道院，艾布－舒尔阿布雷，1953—1960 年，现场的一般视图，纽约：现代艺术博物馆，建筑部与设计研究中心

拉图雷特圣玛丽修道院，艾布－舒尔阿布雷，1953—1960 年，教堂内景，理查德·佩尔拍摄

罗克布吕讷－卡普马丹：燕尾海角项目"罗克"和"罗布"，1949—1955年

罗克住宅方案，罗克布吕讷－卡普马丹，1949—1955年，草图展现了建筑地址的安排，来自威利·鲍皙格，《勒·柯布西耶：作品全集，1946—1952年》，苏黎世：吉斯贝格尔出版社，1953年，第54页

在勒·柯布西耶想到修建他的小屋之前，他已经构想了一个在那附近的项目。1949年9月7日，柯布西耶在"海洋之星"（L'Étoile de Mer）快餐店休憩时，他想象了一片朝向大海的度假屋，建在吸引着他的罗克布吕讷村附近的一块地上。后来，他在他的"全集"中非常简短地归纳了他的观点："一块斜坡，上面有向景观开放的房屋。"[1]

项目取名为罗克，应占82 m×74 m矩形的面积，由3层的纵向单元叠靠斜坡构成。这样两个层级的空间可与分成两半的马赛公寓区的公寓相比，由薄混凝土拱顶覆盖。[2]它们在柯布西耶的作品时间线上都可以找到，从莫诺尔住宅（1919年），直到位于拉塞勒－圣克卢的周末小屋（1934—1935年），再到贾奥尔住宅和萨拉巴伊住宅（均在1951—1955年）。它们的并存创造了接连的浪潮，正如1942年歇尔谢尔的佩里萨克项目。3行房屋中间垂直的缝隙（后来在第2个项目中被再利用以创造一个更陡峭的斜度）使得每一间小屋都拥有连续的海景。通过将房屋结合在一起，柯布西耶预料到"双重平台（会）成为一道水平的风景"，仿佛他试图仅通过阳台的设置来改变局限的视野。[3]

通过统筹全局，柯布西耶似乎重拾了他在1933年在阿尔及尔体验过的乐趣，当时他在设计坐落于向海洋下降的斜坡上的建筑。他不仅考虑到了干燥的石质露台的设置，还考虑

到了道路网络。他还致力于维护"接头粗糙的中央阶梯"，把它作为单元之间的服务轴线。[4]他非常有计划地设计了最初的项目，以建立一个适用于陡峭的地中海海岸其他地址的普遍原则。这个原则是有关地理学的，它更广泛地考虑了里维埃拉多岩石的海岸以及突进向下面向海洋的视野，它又是关于形态学的——顾及了农业的遗迹和村庄的微观处理。正如后来他在1955年写到的，他调查了"各种更好地利用蔚蓝海岸的建筑地址的方法，近年来，蔚蓝海岸被一个没有韵律和理性的建筑师玷污"。[5]在罗克的例子中，从最初的草图到最终的图纸做出了调整，以更好地让建筑项目融于已存在的景观，但这也造成了正交性的缺失。柯布西耶为这次操作发明了一个建筑系统，系统基于金属元素，利用一个每边2.26 m长的三维的模块，他希望这个系统能够进行专利申请。

第2个项目的尺寸更小，名为罗布，是为托马斯·瑞布塔托所有的一块土地设计的。这块土地位于"海洋之星"下方，较低处非常接近沙滩。和第一次的尝试一样，这一次也没能实施，1956年，柯布西耶勉强在餐厅的水平面建造了5个露营点。但罗克和罗布的回声将回荡在地中海假日旅游胜地的建筑以及"10次小组"（Team 10）一代设计的欧洲和北美的住宅项目间。

1. 威利·鲍皙格（Willy Boesiger），《勒·柯布西耶：作品全集，1946—1952年》（Le Corbusier : Œuvre complète, 1946-1952），苏黎世：吉斯贝格尔出版社，1953年，第54页。
2. 布鲁诺·强布雷托（Bruno Chiambretto），"罗克和罗布，建筑地址适应的问题"（Roq et Rob, la question de l'adaptation au site），雅克·卢肯（Jacques Lucan）编，

《勒·柯布西耶，1887—1965：百科全书》（Le Corbusier, 1887-1965 : Une Encyclopédie），巴黎：蓬皮杜艺术中心，1987年，第352—353页。
3. 勒·柯布西耶（Le Corbusier），尼佛拉素描簿，1950年8月11日，第77页。
4. 同上，第81页。
5. 勒·柯布西耶（Le Corbusier），《模度2：让用户下一个说话，"模度"

续》（Modulor 2 : Let the User Speak Next, Continuation of 'The Modulor'），彼得·德特兰恰（Peter de Trancia）和安娜·布斯托克（Anna Bostock），伦敦：费伯＆费伯，1958年，第239页。原版为《模度2：话语权在用户手中》（Modulor 2 : La Parole est aux usagers），布洛涅－比扬古：今日建筑出版社，1955年，第255页。

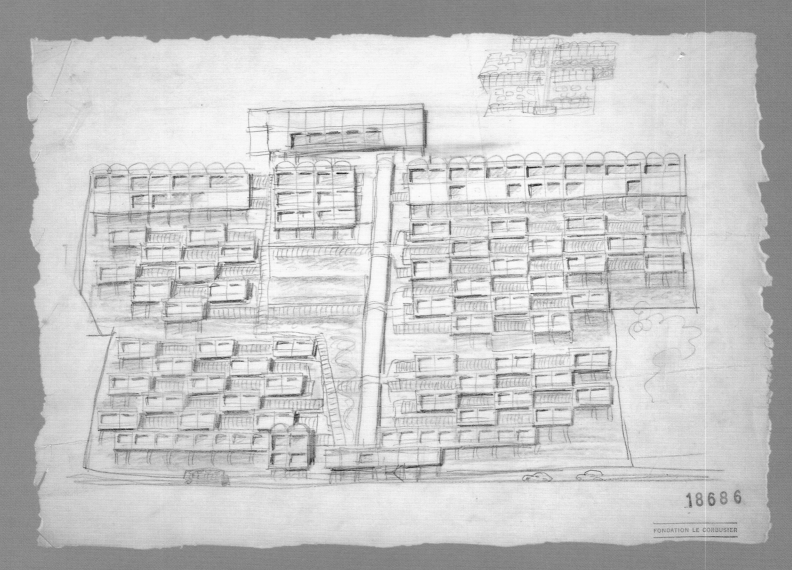

罗克住宅方案，罗克布吕讷-卡普马丹，1949—1955 年，立
视图，铅笔和彩色铅笔在纸上作画，33 cm×48 cm，巴黎：
勒·柯布西耶基金会，FLC 18686

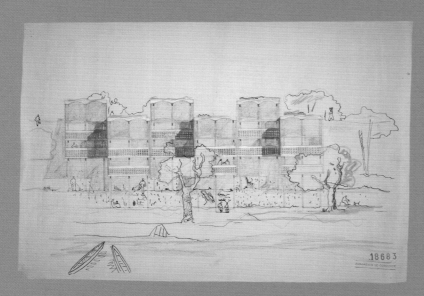

罗布住宅方案，罗克布吕讷-卡普马丹，1949—1955
年，立视图，墨水和彩色铅笔在描图纸上作画，37 cm×
53 cm，巴黎：勒·柯布西耶基金会，FLC 18683

罗克布吕讷－卡普马丹：燕尾海角的小木屋，1951—1952 年

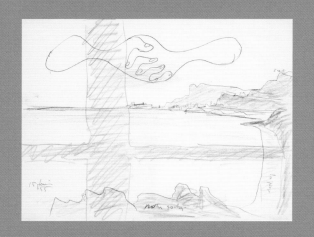

从柯布西耶的工作小屋向海湾远望的景色，罗克布吕讷－卡普马丹，1955 年，墨水、有色铅笔和铅笔在布纹纸上作画，21 cm×26.6 cm，加拿大建筑中心，蒙特利尔

勒·柯布西耶在他的工作小屋，罗克布吕讷－卡普马丹，摄于约 1960 年，由威利·鲍皙格拍摄，巴黎：勒·柯布西耶基金会，FLC L4-10-7

自 20 世纪 30 年代，勒·柯布西耶开始在度假小镇罗克布吕讷－卡普马丹度过夏天，小镇位于摩纳哥和芒通之间的法国里维埃拉。1929 年，他作为尚·巴窦维希的客人，待在艾琳·格雷与巴窦维希建造的 E-1027 住宅，巴窦维希独自住在 E-1027，柯布西耶为他绘制了 8 幅壁画。战后，他成为快餐店"海洋之星"的常客，店主托马斯·瑞布塔托来自尼斯，成为餐厅老板之前是一个水管工。他说服了瑞布塔托给他一小块相邻的土地供他发挥创造，他"要在浪花拍打着的岩石的一端"，创造他的夏日天堂，"作为我妻子的生日礼物"。[1]

"小木屋"一词是用来描述海边的当地住处。1955 年 2 月 20 日，柯布西耶画下草图并寄给玛格丽特·特雅德尔·哈里斯，在最初的构想中，柯布西耶的小木屋是一间假日卧房，面向地中海全景。从图上可以看出，蒙特卡洛的轮廓从中部升起，海岸与 3 条峭崖道路由它展开；在下面有岩石和一片小沙滩。场景上画的一个窗框说明柯布西耶是在附近的小屋绘画，他过去把小屋用作工作室，从这里看过去，视野几乎与从小木屋看是一样的。

小木屋不仅占据着一处绝佳的视野，它还使得裸体男人的创意更加明晰，这一灵感源自戴奥真尼斯，柯布西耶在《现代装饰艺术》中（1925 年）曾赞颂这一灵感，并在阿卡雄盆地

渔人的房屋重新发现了它。在《一栋住宅，一座宫殿》（1928 年）中，他提到了如此原始的民居，"每一块木头，它们的形状和力量，以及每一处绑扎都有其特定的作用。人是经济的。有一天，这间小屋会不会成为罗马的万神庙，献给天神呢？"[2]

基于《模度》中的规模，小木屋内部高 2.26 m，长 3.66 m，宽 3.66 m。柯布西耶写道："内部包含了一个建筑师能从他的口袋里掏出来的所有的魔法。"[3] 它是一个单一的空间，靠墙放置着一张床、一个盥洗池和一张桌子。座位是简单的板凳，由栗木制成的平行六面体。木匠查尔斯·巴尔贝里斯在科西嘉岛的阿雅克修精心为其雕琢了纯朴的元素——外部树皮包裹着的木板以及家具，然后将它们运送至建筑地址。小屋门厅的一扇门直接通向"海洋之星"，柯布西耶与伊冯在那里就餐。

与科尔索的湖畔别墅（1924—1925 年）不同，小木屋很大程度上隔绝了海湾的景观，只能通过一个垂直的狭缝和两扇各约 70 cm 的窗户看到。不过窗户能够呈现全景，因为每扇窗的向内开的百叶窗上都装有一面镜子。1952 年，柯布西耶告诉摄影师布尔塞，"我在小木屋待着，感觉特别美好，毫无疑问，我会在那里度过生命最后的日子。"[4]

1. 勒·柯布西耶（Le Corbusier），《模度 2：让用户下一个说话，"模度"续》（Modulor 2 : Let the User Speak Next ; Continuation of 'The Modulor'），由彼得·德·特兰恰（Peter de Trancia）和安娜·布斯托克（Anna Bostock）翻译，伦敦：费伯＆费伯，1958 年，第 239 页。原版为《模度 2：话语权在用户手中》（Modulor 2 : La Parole est aux usagers），布洛涅－比扬古：今日建筑出版社，1955 年。

2. 勒·柯布西耶（Le Corbusier），《一栋住宅，一座宫殿》（Une Maison, un palais），巴黎：乔治斯·克雷公司，1928 年，第 38 页，由吉纳维芙·亨德里克斯（Genevieve Hendricks）翻译。

3. 勒·柯布西耶（Le Corbusier），被引用于让·佩蒂特（Jean Petit），《勒·柯布西耶传》（Le Corbusier lui-même），日内瓦：卢梭出版社，1970 年，第 112 页。

4. 勒·柯布西耶（Le Corbusier），被引用于布尔赛（Brassaï），《我生命中的艺术家》（Les Artistes de ma vie），巴黎：德诺埃尔，1982 年，第 90 页。

勒·柯布西耶的小木屋，罗克布吕讷－卡普马丹，1951—1952 年，朝向海湾的视野，由理查德·佩尔拍摄

勒·柯布西耶的小木屋，罗克布吕讷－卡普马丹，1951—1952 年，内部一览，由理查德·佩尔拍摄

勒·柯布西耶与伊冯·加里斯坐在"海洋之星"快餐店，罗克布吕讷－卡普马丹，摄于约 1952 年，巴黎：勒·柯布西耶基金会，FLC L4-10-23

项目：

1. 巴黎市中心改造方案，1925 年

2. 屋顶上的体育馆——卡迪内街，1926 年

3. 车库天台屋——康帕涅第一街道，1926 年

4. 罗森泰竞赛——马约门发展，1930 年

5. 巴黎荣军院大厦——法贝尔街道，1932—1936 年

6. 蒙马特高地建筑——卡尔瓦热广场，1935 年

7. 凯勒曼堡垒的公寓建筑——凯勒曼堡垒，1933—1935 年

8. 巴黎规划，1937 年

9. 第 6 棚户区——伏尔泰广场周边，1935—1936 年

10. 奥赛宫殿酒店——法国巴黎阿纳托勒码头区，1961 年

11. 圣卢克桥地区的城市化，布洛涅 – 比扬古，1935—1938 年

12. 布洛涅 – 比扬古市政厅再规划，1938—1939 年

13. 城市规划和集合住宅——莫城，1955—1960 年

14. 20 世纪博物馆——南泰尔，1963—1965 年

15. 迈耶别墅——塞纳河畔纳伊，1925—1926 年

16. 保尔·瓦扬 – 古久里纪念碑——维勒瑞夫，1938—1939 年

住宅：

1. 学院大街 9 号，1908 年

2. 圣米歇尔大桥 3 号，1908—1909 年

3. 雅各布大街 20 号，1917—1934 年

4. 侬杰赛 – 科里大街 24 号，1934—1965 年

已建成项目：

1. 阿梅德·奥占芳的住宅和工作室——雷诺士大道，1922—1924 年

2. 拉罗歇 – 让纳雷住

宅——布兰奇博士广场，1923—1925 年

3. 普兰纳库斯住宅——马塞纳林荫大道，1924—1928 年

4. 努沃新精神馆——巴黎第 8 街区皇后大道，1924—1925 年（已摧毁）

5. 救世军的漂浮庇护所——奥斯特里兹码头，1929—1933 年

6. 查尔斯·德·贝斯特古的寓所和屋顶花园——香榭丽舍大道，1929—1931 年

7. 救世军的庇护城——坎塔格瑞大街，1929—1933 年

8. 巴黎大学城瑞士学生公寓——约旦林荫大道，1930—1933 年

9. 巴黎大学城巴西学生公寓——约旦林荫大道，1953—1959 年

10. 莫利特公寓——侬杰赛 – 科里大街，1931—1934 年

11. 里普希茨 – 米斯查尼诺夫住宅——布洛涅 – 比扬古，1922—1927 年

12. 特尼西恩住宅——布洛涅 – 比扬古，1923—1927 年

13. 库克住宅——布洛涅 – 比扬古，1926—1927 年

14. 帕蒂特周末小屋——拉塞勒 – 圣克卢，1934—1935 年

15. 斯坦恩·杜蒙齐住宅（加歇别墅），1926—1928 年

16. 贾奥尔住宅——塞纳河畔纳伊，1951—1955 年

17. 萨伏伊别墅——普瓦西，1928—1931 年

18. 贝司纽住宅——沃克雷松，1923—1924 年

19. 切齐别墅——阿夫赖城，1927—1929 年

工作场所：

1. 佩雷兄弟工作室——弗兰克林大街 25 号，1908—1929 年

2. 贝尔让斯贝尔孙塞大街 20 号，1917—1919 年

3. 新精神馆工作室——阿斯托格大街 27 号，1919—1924 年

4. 勒·柯布西耶工作室（以及 1940 年以前的皮埃尔·吉纳瑞特工作室）——巴黎塞夫尔街 35 号，1924—1965 年

巴黎

图 例：

◖ 项目

✦ 已建成项目

★ 勒·柯布西耶的住宅

🖐 勒·柯布西耶的工作场所

雅各布大街："黑夜中，灯火下"的景观绘画

左图:《壁炉》, 1918 年, 帆布油画, 60 cm × 73 cm, 巴黎: 勒·柯布西耶基金会, FLC 134

图 1. 查尔斯－爱德华·让纳雷于巴黎学院大街东方酒店, 1908 年, 巴黎: 勒·柯布西耶基金会, FLC L4-1-7

查尔斯－爱德华·让纳雷——未来的勒·柯布西耶——在巴黎托马斯艺术画廊的首次展览会于 1918 年 12 月举办, 组织者是阿梅德·奥占芳。展览会上, 让纳雷共展示了 10 多件作品, 其中一些作品直到展览会开幕前的最后几个夜晚才得以完成。这些作品包括两幅油画、两幅水彩以及 6 幅铅笔画 (其中两幅画的是风景)。一幅题为《安德诺》的风景画中, 3 只小船停泊水岸, 背景朴实无华; 另一幅《风景画》, 以全景视角描绘阿尔卑斯山脉的风光。[1] 所画之景都蕴含着极其严谨的纯粹主义风格, 此风格正是让纳雷在与奥占芳相处的前几个月中所共同培养的。[2]

1917 年伊始让纳雷到达巴黎, 而在此之前, 他早已养成了每天作画的习惯。画画就像他日常生活中的例行程序, 这道程序开始于他在拉绍德封艺术学校的性格形成期。他的水粉画用色大胆、笔触挥洒, 所表现的城市景观色调丰富; 既有灰暗的阴影, 也有炽烈的余晖。1908 年让纳雷首次来到拉绍德封, 从此他开始培养自身对城市景观的感知能力。当时他住在学院大街, 正是在他房间的屋檐下 (图 1), 诞生了一幅幅精妙的、印象派画风的城市景观水彩。在后来的法国首都之旅中, 柯布西耶就地创作了大量素描, 既有忠实的景观写实, 又有色彩光影的抽象再现。

然而值得注意的是, 大部分的彩绘和素描作品是柯布西耶在室内完成的——在"黑夜中, 灯火下"——在雅各布大街的公寓内 (1917—1934 年让纳雷的居所)。就是在那里, 在他初到巴黎的几个月里, 他奇思妙想, 创造出了许多天马行空的景观画。其中一幅水粉画将如梦似幻的博斯普鲁斯海峡之景与不可思议的塞纳河西岱岛之景相结合, 在这幅画的背面, 柯布西耶写道, "一个寒冷刺骨的冬季清晨! 1917 年于巴黎雅各布街 20 号?"(233 页, 插图 47) 他的绘画作品大多数是彩色的, 柯布西耶也把这些作品作为他旅行的回忆录; 尤其是在 1911 年游览东方期间, 他的职业生涯正处于一个充满挑战的时期, 而绘画创作是他真情实感的表达渠道。

1. 油画名为《书》(Livre)、《壁炉》(La Cheminée), 水彩画包括《花瓶》(Vase) 和《书》; 素描包括《肖像》(Portrait) (奥占芳肖像)、《书和烟斗》(Livre et pipe)《静物画》(Nature morte)、《安德诺》(Andernos)、《风景画》(Paysage), 以及《壁炉》习作。
2. 在让纳雷 (Jeanneret) 和奥占芳 (Ozenfant) 邂逅之初以及纯粹主义 (Purism) 开始之时, 见阿梅德·奥占芳 (Amédée Ozenfant),《记忆, 1886—1962 年》(Mémoires, 1886–1962), 巴黎: 西格尔出版社, 1968 年, 第 101 页; "勒·柯布西耶, 纯粹主义,"(Le Corbusier, Purisme,),《今日艺术》(Art d'aujourd'hui), 号码 7—8, 1950 年 2—3 月: 第 36 页。

但是早在 1917 年，柯布西耶就已对其"泼溅式"作品表示不满。他曾在日记中这样写道："我想要宁静的画作，宁静却拥有清晰的、强大的表现力。"[3] 在 1918 年年初，即遇到奥占芳之后，他还试图要用"像针一样尖锐的笔"画素描和水粉，去表现"朴素的静物、强烈的光感以及简单的单色材料"。[4]

《壁炉》（第 226 页）这幅作品是让纳雷为托马斯艺术画廊展所作的，这幅画表现了一种室内景观。几十年后，柯布西耶称这种室内景观为"希腊景观的繁荣发展：空间和光影"，并指出第一幅画是理解他"走向三维空间艺术之路：空间的质量"的关键。[5] 画中物体的体积相当简单——一个立方体和两本书——被放置在雅各布大街公寓的壁炉之上，以抛光大理石为背景：这是根据传统视角的原则来展示的，即在空白空间中、在单色背景下表现实体——这看起来几乎不真实——平面光轻轻擦过这些物体。基本的几何形式对应着"普遍性"，这两位纯粹主义的主人公在他们的首部理论著作《立体主义之后》中就推崇这个观点。[6] 让纳雷可能是想找回几年前他勾勒雅典卫城时的感觉——"高丘之邦，面朝大海"[7]。

托马斯艺术画廊展所展出的两幅风景作品——恰到好处地包含了精确的线条和立体的模型——揭示了一个不变的本质。《风景画》中，山脉连绵而山脊陡峭，如雕似刻，划破天际。广阔深远的天空中，几缕阴影线条勾勒出远处的飞机，留下交错的、模糊的飞机轮廓。这片荒芜的景观中，光线极其微弱，也近乎死气沉沉。这里让纳雷提供了一个理论意义上的、更确切地说是抽象的自然场地景色，以寻求其在《立体主义之后》一书中所诠释的"不变量"。在书中，两位作者定义"不变量"为"由于物体自身体积之美所产生的景观，而非由于图画般的效果或是附属

3. 查尔斯-爱德华·让纳雷（Charles-Édouard Jeanneret），日记条目，1917 年 8 月 26 日，城市图书馆，拉绍德封，翻译：如未另注明，均由克里斯蒂安·休伯特（Christian Hubert）翻译。

4. 查尔斯-爱德华·让纳雷（Charles-Édouard Jeanneret），给威廉·里特（William Ritter）的一封信，1918 年 8 月 2 日。

5. 勒·柯布西耶（Le Corbusier），《创作是一段坚忍的探索》（Creation Is a Patient Search），翻译：詹姆斯·帕姆斯（James Palmes），纽约：普拉格出版社，1960 年，第 49、55 页。让纳雷（Jeanneret）后来指定《壁炉》（La Cheminée）为其首幅油画，即便在此之前他已创作出一些帆布油画。

6. 查尔斯-爱德华·让纳雷（Charles-Édouard Jeanneret）与阿梅德·奥占芳（Amédée Ozenfant），《立体主义之后》（Après le Cubisme），巴黎：注释本，1918 年。

7. 勒·柯布西耶（Le Corbusier），《东方游记》（Journey to the East），翻译：伊凡·扎克尼（Ivan Žaknić），坎布里奇：麻省理工学院出版社，1987 年，第 212 页。最初版本为《东方游记》（Le Voyage d'Orient），日内瓦：活力出版社，1966 年。

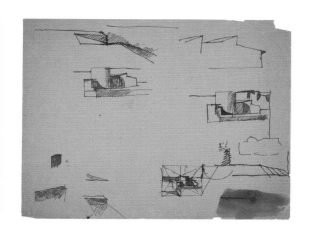

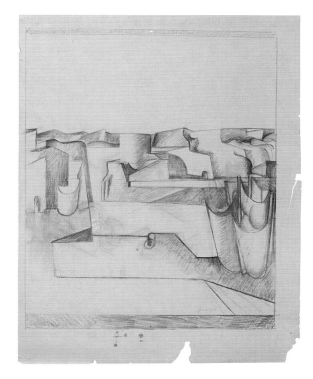

图 2. 《拉罗谢尔港口》习作，1919 年，墨水、纸，21 cm × 27.3 cm，巴黎：勒·柯布西耶基金会，FLC 1561

图 3. 《拉罗谢尔港口》习作（细节），未注明日期，铅笔、墨水和纸上水彩，21 cm × 27.3 cm，巴黎：勒·柯布西耶基金会，FLC 4309

图 4. 《拉罗谢尔港口》习作（细节），1920 年，木炭和蜡笔、描图纸，110 cm × 74 cm，巴黎：勒·柯布西耶基金会，FLC 5723

的颜色……即使在这幅较差的艺术品中，最好的效果也来自对典型体积特征的寻求"。[8] 这幅素描中极其简洁的绘画技巧正好强调了"不变量"的主题——空间，一个永恒定格的空间。

在纯粹主义的早期阶段，让纳雷仅为这个景观主题创作了一幅画作，即绘于 1920 年 2 月的《拉罗谢尔港口》。[9] 一些就地创作的草图，寥寥数笔就已描画出这个地区的基本特征：包括码头、些许建筑、水池、塔、一个仓库、大海以及岩石。在这一次的创作步骤之后，让纳雷又以使用墨水进行简单习作来表现建筑的几何形态和细节（图 2）。通过调整后的线条，整体结构将被"验证"，而这种线条也在让纳雷的静物写生中得以应用。水彩画同样是自然主义的诠释，在小幅水彩画的习作中，让纳雷运用色彩来区分不同物体的体积并且定义景观的不同部分（图 3）。最后，大幅素描——作为彩绘的前期练习——展示了一个截然不同的绘画世界（图 4）。在彩绘中，各种元素将通过多重视角得以展示：它们被分裂成细碎的平面，彼此并列、相互结合以突出作品结构的几何性质。岩石和建筑相互融合。建筑成就了景观，同时高度结构化的景观也组成了建筑。整个画面中，仅有如波涛般翻滚的船帆作为软质景观与强而有力的整体构筑形成对比。对透视空间的分解和平面的碎片化让人联想起立体派画家的首次探索（例如 1909 年毕加索的作品《奥尔塔埃布罗山上的房子》），《拉罗谢尔港口》似乎在向其致敬。

在致力于探索"建筑画"的当代素描系列之中，[10] 柯布西耶利用静物和景观之间的"对话"

8. 让纳雷（Jeanneret）与奥占芳（Ozenfant），《立体主义之后》（Après le Cubisme），第 54 页。

9. 丹尼尔·保利（Danièle Pauly）。"纯粹主义：美学笔记"（Purisme：Notes sur une esthétique）和"素描和彩绘：一种语言的探索与发展"（Dessin et peinture：recherche et évolution d'un langage），1918—1925 年，编辑：雅克·卢肯（Jacques Lucan），《勒·柯布西耶，一部百科全书》（Le Corbusier, une encyclopédie），巴黎：蓬皮杜艺术中心，1987 年，第 318—319，320—327 页。

10. 查尔斯－爱德华·让纳雷（Charles-Édouard Jeanneret）与阿梅德·奥占芳（Amédée Ozenfant），"纯粹主义"（Le Purisme），《新精神2》（L'Esprit nouveau 2），第 4 期（1921 年 1 月）：第 381 页。

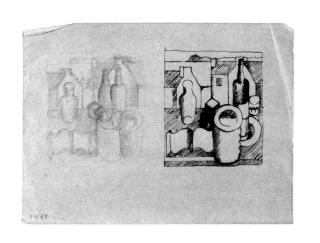

图 5.《静物和布列塔尼的房子》，1920 年，铅笔、墨水、纸，21 cm × 27 cm，巴黎：勒·柯布西耶基金会，FLC 1535

进行试验。他将日常生活中的物体（纯粹主义的常用静物：一堆盘子、玻璃水瓶、瓶子、饮水用玻璃杯、书籍）与面朝大海的布列塔尼房子相结合（图 5），后者作为整幅画的背景，被斑驳的峭壁剪影所打断。这些物体以立面形式或轴侧视角展示，具体根据当代艺术作品所采用的图案模式而定；它们在一个倾斜的平面之上排列，后面是一个潜在的开放空间，构成了远处的景观。在这里，物体的世界和人居景观的世界被一条水平线清晰划分，这条水平线将整幅作品分割，用以划定"内部"和"外部"。物体的体积特性和处置方式表达出了三维空间感，而这种三维空间感又由于景观的展示而得以放大。后者为整个作品的领域增添了另一个维度，并且打开了静物世界的封闭大门，引导其通向广阔的自然世界。

在纯粹主义之后，勒·柯布西耶开始研究柔和元素的形式并且探索自然有机物体，他再一次通过两幅主要的作品——《灯塔旁的午餐》（图 6）和《月亮》（图 7）——将静物和外部景观彼此相结合。在这些作品中，他试着琢磨空间的相互关系，有时将物体放在室外进行创作，有时放在室内。在《灯塔旁的午餐》这幅画中，静物本身在景观之中。物体投射出的影子表明了光源——太阳光的存在，光源来自画面的左边。画中的餐桌上面有一只玻璃杯、一个碗、一些餐具，这些物体局部遮挡了背景中的灯塔海景。在这些物体之间，一只奇特的手套尤为显眼；这只手套形状扭曲，像是一种软体动物，与画面中的一只海贝壳融为一体。这只海贝壳作为柯布西耶"诗性之物"（能引发诗意反映的物体）系列艺术品之一，它的引入使得整幅作品带有一种朦胧感，而这种朦胧感又通过空间的处理而进一步加强。画中的物体以俯视视角呈现，占据了整幅油画的大面积区域。而另一方面，远处的海景是以传统的透视角度加以展示的，这就塑造了画中物体和灯塔海景的奇妙关系。日常生活物品之中乍现自然有机元素，静物空间和自然空间的相互碰撞，都创造出了一种诗意的氛围。这是一个具有转折意义的时刻，《灯塔旁的午餐》代表着柯布西耶绘画语言的彻底更新。

在作品《月亮》中，作者对物体变形手法的运用达到了顶峰，静物与自然之间形成了新的关系。这幅油画的上方有高山的轮廓剪影，画的两边分别被两条竖向的带状物所束缚，这可能是一扇门两边的侧壁。普通的物件——瓶子、勺子、大水罐、锅、玻璃杯——竖向堆积在支撑物之上。它们仿佛已转变为可塑性的元素，从而和来自《灯塔旁的午餐》的有机物质手套、海

图 6. 《灯塔旁的午餐》，1928 年，帆布油画，100 cm ×
81 cm，巴黎：勒·柯布西耶基金会，FLC 263

图 7. 《月亮》，1929 年，帆布油画，146 cm × 89 cm，巴黎：
勒·柯布西耶基金会，FLC 146

贝壳和谐相融。它们的形状扭曲，以便相互贴得更近：勺子扣住瓶子颈部的凸起处，瓶子又嵌入大水罐当中；玻璃杯的侧面呼应着扭曲的大水罐轮廓，好似一个奇怪的面具状的奖杯。在玻璃杯的杯口处，倒映着"科尔索的月亮"（lune de Corseaux），这个月亮还曾出现在柯布西耶命名为"科尔索的月光"（71 页，图 8）的草图中；草图上并未注明日期。这幅作品通过映射的形式体现对称性，山体轮廓的映射就好似平放的小提琴琴身。经过镜面效果而得以重复的景观更加深远地丰富了整幅作品的层次感与复杂程度。在本幅油画（《月亮》）当中，静物在全景式的景观背景下显得格外突出，而景观背景中的山体也由于月光的照耀在湖面上呈现倒影。倒影的轮廓线与画中静物的外形相贴合，尤其是那个形状奇怪的大水罐。日常用品的有机形变，结合软质的手套、硬质的海贝壳以及月光下的景色，为整幅作品带来了超越现实的、如梦似幻的维度感，诠释了艺术家脑中广阔深远的想象空间。

　　在这 10 年的历程里，即从他到达巴黎之时持续到他画作的高产期之初，柯布西耶通过不同的诠释手法探索了如下的景观主题：自然风景，即以简单的情感转化为目的；虚幻景观，结合想象力以及多彩的、强烈的情感渲染来演绎创作者的记忆；"建筑"景观，几何形态的物体和静物世界相映成趣；解构景观、自然轮廓线和建筑形态相互渗透穿插；以及最后的准超现实主义景观，有机形态与再创造的物体相互呼应，而有机形态本身来自形变和加工制品的"轮廓结合"。[11] 通过这些作品，柯布西耶开发出了最丰富的雕刻语言；雕刻语言与他的艺术感知力产生共鸣，并且为这位建筑师的创造过程提供了源源不断的养料。

---

11. "轮廓结合"（marriage of contours）的概念在勒·柯布西耶（Le Corbusier）的"个人观点"（Idées personnelles）中得到阐述，《新精神》（L'Esprit nouveau），第 27 期（1924 年 12 月）。

插图 45. 《巴黎和巴黎圣母院之景》，1908 年，铅笔、水彩、纸，
20.5 cm × 25.5 cm，巴黎：勒·柯布西耶基金会，FLC 1921

插图 46. 《巴黎圣母院之景和巴黎全景》，1908—1909 年，水
粉、纸，28.9 cm × 22.5 cm，巴黎：勒·柯布西耶基金会，FLC
2195

插图 47. 《印象巴黎景观》，1917 年，铅笔、水彩、纸，47.8 cm × 62.8 cm，巴黎：
勒·柯布西耶基金会，FLC 4074

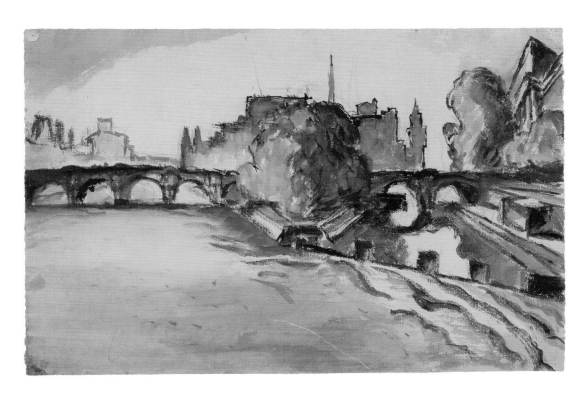

插图 48. 《巴黎，西岱岛》，1917 年，铅笔、水彩、纸，31.5 cm × 47.8 cm，巴黎：
勒·柯布西耶基金会，FLC 4073

吉纳维芙·亨德里克斯

侬杰赛－科里大街：
在画家工作室中探寻和扩展艺术词汇

图 1. 柯布西耶在侬杰赛－科里大街的工作室中，1945 年，摄影师为罗伯特·杜瓦诺，巴黎：勒·柯布西耶基金会，FLC L4-9-12

当勒·柯布西耶的油画作品首次收录于《勒·柯布西耶全集》（1938—1946 年）的第 4 卷时，画家的照片（图 1）也一同出现。站在工作室裸露的砖头和石墙之前，被帆布、画架、笔刷和颜料盘环绕，照片中的柯布西耶看上去更像是一个装备齐全的乡村匠师而非西装革履的城市建筑师。柯布西耶摆出英雄似的姿势，双眼望向远方，仿佛在宣告登场。整个工作室浸染在巴黎的灯火通明下，艺术家走出工作室而进入大众视野——在柯布西耶打开"秘密实验室"[1] 大门之前，他已经做了将近 30 年的画家；他的画作不仅产生于侬杰赛－科里大街的公寓内，还来源于"酒店房间里的独自创作以及天空、大海中的旅途灵感"。[2] 即使柯布西耶在 1923—1938 年停止组织他的个人油画展，仍有些许画作于 20 世纪 20—30 年代在巴黎、纽约以及芝加哥展出，包括 1936 年的阿尔弗雷德·H. 巴尔二世立体主义展以及现代艺术博物馆的抽象艺术展。之后，柯布西耶继续每天作画，不断探索作画的形式、构成和空间秩序。

对景观的提及出现在柯布西耶最早得到公认的油画《壁炉》中（1918 年）（第 226 页）。《壁炉》中的景色将那个金色的、高贵的、在迷人阳光下的希腊唤醒。[3] 柯布西耶于 1911 年首遇雅典卫城，这对于其之后的青少年时期以及 20 世纪 20 年代早期的纯粹主义画作具有至关重要的影响。[4] 柯布西耶创造了"一整套绘画表达元素，用作（他）灵感的载体，就如同语言学中的字母和语法一般"。[5] 这些"形象化的文字"[6] 组成了一本大辞典，即使是在他的画作经历了重大改变之时——20 世纪 20 年代末期，他扩大了一直以来以瓶子、玻璃水瓶、餐盘以及水杯为主的绘画词汇，并将他的视野由桌面上的物体拓展到自然生物甚至是人物形象上来——柯布西耶仍旧继续使用这本大辞

1. 勒·柯布西耶（Le Corbusier）最初在一些文章中表明：他打开建筑作品大门的"钥匙"来源于 20 世纪 40 年代末期他作画的"秘密实验室"（secret labor）。如文章"公寓"（Unité），专题，《今日建筑》（Architecture d'aujourd'hui），1948 年 4 月：第 32—39 页。

2. 珍·佩蒂特（Jean Petit），《勒·柯布西耶传》（Le Corbusier lui-même），日内瓦：卢梭出版社，1970 年，第 151 页。

3. 勒·柯布西耶（Le Corbusier），"狄奥斐卢斯"（Theophilos），《希腊之旅》（Le Voyage en Grèce），1936 年春：第 16 页。引自 M. 克里斯汀·菠雅（M. Christine Boyer）的书，《勒·柯布西耶：文人》（Le Corbusier : Homme de Lettres），纽约：普林斯顿建筑出版社，2011 年，第 594 页。

4. 参见让·路易斯·科恩（Jean-Louis Cohen），"卫城之行：从雅典到朗香教堂"（Vers une Acropole : d'Athènes à Ronchamp），论文发表于第 17 届勒·柯布西耶基金会论坛，雅典，2011 年 10 月 21 日；以及雅克·卢肯（Jacques Lucan），"卫城：一切从这里开始……，"（Acropole : Tout a commencé là . . .,），编辑：雅克·卢肯，《勒·柯布西耶：一部百科全书》（Le Corbusier : Une Encyclopédie），巴黎：蓬皮杜艺术中心，1987 年，第 20—25 页。

5. 勒·柯布西耶（Le Corbusier），"我的第一幅油画"（My First Painting），菲利克斯·H. 曼（Felix H. Man），《欧洲八大艺术家》（Eight European Artists），伦敦：威廉·海涅曼公司，1954 年，编号、页码不详。

6. Vauvrecy [让纳雷（Jeanneret）和阿梅德·奥占芳（Amédée Ozenfant）]，"今日毕加索之画"（Picasso et la peinture d'aujourd'hui），《新精神》（L'Esprit nouveau），第 13 期，1921 年 12 月：1492。

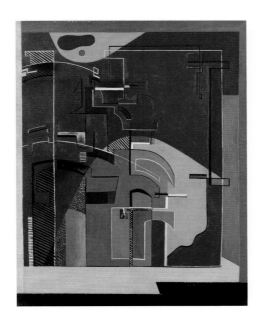

图 2.《圣叙尔皮克》，1931 年，帆布油画，146 cm × 114 cm，巴黎：勒·柯布西耶基金会，FLC 96

图 3.《灯笼和小扁豆》，1930 年，帆布油画，100 cm × 81 cm，巴黎：勒·柯布西耶基金会，FLC 148

图 4.《和声节奏》，1931 年，帆布油画，96 cm × 130 cm，巴黎：蓬皮杜艺术中心

典。柯布西耶保持了他在纯粹主义时期所使用的表达元素，但是他对线条、颜色，以及纹理甚至是参照系的使用都发生了改变；他开始将这些基本元素与周边的环境以及完全不同体量级的物体相并置。随后他对于景观的描绘风格，无论是平实的《圣叙尔皮克》（图 2）、俏皮的《灯笼和小扁豆》（图 3），还是隐喻式的《和声节奏》（图 4），都表现了柯布西耶对空间和形式的探索，以及对自然有机与人工制造、二维与三维、内部与外部空间的交互作用的重视。

有趣的是，《勒·柯布西耶全集》中的照片补充塑造了一个早期的、更加概念化的艺术家自画像，在《静物画——伐木工》（图 5）的左上角，这位艺术家给人以乡巴佬的假象。画中，柯布西耶头顶一只玻璃酒杯，头像浮在其印章签名之上。与其收藏于现代艺术博物馆的纯粹主义油画《静物画》（1920 年）相比较，发生的变化显而易见；《静物画——伐木工》的画布上几乎布满了各种各样的人造物品以及自然事物，包括杯子、树桩、瓶子和树干；画中所展示的静物元素构成了一幅室内

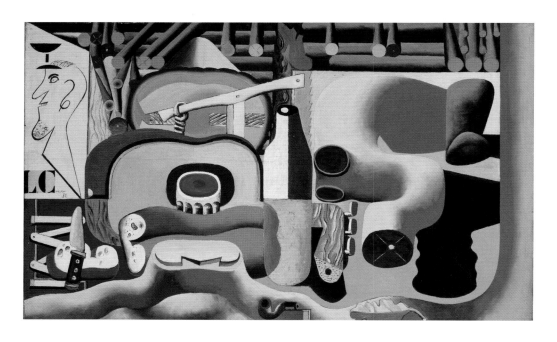

图 5. 《静物画——伐木工》，1931 年，帆布油画，89 cm × 146 cm，巴黎：勒·柯布西耶基金会，FLC 214

图 6. 卡普费雷的灯塔，未标注日期，勒·柯布西耶藏品集，明信片，巴黎：勒·柯布西耶基金会，FLC L5-86-62

景观，与其说这是巴黎咖啡馆的内景，不如说更像是乡村野餐。画中的吉他是柯布西耶纯粹主义画作的主题元素之一，其配色就仿佛一只大火腿，巧妙地呼应着旁边的面包以及左下角的黄油刀；而纯粹主义画作的另一"常客"——瓶子，则改变了其原有的透明度，采用鲜亮的色彩以大大提升视觉对比效果。

《静物画——伐木工》较多地使用了提喻法（synecdoche），除了用来展示画家的肖像以外，还用以描绘自然景观：粗糙的树皮置于画面中央的瓶子后方，代表着阿卡雄海湾沿岸的松树树干，那里的松树低矮多枝。而柯布西耶从 20 世纪 20 年代的中期开始，在那儿度过了几个暑假（图 6）。在树干旁边，准叙述（quasinarrative）的处理手法出现了：一节管状的树根盘踞在画面的右侧，其形状和纹理代表着表皮更为平滑的树干，一片树叶落于底端，使得树干看起来更像是一个枯树桩。画面顶端堆叠的木材预示着这些树的命运，它们注定会成为这幅油画中其他物体的材料，包括吉他、折叠尺、一盒火柴以及一支烟斗。目光在画中穿梭游走，这种迂回的路径让人联想起柯布西耶许多建成作品中的建筑漫步（architectural promenades）。

画中的树干也标志着柯布西耶对自然事物——如海螺、原木、浮木、松果，以及骨头，产生了新的兴趣（第 169 页，图 2），柯布西耶认为这些自然事物蕴含着内在的艺术力量，无论是对他的美术作品还是建筑设计，都具有无限的激发力。他把这些称为"诗性之物"——能令人诗兴大发的物体——并建议建筑系学生"用铅笔速写、描绘这些自然生命的证据，这些即使受到自然和宇宙原则的限制仍旧雄壮有力的表达载体。鹅卵石、水晶、植物以及它们的一切都与云朵、雨露甚至是'侵蚀'这个重要的地质现象有着千丝万缕的联系"。[7] 即使柯布西耶对于自然事物的痴迷可以追溯到他在瑞士侏罗山时的最初的艺术尝试——当时他既心醉于描绘阿尔卑斯山脉的广阔无垠，也为花草树木的小巧细腻而心生欢喜——但在 20 世纪 20 年代，他却开始将自然世界从他的纯粹主义画布上抹

7.　勒·柯布西耶（Le Corbusier），《勒·柯布西耶与建筑系学生的对话》（ Le Corbusier Talks with Students from the Schools of Architecture ），翻译：皮埃尔·蔡斯（Pierre Chase），纽约：猎户星出版社，1961 年，第 70—72 页。最初出版版本为《采访建筑系学生》（ Entretien avec les étudiants des écoles d'architecture ），巴黎：德诺埃出版社，1943 年。正如尼可拉斯·马克（Niklas Maak）指出，这里所使用的"诗性"一词应当以希腊语感来解读，即为引致或启发诗性。尼可拉斯·马克，《勒·柯布西耶：海滩上的建筑师》（ Le Corbusier : The Architect on the Beach ），慕尼黑：黑默出版社，2011 年，第 56 页。

图 7. 《茶》, 1931 年, 帆布油画, 146 cm × 114 cm, 东京：大成建设株式会社藏品, FLC 348

去。[8] 在与他的"纯粹主义兄弟"阿梅德·奥占芳"分手"之后, 柯布西耶拓展了他的艺术词汇, 以及那些具有启发性的、不合常规的元素、纹理和形式, 这些都将成为他创作灵感的珍贵源泉。[9]

显而易见的是, 当这些启发性物体呈现在他的油画布上时, 总不是单独出现的; 它们作为柯布西耶纯粹主义作品元素的结合物, 共同创造出了新的、隐喻性的景观, 这些景观里包含桌面上的静物以及不可思议的场景。在帆布油画《茶》(图 7) 中, 一只置于鸡尾酒桌上的玻璃杯, 引发出透明和深度感。[10] 在它的左边, 一个正面朝上的吉他效仿起了植物的模样, 与吉他后面的多节淡紫色树干相呼应。这些物体相互交融, 它们之间通过一根放大的骨头、一顿吃剩了的前餐以及开门处的一个巨大生蚝壳相衔接。画布底端的一只小绿芽在画布顶端以"绽放的花瓣"的形式再次出现, 上面写着"茶"(Léa)。随着这种新式绘画组织秩序的出现, 如此这般的形状移位以及尺度断裂, 证明了艺术家对自然和人造事物的类比需求。

在 1928 — 1936 年, 柯布西耶游历了西班牙、巴西、阿根廷、阿尔及利亚和希腊等一系列国家, 与此同时他对于启发性物体、生物的形态和多彩的形象化语言的兴趣也逐渐加深。当他乘坐游轮和飞艇穿梭于大西洋海岸时, 当他乘坐飞机翱翔于南美和北非时, 柯布西耶将他所捕捉到的景观印象表达于数不清的素描和手绘之上, 其视角有高有低, 既描绘宏观开阔之景, 也定格微观精细之色, 就像摄影镜头一样变换于近远焦之间。在这些旅行中, 柯布西耶意识到"外部即是内部"[11], 正如早

8. 在他的艺术发展阶段早期, 参见杰夫里·H. 贝克 (Geoffrey H. Baker), 《勒·柯布西耶：创新探究》(Le Corbusier : The Creative Search)。《查尔斯－爱德华·让纳雷的成长期》(The Formative Years of Charles-Édouard Jeanneret), 伦敦：查普曼 & 霍尔出版社, 1996 年; H. 艾伦·布鲁克斯 (H.Allen Brooks), 《勒·柯布西耶的成长期》(Le Corbusier's Formative Years), 芝加哥：芝加哥大学出版社, 1997 年; 以及由斯坦尼斯劳斯·凡·莫斯 (Stanislaus von Moos) 以及亚瑟·鲁埃格 (Arthur Rüegg) 编辑, 《勒·柯布西耶成名之前：工艺美术、建筑、绘画和摄影, 1907—1922 年》

(Le Corbusier before Le Corbusier : Applied Arts, Architecture, Painting and Photography, 1907–1922), 纽黑文：耶鲁大学出版社, 2002 年。
9. 勒·柯布西耶 (Le Corbusier) 与奥占芳 (Ozenfant) 的分手报告, 见让－路易斯·科恩 (Jean-Louis Cohen), 《走向新建筑》(Toward an Architecture) "前言" (Introduction) 章节, 翻译：约翰·古德曼 (John Goodman), 洛杉矶：盖蒂研究所, 2007 年, 第 43—45 页。最初发行版为《走向新建筑》(Vers une architecture), 巴黎：乔治斯·克雷公司, 1923 年。
10. 勒·柯布西耶 (Le Corbusier) 作品中透明性的作用, 见柯林·罗 (Colin Rowe) 和罗伯特·斯拉茨

基 (Robert Slutzky), "透明性：物理层面与现象层面" (Transparency : Literal and Phenomenal), 第 8 专辑 (1963 年)：第 45—54 页。
11. 勒·柯布西耶 (Le Corbusier), "一切建筑, 一切规划" (Architecture in Everything, City Planning in Everything), 《精确性：建筑与城市规划状态报告》(Precisions : On the Present State of Architecture and City Planning), 翻译：伊迪丝·施雷柏·奥杰姆 (Edith Schreiber Aujame), 坎布里奇：麻省理工学院出版社, 1991 年, 第 78 页。最初发行版本为《精确性：建筑与城市规划状态报告》(Précisions sur un état présent de l'architecture et de l'urbanisme), 巴黎：乔治斯·克雷公司, 1930 年。

图 8. 《静坐的少妇（披着长袍）》，1933 年，帆布油画，91 cm × 71 cm，拉绍德封：美术博物馆，FLC 358

图 9. 巴勃罗·毕加索（西班牙籍，1881—1973 年），《大浴者》，1921 年，帆布油画，182 cm × 101.5 cm，巴黎：橘园美术馆

期他在《走向新建筑》一书中所提到的"设计的过程是由内而外；外部景观是内部设计的结果"。[12]

几十年后，当柯布西耶描述其素描和油画的含义时，他会重申外部实物和内部精神之间的相互作用概念，阐述"由内而外……万物的价值都藏于其目的之中，这目的就好比是萌芽的种子"。[13] 事物的本质往往表现于紧要关头，这揭示了格物致知的过程。

柯布西耶在去往阿尔及尔（阿尔及利亚首都）的多次旅途中，对女性人体艺术也做了积极探究。在其数不清的人体素描作品当中，柯布西耶探索了女性身体部位的隆起、扭曲和凹沉；这些都启发了他的油画作品，并且为其之后的创作提供了丰富的素材；柯布西耶以女性人体为衬托，创造出了新的"前景—背景"理念以及"图画—场景"理念。在其 1933 年的油画作品《静坐的少妇（披着长袍）》（图 8）当中，一名非洲女性在垂落至地的头纱下赤裸着身体，大胆地凝视着观察者；这种纪念碑式（monumentality）的构图让人联想起 20 世纪 20 年代初期毕加索的裸体画（图 9）。她强健的身体曲线和形态也叫人联想起柯布西耶在阿尔及尔奥勃斯规划中设计的蜿蜒曲折的高架桥。在奥勃斯规划中，柯布西耶将他对曲线和形变的着迷与他对技术（尤其是汽车技术）的热爱相结合，如此一来从高架桥之上欣赏城市和它周边的景观便有了可能。[14]

在众多有关女性的画作当中，柯布西耶也经常以由上至下的俯视视角来描画；或者，如果是以平视视角作画，那些女性将展现出扭曲的体态，这样一来一幅画中就能同时存在不同的、相冲突的人体构图。在《裸体，船只和贝壳》（图 10）这幅画中，画面顶部的小木船以及画面底端一汪宝石

12. 勒·柯布西耶（Le Corbusier），《走向新建筑》（Toward an Architecture），第 214 页。
13. 勒·柯布西耶（Le Corbusier），《创作是一段坚忍的探索》（Creation Is a Patient Search），翻译：詹姆斯·帕姆斯（James Palmes），纽约：普拉格出版社，1960 年，第 201 页。
14. 有关奥勃斯规划起源和发展的全部议题，参见玛丽·麦克里欧德（Mary McLeod），"勒·柯布西耶和阿尔及尔"（Le Corbusier and Algiers），《反对派》（Oppositions）19/20（冬／春 1980 年）：第 54—85 页；以及让－路易斯·科恩（Jean-Louis Cohen），"勒·柯布西耶，佩雷和阿尔及尔的现代景观"（Le Corbusier，Perret et les figures d'un Alger moderne），让－路易斯·科恩、纳比拉·欧莱塞（Nabila Oulebsir），以及由约瑟夫·卡农（Youcef Kanoun）编辑，《阿尔及尔，城市景观与建筑，1800—2000 年》（Alger, paysage urbain et architecture, 1800-2000），巴黎：打印出版社，2003 年，第 160—185 页。有关柯布西耶和科学技术的详细讨论参见让－路易斯·科恩的文章"里程碑：科技的突破性应用"（Sublime, Inevitably Sublime：The Appropriation of Technical Objects），由亚历山大·冯·维基赛克（Alexander von Wegesack）、斯坦尼斯劳斯·凡·莫斯（Stanislaus von Moos）、亚瑟·鲁埃格（Arthur Rüegg）以及马特奥·可莱丝（Mateo Kries）编辑，《勒·柯布西耶：建筑的艺术》（Le Corbusier：The Art of Architecture），魏尔阿姆赖因：威查设计博物馆，2007 年，第 209—233 页。凡·莫斯对比研究了奥勃斯规划和柯布西耶关于女性裸体画、明信片之间的关系，通过期刊《反对派》中的文章"画家勒·柯布西耶"（Le Corbusier as Painter）探索了这些画作对柯布西耶城市规划方案的影响，《反对派》，刊号，19—20（冬—春 1980 年）：第 89—109 页。

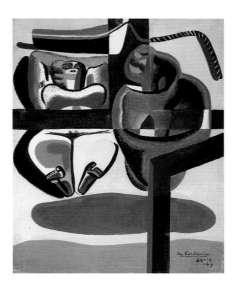

图 10. 《裸体，船只和贝壳》，1947 年，帆布油画，100 cm × 81 cm，私人藏品，FLC 130

蓝的水面，使得海岸线的景观背景呼之欲出。在画面左边，一位女性裸体斜躺着，享受着海滩上悠闲的太阳浴并进行着静谧的遐想，女性的身体通过浓郁的褐色色调描画。和她共同出现在画中的是一只巨大的、螺旋状的贝壳。这两种不同尺度的事物相结合，似乎在表达这样一个观点：无论是女性身体还是海贝壳的形态，都同样具有鼓舞人心、启发灵感的作用。另外，画中的正交直线作为准结构类的元素，叫人联想起柯布西耶纯粹主义油画中的控制线。而两者也存在区别，在《裸体，船只和贝壳》中，正交直线以彩色光束的形式横穿画面。

画作《女人，绳子，船只和门外》（1935 年）收藏于瑞士巴塞尔美术馆。我们从这幅画中可以看到一个扭曲的女性身体，夹于装满链条的船只和树干之间；船只在她的左边而树干在她的右边。在《静物画——伐木工》中，柯布西耶使用了他名字的首字母作为钢印，并在油画画布底端画出了堆叠的木条；在《茶》这幅作品中，柯布西耶使用了"门"这个元素，不过"门"的位置与画中其他元素的相互关系有些许模糊不清，"门"在画中所起的作用也模棱两可。而在《女人，绳子，船只和门外》中，这个肤色如岩石（指颜色赭色）一般的女人用手遮住了其半张脸，她的鬓发则是通过绘画抹刀涂以厚厚的颜料而表现的，仿佛是绳子打的粗绳结，叫人联想起柯布西耶画帆布油画时的典型手法——厚重的表面处理。外部和内部画面的归并，以及透视角度的改变和纹理的多样，证明了艺术家对景观和人体概念的不断演进。

诸如此类的，在透视角度、体积大小以及形状轮廓上的改变都清晰地展示了柯布西耶在创造作品时所运用的融合、同化、杂糅手法。当所绘制的物体被孤立、体积被扩大、重新结合或是重新加工时，它们的本质得以更好地体现；这些创作过程也证明了柯布西耶的概念化模式的诗性。柯布西耶所创作的景观画明确地传达着这样的观点："人类、自然和宇宙之间的关系存在着令人惊叹的无限可能以及潜在的盎然诗意。"[15] 当人们审视柯布西耶的艺术作品时会发现，"每一幅画和每一幢建筑都是一个完整的有机世界，同样一项城市规划也是如此……那里有图画和真实场景……有光芒四射或是乌云密布的天空，房子和山，海和池塘，太阳和月亮。除了这些，那里还有潜意识的、世俗的或是纯洁的念想，以及一切你所能想象的事物"。[16]

15. 勒·柯布西耶（Le Corbusier），"自　间新世界》（New World of Space），纽　第 11 页。
传注释"（Biographical Notes），见《空　约：雷诺和希师阁出版社，1948 年，　16. 同上，第 16 页。

玛丽斯特拉·卡夏托

巴黎塞夫尔街 35 号：工作室的日常

图 1. 从入口处看工作室，拍摄于约 1955 年，巴黎：勒·柯布西耶基金会，FLC L4-13-3

在 20 世纪 70 年代后半叶，以塞夫尔－巴比伦商业十字路口（乐蓬马歇百货公司附近）为代表的法国巴黎第 6 区经历了城市肌理改造和街道景观重建。此后，在塞夫尔街 35 号柯布西耶建筑工作室（图 1）的原址上，几乎已经看不到任何遗留的痕迹。从 1924 年起，勒·柯布西耶就工作于塞夫尔街 35 号，除去 1940－1942 年的短暂离职，他在此进行建筑创作直到 1965 年去世。

如今，柯布西耶工作室唯一留下的痕迹只能从当地地名中寻得。在塞夫尔街和拉斯帕伊大道拐角处，坐落着建于 19 世纪末期的布西科广场，这个广场就是以著名商人布西科命名。类似地，与之毗邻的柯布西耶工作室也被冠名"柯布西耶场地"。另一条痕迹可以在经典的《蓝皮指南：巴黎》中找出："正是在塞夫尔街 35 号，柯布西耶曾在此拥有他的工作室和公寓"，不过这句话只有前半句准确无误，因为建筑师柯布西耶从未在 35 号居住过。[1]（柯布西耶在法国首都巴黎居住了将近半个世纪。在不同时期，包括两次世界大战的间隙，他曾为工作和居住多次搬家。柯布西耶多次迁居的选址都显示出了他对巴黎左岸的偏爱；巴黎左岸优雅时尚，精致的咖啡馆和高雅的艺术画廊随处可见。）

1. 《蓝皮指南：巴黎》（*Guide bleu : Paris*），巴黎：阿歇特出版社，1990 年，第 531 页。

1917 年 2 月，30 岁的查尔斯－爱德华·让纳雷来到巴黎。一踏上这块土地，他就立刻在第 6 区找到了落脚之处——雅各布街 20 号的阿德里安娜·勒库夫勒酒店（Hôtel d'Adrienne Lecouvreur）。阿德里安娜·勒库夫勒酒店是历史上著名的酒店，位于圣日耳曼德佩修道院附近。[2] 在那里，让纳雷拥有一间双重斜坡屋顶的小公寓。让纳雷是花神咖啡馆（Café de Flore）的常客，而后者是巴黎知识分子常去的地方之一。但让纳雷更加心向往之的地方是小圣伯努瓦酒馆（Le Petit Saint-Benoît），那里舒适的氛围令人身心放松。

让纳雷的首个工作室并不如其在雅各布街上的住宅那样美丽舒适；它仅仅是一个房间加一个厨房，位于拜让斯街 20 号公寓的第 7 层，靠近巴黎火车北站。让纳雷曾在写给朋友，即作家威廉·里特的信里这样描述他的首个工作室，"一个需要几天的辛勤打扫才能变干净的脏脏小旮旯"。[3] 让纳雷在这里工作的时间并不长，1919 年他就迁往巴黎第 8 区，在圣奥古斯丁教堂附近的阿斯托街 29 号安顿下来。

在 20 世纪 10 年代的尾声，年轻的让纳雷仍然对他未来的事业方向感到迷茫，而且他还面临着数不清的财务困境和行动困难。回首这段时光，他这样描述，"1918—1921 年，由于参与了商业投机，我感到极其忙碌。当时我所从事的事业是一个奇怪的多样组合，一方面是《新精神》杂志的创办，而另一方面我也开始从事绘画职业（1918 年）"。[4] 正是在 1922 年那个充满挑战的时期，让纳雷与小他 9 岁的远房堂弟皮埃尔·让纳雷成为建筑合伙人。在完成了建筑学和制图学的修习，并经历了佩雷兄弟公司学徒期之后不久，其堂弟皮埃尔就于 1918 年年末在巴黎与柯布西耶达成合作关系。他和堂兄让纳雷一起创办了《新精神》，这是一本自发行起就旨在宣扬纯粹主义的期刊。

几乎在同一时期，柯布西耶重新点燃了他对于建筑更为强烈的热情，而这在某一程度上应归功于他与皮埃尔的合作，后者使其增加了专业性的自信。1922 年，柯布西耶在巴黎秋季沙龙上展示了其规划作品《300 万居民的当代城市》；他不仅促进了关于大批量集中住房的研究，还对雪铁龙住宅模型进行了探索；同时柯布西耶还为画家阿梅德·奥占芳设计了工作居住一体式住宅。1923 年，随着《走向新建筑》的出版发行，柯布西耶名声大噪，属于他的黄金时代终于来临。正如他在一封信中所写的那样，"生命的意义变大了，而困难也在增加；但幸运的是，人们并不会被金钱俘虏，而是对其他的美好更加心满意足"。[5] 与此同时，这对堂兄弟所设计的一些规划方案也迅速落地建成，例如拉罗歇－让纳雷住宅（1923—1925 年）以及新精神馆

2. 更多关于勒·柯布西耶（Le Corbusier）迁移至巴黎的资料，参见亚瑟·鲁埃格（Arthur Rüegg），"自传体 我心深处：家中的勒·柯布西耶"（Autobiographical Interiors : Le Corbusier at Home），出自《勒·柯布西耶：建筑的艺术》（Le Corbusier : The Art of Architecture），魏尔阿姆赖因：威查设计博物馆，2007 年，第 117—163 页；塔拉戈·明戈（Tárrago Mingo），"雅各布街 20 号：勒·柯布西耶、布拉塞及巴尼女士的摄影作品"（20 Rue Jacob : Le Corbusier, las fotografiás de Brassaï y Ms. Barney），《RA. 建筑杂志》（RA. evista de Arquitectura），第 11 期（2009 年）：第 37—50 页；以及亚瑟·鲁埃格，《勒·柯布西耶：家具和室内设计，1905—1965 年》（Le Corbusier : Furniture and Interiors, 1905–1965），苏黎世：谢те格和斯皮思出版社，2012 年，第 126—128 页。

3. 让纳雷（Jeanneret），给威廉·里特（William Ritter）的信，1917 年 1 月 26 日。引自尼古拉斯·福克斯·韦伯（Nicholas Fox Weber），《勒·柯布西耶：生活》（Le Corbusier : A Life），纽约：亚飞诺普出版社，2008 年，第 130 页。

4. 珍·佩蒂特（Jean Petit），《勒·柯布西耶传》（Le Corbusier lui-même），日内瓦：卢梭出版社，1970 年，第 52 页。

5. 给威廉·里特（William Ritter）的信，1924 年 3 月 10 日，引自韦伯（Weber），《勒·柯布西耶：生活》（Le Corbusier : A Life），第 207 页。

图 2. 国际联盟合伙人团队于工作室，拍摄于 1927 年，人物从左至右依次是恩斯特·辛德勒、汉斯·奈塞、沃尔特·H. 沙德、阿尔弗雷德·罗斯、珍－雅克·杜·帕斯奎、皮埃尔·让纳雷、沃尼米尔·卡乌瑞克，以及勒·柯布西耶。建筑历史与理论研究所（GTA）档案，苏黎世：联邦理工学院

（1924—1925 年）；在 1923 年与实业家亨利·弗吕日的接触过程中，柯布西耶受委托为工人劳动者们设计出了大型的花园城市住宅区，这片住宅区位于波尔多城外的佩萨克。

1924 年，柯布西耶决定搬至一个更大的工作场所，于是他回到了巴黎第 6 区，并在塞夫尔街 35 号落户。当时他与未来的妻子伊冯·加里斯共同居住在其先前的雅各布街公寓，与塞夫尔街相隔不远；塞夫尔街工作室拥有良好的地理位置，柯布西耶既能快速地步行于两地之间，又十分熟悉往来的街道小巷，可称得上是一处完美的选择。[6] 鲁特西亚大酒店（Hôtel Lutétia）作为巴黎左岸中心和社会高层人士聚集地，占据了塞夫尔街 35 号斜对面的地块，正对着拉斯帕伊大道。仅在一年以前，柯布西耶曾这样诋毁过后者："如今建筑师们没有胆量去设计皮蒂宫或是里沃利街，他们能做的也只剩拉斯帕伊大道了"，这是在奥斯曼建筑第 2 阶段时普遍存在的批判主义。柯布西耶还表示，"几何学让当代建筑师得以警醒……而他们并不知道该如何调整空间：拉斯帕伊大道就是这种自相矛盾的体现"。[7]

在几年之内，柯布西耶的这间工作室向来自世界各地的合伙人敞开大门，并且见证了许多项目在四大洲拔地而起。[8] 在《勒·柯布西耶全集》第 2 卷的前言篇章，柯布西耶回忆了他事业生涯的早期："一直到 1927 年，我们团队就只有两个人，皮埃尔·让纳雷和我自己。"[9] 事实上，在他们工作室成立的第一年年底，这对堂兄弟就与皮埃尔－安德烈·艾莫里进行过合作。皮埃尔－安德烈是一位年轻的日内瓦籍建筑师，同时也是皮埃尔·让纳雷的朋友，他自愿在工作室做义务助理。但是我们可以从柯布西耶的话语中感知到，从一开始他就在"工作室规模仅限于两人"的问题上保持坚定态度，而对于其合作者的贡献则不予重视——这个状况一直

6. 即使 1934 年勒·柯布西耶（Le Corbusier）迁居至侬杰赛－科里大街 24 号的单身住所，那里距莫里托门站不远，地铁线路（米开朗琪罗／巴比伦塞夫勒地铁线）的发达使得他能够快速到达工作室。

7. 勒·柯布西耶（Le Corbusier），《走向新建筑》（Toward an Architecture），翻译：约翰·古德曼（John Goodman），洛杉矶：盖蒂研究所，2007 年，第 111—112 页。最初发行版本为《走向新建筑》（Vers une architecture），巴黎：乔治斯·克雷公司，1923 年。

8. 关于象征性地运用术语"工作室"（atelier）来指代勒·柯布西耶（Le Corbusier）的工作场所，即建筑工作室、画室、雕刻室或是仅用来思考的场所，参见马克·贝达里达（Marc Bédarida），"在 35 号工作室的一天"（Une journée au 35 S），引自克劳德·普莱洛伦佐（Claude Prelorenzo）编辑，《勒·柯布西耶：传记时刻》（Le Corbusier: Moments biographiques），巴黎：维莱特出版社，2008 年，第 26—51 页。

9. 勒·柯布西耶（Le Corbusier），"前言"（Introduction），引自威利·鲍哲格（Willy Boesiger），《勒·柯布西耶和皮埃尔·让纳雷：作品全集》（Le Corbusier et Pierre Jeanneret: Œuvre complète），1929—1934 年，苏黎世：吉斯贝格尔出版社，1934 年，第 19 页。

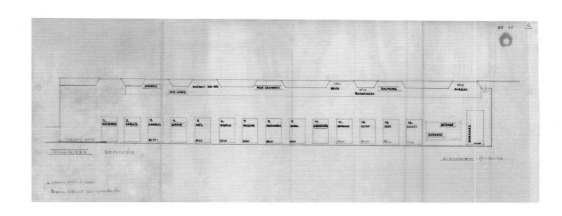

图 3.　塞夫尔街 35 号工作室设计方案，图中显示有各合伙人的办公位置，1948 年，铅笔和钢笔，描图纸，65 cm × 21 cm，巴黎：勒·柯布西耶基金会，FLC S3-17-4

持续到 1940 年，直到夏洛特·派瑞安德的任职打破了这个传统。柯布西耶之后描述道，"从那时起，我们的合作圈就持续地、稳健地扩大，不断吸纳年轻人以及他们所带来的能量和贡献"（图 2）。[10] 这也许是第一次，但不是唯一的一次，柯布西耶极其重视年轻人所担任的工作角色，对合作者的激情澎湃以及努力付出表示肯定。这间被称为"设计机器"的工作室，其意义超越了方案生成的物理空间，转而成为孕育大师级人物柯布西耶的摇篮；同时，建筑与当代美学新理念的辩证关系也在此发展。[11] 一个国际化的团队已经产生，其众多组员中包括了阿尔伯特·弗雷、前川国男、阿尔弗雷德·罗斯、欧内斯特·威斯曼、诺曼里瑟、荷西·路易斯·泽特，以及夏洛特·派瑞安德。

　　在团队合伙人的记忆中，工作室里"员工们乐此不疲，高产高效"。[12] 群英荟萃的工作室，仿佛是专为柯布西耶定制的梦想摇篮。这是一个狭长的空间（大约 40 m 长，3.5 m 宽，4 m 高），就像是图书馆的阅览室或是修道院的食堂（图 3）。工作室的确给人以这样的印象，因为它占据了女修道院的 2 楼侧厅，而这所修道院位于圣·伊格内修斯教堂附近。这所修道院废弃已久，它被划割为大大小小的空间以便出租。而那所新哥特式风格的教堂也暂时改为他用，直至 1923 年才重新开放。由于这所教堂并不面向街道，因此 33 号和 35 号地块得以呈现出 1~2 层的连续街道界面；甚至在后奥斯曼时期对拉斯帕伊大道的改造中，也未将之拆除更新。教堂和柯布西耶工作室所在的女修道院与周边的城市景象保持着明显的间距。这段间距使祷告活动和脑力创作并行不悖。柯布西耶的合伙人们常常将工作室看作一个宗教空间——"勒·柯布西耶工作室

10.　同第 242 页注释 9。

11.　朱迪·劳驰（Judi Loach），"既是工作室，也是实验室"（Studio as Laboratory），《建筑评论》（Architectural Review），第 1089 期（1987 年 1 月）：第 73—77 页。

12.　罗杰·奥詹姆（Roger Aujame），"塞夫尔街 35 号工作室的一天"（Une journée à l'atelier du 35, rue de Sèvres），引自普莱洛伦佐（Prelorenzo）编辑，《勒·柯布西耶：传记时刻》（Le Corbusier : Moments biographiques），第 53 页。更多关于这间工作室的信息参见"勒·柯布西耶，塞夫尔街 35 号工作室"（Le Corbusier, Atelier Rue de Sèvres 35）。补充资料《建筑信息公报》（Bulletin d'informations architecturales），第 114 期（1987 年），第 1—23 页；亚瑟·鲁埃格（Arthur Rüegg）编辑，《勒·柯布西耶：生命中的伟大建筑》（Moments in the Life of a Great Architect）。摄影勒内·布里 / 马格南（René Burri/Magnum），巴塞尔：波克豪瑟出版社，1999 年，第 37—53 页；劳伦·巴瑞顿（Laurent Baridon），"勒·柯布西耶的工作室：建筑师的创作、发展和沟通"（Les Ateliers de Le Corbusier : L'Architecte entre création, diffusion et communication），"工作室空间"（Les Espaces de l'Atelier）研讨会专题论文，斯特拉斯堡，2006 年；鲁埃格，《勒·柯布西耶：家具和室内设计，1905—1965 年》（Le Corbusier : Furniture and Interiors, 1905–1965），第 146—148 页。

就是一个教堂"——这话隐含着赞美讨好之意，柯布西耶"挥舞着铅笔之时，非凡而神圣的灵感也随之而来"。[13]

罗杰·奥詹姆于1942—1949年成为柯布西耶的学徒，他对这间工作室记忆犹新，"风格老旧过时，气氛凌乱杂糅"。[14] 较少的留存资料显示：这间工作室在起初的10年里，至少是工作室创立之初，基本没有发生什么大的变化。奥詹姆这样写道：

从宽阔的入口通道进入塞夫尔街35号，再穿过布西科广场，你就会置身于一段狭窄的街道当中，两旁高大的建筑俯瞰着街景，之后你会来到一处小庭院（类似教堂前厅，通向教堂门口），在庭院的右边是女修道院的入口，而在其左边则是门卫房……对面一扇双玻璃门通向一条幽深的走廊，右侧修道院花园的玻璃飘窗将走廊照得通亮……地面铺砌着蓝色石板，人们走在上面踢踏作响。从这里到达工作室对我们来说像是完成了一个仪式。远离了街道的喧嚣、城市的压力，转而进入静谧的沉思世界；我们通过长长的走廊，沉静身心，迎接楼上的工作。[15]

这个国际化的工作室团队遵循着一套非常严谨的空间和等级秩序。一走进来便是等候室，其中摆放着晒图机（"一股浓烈的氨气味道侵入我们的鼻孔"），[16] 向里走依次是窄小的秘书办公室以及总负责人办公室。一直到1940年，工作室总负责人这个职位是由皮埃尔·让纳雷担任，而在第二次世界大战之后则变成了安德烈·沃更斯基。最后，你会走进一个狭长的、明亮的空间，房间一侧是玻璃窗，另一侧则是空白的墙面（这面墙的另一边就是教堂了）；这里备有制图用的桌子以及纵向的制图板。8扇长窗外是修道院后面的花园，里面的老梧桐枝繁叶茂，树影婆娑。修道院的花园是触手可及的大自然缩影，这极大程度上促进了柯布西耶团队的创造力。同样具有激发作用的是来自教堂的风琴声，许多工作人员都能回忆起那美妙的乐章。中心区有着大木块和煤炉，这唯一的暖气来源帮助工作室度过了一季季漫长的冬天。

柯布西耶对于他的合伙人有着严格的、近乎军事化的工作时间要求，而他自己的时间表则全然不同。柯布西耶有两个办公场所：位于依杰赛-科里大街的公寓以及这个工作室。前者是沉思之处，他习惯早上待在那里冷静思考，潜心创作。中午刚过，他会带着昨日遗留问题的解决方案来到塞夫尔街工作室。也许是因为年龄的增长，到了20世纪50年代后期，柯布西耶颠倒了其一直以来的生活节奏，他早上9点便来到工作室，并为塞夫尔街的"小伙子们"（garçons）制造（至少看上去是如此）不少新问题。[17] 1953年12月22日，柯布西耶面对"小伙子们"的圣诞节问候时这样回应："一切还不错！不过你们总是喜欢赖床（你们每个人都需要购买闹钟），甚至有起床气，可你们是艺术家呀！"[18] 直到现在，这段小故事仍流传甚广。

13. 马克·贝达里达（Marc Bédarida），"在35号工作室的一天"（Une journée au 35 S），第31页。同时参见马克·贝达里达，"塞夫尔街35号：工作室背后的故事"（Rue de Sèvres, 35 : L'Envers du décor），引自雅克·卢肯（Jacques Lucan）编辑，《勒·柯布西耶，1887—1965年：一部百科全书》（Le Corbusier, 1887-1965 : Une Encyclopédie），巴黎：蓬皮杜艺术中心，1987年，第354—359页。

14. 罗杰·奥詹姆（Roger Aujame），与玛丽·麦克里欧德（Mary McLeod）和玛丽斯特拉·卡夏托（Maristella Casciato）的访谈，2009年4月4—6日，未出版手稿，芝加哥：格莱汉姆基金会。

15. 奥詹姆（Aujame），"塞夫尔街35号，工作室的一天"（Une journée à l'atelier du 35, rue de Sèvres），第54页。于1945—1948年工作于此的另一位合伙人有着同样引人入胜的记录：杰吉·索尔坦（Jerzy Soltan），"和勒·柯布西耶一同工作"（Working with Le Corbusier），引自H.艾伦·布鲁克斯（H. Allen Brooks）编辑，《勒·柯布西耶》（Le Corbusier），普林斯顿：普林斯顿大学出版社，1987年，第1—16页。

16. 奥詹姆（Aujame），"塞夫尔街35号，工作室的一天"（Une journée à l'atelier du 35, rue de Sèvres），第54页。

17. 这个称呼的使用者是勒·柯布西耶（Le Corbusier）的秘书珍妮·赫尔布什（Jeanne Heilbuth），用以指代工作室中雇用的绘图员。马克·贝达里达（Marc Bédarida），"在35号工作室的一天"（Une journée au 35 S），第44页。

18. 同上，第34页。

图 4. 勒·柯布西耶和荷西·奥布莱瑞在工作室，以及背景处的壁画《女人和贝壳》，1959 年，勒内·布里拍摄

在工作室存在的 40 年里，虽然由于合伙人的增加，场地进行过数次重组，但其整体的空间格局并没有发生较大的变化。1940 年工作室的关闭意味着一次中断，但更重要的是它标志着柯布西耶工作程序和经营方向的决定性转折。1942 年工作室重新开张之后，柯布西耶为他自己设置了独立空间——一间颜色绚丽却没有窗户的书房，当他浏览过展览台上的设计项目之后便会到此独处、休憩。然而真正的设计工作是从 1946 年才重新开始的，伴随着的是马赛公寓规划的开端以及为了辅助项目设计和实施而成立的建造者工作室。1946 年以后，ATBAT（建造者工作室）由弗拉基米尔·波地安斯基执掌。弗拉基米尔是一位结构工程师，一个具有争议的说法是：他曾连续几年在工作室中掌有较大的权力。1949 年之后，塞夫尔街工作室迎来了其最后的阶段。这段时期工作室中英才辈出，但同时也矛盾重重。1960 年，柯布西耶记下了这段文字："勒·柯布西耶的工作室里绝没有贵族。无论是负责执行的领导者，还是伏案绘图的工作者，他们各司其职。这里绝不允许优越感存在。"[19] 在生命的最后几年里，柯布西耶的出现变得越来越随机。

几十年来，工作室的空间格局有两处从未变过：一处是大黑板，它就放置在入口的不远处、制图桌之前；另一处是壁画——《女人和贝壳》（图 4）。后者是柯布西耶于 1948 年在工作室的后墙上所作，而在柯布西耶之前的精心构思之中，这面墙应当是整个工作室最后的利用空间。大黑板和壁画，这两件著名的物品就像是柯布西耶生命中两个世界的具体写照，前者崇尚实用主义和技术，后者纯粹追求视觉效果和梦幻主义。毋庸置疑，这个空间对于柯布西耶整个人生的意义是非凡的。1965 年，柯布西耶曾写过一本小手册《聚焦》，其中他回顾了人生中的许多经历以及工作室里的 40 年时光："对于所有曾在塞夫尔街 35 号工作过的那群人，希望的种子已然种下，没有一丝踌躇。"[20]

19. 马克·贝达里达（Marc Bédarida），"在 35 号工作室的一天"（Une journée au 35 S），第 48 页。

20. 勒·柯布西耶（Le Corbusier），《大柯布的最后遗嘱》（The Final Testament of Père Corbu），翻译：伊凡·扎克尼克（Ivan Žaknić），纽黑文：耶鲁大学出版社，1997 年，第 96 页。最初发行版本为《聚焦》（Mise au point），日内瓦：活力出版社，1966 年。

巴黎：勒·柯布西耶和 19 世纪的巴黎

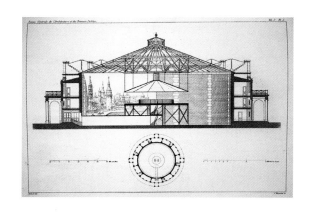

图 1. 巴黎，圆形大厅全景图，1842 年，剖面图，来源于雅克－伊格纳茨·希托夫，《香榭丽舍大道上的圆形大厅全景图》，卷 2，巴黎：公共建筑和工程出版社，1842 年，插图 2

巴黎举世闻名。我们为她的弊病而遭受痛苦；我们也在她的历史文化、传统底蕴和教育启迪中繁荣生息。而现在，我们要毫无亵渎地并满怀敬意地回顾她的过去，重温她的历史。[1]

勒·柯布西耶在使用其笔名之前就已经适应了巴黎生活，但是巴黎却似乎从未完全接纳他。在半个世纪的时间里，从 1915 年——那时他曾向他的前任老板奥古斯特·佩雷吐露，"我万事俱备，将要全力以赴实现我的理想……住在巴黎"，并利用整整两个月的时间在亨利·拉布鲁斯特国家图书馆（1854—1875 年）的穹顶下钻研法国建筑以及 17、18、19 世纪的城市理论——直到 1965 年柯布西耶去世，他从未将其人生重心从巴黎挪开。[2] 即使后来柯布西耶为越来越多的城市做出规划，如内穆尔、阿尔及尔、里约热内卢和波哥大，他始终将巴黎作为一个参考基准：这里凝聚着他对于城市改革理想的目标以及他自身的城市理论和改造历程的主要灵感。他在巴黎这个大尺度背景中检测他的每一个想法，即使这些项目——从 1925 年的瓦赞计划到 20 世纪 50 年代为联合国教科文组织设计的建筑草图——总是处于主流意识的边缘，或是非正式的、非官方的，或是在展示和发布中饱受争议的。

1925 年柯布西耶就经历了这样一个例子。当时他在装饰艺术展的展品被放置于展示场地的边缘，甚至在开幕式之时被 5.5 m 高的围栏所掩盖，这座围栏仅在展览的最后时刻才因为教育部长阿纳托尔·戴·蒙茨的命令而撤除。在新精神馆（1924—1925 年）里，附属展览馆陈列着柯布西耶的理想居住单元建筑街区，同时也展示着他对于城市主义的想法，并通过两套综合的城市方案具体表达：第 1 个是 "300 万居民的当代城市"（1922 年），一座理想之城；第 2 个是瓦赞计划，这套方案需要大面积拆除巴黎市中心的建成区。当柯布西耶为未来巴黎建造了两个实景模型时，不知他是否意识到这个模型是一种回应：19 世纪的建筑师雅克－伊格纳茨·希托夫曾建造出了巴黎香榭丽舍的宏伟全景（图 1），这是全市最受欢迎的娱乐场地。希托夫是

1. 勒·柯布西耶（Le Corbusier），"置身巴黎的时代工程师"（Vers le Paris de l'époque machiniste），《法国复兴公报》（Bulletin du Redressement Français）附录，1928 年 2 月 15 日。翻译：如未另注明，均由作者本人

翻译。

2. 勒·柯布西耶（Le Corbusier），给奥古斯特·佩雷（Auguste Perret）的一封信，1915 年 3 月 15 日。出版于《勒·柯布西耶：书信往来》（Le Corbusier：Lettres à ses maîtres），卷

1，《给奥古斯特·佩雷的书信》（Lettres à Auguste Perret），编辑：玛丽－珍妮·杜蒙特（Marie-Jeanne Dumont），巴黎：横梁出版社，2002 年，第 135 页。

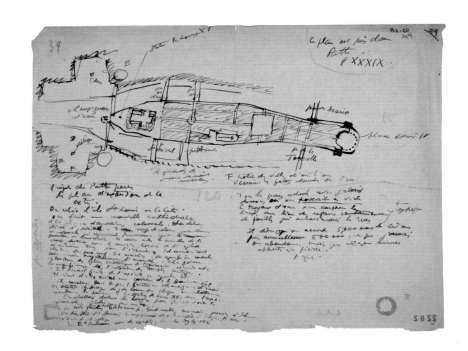

图 2. 巴黎西岱岛，以及路易十五广场项目，1915 年，仿照皮埃尔·帕特的手绘图，《路易十五纪念碑》（1765 年），墨水，描图纸，25.1 cm x32.8 cm，巴黎：勒·柯布西耶基金会，FLC 2282

首个全面审视香榭丽舍大道并将其看作是城市典型的漫步空间的建筑师，他认为香榭丽舍大道是城市中的花园，不过这与柯布西耶在 1925 年展示的"花园中的城市"还有所区别。在 19 世纪中期的花园，游览者们能够通过鸟瞰视角领略远方城市的美景，那就好比观赏一幅宏大连绵的画卷，即使法兰西第二帝国时巴黎快速蔓延扩张，视野也不会受到阻碍。

截至 1925 年，柯布西耶对巴黎的城市发展已经进行了 10 多年的钻研，而他的规划项目一开始便对巴黎现状进行了批判，并要求彻底的改革措施；包括他对巴黎的愿景：巴黎需要改变，从而与他称为笛卡儿理性的传统保持高度和谐。[3] 尽管柯布西耶的计划将要无情地打破传统，但是他的计划中充满了对城市的思考。这种思考由来已久，它将路易十四与拿破仑三世的思想相融合，让神父马克－安托瓦内·劳吉埃与艾纳尔·赫纳德以及奥古斯特·佩雷的思维相联系，而正是他们所共有的理性之热情将巴黎塑造成了工业时代的模范城市。

正如克里斯托夫·施诺尔所发现的那样，18 世纪巴黎的两种基础性城市思想在柯布西耶的城市规划思潮下更加繁荣昌盛。[4] 神父劳吉埃在《建筑随笔》（1753 年）中提出要致力于将城市改造成伟大君主领导下的艺术品，皮埃尔·帕特也通过出版物《路易十五纪念碑》（1765 年）多次提议修建用于放置路易十五纪念碑的和谐广场（图 2）。在劳吉埃和帕特的思想中，在城市中占得一席之地的最好姿态是建设一幢关键性建筑并赋之以政治意图——而这也是柯布西耶所极力推崇的：在其 1925 年的《明日之城市及其规划》中，他成功塑造了历史上著名的路易十四雕刻品；雕刻品中的路易十四正指挥着 1670 年巴黎荣军院的建设。

瓦赞计划旨在将巴黎重塑为终极现代商业中心，其中涉及的大尺度重建饱受社会争议，但柯布西耶在其著作《光辉城市》中指出：瓦赞计划实现了首都城市干预的伟大传统。他以文字和图表的方式自我辩证，声称瓦赞计划植根于中世纪以来的城市干预，是对秩序和伟大尺度的积极探索，更是对其的崇拜和致敬。正如 17 世纪早期巴黎新桥和太子广场的结合——既是城市

3. 参见勒·柯布西耶（Le Corbusier），《光辉城市》（The Radiant City）中的插图和文字。翻译：帕梅拉·奈特（Pamela Knight）、艾利诺·李维欧克斯（Eleanor Levieux）、德里克·科尔特曼（Derek Coltman），纽约：猎户星出版社，1967 年，第 90 页。最初出版版本为《光辉城市》（La Ville radieuse），布洛涅－比扬古：今日建筑出版社，1935 年。这也是维奥拉－勒－迪克（Viollet-le-Duc）所推崇的，柯布西耶在文章中将维奥拉对巴黎圣母院的解析做了释义。

4. 参见克里斯托夫·施诺尔（Christoph Schnoor）编辑，《城市建设：勒·辉布西耶优秀城市规划论文集 1910/1911 年》（La Construction des villes : Le Corbusiers Erste Städtebauliches Traktat von 1910/11），苏黎世：GTA 出版社，2008 年，第 43—45 页。

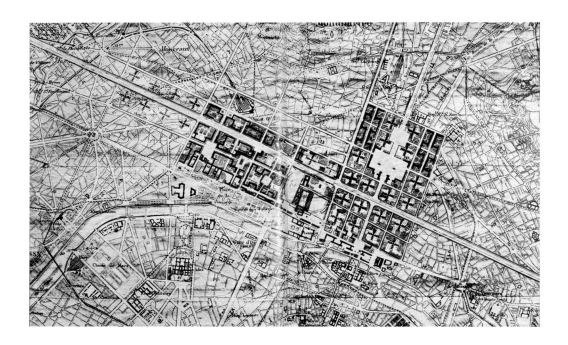

图 3. 巴黎瓦赞计划，1925 年，在柯布西耶的巴黎中心区改造总体规划图的左边，旺多姆广场清晰可见。来自威利·鲍哲格，《勒·柯布西耶和皮埃尔·让纳雷：作品全集，1929—1934 年》，苏黎世：吉斯贝格尔出版社，1934 年，第 91 页

空间，又是交通基础设施——这是在亨利四世的统治时期规划的，参照 1650 年左右的圣路易岛方格网街道平面图。在路易十四创造性地建造了军荣院之后，路易十五从 1751 年开始着手安排军事学院的动工。一个多世纪之后，埃菲尔铁塔在此处拔地而起，军事学院场地成了 19 世纪最伟大的城市地标的载体。

对于柯布西耶来说，巴黎的开敞空间必须经过精密准确的建筑空间测量，[5] 他将旺多姆广场视作"全世界宝藏中最纯洁的宝石"。[6] 旺多姆广场保存完好，并将小心翼翼地融于柯布西耶为巴黎中心区设计的城市景观中，新的城市设计具有全新的尺度和秩序，覆盖于新的东西向轴线两侧；而这条新轴线尺度宽阔，位于香榭丽舍大道以北且与之平行（图 3）。事实上，瓦赞计划对所有涉及巴黎中心区改造的地区做了统一整合，18 世纪中期巴黎大堂的重建就是其开端。柯布西耶重建巴黎大堂的灵感来源于皮埃尔·帕特的书籍，而同一时期南锡市著名的连锁广场改造也是他设计的参照。

如果说 18 世纪是城市形态设计的灵感迸发时期，那么直到 19 世纪柯布西耶才真正了解到，能够有所作为的不仅是城市的邻里居住区，而是整个城市。在《明日之城市》的正文以及《光辉城市》的主要章节"危机中的巴黎"中，关于法国大革命的两部法案都被重新释义。在讲述基本人权的章节《人权和公民权宣言》之中，柯布西耶增加了移动自由的权利以及速度自由的权利（按照柯布西耶的说法，移动和速度的自由即是成功的自由）。快速、便捷的移动是人类生来就享有的权利，而对于柯布西耶所钟爱的机器亦是如此。然而，他对于机器的态度招致了大量批判，批判者认为正是柯布西耶对于机器的推崇加速了巴黎传统规划中他本人最为赞赏的城市价值的毁灭。为了强化他的精神思潮，柯布西耶提出，本着纪念埋葬于 18 世纪雅克–日耳曼·苏夫洛万神庙之下的伟人的精神，这座城市应该为那些塑造巴黎的伟大城市规划师们竖立一座新的纪念碑。柯布西耶对外宣称"他并非是青铜纪念碑的狂热爱好者"，但这似乎有些言不

5. 早在 1910 年的论文《城市建设》（La Construction des villes）中，勒·柯布西耶（Le Corbusier）就对此有着深刻理解。写这篇文章的时候，他所用的名字是查尔斯–爱德华·让纳雷（Charles-Édouard Jeanneret）。见《城市建设》，第 383 页。

6. 勒·柯布西耶（Le Corbusier），《明日之城市及其规划》（The City of To-morrow and Its Planning），翻译：弗雷德里克·艾切尔斯（Frederick Etchells），坎布里奇：麻省理工学院出版社，1971 年，第 152 页。最初版本为《明日之城市》（Urbanisme），巴黎：乔治斯·克雷公司，1925 年。

图 4. "这就是巴黎!" 1929 年，为布宜诺斯艾利斯的讲座所画，来自《精确性：建筑与城市规划状态报告》，巴黎：乔治斯·克雷公司，1930 年，第 186 页

由衷。他曾在巴黎设计出了一个被历史学家莫里斯·阿居隆称为 19 世纪 "最不可思议的雕塑" （statuomanie）：在这个雕塑作品中，"路易十四将手伸向拿破仑一世，拿破仑一世一边回应着前者，一边伸手向拿破仑三世致意。在他们身后，让-巴蒂斯特·科尔伯特和乔治-欧仁·奥斯曼也同样地向对方伸出手臂，为他们所完成的伟大设计而心满意足的微笑着"。对于柯布西耶来说，选择 "光辉城市" 这个称号不仅是为了突出太阳之于现代城市的重要性——因为太阳的存在，城市才得以干净卫生，更代表着 "光明" 的象征性意义——罗马人曾将巴黎命名为吕得斯（Lutèce）（光明之城），而路易十四更是号称 "太阳王" （图 4）。[7]

尽管现代运动不断地批判 19 世纪的建筑，将其归为一种与历史的割裂，但柯布西耶在撰写其城市规划的主要作品时，仍将 19 世纪的进步精神铭记于笔下。这种进步精神的产生，得益于政治权力和艺术探索的二重奏—— "拿破仑-奥斯曼" （Napoleon-Haussmann）。柯布西耶经常提及这对搭档的权力和远见，正是这股合力在法兰西第二帝国时重新塑造了巴黎。除了建议为他们修筑纪念碑之外，柯布西耶还创造了一个新的神话，其中充满着对拿破仑意愿的引用和传承："我要把这些统统清除，我要把这个顽固的大杂院切成不同的片区，我要铺设宽阔笔直的大道好让我的大炮驰骋。"[8] 他自由地从一本书中汲取力量，即安德烈·莫里泽于 1932 年所著的《巴黎，从历史到现代：奥斯曼和他的前辈们》。这本重要的书籍使奥斯曼重新恢复名誉；也正是因为这本书，奥斯曼的成就直接促进了两次世界大战之间的巴黎改造。柯布西耶主持了布洛涅市的改造建设，之后其市长莫里泽也成了柯布西耶的赞助人。当柯布西耶试图在城市中心区引进一种全新的纵向尺度以及绿化空间时，他这样解释道，"马车时代止步于奥斯曼"，而如今奥斯曼和阿道夫·阿尔方斯时期的公寓和内嵌式花园也应该被绿茵花园中的高层住宅楼取代，后者是光辉城市的标杆之一。[9] 柯布西耶所提及的这种高层住宅楼史无前例，而且代表着 19 世纪建筑特色的制高点——探索、改变和移动——这些特点在埃菲尔铁塔上显露无遗。毫无疑问，《光辉城市》这部著作是柯布西耶生平最为透彻的城市规划书籍，也为 1943 年国际现代建筑协会出版《雅典宪章》奠定了基础；而在一开始，《光辉城市》却成了法国城市规划的批判对象，毕竟法国的城市规划源于院校，一直维持着法国规划的伟大传统而鲜有突破。最终，柯布西耶得以采用这种激进的城市手术进行改造，他将这种外科手术以及他对城市道路几何线条的运用看作对城市空间的重组，同时也是对城市历史的重塑。

7. 勒·柯布西耶（Le Corbusier），《光辉城市》（The Radiant City），第 120 页 n1。

8. 同上，第 120 页。

9. 同上，第 119 页。

巴黎：神秘而富有政治色彩的城市景观

图 1. 勒·柯布西耶与瓦赞计划，1925 年，巴黎：勒·柯布西耶基金会，FLC L4-5-16

图 2. 《塞纳河》，巴黎，未注明日期，墨水和纸上水粉，27 cm × 33.7 cm，巴黎：勒·柯布西耶基金会，FLC 5134

在勒·柯布西耶为巴黎设计的众多项目之中，群众仍对 1925 年的瓦赞计划（图 1）保持否定态度，仿佛这个城市在柯布西耶手里注定要被毁灭，原来的建筑将会消失并由一丛丛的玻璃塔楼所取代。然而，柯布西耶与法国首都打了近 60 年的交道，他们之间的关系显然比人们想象的要复杂得多。[1] 巴黎身兼数角，她既是一个实验田野，又是一个投影屏幕，更是一个待人挖掘、令人着迷的人文和政治环境；而同时，她理所当然也具有物质形态。对于柯布西耶来说，巴黎是人文—地理（由让·白吕纳发明的术语）意义下的景观，同时具有物质维度和人文维度，是真实和神秘空间的结合。[2]

这座城市将永远值得关注。1956 年，柯布西耶在一本书中概括介绍了他对于巴黎的连续规划方案；为了获得塞纳省行政长官的支持，柯布西耶在一封公开信中表示他自 1922 年起便开始观察巴黎。[3] 柯布西耶所描述的巴黎，无论是以摄影的形式（如 1908 年他短暂逗留巴黎时的摄影作品），还是图画的形式（1917 年柯布西耶的画作），或是建筑的形式（他在巴黎建设的所有城市项目），抑或是口头表达的形式（口头分析、评析以及展示汇报），都展示了这样一个事实：对于巴黎这座光明之城，她的城市空间和城市场所，柯布西耶是一位孜孜不倦、欲罢不能的观察者。

1. 参见让－路易斯·科恩（Jean-Louis Cohen），"勒·柯布西耶和巴黎神话"（Le Corbusier et les mythes de Paris），引自克劳德·普莱洛伦佐（Claude Prelorenzo）编辑，《勒·柯布西耶和巴黎》（Le Corbusier et Paris），巴黎：勒·柯布西耶基金会，2001 年，第 31—38 页；以及叙勒·切雷斯·迪·何娜德（Sulle trace di Hénard），"勒·柯布西耶，巴黎都市观察员"（Le Corbusier observateur de l'urbanisme parisien），《卡萨贝拉》（Casabella），卷号 531—532，（1987 年 1—2 月）：第 34—41 页。

2. 让·白吕纳（Jean Brunhes），《人文地理：正分类的尝试、原则和实例》（La Géographie humaine : Essai de classification positive，principes et exemples），巴黎：F. 阿尔康出版社，1910 年。

3. 勒·柯布西耶（Le Corbusier），给"省长先生"（M. le Préfet）的一封信，1955 年 2 月 7 日，引自《巴黎计划》（Les Plans de Paris），巴黎：午夜出版社，1956 年，第 9 页。

柯布西耶对巴黎的观察并不客观，或者说一点也不客观。他在 1915 年左右曾画过一幅巴黎新桥的水彩画。画中展示了一个虚幻的城市景观：浮于巴黎货币博物馆以及罗浮宫之上的灼热红晕像是一把永不熄灭的火焰（图 2）。[4] 这些意向深深地刻印于查尔斯－爱德华·让纳雷的脑海中，而他创作的作品正好印证了作家兼理论家罗杰·凯罗伊斯在其 1937 年论文中所讲述的观点，"巴黎，神秘而现代"，"变化莫测的巴黎景观……在想象力上如此强大有力，而事实上她也从未令人质疑……巴黎景观神秘莫测，这种印象流传甚广、深入人心并产生了强大的说服力"。[5]

作为一名年轻的外来者，让纳雷在其早期的巴黎生活中缺乏知识储备和社会资本，但又渴望得到认可。他所遇到的困难不仅来源于建筑领域，同时还有来自巴黎这个他所不熟悉的社会对其职业生涯甚至情感生活所提出的挑战。1925 年的一段文字表达了他的紧张不安和期待："巴黎像是一个不毛之地……人们在巴黎需要努力扎根，因为这里似乎永远与你相悖，你鲜有帮助可得，也从来不被认可……那些能在如此艰难的折磨中坚持下来的勇者将会变得更强大，这都要感谢巴黎——这个伟大的摧毁者，她对待热情如此冷漠，她对待无数的失败者如此不屑一顾。"[6]

显然，上述文字并不能完全归纳让纳雷职业生涯的第一步。他在奥古斯特·佩雷工作室期间（1908 年）对巴黎的观察，以及从 1917 年定居巴黎时起所设计规划的项目，都体现了一种相互的吸引力：让纳雷热爱巴黎，而巴黎也需要让纳雷。巴黎的文化魅力对全世界的艺术家和知识分子的影响力毋庸置疑，让纳雷立志要征服这座令其着迷的世界级大都市，并获得社会舆论的认可。[7] 他一直受到一种用户至上主义的鞭策，按照凯罗伊斯的解释来说，"公众即是用户，公众的支持有极大的鞭策作用，能够激发一个社区、一个民族或是一门行业以及一个派别的产生和行动"。[8] 让纳雷在努力尝试中，涉及了以上种种的城市生活领域。

1918 年让纳雷创立的施工和建筑材料公司倒闭，这预示着他商业生涯的失败。在此之后，让纳雷开始以一位高产作家和画家而非建筑师的身份获得巴黎社会的认可。当时的商业中心位于右岸，而柯布西耶却是在圣日耳曼区和蒙帕纳斯之间的左岸遇到了他艺术生涯中最重要的影响人物。[9] 柯布西耶还曾在 1918 年写信给他的父母以令其安心，"尽管你们表达出对我的担忧，但是我不会一直停留在左岸的蒙帕纳斯抑或是蒙马特。巴黎歌剧院和圣奥古斯汀之间的商业中心，才是属于我的地方"。[10]

4. 水彩画，FLC 5134。

5. 罗杰·凯罗伊斯（Roger Caillois），"巴黎，神秘而现代"（Paris, mythe moderne），《新法兰西评论》（Nouvelle revue française）第 25 卷，第 284 期（1937 年 5 月）：第 684 页。如未另注明，均由吉纳维芙·亨德里克斯（Genevieve Hendricks）翻译。

6. 勒·柯布西耶（Le Corbusier），1925 年 5 月 20 号。引自珍·佩蒂特（Jean Petit），《勒·柯布西耶传》（Le Corbusier lui-même），日内瓦：卢梭出版社，1970 年，第 58 页。

7. 参见克里斯多夫·查理（Christophe Charle），《世纪末巴黎的文化和政治》（Paris fin de siècle culture et politique），巴黎：瑟伊出版社，1998 年。

8. 凯罗伊斯（Caillois），"巴黎，神秘而现代"（Paris, mythe moderne），第 683 页。

9. 雷米·包多义（Rémi Baudouï），"人类学的力量：巴黎网络对柯布西耶的关注"（Anthropologie du pouvoir : Les Réseaux parisiens dans la promotion de l'action de Le Corbusier），引自普莱洛伦佐（Prelorenzo）编辑，《勒·柯布西耶和巴黎》（Le Corbusier et Paris），第 13—30 页。

10. 查尔斯－爱德华·让纳雷（Charles-Édouard Jeanneret），写给父母的一封信，1918 年 2 月 17 日。出版于《勒·柯布西耶：书信往来；家庭信件》（Le Corbusier : Correspondance ; Lettres à la famille），卷 1，1900—1925 年，编辑：包多义和阿诺德·德赛勒斯（Arnaud Dercelles），戈利永：音弗利欧出版社，2011 年，第 437 页。

当柯布西耶走上了征服巴黎文化和商业精英的革命之路时，他同时也变成了一个"难以捉摸的深夜幽灵"：米格尔·德·塞万提斯的小说《堂吉诃德》是他寸步不离的旅行伴侣，由于深受小说人物堂吉诃德的鼓舞，柯布西耶也成了一名孤独的战士并致力于征服这座到处充满着永垂不朽的作品的城市。[11] 柯布西耶早期的速写作品主要描绘的是西岱岛和巴黎圣母院区域，这里是这座城市的历史核心区。在那之后，他建立了一个以 19 世纪小说和故事为依据的参考构架，其中所涉及的巴黎城市空间与历史学家儒勒·米什莱在一次演讲中所提及的内容如出一辙："没有什么比这更加宏伟神奇的了，从罗浮宫到杜伊勒里宫再到凯旋门……到达凯旋门后，蓦然转身。你会看见巴黎圣母院和巴黎荣军院，以及它们上方的万神庙；你会感受宗教和皇室的魅力以及改革的气息。这是古典和现代的统一体。"[12]

柯布西耶十分赞赏大胆、有魄力的企业，他认为当代政治领袖正需要如路易十四的财政大臣科尔伯特那般的胆识和魄力；柯布西耶也很钦佩拿破仑三世所领导的城市规划。而这就使他的城市景观理念蒙上了政治意义。在 1931 年的柏林建筑展中，柯布西耶概括地介绍了他的海报"巴黎传统的继续：新一代的宣言"，并表明他并不支持符合传统习俗的城市景观，而是提倡以外科手术式的改造来重塑城市；[13] 其实早在柯布西耶驳斥卡米洛·西特主义时就已经对传统城市景观进行了批判。然而巴黎所面临的问题并不只是城市规划；巴黎有聚众示威的场所，因此产生了威胁性因素，这在《走向新建筑》（1923 年）和《巴黎的命运》（1941 年）中都有提及；然而在短暂的法国人民阵线时期，柯布西耶所拍摄的乐观主义蒙太奇照片《新时代馆》也体现出了巴黎的希望。[14] 对柯布西耶来说，巴黎代表着波希米亚生活方式的堕落，这和他口中的所谓美国式的"努力劳动"形成鲜明对比。维希政权时期，曾有思想家批判过 1940 年的巴黎享乐主义；柯布西耶也同这些思想家进行过相关交流。[15]

由于巴黎的政治和制度背景，柯布西耶在不同地块上的规划项目具有相应的场地特征。以法贝尔街道（1932 年）的一幢建筑为例，其建筑场地和荣军院的关系处理非常重要，因为这幢建筑连廊的视野正通向由儒勒·哈杜安·孟萨尔修建的宏伟建筑荣军院（建于 18 世纪早期）。而蒙马特林荫大道（1935 年）的建筑则注重与圣心堂的对话关系，后者建造于 19 世纪 70 年代。从位于富兰克林街道的佩雷公寓的屋顶平台上看去，体积缩小的圣心堂看上去就像是视觉上的

11. 凯罗伊斯（Caillois），"巴黎，神秘而现代"（Paris，mythe moderne），第 683 页。

12. 儒勒·米什莱（Jules Michelet），一次在法兰西公学院的演讲提纲，1838 年。引自皮埃尔·西特伦（Pierre Citron），《从卢梭到波德莱尔的法国诗歌》（Poésie de Paris de Rousseau à Baudelaire），卷 2，巴黎：文学院和人文科学院出版社，1961 年，第 259 页。

13. 勒·柯布西耶（Le Corbusier），"巴黎传统的继续：新一代的宣言"（Pour continuer la tradition de Paris：Manifeste de la nouvelle generation），引自《光辉城市》（The Radiant City），翻译：帕梅拉·奈特（Pamela Knight）、艾利诺·李

维欧克斯（Eleanor Levieux）、德里克·科尔特曼（Derek Coltman），纽约：猎户星出版社，1967 年，第 212 页。关于柯布西耶反驳卡米洛·西特（Camillo Sitte），参见勒·柯布西耶，《明日之城市及其规划》（The City of To-morrow and Its Planning），翻译：弗雷德里克·艾切尔斯（Frederick Etchells），1929 年；伦敦：建筑出版社，1947 年，第 207 页。最初发行版本为《明日之城市》（Urbanisme），巴黎：乔治斯·克雷公司，1925 年。

14. 勒·柯布西耶（Le Corbusier），《走向新建筑》（Toward an Architecture），翻译：约翰·古德曼（John Goodman），洛杉矶：盖蒂研究所，2007 年，第 311 页。最初发行版本为《走向新建筑》

（Vers une architecture），巴黎：乔治斯·克雷公司，1923 年。勒·柯布西耶，《巴黎的命运》（Destin de Paris），克莱蒙费朗：费尔南德·索罗出版社，1941 年，第 10—13 页。

15. 勒·柯布西耶（Le Corbusier），《当大教堂尚呈白色》（When the Cathedrals Were White），翻译：弗朗西斯·E. 希斯洛普二世（Francis E. Hyslop，Jr.），纽约：雷诺和希师阁出版社，1947 年，第 105，111，148 页。最初发行版本为《当大教堂尚呈白色》（Quand lés cathédrales étaient blanches），巴黎：普隆出版社，1937 年。

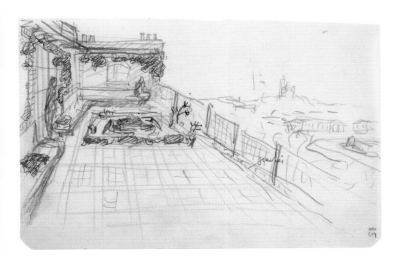

图3. 奥古斯特·佩雷公寓的阳台景观，富兰克林街道，巴黎，约1914年，纸上铅笔画，14.9 cm × 20 cm，巴黎：勒·柯布西耶基金会，FLC 5587

图4. 让·德·布朗霍夫（法国人，1899—1937年），"T"指代屋顶平台，1934年，《巴巴的故事》的插图原稿，巴黎：花园出版社，1934年，墨水和纸上水彩，19.7 cm × 31.8 cm，纽约：玛丽·瑞安画廊

附属物（图3）。毫无疑问的，正是在富兰克林街道的公寓里，在建筑楼顶的工作平台上，让纳雷开始思考并将巴黎看作一个被无数林立的历史建筑物加冕的"山丘"系统。位于卡迪内街（1926年）的体育场项目（第257页，插图51）也同样处于与历史建筑的对话语境中，包括圣心堂、雅克－日耳曼·苏夫洛于18世纪晚期修建的万神庙以及哥特式建筑巴黎圣母院。这些历史建筑布局图让人联想起由7座山丘组成的壮丽景象——"罗马印象"（Lesson of Rome），而"巴黎印象"（Lesson of Paris）也与之类似，后者由蒙马特、蒙帕纳斯、贝尔维尔、圣热纳维耶夫以及夏约宫这5座山丘组成。[16] 柯布西耶并不是唯一一位欣赏过这"山丘"景色的人：查尔斯·德·贝斯特古的公寓屋顶平台（1929—1931年），是欣赏"山丘"系统的另一高地，其景观视野正如1934年让·德·布朗霍夫在其书籍《巴巴的故事》中所画的插图（图4）那样；显然，布朗霍夫对于贝斯特古举办的"传说中的招待会"了如指掌。

在两次世界大战期间，巴黎几乎没有新增任何大的建设项目。这促使建筑师和政治家有了交集，并在城市化和公共构筑物的领域展开了唯一一次合作：在夏约宫山丘之上建设巴黎世界博览会（1937年）的建筑群。在这期间，柯布西耶不仅观察了巴黎典型的宏伟建筑，试图将它们与自己设计的本地项目相联系，而且开始寻找机遇以回应第一次世界大战后的巴黎公共项目。最复杂的项目涉及老城墙周边地块的开发，老城墙自1919年起便被逐步夷平，随后低造价的住宅沿着城墙拔地而起，形成了所谓的"33公里的耻辱"。[17] 柯布西耶1922年的别墅公寓选址与老防御城墙密切呼应，准备用于奢侈建筑的开发。在老防御城墙周边的另一地块，瑞士馆（1930—1933年）以及巴西馆（1953—1959年）先后落地建成并融入大学城之中。大学城地处城区南环，最初是由吕西安·贝斯曼和珍－克劳德·尼古拉斯·弗雷斯迪尔于1924年构想并设计的，被称为"学生花园村庄"。最后，也是最重要的，柯布西耶在设计凯勒曼堡垒的居住建筑时还带有这样的意图：与市政官员们攀交情。设计之初，柯布西耶的构思是大胆的，甚至有些骄傲自大；他使用底层架空保留原有防御堡垒的遗迹，在底层架空的基础上，建筑物的钢架也被赋予了桥梁的功能，便于城墙之上的交通（图5）。但是，这幢居住建筑却没能保

16. 勒·柯布西耶（Le Corbusier），《走向新建筑》（Toward an Architecture），第193—212页。

17. 勒·柯布西耶（Le Corbusier），《大炮，弹药？谢谢！是公寓……》（Des canons, des munitions? Merci! Des logis...S.V.P.），布洛涅－比扬古：今日建筑出版社，1937年，第52页。

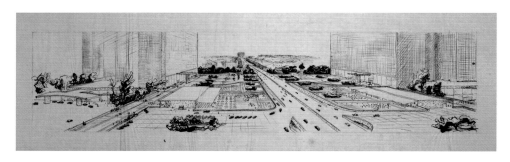

图 5. 凯勒曼堡垒之上的居住建筑，巴黎，1933—1935 年，建筑场地规划透视图，铅笔、墨水、牛皮纸，37.6 cm × 70.3 cm，巴黎：勒·柯布西耶基金会，FLC 28403

图 6. 巴黎，马约门的城市设计方案，1929 年，大军团大街总体透视图，包括星形广场和凯旋门，墨水、描图纸，46.5 cm × 110.9 cm，巴黎：勒·柯布西耶基金会，FLC 15046

存下来。

开始于 1918 年的巴黎棚户区重建项目，对新式住宅类型进行了探索。而早在 1914 年，罗斯柴尔德基金会等慈善组织也曾进行过相关尝试，并得到了柯布西耶的关注。[18] 而在一个更为宏观的尺度上，柯布西耶的瓦赞计划则比那些城市当局所预期的更加激进彻底。瓦赞计划也是自相矛盾的，一方面它肯定了"在这个计划中，充满历史意义的过去，我们共同的遗产，将得到尊重。不仅如此，历史还将得到应有的救赎"，而另一方面，"玛黑区、档案馆、寺庙等都将被拆毁。但是古老的教堂将会保留。这些教堂将被碧绿的景观环绕；变得更加迷人"。[19] 柯布西耶对于首都巴黎现代化的想法来源于 20 世纪早期由艾纳尔·赫纳德所构想的新街道和新建筑，以及先前时期的企业发展，更重要的是乔治-欧仁·奥斯曼男爵的实践；奥斯曼是拿破仑三世时期的大臣，他"既大胆又无畏"，这一切都"归功于"他"大刀阔斧的城市改造"。即使奥斯曼曾被指责在塞瓦斯托波尔大道上创造出的是一片荒漠，但是这个街区现在已经变得车水马龙。柯布西耶嘲讽那些曾经出现的对奥斯曼作品的批判之声，借以讽刺那些针对瓦赞计划的人。

柯布西耶的瓦赞计划本将要在 400 公顷左右的土地上进行统筹部署，然而由于计划无法实施，他只能聚焦于较小的土地区块上；例如马约门的月神公园，在那里珍珠商人和地产商莱昂纳德·罗森泰于 1929 年举办了一场竞赛。柯布西耶的设计利用两个玻璃塔楼和一条高速公路的片段创造出一个视觉框，视线通向凯旋门和星形广场（图 6）。在 1935 年巴黎东部的第 6 棚户区竞赛当中，柯布西耶设计了一组呈锯齿状布局的公寓建筑。根据艾伦·柯宽恩的分析，在这两个竞赛项目中，瓦赞计划中的"设计策略"元素都得到了较好的实地运用。[20]

柯布西耶对于巴黎蔓延计划所带来的风险并非无动于衷。巴黎蔓延问题在 1919 年的城市竞赛中被提出，当时的获奖者是莱昂·乔瑟里，而他的规划方案却没有落地实施。在《明日之

18. 参见玛丽-珍妮·杜蒙特（Marie-Jeanne Dumont），《1850—1930 年的巴黎社会住房：经济住宅》（ *Le Logement social à Paris, 1850– 1930 : Les Habitations à bon marché* ），列日：马达加出版社，1991 年。

19. 勒·柯布西耶（Le Corbusier），《明日之城及其规划》（ *The City of To-morrow and Its Planning* ），第 166，267，297 页。

20. 艾伦·柯宽恩（Alan Colquhoun），"伟大工作策略"（The Strategies of Grands Travaux），引自《经典传统的现代性：建筑论文集，1980—1987 年》（ *Modernity and the Classical Tradition : Architectural Essays, 1980–1987* ），坎布里奇：麻省理工学院出版社，1989 年，第 121—163 页。

图 7. 保罗·瓦扬－古久里纪念碑，维勒瑞夫，1938—1939 年，包括高速公路的总透视图，墨水、水粉、硬纸板、拼贴画，56.6 cm × 76.6 cm，巴黎：勒·柯布西耶基金会，FLC 33180

城市》（1925 年）中，柯布西耶利用曲线图示意出工人阶级大量离开城区拥入郊区的事实，并且用《光辉城市》（1935 年）中的一幅手绘图，表达出在巴黎中心区和市郊之间创建新的关口的提议，"除去那些阻挡我们到达国家高速公路的大门"。[21] 为了回应 1931 年公开讨论的官方设计方案——从星形广场到拉德芳斯之间的"凯旋大道"（triumphal route），柯布西耶提出"真实的刺穿，城市的脊柱"并且重新调整了此项规划。"脊柱"划开了"腐朽的城市邻里区"，从城市西部横穿至东部；1937 年，柯布西耶将这条脊柱延伸至一个大型体育场，这里适合开展人民阵线这种戏剧性的运动。[22] 柯布西耶在 20 世纪 30 年代的最大胆的设计之一也是在法国的政治背景中诞生的：一座为了纪念领袖保罗·瓦扬·古久里的纪念碑（图 7），瓦扬－古久里促进了法国共产党和知识分子的联系。这座纪念碑位于巴黎南郊的一条主要高速公路之上，它的大型石柱是为了迎合机动车驾驶人的视线而非来往的行人。当汽车驶入高速公路时，借助大型石柱而抬高的纪念碑就能映入眼帘。纪念碑的特点在于一只张开的手掌，它象征着瓦扬－古久里的政治口号，并且也是 20 年后昌迪加尔纪念碑的前身。

柯布西耶对于巴黎改造充满了无穷的兴趣，因此，我们可以想象当他在 1964 年接到文艺部部长安德烈·马尔罗的委托时是何等的兴奋——在拉德芳斯建设一座 20 世纪博物馆。这个项目赋予了柯布西耶最后的契机，以实现他对于"整合式的巴黎"的愿景：他建议放弃在西部郊区的项目选址，而选择城市中心区，因为那里大小皇宫仍旧屹立不倒，正好见证了"20 世纪在巴黎的本土化"。[23] 这个项目最终未能落地。但它却反映出了柯布西耶苦苦追寻 40 多年的、令人钦佩的事业的真实主旨。

21. 勒·柯布西耶（Le Corbusier），《明日之城市》（Urbanisme），第 105 页；以及"危机中的巴黎"（Paris in Danger），引自《光辉城市》（The Radiant City），第 101 页。

22. 勒·柯布西耶（Le Corbusier），"1937 年巴黎计划"（Plan de Paris 1937），引自《大炮，弹药？谢谢！是公寓……》（Des canons? Des munitions? Merci! Des logis . . . S.V.P.），布洛涅－比扬古：今日建筑出版社，1938 年，第 55—66 页。

23. 勒·柯布西耶（Le Corbusier），引自欧仁·克劳迪亚斯－佩蒂特（Eugène Claudius-Petit）（时任法国重建与城市规划部部长），"勒·柯布西耶在巴黎最后的项目"（L. C. Dernier projet pour Paris），《今日建筑》（L'Architecture d'aujourd'hui），第 249 期（1987 年 2 月）：liv。

插图 49. "学院派说：不！"，1929 年，布宜诺斯艾利斯讲座配图，炭铅笔、纸张，117.9 cm × 77.2 cm，巴黎：勒·柯布西耶基金会，FLC 32092

插图 50. 救世军的漂浮庇护所，巴黎，1929 年，瓦尔嘉朗广场前的游轮透视图，铅笔、墨水、描图纸，71.6 cm × 109.7 cm，巴黎：勒·柯布西耶基金会，FLC 12063

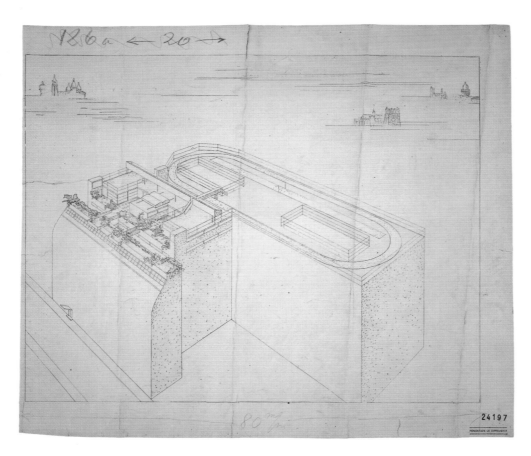

插图 51. 建筑屋顶上的体育场，巴黎，卡迪内街，1926 年，屋顶跑道透视图，铅笔、彩色铅笔、纸张，60.2 cm × 70.2 cm，巴黎：勒·柯布西耶基金会，FLC 24197

插图 52. 蒙马特高地公寓建筑，巴黎，1935 年，轴测图，铅笔、描图纸，
88 cm × 53 cm，巴黎：勒·柯布西耶基金会，FLC 28869

插图 53. 蒙马特高地公寓建筑，巴黎，1935 年，圣心教堂方向的外
部透视图，墨水、彩色蜡笔、牛皮纸，28 cm × 44.4 cm，巴黎：勒·柯
布西耶基金会，FLC 28873

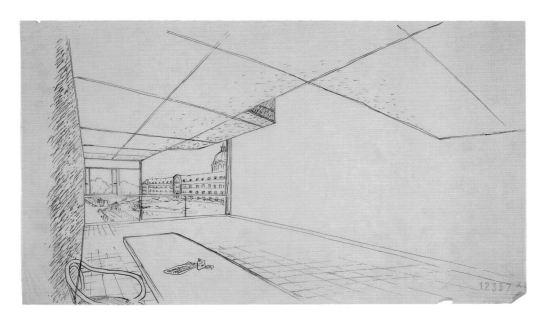

插图 54. 公寓建筑，巴黎法贝尔街道，1932 年，巴黎荣军院方向的
内部透视图，墨水、牛皮纸，32.3 cm × 55.9 cm，巴黎：勒·柯布西
耶基金会，FLC 12337

巴黎：拉罗歇－让纳雷住宅，1923—1925 年

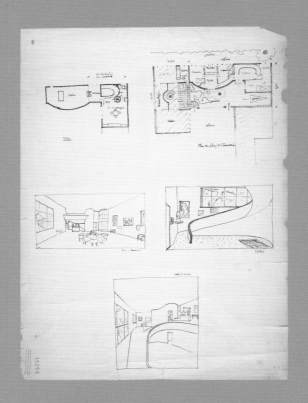

拉罗歇－让纳雷住宅，巴黎，1923—1925 年，内部透视图及初步设计方案，日光晒印，56 cm × 76.3 cm，巴黎：勒·柯布西耶基金会，FLC 15254

勒·柯布西耶为其弟阿尔伯特·让纳雷及瑞士银行家劳沃·拉罗歇设计建造的位于奥特伊居民区的双拼式住宅是其建筑设计事业的一个转折点。该双拼式建筑坐落于与怀特医生路垂直的死胡同尽头，较为隐蔽，是柯布西耶在巴黎的第 2 个建筑作品。相较于他的首个巴黎建筑作品，即为阿梅德·奥占芳设计的住宅和工作室（1922—1924 年），前者的整体构型和空间秩序将后者"复杂而神秘"的建筑结构理念演绎得更为深刻。[1] 如果说柯布西耶为阿尔伯特及其未婚妻洛蒂·拉夫设计的别墅终稿在内部空间布局方面鲜有别出心裁的设计，其为拉罗歇设计的别墅则是锐意创新，所设计的两处展开空间令人惊叹。其中一处空间，底层以柱架空，专用于银行家拉罗歇的艺术品珍藏。拉罗歇的珍藏包括其在 1921 年的"坎魏勒及乌德藏品拍卖会"上，采纳勒·柯布西耶及奥占芳的建议而购买的立体主义油画作品。[2]

在 1940 年以前柯布西耶设计构想的众多巴黎小型项目沿革中，房屋最初的设计手稿更多关注的是对 3 幢建筑空间大小的裁剪，不论是在乡野村落，抑或是在首府巴黎精英会集的第 16 街区。受 1923 年 10 月于拓新画廊举办的意义非凡的"荷兰风格派建筑师"展览会影响，对对称性甚而是传统建筑的开口诉求被彻底摒弃。在见识过特奥·凡·杜斯伯格和科内利斯·凡·伊斯特伦所谓的非建构建筑和模型

之后，柯布西耶在他的工程项目中用超大面积的玻璃代替了传统的内嵌式窗户模型。房屋的表面变成了纯粹的平面组合，或是水平长窗，或是一整面墙；从此时起，建筑立面的开敞与边缘一致。[3]

柯布西耶将自己称为建筑控制线的"精准计算"应用于建筑立面的雕琢中。[4] 他构思设计拉罗歇住宅的内部空间，"恍如一场建筑漫步"。在描述建筑的展开空间时，他写道："你一走进其内部，一场建筑奇观便拉开了帷幕，在眼前上演。随着旅程路线前行，一路上眼前的景致千变万化，光影营造出碧波荡漾之感，出演了一场光与影的大戏。大型玻璃窗拓展了你远眺的视野，重新定义了建筑内外的统一性。"墙壁的色彩装饰采用柯布西耶 1920 年以来纯粹主义静物画的颜色。拉罗歇买下了其中一些最为漂亮的画作；挂于墙上，这些画作产生了一种建筑学假象，提升了房屋的整体空间感。

在这个物理和视觉的统一体中，柯布西耶第一次将他阅读奥古斯特·舒瓦齐的《建筑学历史》（1899 年）时所获得的灵感付诸实践，书中作者对作为仪式典礼礼堂的雅典卫城的分析对柯布西耶的影响尤为深刻。设计拉罗歇住宅时，他采用了多个视角关联结合的设计理念，并从 3 个相继的方向设计部署：首先向上，再水平，最后向下。从入口处的楼梯向上走，门厅视野一览无余，餐厅连着门厅。继续

1. 蒂姆·本顿（Tim Benton），《勒·柯布西耶和皮埃尔·让纳雷的别墅建筑作品鉴赏，1920—1930 年》（ The Villas of Le Corbusier and Pierre Jeanneret，1920–1930 ），1987 年；巴塞尔：波克豪瑟出版社，2007 年，第 38 页。
2. 同上，第 47—77 页。
3. 布鲁诺·雷克林（Bruno Reichlin），"勒·柯布西耶与荷兰风格派建筑师"（ Le Corbusier vs. de Stijl ），伊夫·阿拉姆·博伊斯（Yve-Alain Bois）和布鲁诺·雷克林编辑，选自《荷兰风格派与法国建筑》（ De Stijl et l'architecture en France ），列日：马达加出版社，1985 年，第 91—108 页。
4. 勒·柯布西耶（Le Corbusier），"奥特伊的两家非同一般的旅馆"（Deux hôtels parts iculier à Auteuil），威利·鲍哲格（Willy Boesiger）与奥斯卡·斯托罗诺夫（Oscar Stonorov）编辑，选自《勒·柯布西耶和皮埃尔·让纳雷作品全集，1910—1929 年》（ Le Corbusier et Pierre Jeanneret：Œuvre complète，1910–1929 ），1930 年；苏黎世：吉斯贝格尔出版社，1937 年，第 132 页。

拉罗歇 – 让纳雷住宅，1923—1925 年，拉罗歇住宅内部，理查德·佩尔拍摄

漫步，就到了画廊，画廊的墙面呈曲线形式，地面倾斜，直通向图书室，从图书室往画廊回望，视线落差较大。沿着上述路线游览观赏，柯布西耶的设计让游客虽置身于房屋内墙，却感同体验了一次户外漫步。

加尔舍：斯坦恩·杜蒙齐住宅，1926—1928 年

斯坦恩–杜蒙齐住宅，加尔舍，1926—1928 年，图组由系列透视图构成，钢笔及铅笔绘图，82.9 cm × 65 cm，巴黎：勒·柯布西耶基金会，FLC 31480

受 1925 年"巴黎装饰艺术展"的成功举办以及"将巴黎夷平"建议的丑闻影响，勒·柯布西耶在巴黎精英阶层中变得炙手可热。他受到委托，在巴黎西部郊区的加尔舍为格特鲁德·施泰因的弟弟迈克尔和他的现代油画收藏家妻子萨拉以及他们的朋友加布里埃尔·德蒙齐建造一处大型住宅。加布里埃尔的前夫是公务部长，曾襄助完成了展览中的新精神馆的建设。拉罗歇－让纳雷住宅设计建造受制于既有城区规划的前车之鉴，使得柯布西耶在设计斯坦恩·杜蒙齐住宅时，在房屋边界上留出较大富余：地块仍保有乡村的景观风格，而住宅则在此地块的远端。

正如蒂姆·本顿所描述的，柯布西耶使得双拼式住宅不再只停留在空想阶段，第一次真正地将此形式住宅设计并建造出来。[1] 此形式住宅可供两户家庭和谐同住，只有卧室及其附属建筑分开，设计为单独的套房，然后再基于一个完全反过来的方案，从三维角度安排房屋的整体布局：住宅入口位于一排树的尽头，左边开放，形成游廊；右边 3 层户外楼梯可使人悠闲怡然地登上露天的屋顶花园。在项目的此阶段，房屋内部和外部之间的关系是设计者需要关心的首要问题。在已完成的设计版本中，柯布西耶致力于完成"在一个狭小的空间中实现功能器官的集合，非常纯粹。此构想较难实现，也许需要思维上的灵光一现；用思维的力量突破强加于自我的限制"。[2] 上述空间在精心设计下与景观产生了联系——这是张力的展现——但目前为止对于这种隐喻的学术解释一直处于留白状态，特别是柯林·罗及罗伯特·斯拉茨基的作品。他们的作品着重介绍设计图的比例方格以及纯粹主义绘画回声，提出了"现象透明性"的概念。[3]

柯布西耶在他的著作《一栋住宅，一座宫殿》的某一章节中强调指出了建筑紧凑性的重要地位："事实尖锐，毫无遮掩。偶然性力量的限制也在事实面前变得脆弱不堪，溃不成军。紧凑性为空间的限制带来了自由。因为限制而引发的解决方案以聚集的形式出现，就如同水晶一般。游戏规则既已了然，则游戏已胜券在握。我们明白，这个方盒子表面平滑且处于绷紧状态，受制于多种发明之间的龃龉；在那里，我们可以捕捉到无尽的可感知的事物；有所属意时，我们便能创造新的发明。而与周遭环境紧密相关的建筑工作能够给予我们的灵感则是无穷无尽的。"[4] 住宅在其选址之上可提供多变的视角，两者之间的关联可由露天平台与回廊的演绎及设计终稿中 2 楼到屋顶花园的建筑漫步加以保证。此时，别墅或被戏称为阳

1. 蒂姆·本顿（Tim Benton），《勒·柯布西耶和皮埃尔·让纳雷的别墅建筑作品鉴赏，1920—1930 年》（The Villas of Le Corbusier and Pierre Jeanneret, 1920-1930），巴塞尔：波克豪瑟出版社，2007 年，第 161—181 页。

2. 勒·柯布西耶（Le Corbusier），"现代住宅规划"（The Plan of the Modern House），选自《精确性：建筑与城市规划状态报告》（Precisions on the Present State of Architecture and City Planning），施雷柏·奥杰姆（Schreiber Aujame）编译，坎布里奇：麻省理工学院出版社，1991 年，第 134 页。最初发表为"现代住宅规划"（Le Plan de la maison moderne），选自《精确性：建筑与城市规划状态报告》（Précisions sur un état présent de l'architecture et de l'urbanisme），巴黎：乔治斯·克雷公司，1930 年。

3. 科林·罗（Colin Rowe），"理想型别墅暗藏的数学：帕拉第奥和勒·柯布西耶之比较"（The Mathematics of the ideal Villa：Palladio and Le Corbusier Compared），选自《建筑评论》（Architectural Review），101（1947 年）：101—104；以及科林·罗和罗伯特·斯拉茨基（Robert Slutzky）的"透明性：物理层面与现象层面"（Transparency：Literal and Phenomenal），第 8 卷（1963 年），第 45—54 页。

4. 勒·柯布西耶（Le Corbusier），《一栋住宅，一座宫殿》（Une Maison, un palais），巴黎：乔治斯·克雷公司，1928 年，第 70 页。

斯坦恩－杜蒙齐住宅，加尔舍，1926—1928 年，入口处视图及勒·柯布西耶的瓦赞飞机 C12，巴黎：勒·柯布西耶基金会，FLC L1-10-13

台，像极了柯布西耶 1925 年为迈耶夫人建造的神秘居所的放大版，建筑漫步路线如"伟岸之树其上的树叶"这一观点在这里也得以体现。[5]

5. 勒·柯布西耶（Le Corbusier），致梅耶夫人的一封信，1925 年 10 月，威利·鲍晢格（Willy Boesiger）与奥斯卡·斯托罗诺夫（Oscar Stonorov）编辑，选自《勒·柯布西耶和皮埃尔·让纳雷作品全集，1910—1929 年》（Le Corbusier & Pierre Jeanneret : Œuvre complète, 1910–1929），苏黎世：吉斯贝格尔出版社，1937 年，第 89 页。

巴黎：瓦赞计划，1925 年

深谙城市化发展历史沿革，勒·柯布西耶于 1910 年参观访问了柏林的"综合城镇规划展览"，并于 1916 年参观了巴黎的"城市重建展览"，在此展览中他邂逅了托尼·噶涅的"工业城市"。1922 年的秋季沙龙上，他展示了"300 万居民的当代城市"的立体模型，声名大噪。这个宏伟的轴向作品，基于矩形地块，以商业街区的摩天大楼为中心，四周环绕以居民区，包括别墅公寓及犬牙交错的楼房。

在 1925 年于巴黎举行的装饰艺术展上，柯布西耶展出的一组别墅公寓是其刊登在《新精神馆》上的主要作品，《新精神馆》是柯布西耶于 1920 年与阿梅德·奥占芳共同创办的杂志。展览上一同展出的还有柯布西耶 1922 年的项目作品，以及巴黎瓦赞计划的立体模型，此项目是以飞机及汽车制造商加布里埃尔·瓦赞的名字命名的。在瓦赞计划中，当代城市的通用系统被加以修改以适应巴黎地形的特殊要求。该项目规划的南北轴与塞瓦斯托波尔大道相一致，继承自 19 世纪后期的乔治－欧仁·奥斯曼男爵的规划，而规划图的东西轴则采纳的是 1906 年艾纳尔·赫纳德提出的路线意见。

柯布西耶的计划需要将巴黎市中心相当大的一部分夷平。只有少数的文化遗址，如玛德莲教堂、旺多姆广场、圣德尼门和圣马丁门等会被保留下来。从高耸的城市商业中心看去，"城市恢宏高耸直入云霄，自由地拥抱着阳光和空气，干净澄澈又温暖明亮。"柯布西耶写道。[1] 以医学比喻解释，柯布西耶摒弃了欧洲城市规划专家所依赖的内科医师，采用彻底的外科手术，与他以前所钟爱的如图画般的建筑告别，治愈城市所存在的弊病。他以几何、历史，甚至是将被他的项目摧毁殆尽的巴黎历史为他所提出的治愈方案正名。他在《明日之城市》一书中坚称："空间组织涉及几何规划：不论是在大自然中，还是在城市人口的聚集中，欲创造几何性产物，非手术不可得。"[2]

《小巴黎日报》评论道：人们可以从"新精神梦想"中看到法国首都"如果美国化"的面貌。[3] 诚然，柯布西耶将其类似外科手术的改建方法与旧巴黎的现代化运动结合起来，瓦赞计划确也借鉴了 1914 年之前于柏林所探讨的纽约和芝加哥的若干考察所得准则。[4] 这些商讨直接导致了 1921 年的弗里德里希街之争，路德维希·密斯·凡·德罗为此建造了世界上第一栋玻璃摩天大楼；柯布西耶知晓这个项目，布鲁诺·陶特于 1922 年将该项目出版在杂志《曙光》上，在瓦赞计划中，柯布西耶将其与奥古斯特·佩雷于 1920 年提出的塔楼城市相结合。[5] 即使在 1925 年瓦赞计划的立体模型被拆除以后，柯布西耶仍然锲而不舍地调整、完善他的规划设计。1937 年，遵循其未来 30 年将一直不懈追求并努力展现在巴黎人民领袖眼前的理念，柯布西耶用笛卡儿式摩天大楼替代了玻璃塔楼。

1. 勒·柯布西耶（Le Corbusier），《明日之城市及其规划》（The City of To-morrow and Its Planning），弗雷德里克·艾切尔斯（Frederick Etchells）译，1929 年；伦敦：建筑出版社，1947 年，第 290 页。最初出版为《明日之城市》（Urbanisme），巴黎：乔治斯·克雷公司，1925 年。
2. 同上，第 260 页。
3. 短语出自勒·柯布西耶（Le Corbusier）的《现代建筑年鉴》（Almanach d'architecture moderne），巴黎：乔治斯·克雷公司，1926 年，第 188 页，吉纳维芙·亨德里克斯（Genevieve Hendricks）译。
4. 例如，参见阿尔弗雷德·达姆比希（Alfred Dambitsch）编辑出版的《柏林的第三维度》（Berlins dritte Dimension）。
5. 路德维希·密斯·凡·德罗（Ludwig Mies van der Rohe），"霍克豪泽"（Hochhäuser），《曙光》（Frühlicht），第 4 期（1922 年），第 124 页；奥古斯特·佩雷（Auguste Perret），"我所知晓的明日之城市，就是新兴国家应当建设的城市"（Ce que j'ai appris à propos des villes de demain ; c'est qu'il faudrait les construire dans des pays neufs），选自《永不妥协》（L'Intransigeant），1920 年 11 月 25 日，第 4 页。

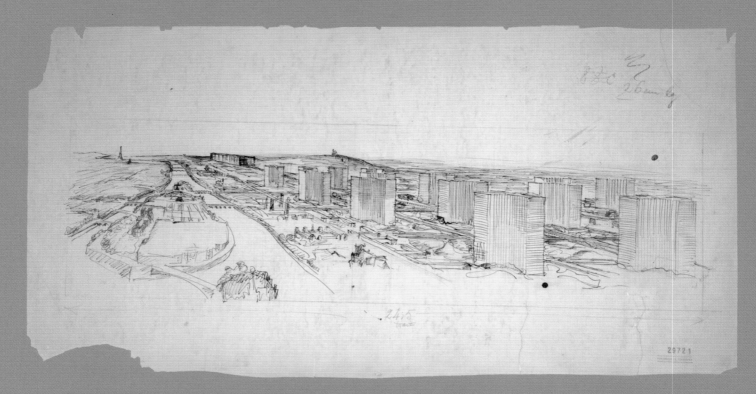

巴黎瓦赞计划，1925 年，面向城市小岛方向的总体透视图，
钢笔、铅笔及彩色铅笔制图，60.2 cm×114.9 cm，巴黎：勒·柯
布西耶基金会，FLC 29721

巴黎规划图，1937 年，巴黎中心的空中透视图及保存建筑
的蒙太奇照片，水粉画及照片打印层叠于日光晒印于纸上，
58.4 cm×86.6 cm，巴黎：勒·柯布西耶基金会，FLC 29788

普瓦西：萨伏伊别墅，1928—1931 年

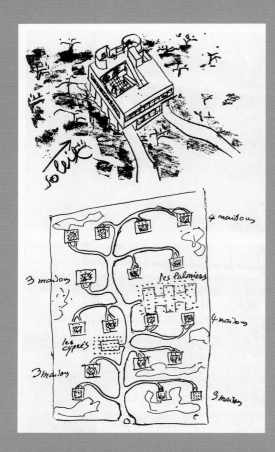

萨伏伊别墅，普瓦西，1928—1931 年，别墅的三向投影图，以及为阿根廷设计的别墅阳台规划，1929年布宜诺斯艾利斯演讲的草图，选自《精确性：建筑与城市规划状态报告》，巴黎：乔治斯·克雷公司，1930 年，第 139 页

"明快时光"，抑或萨伏伊别墅，是为保险代理商皮埃尔·萨伏伊建造的休闲胜地。别墅俯瞰塞纳河峡谷，一开始的选址就注定了此建筑的非比寻常。在《勒·柯布西耶全集》第1 卷中，柯布西耶解释道："选址：大片草地与果园形成半球状穹顶，四周环绕有高大挺拔的树，恢宏壮丽。此别墅不需如常设计一个前门。坐落于穹顶之巅，须得向四面均敞开。最主要的，为了和悬浮的空中花园达到相得益彰的效果，别墅须得底层架空，提升整体高度。登此高远望，视野悠远绵长。"[1] 4 年后，在第2 卷中，柯布西耶将其观点精简表述为："此别墅就如一个物体般被放置在草地上，不惊扰一处安宁。"[2]

独处于柯布西耶所说的"乡村景观"中，此"草地上的方盒子"之喻貌似简单的棱状物与"建筑漫步"的通幽曲径的相会。"建筑漫步"曲径的第 1 部分为汽车驾驶车道，终止于泊车区，以别墅的底层架空柱标定界线。第 2 部分为人行小道，从草坪斜通向上直到屋顶。与楼梯分割空间的功能截然相反，此人行斜坡不仅将空间连通，同时也使视野变得连续起来。[3] 综上，此别墅选址优势体现为以下几点：主楼层地基为框，限制了整体构型，从建筑下看上去，水平方向扩展有广阔的空间；在主楼

层，起居室的水平长窗及露台的开敞式带形窗在建筑史上留下了不灭的华彩。一幅画完美地揭示了露台的内部景观与围墙之外果园景观间的构筑关系。

在《走向新建筑》（1923 年）一书中，柯布西耶曾写道："考虑一个建筑作品对其选址的影响……外部景观即是内部功能空间的外化体现。"[4] 萨伏伊别墅则是这一观点最令人信服的注解之一。这里内外交会的地方，是"悬浮花园起居室的滑动平板玻璃墙及别墅其他自由开敞的房间：如此室内便随处可见阳光铺洒，即便是房屋最中心的地方，也有阳光温暖"。[5] 慢慢行至室外，斜斜的小径通向日光浴室，在这里，风景可尽收眼底，整座建筑终于毫无保留地将自己呈现在游客眼前。

在仍处于建设阶段时，1929 年秋，柯布西耶即以萨伏伊别墅为基石在南美发表了演说。在演说中，他将此别墅以一类建筑模型的形式呈现在观众面前，并提议以此模型为蓝本建造一个建筑群，在"美丽的阿根廷乡村一隅……那里依旧放牧着牛儿……那里的居民，向往着美丽安宁的田园生活，会考虑接纳这样风格的住宅，无须改动，从悬浮花园到四面开敞的水平长窗，定会让他们心向往之。而他们的生活也会沉醉在维吉尼亚式的美梦中。"[6] 普瓦西的

1. "普瓦西的萨伏伊别墅，1928 年"（Maison Savoye à Poissy, 1928），威利·鲍皙格（Willy Boesiger）与奥斯卡·斯托罗诺夫（Oscar Stonorov）编辑，选自《勒·柯布西耶与皮埃尔·让纳雷作品全集，1910—1929 年》（Le Corbusier & Pierre Jeanneret: Œuvre complète, 1910–1929），苏黎世：吉斯贝格尔出版社，1937年，第186 页。
2. "普瓦西的萨伏伊别墅，1929—1931 年"（Villa Savoye à Poissy, 1929–1931），威利·鲍皙格（Willy Boesiger）编辑，选自《勒·柯布西耶和皮埃尔·让纳雷作品全集，

1929—1934 年》（Le Corbusier & Pierre Jeanneret: Œuvre complète, 1929–1934），苏黎世：吉斯贝格尔出版社，1934年，第24 页。
3. 同上，第25 页。
4. 勒·柯布西耶（Le Corbusier），《走向新建筑》（Toward an Architecture），约翰·古德曼（John Goodman）译，洛杉矶：盖蒂研究所，2007年，第216 页。最初发表为《走向新建筑》（Vers une architecture），巴黎：乔治斯·克雷公司，1923年。
5. 勒·柯布西耶（Le Corbusier），《精确性：建筑与城市规划状态报告》（Precisions on the Present State

of Architecture and City Planning），施雷柏·奥杰姆（Schreiber Aujame）编译，坎布里奇：MIT 出版社，1991年，第136 页。最初发表为《精确性：建筑与城市规划状态报告》（Précisions sur un état présent de l'architecture et de l'urbanisme），巴黎：乔治斯·克雷公司，1930 年。
6. 勒·柯布西耶（Le Corbusier），《精确性：建筑与城市规划状态报告》（Precisions on the Present State of Architecture and City Planning），第139 页。

萨伏伊别墅，普瓦西，1928—1931 年，周围环境的外部视图，巴黎：勒·柯布西耶基金会，FLC L2-17-17

萨伏伊别墅虽然最初是在特殊选址下设计的，但其对于其他不同选址是具有适应性的，这一点柯布西耶曾在 1929 年展览上演示过，每一种选址是如何接纳这"看似简单的矩形棱柱"，也即萨伏伊别墅。[7]

萨伏伊别墅，普瓦西，1928—1931 年，露台及风景的透视图，1929 年，钢笔、铅笔及彩笔摹图，46.1 cm×84.4 cm，巴黎：勒·柯布西耶基金会，FLC 19425

7. 同第 266 页注释 6，第 77—78 页。

巴黎及其郊区：内部空间与景观，对比与类比

建筑内部功能空间与外部景观的相互作用关系是现代建筑孜孜以求的不变主题，然而若考虑勒·柯布西耶将建筑内部空间也视为建筑景观的观点，这个主题似乎又有些勉强。尽管柯布西耶的早期作品尽皆取材于丰饶的大自然，他的启蒙老师，查尔斯·拉波拉特尼对其所追求的如画式景观还是提出了质疑。[1] 查尔斯教导、敦促学生，应当根据自己的职业特色（建筑、家具、珠宝或钟表装饰），把从植物群、动物群及侏罗山石景中获取的装饰元素灵活化用到自己的作品中。[2] 不无意外地，在其第一个室内设计作品，即位于拉绍德封的佛莱别墅（1905—1907 年）中，柯布西耶运用了大量取自自然——尤其是冷杉——的几何图案，并将其覆满了几乎整个室内。

直至其接下来的旅程中，拉波拉特尼的学生——柯布西耶才突然发现其他连接建筑与自然的方式存在。这些方法，并不限于单纯的仿生自然，其特色在于突出建筑结构与自然景观之间的对比。弗朗西斯科·帕桑蒂近来指出，柯布西耶在佛罗伦萨郊区溪谷地的加卢佐修道院的游访对这位锋芒初露的建筑师的风格养成具有重要意义。[3] 帕桑蒂指出正是在这个地方，"建筑/自然二元结构"（the binomial architecture/nature）对柯布西耶的建筑思维产生了重大影响。修道院小屋既是开敞的，又是封闭的。从高楼层的凉廊向外眺望，真正的大自然以框景景观的形式呈现在眼前；视线往下，可以看见被四边围墙划定出来的小小花园，这是常用的造景手法，人工雕琢痕迹明显。每个小屋都可以看见封闭的人工景观（视线向下）和开敞的自然景观（视线向上）。[4]

事实上，从此次游学开始，柯布西耶真正将室内设计视作沟通建筑内部与外界的桥梁。比特瑞兹·科罗米娜认为柯布西耶的每个建筑作品都像是如画式风景的取景框，甚至可称得上是如同"投影描绘器"般的存在，将最美的风景引至眼前。[5] 但是一次又一次地，柯布西耶重复创造着加卢佐修道院的四墙围合的花园，内部空间封闭，远景需求被刻意忽略。在拉罗歇住宅（1923—1925 年）的部分建筑中，柯布西耶第一次表现出了对开敞空间的追求。进入一个完全封闭的大厅后，游览者可跟随预定的环道路线，进行建筑漫步（promenade architecturale）。大厅内设有两处楼梯井，楼梯均位于板墙之后；游览者通过墙上的狭缝可窥得室外的远景。两个楼梯在二楼的大玻璃窗旁通过一狭小通道连通。游览者一路漫步，仿佛欣赏电影一般，封闭的房间、通透开敞的空间在眼前交替变换："在沿着建筑漫步路线游览的全程中，视野及观赏角度多变……连通外部景观与内部空间的开敞窗口揭示了建筑的统一性。"[6] 又或者，我们可以再度

1. 勒·柯布西耶（Le Corbusier），《现代装饰艺术》（L'Art décoratif d'aujourd'hui），巴黎：乔治斯·克雷公司，1925 年，第 198 页。
2. 拉绍德封艺术学校委员会报告（1905—1906 年），第 14—15 页。
3. 弗朗西斯科·帕桑蒂（Francesco Passanti），"托斯卡纳别墅"（Toscane），美利达·塔拉莫纳（Marida Talamona）编辑，选自《勒·柯布西耶的意大利之旅，与勒·柯布西耶基金的第十五次相会》（L'Italie de Le Corbusier, XVe Rencontre de la

Fondation Le Corbusier），巴黎：维莱特出版社，第 18—27 页。
4. 同上，第 23 页。
5. 比特瑞兹·科罗米娜（Beatriz Colomina），"走向新的传媒建筑"（Vers une architecture médiatique），亚历山大·冯·费格萨克（Alexander von Vegesack）、斯坦尼斯劳斯·凡·莫斯（Stanislaus von Moos）、亚瑟·鲁埃格（Arthur Rüegg）编辑，选自《勒·柯布西耶：建筑的艺术》（Le Corbusier : The Art of Architecture），莱茵河畔威尔，德国：维特拉设计博

物馆，2007 年，第 256 页。
6. 勒·柯布西耶（Le Corbusier），"奥特伊的两家非同一般的旅馆"（Deux hôtels particuliers à Auteuil），威利·鲍皙格（Willy Boesiger）与奥斯卡·斯托罗诺夫（Oscar Stonorov）编辑，选自《勒·柯布西耶和皮埃尔·让纳雷作品全集，1910—1929 年》（Le Corbusier et Pierre Jeanneret : Œuvre complète, 1910–1929），苏黎世：吉斯贝格尔出版社，1937 年，第 60 页。

援引科罗米娜的评论："观赏勒·柯布西耶的建筑作品，聆听建筑如电影叙事般絮絮低语着自己丰富多变的美景……住在勒·柯布西耶所设计的住宅里，恍若住进了电影里。"[7]

看着柯布西耶巧妙地将情境融入设计，人们总是自然而然地联想到 19 世纪的城市公园。那时城市公园被视作人工景观，类似地，其设计也讲求在有限的空间里追求内容的极大丰富化。建筑元素的使用也有共同之处：建筑中的狭小通道惹人思及峡谷上的栈道；楼梯井墙板上可供一睹远景的狭缝，同样出现在巴黎柏特休蒙公园的洞穴中。柯布西耶的著作《走向新建筑》一书中的短语——外部也即内部——颠倒说来也同样成立：建筑内部也可为外部。[8] 就外形来说，拉罗歇住宅无疑可称作"建筑雕塑"——一件可以用雕塑审美来评判的建筑作品——不同的是，拉罗歇住宅是通过建筑漫步来进行整体规划的，就如人工景观一般。[9]

拉罗歇住宅的画廊（图 1）——从建筑漫步中特意截取的一段空间——进一步揭示了建筑与自然之间错综复杂的关系。色彩可改变空间关系，也能引发关于空间的遐想：棕色使人想起新翻的泥土或树皮，浅蓝色或者灰色使人想起澄澈或阴云密布的天空。[10] 借助色彩装饰，柯布西耶赋予抽象的墙面艺术品以形象化的景观元素暗示。至此，一直被忽略的建筑与自然之间的关系得以建立，但仍旧十分模糊。

一次次地，柯布西耶沉醉在"建筑/自然二元结构"的建筑实践中。若不知晓柯布西耶的这个想法，人们便很难理解他在法国佩萨克的弗吕日现代居住区（1924—1926 年）中放置的覆盖着绿色壁毯的粗石墙，[11] 更难理解他在巴黎香榭丽舍大道高楼屋顶为查尔斯·德·贝斯特古建造的略带超现实主义风格的"日光浴室"（solarium）（1930—1931 年）。日光浴室的墙壁遮挡住了一切巴黎的城市景观："站定于一点，你所能看到的，只有草坪、4 堵墙，还有天空以

7. 科罗米娜（Colomina），"走向新的传媒建筑"（Vers une architecture médiatique），第 259 页。

8. 勒·柯布西耶（Le Corbusier），《走向新建筑》（Vers une architecture），巴黎：乔治斯·克雷公司，1923 年，第 146 页。

9. "建筑雕塑"（Archisculpture）是 2004 年由贝耶勒基金赞助，于里

恩（Riehen）举行的展览的关键词语之一。

10. 参见亚瑟·鲁埃格（Arthur Rüegg），"勒·柯布西耶：建筑的彩色装饰"（Le Corbusier : Polychromie architecturale），《1931—1959 年，勒·柯布西耶的色彩键盘》（Le Corbusier : Polychromie architecturale : Le Corbusiers Farbenklaviaturen von 1931

und 1959），巴塞尔：波克豪瑟出版社（1997/2006），第 24—27、44—47 页。

11. 参见亚瑟·鲁埃格（Arthur Rüegg），《勒·柯布西耶：装饰与室内设计，1905—1965 年》（Le Corbusier : Furniture and Interiors, 1905-1965），苏黎世：谢德格和斯皮思出版社，2012 年，第 168—172 页。

图 2. 查尔斯·德·贝斯特古住宅及屋顶花园，巴黎，1929—1931 年，拥有镜子和鹦鹉的花园景观，出自罗杰·巴谢的《对于装饰艺术的追寻》，选自《法国之乐》，卷 18（1936 年 3 月），第 27 页

及飘荡着的云朵。"[12] 即便是门，所用材质也是同墙面一样的石头。第一眼看上去，该建筑仿若加卢佐的"封闭的花园"（hortus conclusus），或者说封闭花园的现代形式再生，而草地和天空代表着远景。照片显示该"日光浴室"里，还有着巴洛克式的衣柜以及壁炉，壁炉旁边放着一面镜子；这些东西都以混凝土浇筑而成，而唯有花园里的小凳和鹦鹉的站架使用的是弹簧钢（图 2）。[13] 这些特点使得这个开敞的花园空间展现出丰富的内部装饰面貌。我们在照片中看到的到底是绿色的毯子，还是修剪平整的草坪呢？这个露台是真的向天空开敞，还是那只是个漆成淡蓝色的屋顶呢？正如勒内·马格里特所说，柯布西耶可以通过色彩运用，操控生理及心理观感，改变建筑的视觉效果，使一个封闭的空间变得开阔。[14]

20 世纪 30 年代，柯布西耶在其建筑作品中大量运用了景观元素，或者说原始材料，如粗糙的树干、砖块或者粗石。景观绘画中，可采用"浓重色彩"来表现深、远效果，同样的方式也可使独立式壁炉的景深感更加强烈。但是直到他的后期作品中，人工设计与周围自然景观空间的辩证关系似乎才得到真正的解决。第二次世界大战后，柯布西耶终于开始注重浓重色彩以及三维生物形态的运用；其实早在他与布列塔尼雕塑家约瑟夫·萨维那的雕塑合作中，这个手法就已被运用。浓重色彩和三维形态的运用效果在萨伏伊别墅（1928—1931 年）与马赛公寓（1945—1952 年）的屋顶平台的对比中显现得淋漓尽致。城市规划作品中包含雕塑景观形式，这种手法在 20 世纪 30 年代时已有萌芽——例如为里约热内卢或阿尔及尔的规划作品[15]——在 20 世纪 50 年代的昌迪加尔政府综合设施的设计中呈现出了前所未有的重要性。这个政府综合

12. 勒·柯布西耶（Le Corbusier），"查尔斯·德·贝斯特古先生位于巴黎香榭丽舍大道的住宅，1930—1931 年"（Appartement de M. Charles de Beistegui, aux Champs-Elysées, à Paris 1930–1931），威利·鲍皙格（Willy Boesiger）编辑，《勒·柯布西耶和皮埃尔·让纳雷作品全集，1929—1934 年》（Le Corbusier et Pierre Jeanneret : Œuvre complète, 1929–1934），苏黎世：吉斯贝格尔出版社，1935 年，第 54 页，克里斯提·休伯特（Christian Hubert）译。

13. 第一段中，壁炉并未加框，但出版于《勒·柯布西耶全集》（Œuvre complète）中的图片是所提到的已用水泥浇筑过表面的壁炉。之后提到的镜子和鹦鹉笼子是由查尔斯·德·贝斯特古（Charles de Beistegui）独自设计完成的。

14. 参见勒·柯布西耶（Le Corbusier）的《唯理主义建筑发展趋势与绘画及雕塑间的合作关系》（Les Tendances de l'architecture rationaliste en rapport avec la collaboration de la peinture et de la sculpture），罗马：意大利纪实文学，安纳塔西欧·伏特基金，1937–XVI，第 11 页。

15. 两者分别见于阿尔及尔市奥勃斯规划与里约热内卢规划草案；参见雅尼·西奥密斯（Yannis Tsiomis）编辑的《勒·柯布西耶与里约热内卢，1929—1936 年》（Le Corbusier Rio de Janeiro, 1929–1936），里约热内卢：建筑与城市规划中心，1998；以及勒·柯布西耶（Le Corbusier），《飞行器》（Aircraft），伦敦：工作室出版社，1935 年。

图 3. "3 月的伦敦伯克利酒店",1953 年,彩色铅笔绘图,16 cm×19.7 cm,巴黎:勒·柯布西耶基金会,FLC 1331

设施建筑正对着喜马拉雅巍峨的剪影,像是山脉的浮雕。无怪乎,卡洛琳·康斯坦特将此国会大厦称作"景观项目"(landscape project),它小心翼翼地远离城市,巧妙地与喜马拉雅景观糅合。[16]

一系列的迹象表明,对于自然景观的痴迷并不是柯布西耶城市规划的唯一要素。[17] 当柯布西耶躺下,他将自己的腿视作唐突于水面之上的暗礁,将腹部视作柔软的沙丘(图 3)。他无数次将其所想绘于草图本中,最终将其收录进了《直角的诗》1955 年卷。[18] 在巴黎侬杰赛 – 科里大街的工作室中,白色地板上有多处堆积的材料;柯布西耶在其中穿梭,就如同在海中航行,要避开许多真实的小岛。到 1934 年,他还设计完成了一个如洞穴般的浴室。巴黎解放之后,柯布西耶在塞夫尔街道上的建筑工作室重新开张。他开始对工作室的空间进行划分,除了放置绘图桌、模型以及文件柜的空间,新增了秘书室和经理室;他还为自己隔离出了一间小型无窗书房(长、宽、高分别为 2.59 m、2.26 m、2.26 m)——这是柯布西耶用实际应用检验其当时提出的模块化概念。柯布西耶将此空间当作一块待开发的土地进行规划,把工作隔间看作按照一定的逻辑比例结合在一起的小型独立建筑结构。

在柯布西耶许多较大规模的后期作品中,室内空间最初便被构思为外界景观的一部分。[19] 在昌迪加尔(1951—1965 年)国会大楼的大厅中,望着不计其数的圆柱逐渐消失在如黑夜般的天花板里,人们所能想到的只有森林里数不尽、望不竭的参天树干——或者,如诺曼·埃文森在 1966 年所说,这就是一个"细长混凝土圆柱构成的森林"(第 380 页,插图 68)。[20] 人行坡道系统可以通向观景台及上、下议院的房间。上议院的双曲线外形灵感源于冷却塔,会堂本

16. 参见卡洛琳·康斯坦特(Caroline Constant),"从最初的梦想到昌迪加尔"(From the Virgilian Dream to Chandigarh),选自《建筑评论》(Architectural Review),第 181 期(1987 年),第 70 页。
17. 1936—1938 年间,勒·柯布西耶在南美和阿卡雄湾设计建造了不计其数的如电影叙事般的主题景观,蒂姆·本顿(Tim Benton)在对其进行修改。也可参见克劳德·普里洛伦佐

(Claude Prelorenzo)的"当柯布西耶创作电影时"(Quand Corbu faisait son cinéma),选自《访问者》(Le Visiteur),第 17 期(2011 年),第 67—75 页。
18. 勒·柯布西耶(Le Corbusier),《直角的诗》(Le Poème de l'angle droit),巴黎:赛利亚得出版社,1955 年,第 85 页。
19. 这些关于昌迪加尔和大学城两座别馆的最新研究的第一版本参见亚瑟·鲁埃格(Arthur Rüegg)

的《勒·柯布西耶:装饰与室内设计,1905—1965 年》(Le Corbusier : Furniture and Interiors,1905–1965),苏黎世:谢德格和斯皮思出版社,第 170—172 页。
20. 诺曼·埃文森(Norma Evenson),《昌迪加尔》(Chandigarh),伯克利及洛杉矶:加利福尼亚大学出版社,1966 年,第 82 页。

图 4. 巴黎大学城的巴西馆，1953—1959 年，面向混凝土及陶瓷制长凳，走廊的光照透视图，铅笔及彩色铅笔绘图，21.3 cm×27.5 cm，巴黎：勒·柯布西耶基金会，FLC 12978A

身则让人想起 1952 年柯布西耶从昌迪加尔归来后游览过的位于开罗的棕榈小树林："开罗花园所有的漫步路径都是弯弯曲曲的曲线，水平将游人铺展开来——在垂直方向，数量众多却又分散的树木使视线得到延展"；再回看昌迪加尔，柯布西耶写道："这里需要大量种植棕榈树。"[21]

位于法国艾布舒尔阿布雷伦地区的拉图雷特圣玛丽修道院的附属小教堂，安静地依偎在四方形的主教堂旁。置身于小教堂里，人们却仿佛在欣赏一隅自然风光。沿着波浪状起伏的建筑外墙前行，一路拾级而上；整个基地地面坡度不大，台阶数量也不多，像是控制水流的堤坝。事实上，地面粗糙的水泥路，感觉更像是碎石路。内部的附属圣坛表面浇筑严整的混凝土，屋顶天窗的光线投射下来，明亮异常，使这"光之床"（stream bed）恍若打磨抛光的石灰岩块，又像是稍稍出于水面的踏脚石。

雕塑装饰定义了许多近代建筑的内部设计理念，也许最有代表性的就是位于巴黎大学城（1953—1959 年）的巴西馆门厅；而景观的隐喻为其提供了释义方法。巴西馆门厅的有机曲线使吉尔斯·拉戈和玛蒂尔德·迪翁想到了建筑师阿尔瓦·阿尔托，后者曾将源于芬兰湖泊的灵感运用于曲线设计上；[22] 若有人研习了卢西奥·科斯塔的初期作品，便不难发现其中可能有里约热内卢海峡的缩影。曲面围墙使得空间或窄缩，或膨胀，似有流动之感。一些黑色板岩铺设而成的墙面从地面竖起用以分割空间，似是在阻挡空间的流动。大量的长凳，还有低矮的间壁，像极了退潮后浮出水面的废墟；长凳并不是置于地板上，而是从下穿过地板，仿佛长凳早已有之，而地板随后铺设（图 4）。薄薄的塑料坐垫以及夏洛特·派瑞安德质朴的小凳加深了此处"自然中小憩之处"的色彩。在附近负责人的公寓里，一个混凝土楼梯与一件"混凝土家具"（meuble béton sous escalier）毗邻，使人想起怀旧的水溶砖。[23]

同样在 20 世纪 50 年代后期，柯布西耶受雇重新设计大学城瑞士馆中的曲线屋

21. 《勒·柯布西耶随笔集》（Le Corbusier Sketchbooks），卷 2，1950—1954 年，弗朗索瓦兹·德·弗朗利厄（Françoise de Franclieu）编辑，纽约：建筑历史基金会；坎布里奇：麻省理工学院出版社；巴黎：勒·柯布西耶基金会，1981 年，第 60—61 页。阿尔弗雷德·威利斯（Alfred Willis）译。花园插图为 770 印制。

22. 吉尔斯·拉戈（Gilles Rogot）与玛蒂尔德·迪翁（Mathilde Dion），《勒·柯布西耶在法国：规划及其实现》（Le Corbusier en France : Projets et réalisations），巴黎：箴言出版社，1997 年，第 351 页。

23. 参见荷西·奥布莱瑞（José Oubrerie）于 1959 年 1 月 23 日创作的 FLC 12745 规划。

（1930—1933 年）。此房间里最初布满了各式各样的殖民地风格椅子以及易碎的玻璃桌。1957 年，柯布西耶重新演绎了自由式空间。他预想用一些石砖长椅代替轻量家具，并以直角相互衔接摆放，这些长椅能容纳约 25 个学生或游客"在舒服的群体氛围"中团坐。[24] 他的设计与麦斯威尔·弗里于昌迪加尔的家中绘制的成角度的"表面涂有白水泥的砖质沉箱"惊人地相似。[25] 然而，在柯布西耶的思维中，瑞士馆中低矮的立方体元素会产生——这也是决定性的因素——一种"室内景观，即城市化的自然景观空间"（urbanisation naturelle de l'espace contemplé）之感。[26] 巴西馆的固定座位对空间进行了精心规划。座位并没有贴墙放置，这是为了在墙面和座位之间留有一定空隙；弯曲的墙面以粗石造成，上面呈现出绘于 1948 年的《静默之画》。直到受到了来自其客户的强烈反对，柯布西耶才决定更改设计方案，重组建筑元素。他采用金属漆板代替原有的座椅材料，并加设了脚轮，保证座椅的可移动性从而达到空间重排的目的。这个设计转变使得柯布西耶的原始创意走向末路：经年累月，那些长椅最终与墙壁紧贴在一起（图 5）。室内设计，如城市规划一样，一旦空间定义元素与周围景观之间的关系无法坚持初衷，其设计理念便失了本意。

24. 勒·柯布西耶（Le Corbusier），给德国联邦政府大楼办公室主管雅各布·奥特（Jakob Ott）的一封信，1957 年 7 月 1 日，FLC J1-7-340。克里斯提·休伯特（Christian Hubert）译。

25. 弗朗利厄（Franclieu）编辑，《勒·柯布西耶写生集》（Le Corbusier Sketchbooks），卷 2，1950—1954 年，第 945 页。

26. 引用自伊凡·扎克尼克（Ivan Žaknić），《勒·柯布西耶：瑞士馆》（Le Corbusier : Pavillon suisse），选自《建筑传记》（Biography of a Building/Biographie d'un bâtiment），巴塞尔：波克豪瑟出版社，2004 年，第 333 页。扎克尼克对瑞士馆的整体规划和建筑历史做了详细的描述。

巴黎：贝斯特古寓所，或一个让视野延展的地方

图 1. 查尔斯·德·贝斯特古寓所及其屋顶花园，巴黎，1929—1931 年，屋顶露台与凯旋门视图，巴黎：勒·柯布西耶基金会，FLC L2-5-12

勒·柯布西耶对于视野的孜孜以求是众所周知的。从 1911 年的博斯普鲁斯手绘稿到 20 世纪 20 年代日内瓦湖及 20 世纪 30 年代里约热内卢的高山剪影图，视野给予了柯布西耶"无尽的空间感"——空间的无穷无尽。[1] 但是柯布西耶对于建筑的首次视野观感，也可以说是唯一对他产生重要影响的，就是雅典卫城的遗址。在这样的一个地方，"空间无尽开敞，未设围墙，视野与美景不再是偶然才可得，成全了空间难以言说的神奇之感"。[2] 此刻，视野有了可视的界限，形成了景观空间；视野随着观察者位置及角度的不同，变化万千，浩瀚美景令人目眩眼花，如"混沌炸裂"后出现的"和谐"景观一般。终极柯布西耶式的视野，是海平面的尽头，是双重视野的帕斯卡式难题；但是柯布西耶真正的建筑视野是在与城市本身交往的过程中形成的，沿着 19 世纪评论家约翰·拉斯金的山脉侵蚀路线进行地形探查，追寻着城市发展的足迹。依据这些研究，柯布西耶可以依据地貌形态探寻城市历史遗迹的特征：伊斯坦布尔的土地上有大量穹顶，纽约的城市遗迹高耸尖锐，巴黎整体平坦但分布着许多高大宏伟的地标。

诚然，柯布西耶规划设计过许多城市，作品遍布世界，但巴黎于他依然是一个特别的存在。巴黎，如布鲁诺·雷克林所形容的，是一座拥有独特精神的城市，标志性建筑汇集，使普遍较低的城市立面有所突破、波澜起伏；高低建筑的对比，塑造了一个独一无二的意象——巴黎视野。[3] 因此，在 1929 年向布宜诺斯艾利斯宣传瓦赞计划（1925 年）之时，柯布西耶制作了著名的图纸序列集，分 5 步讲解了巴黎视野形成的历史沿革：中世纪的巴黎及巴黎圣母院；古

1. 参见勒·柯布西耶（Le Corbusier），"无法言说的空间"（L'Espce indicible），选自《艺术是今日建筑的特别议题》（Art, special issue of l'Achitecture）（1946 年）。

2. 勒·柯布西耶（Le Corbusier），《空间新世界》（New World of Space），纽约：雷诺和希师阁出版社；波士顿：当代艺术研究院，1948 年。原文的重点。

3. 布鲁诺·雷克林（Bruno Reichlin），"巴黎精神"（L'Esprit de Paris），选自《卡萨贝拉》（Casabella），卷 531—532（1987 年 1—2 月），第 52—63 页。

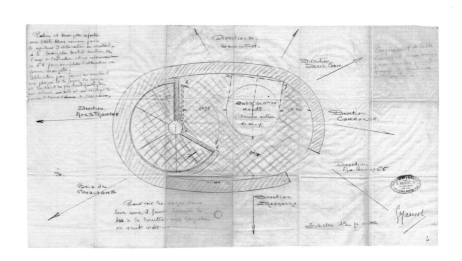

图 2. 查尔斯·德·贝斯特古寓所，巴黎，1929—1931 年，上层建筑及潜望镜截面图，拉迪盖·马斯奥特光学公司制图，铅笔及彩色铅笔绘图，36.4 cm×65.2 cm，巴黎：勒·柯布西耶基金会，FLC H1-16-295

典巴黎与罗浮宫；接着是巴黎荣军院；新古典主义巴黎及万神庙；现代巴黎与凯旋门、圣心大教堂及埃菲尔铁塔。种种所有，虽都在变迁，但不论是"形"，抑或"神"，仍旧透露着"巴黎精神"。但是有一种终极意象出现了，瓦赞计划的横空出世使得巴黎视野在柯布西耶的构想中被重塑：清除既有的低矮城区，取而代之的是被绿地围绕的玻璃摩天大楼，只有少数的历史文化遗址得以保留。确实，柯布西耶所有理想化的城市规划都预想将城市的狭窄街道与卫生条件低下的房屋彻底清除，代之以现代化产物，只保留一些历史文化遗迹，提升城市绿化，其间点缀有透明的玻璃塔楼。

柯布西耶的设计方案遭拒之后，他曾通过一个小型设计项目做出激烈回应：这个项目位于巴尔扎克路与香榭丽舍大道的交会处，在这里，柯布西耶为古怪的花花公子查尔斯·德·贝斯特古翻新屋顶公寓（图 1）。这个项目已成为许多当代建筑研究的主题。具有现代化的电力门与超现实主义装饰，曼弗雷多·塔夫里将其视为"值得铭记的机器时代"的缩影。布鲁诺·雷克林将其看作柯布西耶对于巴黎的复杂情感的象征；雅克·卢肯则将其描述为柯布西耶的现代主义"卫城"，或者是意大利比萨奇迹广场的再次演绎；比特瑞兹·科罗米娜评价其为柯布西耶光学理论的论证——将"房屋看作照相机"，建筑的玻璃窗相当于镜头，呈现城市或乡村景观。[4]

在给德·贝斯特古的一封信中，柯布西耶主动请缨，要求担任项目设计师（当时这个项目已经委托给了安德烈·吕尔萨、加布里埃尔·古维艾基安以及让-查尔斯·莫洛克斯），并阐述了自己的热情和壮志：这是香榭丽舍大道上的"明星项目"，也是"巴黎屋顶的解决方案"，这个解决方案的构想柯布西耶已经"讲了 15 年"。这些描述让人想起柯布西耶 1914 年的"多

4. 曼弗雷多·塔夫里（Manfredo Tafuri），"功能与人文：勒·柯布西耶作品中的城市"（Machine et mémoire：The City in the Work of Le Corbusier），史蒂夫·萨尔托雷利（Stephen Sartorelli）译，艾伦·布鲁克斯（H. Allen Brooks）编，《勒·柯布西耶》（Le Corbusier），普林斯顿：普林斯顿大学出版社，1987 年，第 203—218 页。布鲁诺·雷克林（Bruno Reichlin），"巴黎精神"（L'Esprit de Pairs），第 52—56 页。雅克·卢肯（Jacques Lucan），"雅典古卫城"（Acropole），选自《勒·柯布西耶：一部百科全书》（Le Corbusier：Une Encyclopédie），巴黎：蓬皮杜艺术中心，1987 年，第 24—25 页。比特瑞兹·科罗米娜（Beatriz Colomina），"分裂的墙壁：家庭的偷窥者"（The Split Wall：Domestic Voyeurism），选自马克斯·雷斯拉达（Max Risselada）编辑的《空间设计与自由规划之争：阿道夫·卢斯与勒·柯布西耶》（Raumplan Versus Plan Libre：Adolf Loos，Le Corbusier），鹿特丹：010 出版社，2008 年：第 34—51 页。

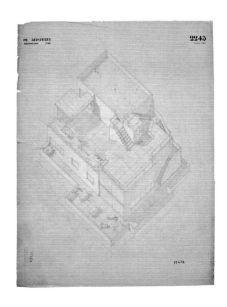

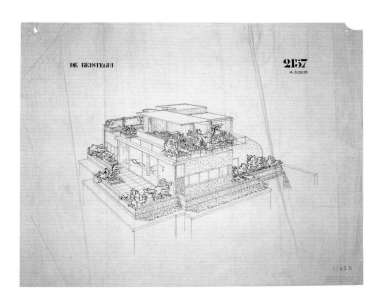

图 3. 查尔斯·德·贝斯特古寓所及其屋顶花园，巴黎，1929—1931 年，早期版本的轴侧图，铅笔绘图于厚纸板印刷，67.0 cm×92.8 cm，巴黎：勒·柯布西耶基金会，FLC 17436B

图 4. 查尔斯·德·贝斯特古寓所及其屋顶花园，巴黎，1929—1931 年，植被透视图，钢笔绘于描图纸，50.6 cm×63.3 cm，巴黎：勒·柯布西耶基金会，FLC 17435

米诺"住宅规划，本项目被设想为城市屋顶花园的微缩版本：建筑底层架空，采用钢筋混凝土构架，铺设水平楼板。如此公寓可与地面脱离，花园则可以位于屋顶之上。

公寓处于巴黎城两大主要轴线之一，身处此公寓中，可观得城市全景（图 2）。或许，从香榭丽舍大道 136 号的屋顶上极目眺望，人们可以想象 1922 年从西延伸至东的"300 万居民的当代城市"的面貌，正如 1925 年"新精神馆"展览上展出过的立体模型；反过来，也可看见"当代城市"向西的假想延伸，正如同年在装饰艺术馆展出的瓦赞计划立体模型。

这栋屋顶公寓本可以作为构筑新巴黎的起点，然而柯布西耶一开始并没能认清其巨大的潜力。事实上，在用时逾 3 年、呕心沥血地创作超过 6 个规划方案之后，他才最终——几乎是最后一刻——完成了中产阶级公寓向未来的"光明机器"的转变。依照草图创作的顺序，我们可以窥见柯布西耶视觉策略的演变，从全开放的视野到借助机械装置的半遮视野。第一个方案，创作日期为 1929 年 6 月 3—4 日，很大程度上遵循既有公寓的设计，西南方向为高顶画廊，设有 4 格落地窗，将视野引向香榭丽舍大道，从上层露台和日光室中还可观赏到更多景观（图 3）。到 6 月 14 号，画廊的落地窗减为 2 格，上层露台抬高了 2 级，日光室的面积得到了扩展（图 4）。[5] 如此一来，视野只有在画廊屋顶才畅通无阻，但是——可以期待柯布西耶接下来的改进——由于公寓南边被大量植被遮盖，日光室被迫挪至西北侧，远离了香榭丽舍大道。这时，唯一可畅览全景的地方就是露台顶部，现在这里新增了一个槌球绿茵场。在此基础上，柯布西耶新设计了一个"指挥塔"形式的建筑，是整个公寓的最高点。指挥塔可经由图书馆后墙的楼梯拾级而上（图 5）。塔的护栏带有明显的航海风格，我们可以想象柯布西耶叼着烟斗靠在护栏上的样子，就像皮埃尔·舍纳尔在 1930 年的电影《今日建筑》中塑造的柯布西耶形象一样（电影《今日建筑》以加尔舍别墅为主题）。到 1929 年 11 月底，方案再一次改进：指挥塔的平台层被完全消除，2 层露台上修剪平整的树篱遮挡了西北向的视野。[6] 第 2 年，这个项目的上层设计做了微调，2 层露台新增了局部屋顶；这样的设计只保留了 2 个多星期，之后顶层露台的围墙就被升高至视平线以上，只有朝向南方的位置保有开敞的视野。[7] 最终的方案设计，完成于 1930 年年末，西南方向的视野再

5. 这两幅规划图为勒·柯布西耶和 17436。（Le Corbusier）基金项目，FLC 17433 **6.** 参见 FLC 17437—17439。

7. 参见 FLC 17440—17444 和 FLC 17445—17461。

图 5. 查尔斯·德·贝斯特古寓所及其屋顶花园，巴黎，1929—1931 年，屋顶露天及壁炉和潜望镜视图，巴黎：勒·柯布西耶基金会，FLC L2-5-14

次被打通，主要楼层均设有落地窗；2 层露台的局部屋顶被移除，西面的树篱沿着整个屋顶延展，日光室周围的视野也因此被全部阻断。

在对视觉机械装置的最终致意中，依据 1931 年 4 月 21 日的设计终稿，柯布西耶做了最后一次改动：将一个潜望镜安装在了旋转楼梯的椭圆形屋顶上。[8] 从柯布西耶笔记本中的草图可以看出，该潜望镜最初被设计成嵌入屋顶的金属圆锥，其反射镜上设有"雨伞"以护其免受风雨侵蚀。[9] 另外一套更为精致的设备，由投影仪及潜望镜制造商拉迪盖·马斯奥特光学公司提供，该公司指出利用这套设备，在楼下圆桌处便可获得充足的视野观感，可以观览周围的文物古迹。

历经周折，最终建造出来的作品最大程度上展现了柯布西耶的视觉策略。置身在寓所第 1 层，只可见凯旋门；寓所第 2 层，由常春藤及紫衫组成的树篱将整个花园围绕，同时"一些神圣之所：凯旋门、埃菲尔铁塔、远处的杜伊勒里宫、巴黎圣母院、圣心大教堂映入眼帘"。[10] 再上一层，日光室被高墙环绕，因此，柯布西耶这样形容，"站定于一点，你所能看到的，只有草坪、4 堵墙，还有天空以及飘荡着的云朵"。[11] 巴黎的城市景观——香榭丽舍大道和埃菲尔铁塔——被完全遮挡。最终，在这次屋顶狂想曲与其所根植的城市之间，柯布西耶建立起了微弱却又意义深远的联系：悬浮的旋转楼梯，连接入口层和 8 层平台上的椭圆形小屋（图 6）。置身于这个封闭的无窗小屋中，观察者可通过下方的圆桌，看见经潜望镜反射的巴黎全景。此潜望镜潜艇式的镜头，放置于日光室围墙之上，因此可将外部空间的"神圣之丘"——这个比喻或许会使人想起雅典卫城——与寓所内部的"奇迹之匣"（boîte à miracles）联系起来，契合了柯布西耶的设计预期——"海上寓所"：

这些花园使得我们在苍穹之下可以获得令人神驰的私密空间，而且，通过规划顺序及纵立面，有选择地让巴黎美景进入视野：这里，凯旋门与寓所建立了联系；那里，圣心教堂耸立于

8. 潜望镜似乎是在最后一刻才构想完成——需要将已经完成的加固混凝土屋顶到螺旋楼梯段拆除。

9. 参见 FLC 17546 和 17704。

10. 威利·鲍皙格（Willy Boesiger），《勒·柯布西耶和皮埃尔·让纳雷作品全集，1929—1934 年》（*Le Corbusier et Pierre Jeanneret : Œuvre complète, 1929–1934*），苏黎世：吉斯贝格尔出版社，1934 年，第 56 页。

11. 同上，第 54 页。

图6. 查尔斯·德·贝斯特古公寓所及屋顶花园，巴黎，1929—1931年，公寓内部视图，巴黎：勒·柯布西耶基金会，FLC L2-5-37

绿墙之上；接着，埃菲尔铁塔出现了，静立于广袤的苍穹之下；最后，在最终的露台——日光室——草皮是唯一的景观，暴露在变化着的、闪耀着的天空下，而看不到任何城市或是寓所的痕迹：有一种广阔无垠之感，如置身于大海之上。[12]

业已竣工的公寓，如10年前柯布西耶为理想型现代住宅所命名的那样，是真正的"居住机器"（machine à habiter）：公寓房间有各种科技创新成果——"复杂的电力或机械装置"——提供服务。[13] 滑动的围墙和窗户是电力操控的，花园里的绿色植物围墙被电力百叶窗遮盖，公寓还设有移动屏幕，可放映电影。柯布西耶还骄傲地声称在公寓建造过程中铺设了约4000 m的电缆。每个房间都具有优良的隔音性，即使相邻，也不会有任何声音干扰。公寓里虽有如此多的电力机械设备，却没有任何电力照明灯，只有蜡烛；旋转楼梯是悬浮的，若其触及地面，就会被折断。凡此所有，人工控制最多的便是巴黎的城市景观。柯布西耶在《走向新建筑》中曾将凯旋门、圣雅克塔、巴黎圣母院、巴黎歌剧院等建筑悉数罗列在一起，而如今贝斯特古寓所的建成，其愿景终于得以实现。[14]

设计方案的不断更改很大程度上归因于刁钻客户不断变化的需求。但从中，我们也可以看出柯布西耶对空间和技术的把控力——当然这点也是贝斯特古先生在写给柯布西耶的最后一封信中所认可的。[15] 这里，我们应该记得从1928年起，柯布西耶便一直忙于另一个项目，即日内瓦的世界城方案以及随之而生的世界城市（1928年）方案。后者被规划为巨大的金字塔形，其螺旋形坡道从顶端到最底部展示了人类历史的沿革，此想法由信息学家保罗·奥特莱在特里克·盖迪斯的影响下提出。特里克·盖迪斯是一位城市规划学家，因其作品爱丁堡博物馆——所谓的瞭望塔而闻名。此瞭望塔的观赏顺序也是从顶至底，以爱丁堡的视野背景引领游客看世

12. 勒·柯布西耶（Le Corbusier），《有关若干商会的简明答复》（*Réponse brève à quelques chambres de commerce*），未编辑手稿，FLC A-3-1，第88，89页。若无注释，则均由作者翻译。

13. 鲍哲格（Boesiger），《勒·柯

布西耶和皮埃尔·让纳雷：作品全集，1929—1934年》（*Le Corbusier et Pierre Jeanneret : Œuvre complète, 1929–1934*），第53页。

14. 勒·柯布西耶（Le Corbusier），《走向新建筑》（*Toward an Architecture*），洛杉矶：盖蒂研究所，2007年，第

149页。最初发表为《走向新建筑》（*Vers une architecture*），巴黎：乔治斯·克雷公司，1924年。

15. 勒·柯布西耶（Le Corbusier），给查尔斯·德·贝斯特古（Charles de Beistegui）的一封信，1933年7月19日，FLC H1-14-66。

界。它所揭示的"爱丁堡"并不是从屋顶看到的直观全景，而是经由屋顶上的暗箱投射得到的间接全景。不难想到，面对着世界城市方案的流产以及巴黎计划所受到的巨大阻力，柯布西耶会想方设法地利用城市全景、说教式地表达巴黎改造的必要性和重塑巴黎的愿景。如若 1925 年"新精神馆"中展出的当代城市的立体模型被视作整个巴黎计划的技术开端，那么贝斯特古寓所就是巴黎转型为"光辉城市"之前的"瞭望塔"。

贝斯特古寓所竣工一年以后，柯布西耶自己的屋顶寓所也在侬杰赛－科里大街拔地而起。屋顶寓所朝向布洛涅森林，俯瞰着巴黎。受条件限制，此寓所的景观视野不由机械装置控制；而柯布西耶为维持其"光辉城市"的幻想，便将床铺高置，这样每天醒来时，他所能看见的就只有绿树，给人以漂浮在无尽的绿色海洋里的错觉。

阿夫赖城：丘奇别墅，1927—1929年

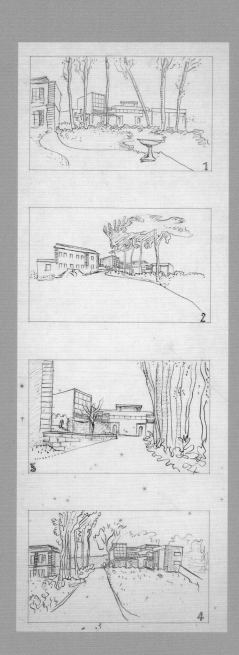

丘奇住宅别馆，阿夫赖城，1927—1929年，别墅及别馆的透视图，铅笔绘于描图纸，92.7 cm×44.1 cm，巴黎：勒·柯布西耶基金会，FLC 08186

1927—1929年，勒·柯布西耶受一对美国夫妇——亨利和芭芭拉·切齐的委托，对他们的别墅进行3个阶段的改造设计。这对夫妇在巴黎西南的近郊住宅区——阿夫赖城中拥有两处毗邻的地块。改建的成果，虽是柯布西耶最不为人称道的作品之一，但却涉及对景观和建筑内外空间关系的多次探索。项目的3个阶段包括房屋的改建、扩建及并未完成的第3阶段——房屋主体部分外观的再设计。[1]

最开始的工程，是在地块边界处建造一系列客房，以线性序列构图，正如20世纪20年代柯布西耶在其家庭住宅中采用的线性开窗法一般。同时，柯布西耶也在探索将新建房屋和现有房产相结合的方法，并打算对整个地块进行重新布局。他在1928年的一篇文章中这样解释道："我们砍掉了高高的树篱，因为树篱的影子会遮挡房屋的后半部分，同时也修剪了树木。我们拆除了高高的围墙，在某些地方挖土并填到了需要的地方。"[2] 为了呼应楼层高度的不同，柯布西耶提议修筑一个混凝土人行桥，上面有"漂亮的花圃"；从人行桥上可以"看见第2栋房屋"。他坚持改建后的房屋应

该具有高度的视野开敞性，"能看见树木掩映之下的阿夫赖城"，且得配有"一个美得夺人心魄的屋顶花园，里面繁花盛开"。因而将植被纳入景观视野成了这项任务的主旋律。

规划的人行桥是在第2阶段建成的，人行桥将一个既存的新古典主义建筑转变为了音乐别馆。耗费诸多巧思建造而成，这座架高的人行桥将地面最高处与客房2楼的屋顶花园连通，2楼尽头处还建有一图书馆。与待客室的玻璃墙相比，图书馆的矩形窗框定了花园的景色，好像给图画加上了画框一样。这里窗户是创作的点睛之笔。[3] 这个开敞的外部景观被一个巨大的画框围绕，为建筑内部景观提供了背景幕，这里由夏洛特·贝里安、柯布西耶和皮埃尔·让纳雷共同设计的家具第一次用在了室内装修中。其中的椅子（包括躺椅和安乐椅，均诞生于1928年）和具有仿飞机机翼式桌腿的桌子被安置在矩形景观窗下，其摆设的位置方位很适合朋友聊天交谈。书架的铝制滑板将外界的光反射进来，室内敞亮通透。

1. 蒂姆·本顿（Tim Benton）对3个阶段均进行了详细的研究。具体参见蒂姆·本顿，《勒·柯布西耶和皮埃尔·让纳雷的别墅建筑作品鉴赏，1920—1930年》（*The Villas of Le Corbusier and Pierre Jeanneret, 1920–1930*），巴塞尔：波克豪瑟出版社，1987年，第107—123页；同时，也可见DVD评论《勒·柯布西耶：计划》（*Le Corbusier : Plans*），巴黎：勒·柯布西耶和埃谢勒基金，2005年，盘2。

2. 勒·柯布西耶（Le Corbusier），"丘奇先生在阿夫赖城的住宅之调整"（Aménagement de la propriété de M. Church à Ville d'Avray），日期：1928年12月19日，FLC H3-3-1。翻译并收录在《勒·柯布西耶和皮埃尔·让纳雷的别墅建筑作品鉴赏，1920—1930年》（*The Villas of Le Corbusier and Pierre Jeanneret, 1920–1930*），

第108—109页。

3. 参见布鲁诺·雷克林（Bruno Reichlin），"古典与新潮：勒·柯布西耶与丘奇住宅别馆"（L'Ancien et le nouveau : Le Corbusier, le pavillon de la Villa Church），选自《建筑运动的延续》（*Architecture Mouvement Continuité*），卷1（1983年5月）：第100—111页。

丘奇住宅音乐别馆，阿夫赖城，1927—1929 年，由勒·柯布西耶、夏
洛特·贝里安和皮埃尔·让纳雷共同设计的室内家具视图，巴黎：勒·柯
布西耶基金会，FLC L3-7-97

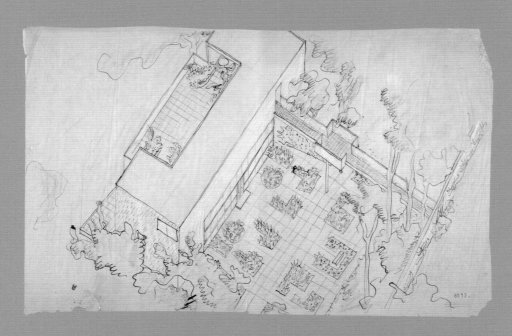

丘奇住宅音乐别馆，阿夫赖城，1927—1929 年，住宅别馆的总体三向
投影视图，钢笔和彩笔绘图，63.7 cm×101.4 cm，巴黎：勒·柯布西
耶基金会，FLC 08017

巴黎：1937 年世界博览会之壁画漫步

图 1. 《大炮，弹药？谢谢！是公寓……》封面，布洛涅－比扬古：今日建筑出版社，1938 年

时至为 1937 年的巴黎世界博览会设计新时代馆，勒·柯布西耶在国际上也名声大噪，以擅长用形象的图画来声明、辨析、宣传建筑大事件而受到认可。直到此时，柯布西耶才真正开始在大众面前肆意展示自己的绘画天资（图 1）：两层高的斜坡将一系列平台连通，游客可在建筑漫步的过程中欣赏 1600 m² 的壁画式照片。[1]

在选举中胜出的人民阵线，选择壁画式照片成为 1937 年展览会上的宣传媒介。人民阵线入主国会之后，莱昂·布鲁姆又于 1936 年 6 月被选举为首相。社会党开始执政之时，世界博览会已经处于兴建当中，距离预定的开幕式仅剩几个月的时间。在此时间紧迫之际，壁画式照片诚然如一剂灵丹妙药。[2] 壁画式照片是将照片以蒙太奇手法粘贴于硬纸板之上，制作过程快捷且经济，方便大批量制作，保证展览内容视觉效果强烈又包罗万象。新时代馆（图 2）可说是这次展览会的核心建筑。除此之外，新时代馆周边的一些建筑群也同样重要：夏洛特·派瑞安德与费尔南德·莱热合作的项目农业部别馆；团结馆，里面展出了安德烈·帕皮永的壁画式

1. 参见丹尼尔·内格勒（Daniel Naegele），"勒·柯布西耶与摄影空间：壁画式照片，展馆及多媒体的精彩表演"（Le Corbusier and the Space of Photography：Photomurals, Pavilions, and Multimedia Spectacles），选自《摄影历史》（History of Photography），卷 2，第 22 期（1998 年夏天），第 127—138 页；以及娜塔丽·赫斯多佛（Nathalie Herschdorfer）和拉达·阿姆斯塔特（Lada Umstätter）编辑的《勒·柯布西耶与摄影的力量》（Le Corbusier and the Power of Photography），伦敦：泰晤士与哈德逊出版社，2012 年。

2. 参见作者著作《流浪的壁画：壁画式绘画的悖论。欧洲，1927—1957 年》（Muralnomad：The Paradox of Mural Painting. Europe 1927–1957），伦敦和纽黑文市：耶鲁大学出版社，2009 年；以及作者的文章"社会主义壁画式照片的可能性"（La Possibilité d'un photomural socialiste），选自玛丽亚·斯德瑞娜其（Maria Stavrinaki）和马达莱娜·卡莉（Maddalena Carli）编辑的《20 世纪上半叶欧洲艺术家与党派》（Artistes et partis dans la première moitié du Vingtième siècle en Europe），巴黎：求实出版社，第 231—252 页。

283

图 2. 1937 年巴黎世界博览会新时代馆，2 楼主轴线及起居休闲组件，巴黎：勒·柯布西耶基金会，FLC L2-13-120

图 3. 1937 年巴黎世界博览会新时代馆，入口处全景，巴黎：勒·柯布西耶基金会，FLC L2-13-74

照片作品；妇女儿童馆，展有雷蒙·吉德和吕西安·马泽诺的壁画式作品。

　　柯布西耶原本为博览会的主轴线预想了一个宏伟的方案——战神广场。但到了 1935 年，博览会举办方却另外给他提供了一处在他看来不甚好的场地。一开始柯布西耶是拒绝的，但在当权左派的极力劝说下，柯布西耶重拾信心，下定决心解决目前空间、时间及资金上的匮乏，逆转劣势为优势。在他的构想中，其展览馆位于马约门站附近，依附马约门站的建筑主体。展览馆的外形大气简洁，构型如帐篷，建筑材质包括木头、钢铁和彩色帆布，由高度可见的金属钢索固定（图 3）。[很显然，使用防水帆布的想法来源于他的堂弟及其老搭档——建筑师皮埃尔·让纳雷，他曾为共产党的《人道报》节（Fête de l'Humanité）搭建过临时建筑。][3]

　　尽管柯布西耶对此作品满怀自豪，主办方却拒不承认其作品的有效性，并判定其为非建筑结构，在之后官方出版物中也不见此作品踪影。对于柯布西耶来说，这恰恰证明他的同行们仅仅是"楼阁工人"——他轻蔑地称呼他们——沉迷在幼稚的装修建筑的重复劳动中，故步自封，裹足不前，和 1925 年他们在"装饰艺术展"中的设计相比毫无进步。[4] 在展览闭幕式上，无可避免地，柯布西耶的帐篷形建筑被野蛮地拆除了，建筑内景也被破坏殆尽。我们只能通过一本 1938 年出版的画册——《大炮，弹药？谢谢！是公寓⋯⋯》——一睹此展览馆及其内景的风采。这本画册的排版设计十分讲究，试图再现展览馆本身的视觉动态之感。

　　壁画式照片并不仅仅是一场视觉盛宴，柯布西耶曾说道；1937 年的欧洲，烦扰丛生，经济萧条，极权主义政权相伴而生，壁画式照片的存在提醒着参加世博会的人：第二次机械革命的成果应当应用于技术和生产的发展，而非武装战争。他设计的展览馆，柯布西耶宣称是"向人民致意的，启发他们理解、评判和建议"。[5] 他的作品表现出了一种紧迫之感，间或夹杂着这样的声音："机器社会的意识已然觉醒：势不可当。"以及"世界没有终结。欧洲、美国、亚洲还有南美都没有陨落。世界重获新生。"[6]

3. 欲了解有关此别馆出色且详尽的记叙，参见达尼洛·乌多维奇基·塞尔布（Danilo Udovicki-Selb），"勒·柯布西耶与 1937 年巴黎博览会：新时代馆"（Le Corbusier and the Paris Exposition of 1937 : The Temps Nouveaux Pavilion），选自《建筑历史之旅》（Journal of Architectural History）杂志，第 56 期（1997 年 3 月），第 42—63 页。
4. 《大炮，弹药？谢谢！是公寓⋯⋯》（Des Canons, des munitions? Merci! Des logis... S.V.P.），布洛涅-比扬古：今日建筑出版社，1938 年，第 37 页。若无特别指明，所有翻译均由作者完成。
5. 同上，第 5 页。
6. 同上。

在将混凝土的展览馆建筑转变成"帐篷"的过程中，柯布西耶放弃了原来带有资产阶级气息的名字"当代艺术博物馆"（Musée d'Esthétique Contemporaine），而更名为"人民艺术博物馆"（Musée d'Art Populaire），并重新将其构想为游牧型建筑。他要求在建筑场地铺设铁轨，安置火车车厢，以便他的作品可以在全法国巡回展览。尽管最终他不得已放弃了这个想法，一种宣传思想却一直流传：在 1918—1921 年，火车车厢覆上了色彩鲜明的革命画报和标语，一路向东游行，穿过俄国的大草原，在村庄和城镇停下，宣传十月革命精神。相似地，柯布西耶将他的巡回火车车厢视作"青年俱乐部"，内部可设电影院、音乐室、图书馆、博物馆、电报室、打印店和学习室。还有——麻烦丛生的 20 世纪 30 年代以及柯布西耶不够坚定的政治信仰的表征——他的人生箴言事实上最初是源自右派的，而非左派。正如他之后在《大炮，弹药？谢谢，是公寓……》中所澄清的，他的箴言是由"专业人士"书写的——《规划之序幕》杂志编委，如皮埃尔·温特博士、弗朗索瓦·德·皮耶尔雷弗之流，以及柯布西耶自己——这些专业人士"现实意识丰富，因此在每个既定时刻都具备应对时代之偶然性的能力"。[7]

1937 年的展览馆项目——相关档案文件记录了夏洛特·贝里安在项目初级阶段作为首席合作者的重要性——是多媒体合作发力的产物。尽管"新时代馆"以壁画式照片著称，其中也展出了许多儿童绘画，后者是柯布西耶向纯粹创造力致敬的典型手法。这些儿童画包括 12 岁的勒萨弗尔创作的《收获》以及 4 幅演绎埃菲尔铁塔的画作，画的尺寸由柯布西耶的助手阿斯格·乔恩（之后成了 CoBrA 前卫艺术运动成员及情境画家）以及来自弗泽莱的认证画家拉乌尔·西蒙放大至画壁大小。[8]另一幅作品是柯布西耶在《大炮是悬空的雕塑品》（1937 年）——他受立体主义雕塑家亨利·劳伦委托所著——中反复提及的：这是利用硬纸板和多色彩装饰木头制作的浮雕——一位斜倚着的裸女，整个作品超过 5 m 长，其轮廓曲线浮于一排壁画之上，看上去像是连绵曲折的山景。

一进入帐篷，游人就被引导着穿过城市化（交通、住宅、城市、规划）令人难以置信的野心勃勃的 600 年历史，"几十年的磨合适应与重新开始，不断循环往复，因与果之间加速凸显的裂痕，"柯布西耶如是说。[9]根据其在"国际现代建筑协会"（CIAM）中做出的若干论断及声明，柯布西耶将城市化中的矛盾可视化，略带讽刺意味地，将"好的"与"差的"城市规划并置在一起；例如在"苦难巴黎"（Misère de Paris）建筑作品展区，柯布西耶将"富人的住宅"（如"圣奥斯丁声名远播的舒适住宅区"）与"官方贫民窟"（低收入家庭住宅）及"穷人聚集的贫民窟"（待拆除的住宅）毗邻而置。柯布西耶利用被拆除作品的残余部分，宣传其在 20 世纪 30 年代末提出的理想城市的最新理念——光辉城市。

游客继续沿着斜坡前行，首先映入眼帘的是柯布西耶的 37 巴黎规划（柯布西耶将在第 5 届国际现代建筑协会会议上展现），接着是数量巨大的规划实践和精神传承：可容纳十万观众的大型体育场、公园、夏令营场地、幼儿园、高中、现代化农场，以及一个合作社村庄。柯布西耶利用每一个可用的意象阐明他的理念，他将罗马竞技场与哥特式尖顶并列，并杂糅以美国式摩天大楼以及他自己惯用的（"笛卡儿式的"）高层塔楼，男人们和女人们在城市的街道、田

7. 同第 283 页注释 4，第 36 页。
8. 参见巴黎《夏洛特·派瑞安德档案》（Archives Charlotte Perriand）。
9. 勒·柯布西耶（Le Corbusier），《大 Logis ... S.V.P.），第 13 页。炮，弹药？谢谢！是公寓……》（Des Canons, des munitions? Merci！Des

285

图4. 1937 年巴黎世界博览会新时代馆，2 楼巴黎规划图视图，巴黎：勒·柯布西耶基金会，FLC L2-13-126

图5. 1937 年巴黎世界博览会新时代馆，底层斜坡至 6 号棚户区视图，巴黎：勒·柯布西耶基金会，FLC L2-13-137

地里、家里工作着；柯布西耶还常常利用绘画元素，包括布鲁盖尔画作的放大照、中世纪画作、示意图、卡通报纸和漫画，诸多表现手法百花齐放。柯布西耶没有选择以百科全书式的视角给游人提供一个完整的城市规划进程体系，而是从现代城市规划进程中以抽样（法语为"échantillonnage"）的方式讲述，留给观赏者一定的空间，令其自行拼凑线索、融会贯通。这是在平淡无奇的"时间线"上的创新之举；如果此创举引起了安东尼·格拉夫顿和丹尼尔·罗森伯格的注意，并被他们收录在最新著作《时间制图》中，那么柯布西耶的心血也许就不会付之东流，而是被纳入那些融合了艺术和计数的时间线创意中。[10]

展览馆的坡道使得柯布西耶可以对空间情形进行部署，而在此之前他仅仅处于纸上谈兵的阶段。最富戏剧性的——柯布西耶为《大炮，弹药？谢谢，是公寓……》封面选取的图画和标语——是拍摄壁画式照片长廊中点的照片，展示了一个形状酷似大炮台的都市风景（柯布西耶说，这张照片曾被第一次世界大战时期的杂志剔除），大炮直指其 37 巴黎规划（图 4）。这次的世界博览会致力于世界和平，或者说至少是为了军事制衡，其主要的休憩场地位于夏乐宫前，而夏乐宫周边有两个苏维埃大理石巨兽以及纳粹展览馆。柯布西耶设计的展览馆是唯一一座有着警醒作用的建筑："大炮，弹药？谢谢！是公寓，拜托！法国每年将花费 120 亿法郎在军事装备上。"[11] 作为一记典型的自我嘲讽，柯布西耶的一组巴黎照片集锦将凯旋门、罗浮宫、巴黎圣母院、万神庙及埃菲尔铁塔的照片组合起来——这些都是在另一种形式的战争中幸存的建筑物——一场由柯布西耶自己发动的战争，即旨在夷平巴黎中心的 1925 年瓦赞计划（图 5）。

"蒙太奇照片让人感动"以及"色彩装饰等同于快乐"等格言被绘制在帐篷内部（帐篷内的地板铺设有黄色沙砾），格言的字体色彩斑斓，有纯正的红色、蓝色、绿色以及黄色。帐篷内有一个专门用于展示城市 4 功能的四角形空间，4 幅壁画式照片（柯布西耶称之为"油画"）以不同的色彩展示 4 个主题：工作、娱乐、居住、交通。城市的第一个功能——《工作》，这幅作品由费尔南德·莱热所作，运用特写镜头下的机械零件展示了工作的氛围（图 6）。在作

10. 参见安东尼·格拉夫顿（Anthony Grafton）和丹尼尔·罗森伯格（Daniel Rosenberg），《时间制图》（Cartographies of Time），普林斯顿：普林斯顿建筑出版社，2010 年。

11. 然而法国人却误解了这些标志，造成了灾难性的后果；参见凯伦·费斯（Karen Fiss），《狂想：第三帝国，巴黎世博会，法国的文化魅力》（Grand Illusion：The Third Reich, the Paris Exposition, and the Cultural Seduction of France），芝加哥和伦敦：芝加哥大学出版社，2009 年。

图 6. 1937 年巴黎世界博览会新时代馆，费尔南德·莱热
的壁画式照片《工作》视图，巴黎：勒·柯布西耶基金会，
LFC L2-13-146

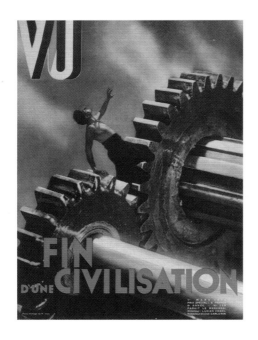

图 7. 杂志《看见》的封面蒙太奇照片（1933
年 3 月），描述一个工人即将被吞噬在齿轮之间，
摘自勒·柯布西耶的个人档案，巴黎：勒·柯布
西耶基金会

图 8. 1937 年巴黎世界博览会新时代馆，吕西安·马泽诺的壁画式照片《娱乐》视图，巴黎：勒·柯布西耶基金会，FLC L2-13-152

图 9. 1937 年巴黎世界博览会新时代馆，雷昂·吉夏或勒·柯布西耶创作的壁画式照片《居住》视图，巴黎：勒·柯布西耶基金会，FLC L2-13-105

品的中间，一个工人正在为一个比他自己还大的电力发动机上发条；这幅图画取自《工作中的法国》，后者为弗朗索瓦·科勒在 1932 年拍摄的照片大全（照片数量过万）。这本照片大全是"使社会主义人格化"的完美象征，而莱昂·布鲁姆也曾主张"社会主义尊重个体"。这幅画看上去就像是莱昂纳多所画的《维特鲁威人》来到了现代，站立在机器景观的中心，却依然是所有物体的测量标准。这里，是莱热和柯布西耶对 1929 年"华尔街大崩溃"之后媒体对机械化的负面宣传的尖锐回应。媒体大多宣传的是机械化的冷漠形象，譬如图画杂志《看见》1933 年 3 月刊的封面：蒙太奇照片——一个工人即将被吞噬在齿轮之间，所配标题是"文明的终结"（图 7）。

由吕西安·马泽诺创作的《再创造》，构思新颖清晰，将动词"再创造"一词重新演绎为双重含义"创造"和"休闲"。画作展示了一群欢腾跳跃的孩子团结携手，旁边是一个单独的咧着嘴笑的男孩，在他后面，是两个孩子站在帆船上（图 8）。[12]《居住》（图 9），是唯一专门由柯布西耶创作的壁画式照片，也是唯一有预先拼贴画的作品，展示着钢青色与淡蓝色、黄色、棕色和绿色之间迷人的组合。[13] 如马泽诺一样，柯布西耶也聚焦于儿童——在学校里，在男童和女童侦察团中，在运动中，在海滩上——庆祝着人民阵线（和工会一起）做出的承诺：使大众能够重新感受风景名胜的魅力，可以去野营，有完善的运动基础设施，最重要的是又可以享受"带薪假期"了。上述也是社会主义政党实施最长久的福利制度了。以小旗作为装饰，上书"生活，思考，为善而战，呼吸"，他的壁画式照片以两幅柯布西耶家庭之乐风格的图画作框。左边的画中，建筑家在和他的狗"潘叟"玩耍，而建筑家的妻子在起居室读书，这样和谐的一幕发生在他们位于侬杰赛－科里大街的巴黎公寓的屋檐之下。右边是一幅小小的照片，柯布西耶坐在莫利托尔工作室的办公桌前，周围环绕着他近期的画作。确实，略带典型的挑逗意味，柯布西耶说道，他属意将这个平台打造为"休憩小筑"（salon de repos）。在这里，人

12. 安德烈·雷雅赫（André Léjard），"关于墙上广告的一个新构思：吕西安·马泽诺"（A Propos d'une conception nouvelle de la publicité murale : Lucien Mazenod），选自《美术工艺图像》（Arts et métiers graphiques），卷 61，1938 年。多米尼

克·巴克（Dominique Baqué）编辑重新印刷，《现代艺术宝鉴：1919—1939 年间摄影散文选》（Les Documents de la modernité : Anthologie de textes sur la photographie de 1919 à 1939），巴黎：雅克琳娜尚邦公司，1993 年，第 349—352 页。

13. 雅克·巴赫萨克（Jacques Barsac），《夏洛特·派瑞安德与摄影艺术：广角视野》（Charlotte Perriand and Photography : A Wide-Angle Eye），巴黎：五大洲出版社，2010 年。

们可以品尝美味，可以阅读，也可以插科打诨聊聊天，但是由于缺乏时间、组织管理和金钱支持，这个地方却落得空空如也，呜呼哀哉！[14]

具有讽刺意味的是，壁画式照片《交通》，由乔治斯·博基耶（莱热的助手）操刀完成，其构图中心为一艘海上游轮，是这 4 幅漂亮的壁画式照片中最薄弱的环节。正如他在《大炮》中写的，柯布西耶希望他的图集读起来可以像"游轮直播"——记录轮船的速度、载重及每日进程的航海日志。[15] 也许有人会说，柯布西耶是试图通过此建筑作品重温国际现代建筑协会第 4 次集会时的热烈氛围。柯布西耶在《大炮，弹药？谢谢！是公寓……》中充满渴望地回忆了此间的热闹：

这次会议在从马赛开往雅典的游轮上举行，游轮先到达终点雅典，然后从雅典返回马赛。充满欢腾之感的轮船：甲板的墙上挂着城市规划图，每个房间里都配备有打字机、演讲者和工作委员会全体成员出席会议。所有的事情经不间断的循环往复，时刻不停歇。[16]

待到书出版的时候，随着 1938 年 4 月布鲁姆政府的倒台，以及国际军备竞赛如火如荼地进行，有关一群建筑家在游轮上筑梦的记忆已随着地中海的海岸线飘散远去，仿佛已在光年之外。关于书的名字，《大炮，弹药？谢谢！是公寓……》，柯布西耶为其读者提供了一个苛刻的免责声明："书的名字可追溯到 1937 年 1 月；与 1938 年的大热议题'军备改良'没有任何关系。书名与我们逝去的昨天有关（我们非常遗憾）。[17] 书以新时代馆的照片作结，照片中的新时代馆令人震惊而又意义绵长：建筑已残破不堪，只剩下摇摇欲坠的骨架依然挺立在贫瘠的土地上，在巴黎秋天灰白的天空下留下了一抹凄凉的剪影。"[18]

14. 勒·柯布西耶（Le Corbusier），《大炮，弹药？谢谢！是公寓……》（ *Des Canons, des munitions? Merci ! Des Logis...S.V.P* ），第 140 页。

15. 同上，第 13 页。

16. 同上。

17. 同上，第 41 页。

18. 同上，第 146 页。

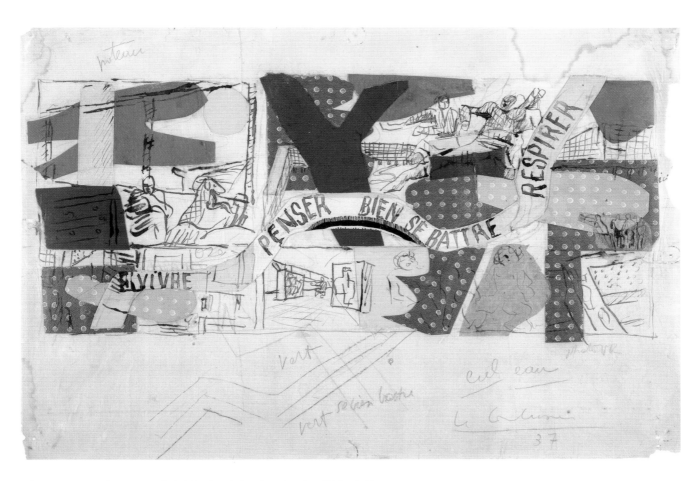

插图 55. 1937 年巴黎世界博览会新时代馆壁画式照片研究，剪纸及钢笔

绘制，21 cm × 31 cm，巴黎：蓬皮杜艺术中心

巴黎：6 号棚户区，1935—1936 年

勒·柯布西耶有两个夙愿，其一是重建巴黎市中心，另外一个就是复兴被视作健康高危区的城市棚户区。1894 年，时任公共卫生部长的保罗·朱耶哈建立了一套方法来监测肺结核病菌肆意横生的"蓄意杀人式"建筑，同样的方法在 1921 年被用来鉴定 17 个"不健康的"城市棚户区，此类居住区的居民人数约占城市总人口的 1/10。卫生情况最堪忧的地方位于巴黎中枢地区，此处于 1939 年被拆除。而 30 年后，蓬皮杜艺术中心将会兴建于此，同时修建的还有若干由政府支持的重建项目。[1]

柯布西耶一直寻找着机会在巴黎留下属于他的印迹，于是在 1935 年，他参与了由巴黎市政府组织的一场竞赛。柯布西耶对巴黎的野心也可从他在 1937 年世界博览会上的发言看出。1935 年的竞赛主题是巴黎东部 6 号棚户区的再发展。6 号棚户区位于圣安东尼郊区和伏尔泰广场中间，远远看上去就像是横跨在两地间的拱桥。竞赛中具有竞争力的方案来自建筑师联合会：以传统街道和开放街区为理念，在布拉格路上展开实施。本项目由罗斯柴尔德基金资助，由阿道夫·奥古斯丁·雷建造完成（1905—1909 年）。

柯布西耶熟悉雷的理论，针对 6 号棚户区的改造对瓦赞方案进行了调整。他将 1925 年设计的巴黎东西轴也囊括进来，并沿着已建城区线对地块进行细分。（瓦赞计划完全没有考虑巴黎错综复杂的城市机理现状）如此，他得以将犬牙交错式布局的两幢建筑巧妙地布置在街区的边缘。重新规划的建筑与周围环境对比鲜明，且相比于其近邻，这些建筑与蒙马特山的形态风格似乎更加相似。犬牙交错的建筑，无情地穿过了既有的街道网络，在这些建筑之间，柯布西耶设立了运动设施。而这些楼房本身，由复式住宅构成，内置街道连通彼此，遵照了 1930 年光辉城市规划中建立的准则。这次的设计实践也为战后时期马赛公寓的设计成型做了铺垫。[2]

在 1936 年的选举中，人民阵线获得胜利。之后，柯布西耶调动了所有可用资源促成其项目的顺利进行。为了寻求极左政治家的支持，柯布西耶在夏洛特·贝里安的朋友——室内设计师珍·尼古拉斯的引荐之下，接近了市议会共产党成员路易·塞利尔和莱昂·莫维。同时，他也试着与社会党领导成员取得联系，第一个目标是市议会主席莱昂·布鲁姆，且柯布西耶最终也同其达成会晤。柯布西耶曾向布鲁姆表达了自己的规划思路：将"新移植到巴黎的健康皮肤"与"宏伟的东西十字路口地区"结合起来，将"启动"这个城市的转型之旅。[3]

但是由于战争的临近，预期的公共项目被延迟，柯布西耶无法继续施行有关 6 号棚户区的任何想法，他能做的只是将此规划并入国际现代建筑协会的巴黎规划中，也即国际博览会新时代馆中展出的瓦赞计划新版本。

1. 参见扬克尔·费加尔（Yankel Fijalkow），《棚户区的重建：巴黎，1850—1945 年》（La Construction des îlots insalubres : Paris, 1850–1945），巴黎：阿赫马当出版社，1998 年。

2. 勒·柯布西耶（Le Corbusier）和皮埃尔·让纳雷（Pierre Jeanneret），《6 号棚户区手册》（îlot insalubre no. 6., brochure），巴黎：图尔农印刷厂，1938 年。

3. 勒·柯布西耶（Le Corbusier），给莱昂·布鲁姆（Léon Blum）的信，1937 年 12 月 30 日，FLC H3-10-108。吉纳维芙·亨德里克斯（Genevieve Hendricks）译。

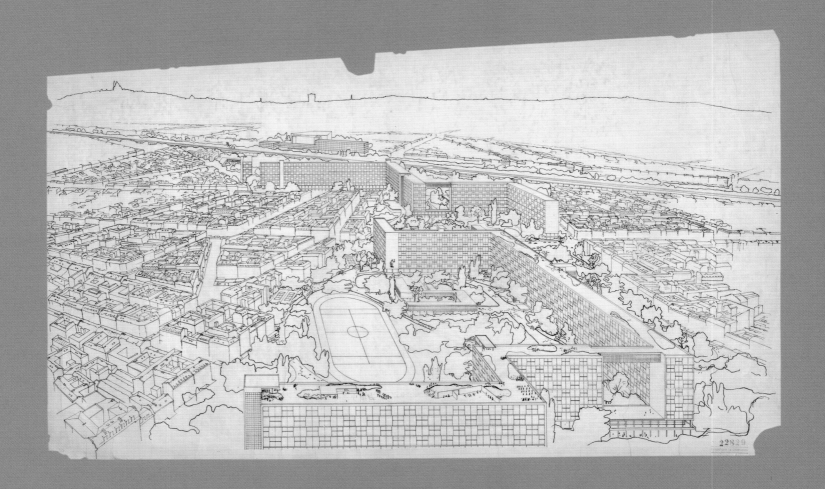

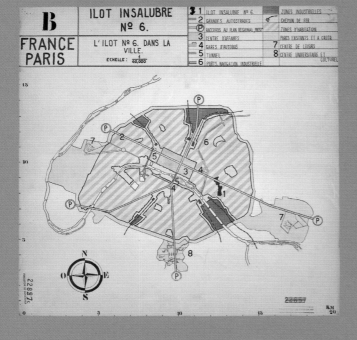

6 号棚户区，巴黎，1935—1936 年，犬牙交错的街区和体育场的总体视图，钢笔绘于牛皮纸，68.1 cm×111.8 cm，巴黎：勒·柯布西耶基金会，FLC 22829

6 号棚户区，巴黎，1935—1936 年，水粉及钢笔印刷于厚纸板，51.3 cm×50.5 cm，巴黎：勒·柯布西耶基金会，FLC 22821C

纳伊：贾奥尔住宅和郊外场地

图 1. 贾奥尔住宅，塞纳河畔纳伊，1951—1955 年，住宅 B 座客厅，吕西安・埃尔韦拍摄，巴黎：勒・柯布西耶基金会，FLC L2-3-53

勒・柯布西耶在创作 1935 年出版的《光辉城市》时，他会将郊区排除在外：让居住区集中在城市的一切目的是让郊区保持原样。然而柯布西耶就居住在巴黎的郊区布洛涅－比扬古，并且他在巴黎的住宅大多数建造在城市边界之外。毕竟郊外才有足够大的场地和从过度的规范中挣脱的创作的自由。然而，为郊区设计对先锋建筑师来说存在许多矛盾。展示性和私密性的结合以及城市中的乡村（rus in urbe）所隐含的内在矛盾经常需要对狭隘的、被忽视的场地进行复杂而富有创造性的利用。

柯布西耶对郊区场地管理的态度十分复杂，视场地的情况而定。斯坦恩・杜蒙齐住宅的场地在加歇，位于巴黎城外，比大多数场地都大——27 m×200 m——但展示了郊外场地的典型困难。柯布西耶于 1926 年 7 月参观了这个场地并且对周围的房屋、树木和各个方向的景观做了详细的注记。[1] 他给这座别墅设计的方案是使它从道路退界，依偎入白杨树林中。离开街道设置住宅的优势之一是连续的条形的窗户在提供充足的光照和透明度的同时能够无损住宅的私密性。另一方面，住宅向花园打开，能够获得别出心裁的景观。

25 年后柯布西耶参观了另一处郊外场地，在塞纳河畔纳伊这座富裕的小镇，距拉德芳斯凯旋门不远。就在隆尚林荫道上，柯布西耶在同一场地中设计了两座住宅：住宅 A 座为他的朋友安德烈・贾奥尔设计，住宅 B 座则是为贾奥尔的已婚的儿子米歇尔所设计（第 297 页，插图 56）。尽管纳伊被划入巴黎大都市圈内，但它是一个有自己的镇长的独立小城镇，20 世纪 50

1. 蒂姆・本顿（Tim Benton），《勒・柯布西耶和皮埃尔・让纳雷的别墅建筑作品鉴赏，1920—1930 年》（The Villas   of Le Corbusier and Pierre Jeanneret, 1920–1930），修订版。巴塞尔：波克豪瑟出版社，2007 年（1987 年），第   217 页。

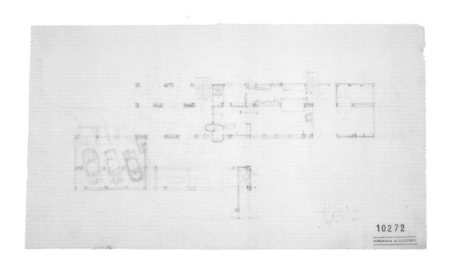

图 2. 贾奥尔住宅，塞纳河畔纳伊，1951—1955 年，住宅 B 座一层平面室内布局的研究，由铅笔在描图纸上绘画，36 cm × 74 cm，巴黎：勒·柯布西耶基金会，FLC 10272

年代，圣詹姆斯公园地区主要由绿树成荫的花园内的大型住宅组成。柯布西耶十分了解这个社区：1925 年他曾为迈耶女士设计了能够俯瞰这一公园的大量别墅。

1954 年，著名英国建筑师詹姆斯·斯特林参观了贾奥尔住宅（图 1）。他觉得住宅的砖砌体质量不佳并且住宅完成得很粗糙，但他认为住宅的场地规划十分精彩。[2] 与这里的其他住宅不同，柯布西耶没有将住宅在场地中满布，并设计前后花园，而是将两座住宅设计在适当的角度，创造出表达微妙的空间。英国建筑师克莱福·恩特威斯尔对场地的早期规划则是将两个家庭安排在场地中延伸的单座住宅内。[3]

与柯布西耶以往的作品一样，以标准化的理念作为指导原则。这两座贾奥尔住宅，内部组织各不相同，但建筑结构相似，两个符合柯布西耶模度系统的拱形，分别为 2.26 m 和 3.66 m，形成两座住宅的长度（图 2）。斯特林不适宜地将贾奥尔住宅与斯坦因别墅在建筑地位上做对比，认为前者反机械论而灵巧；后者纯粹而理性。[4] 他写道："我第一次看到柯布西耶非区域化。但是他们（贾奥尔住宅）可能被任何文明人占领，不像加歇和普瓦西，那些地方的人从来都没有文化……"[5]

"非区域化"这个词斯特林暗指斯坦因别墅和萨伏伊别墅属于巴黎，可假定凭借了它们的大都市的先锋品质，而对比之下，贾奥尔住宅令人回想起"南部"，他似乎暗指地中海地区，甚至原始地区。[6] 然而粗糙砖墙和宏大的混凝土山墙端的组合毫无南部气息。贾奥尔住宅的"原始气息"和 20 世纪 20 年代柯布西耶纯化论的别墅一样与周围地形不相称。但是即便贾奥尔住宅的建筑风格与原始场地并无关联，柯布西耶对场地的细节情况仍极其留意。

设计斯坦因别墅时，柯布西耶于 1951 年 7 月考察场地并画了许多速描。场地占地面积约

2. 马克·科林森（Mark Crinson）编辑，《詹姆斯·斯特林：关于建筑的早期未版著作》（*James Stirling：Early Unpublished Writings on Architecture*），伦敦：劳特利齐出版社，2009 年，第 53 页。
3. 卡罗琳·美尼亚克·本顿（Caroline Maniaque-Benton），《勒·柯布西耶和贾奥尔住宅》（*Le Corbusier and the Maisons Jaoul*），纽约：普林斯顿建筑出版社，2009 年，第 39—40 页。H. 艾伦·布鲁克斯（H. Allen Brooks）编辑，《勒·柯布西耶档案》（*The Le Corbusier Archive*），第 20 卷，纽约：加尔兰出版社；巴黎：勒·柯布西耶基金会，1983 年，平面 FLC 10076 和 FLC 10043。
4. 科林森（Crinson）编辑，《詹姆斯·斯特林》（*James Stirling*），第 53 页。詹姆斯·斯特林，"加歇到贾奥尔：1927 年和 1953 年作为国内建筑师的勒·柯布西耶"（Garches to Jaoul：Le Corbusier as Domestic Architect in 1927 and 1953），《建筑评论》（*Architectural Review*），第 118 期，1955 年 9 月，第 145—151 页。
5. 科林森（Crinson）编辑，《詹姆斯·斯特林》（*James Stirling*），第 53 页。
6. 同上。

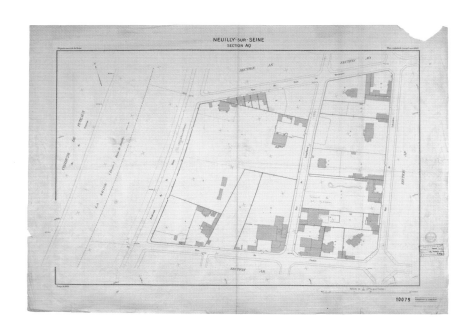

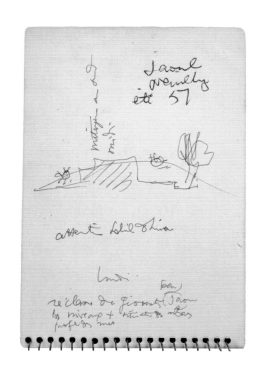

图 3. 贾奥尔住宅，塞纳河畔纳伊，1951—1955 年，包括毗邻建筑的街区总平面，由铅笔和墨水在印刷纸上绘画，105.5 cm × 74.7 cm，巴黎：勒·柯布西耶基金会，FLC 10075

图 4. 贾奥尔住宅，塞纳河畔纳伊，1951—1955 年，场地的第一张速写，由墨水在纸上绘画，15.3 cm × 10.1 cm，巴黎：勒·柯布西耶基金会，速写本 E22

1000 m^2，从隆尚林荫道向东南方向延伸（图 3）。他注意到场地的基础地形和形态特征，尤其注意它的边界和道路两边的参天大树。他观察毗邻建筑对场地产生的限制以及从场地的不同区域获得的视野。西南边的 4 层砖房从道路边界后退约 7.5 m，砖房未开窗的墙面处于和贾奥尔住宅相邻的边界线上。这是一个不容忽视的约束。场地的东北面空闲，但是 1951 年起的建筑规定强制要求某些内容：他的"全集"约有 1/5 的篇幅是在抱怨"地面相关的规定是矛盾的，项目复杂而预算不可避免地被私有建筑的令人吃惊的成本所限制。"[7] 这样的规定包括：建筑物必须从道路退界至少 4 m；场地中的建设用地不可超过 32%；建筑物必须要么与隔壁建筑对接，要么如果想开大窗，则必须从相邻建筑后退至与拟建建筑高度一致的距离，或者如果建筑只在 2 层开窗，则后退场地宽度的 1/6 距离。[8]

在他的第一张速写上，日期标注为"1951 年夏"（图 4），建筑师面向西南，画下邻近的建于 20 世纪 30 年代的砖房对场地的影响，砖房给场地上蒙上一道阴影。[9] 他追踪太阳从东到西的轨迹。认为需要获得场地测量员关于树木和场地坡度的精确测量。在另一幅速写中，向东南方向看去，柯布西耶记下了场地的平面，它的尺度、自然坡度，以及基本方位。他观察周围树木的高度和它们的阴影投射。在西北边他写道："阴影""简直是黑洞""街道的噪声"。他想象树木成为隔离街道和场地的垂直屏障，并在东北边设立木栅栏。在这本速写的另一处，柯布西耶提议将住宅设置在场地的制高点，面向隆尚林荫道。他指出可以在陡坡的下方空间设置车库。

因此，从一开始他就设想了和有更深的场地的斯坦因别墅不同的布局。他没有选择将建筑

7. 威利·博奥席耶（Willy Boesiger），《勒·柯布西耶：作品全集，1946—1952 年 》（Le Corbusier : Œuvre Complète, 1946–1952），苏黎世：吉斯贝格尔出版社，1953 年，第 173 页。

8. 用地规划置于塞纳河畔纳伊城市档案馆的建筑许可文件中。

9.《勒·柯布西耶写生集，1950—1954 年 》（Le Corbusier Sketchbooks, 1950–1954），第 2 卷，弗朗索瓦兹·德·弗朗利厄（Françoise de Franclieu）编辑。纽约：建筑历史基金会；坎布里奇：麻省理工学院出版社；巴黎：勒·柯布西耶基金会，1981 年，速写本 E22, 549-553。下面的注释均指这一卷。

图 5. 贾奥尔住宅，塞纳河畔纳伊，1951—1955 年，住宅 A 座和坡道景观，巴黎：勒·柯布西耶基金会

退界以保证私密性，而是将建筑设置于道路边林荫树形成的"黑洞"中。住宅自身形成壁垒，保证了花园空间的最大化。这一策略排除了在西北边设置大型窗墙的可能。

这一设计的主要挑战是如何在不失去部分花园的条件下布置车库。最终方案中，两座住宅设置在同一车库空间之上，这一车库部分在地下，可由斜坡进入（图 5）。这创造了一处沿着步行坡道可达的高台，高台面向街道但其女儿墙阻隔了行人的目光。最初的这一平台通过提供共有的空间，既分隔又联合了两座住宅；住宅西侧是一片共享的草坪，而东侧为狭窄的绿带。

斯特林 1954 年参观这一场地时被建筑布局所吸引。在他笔记本左上方的速写中，他展示了场地上两座住宅的方位，外部的平台连接两座住宅，平台下方则是车库。他注意到邻近的墙体和斜坡可以下至车库，上至平台。他提到只有在场地后方的空地上才能看到这两座住宅。[10] 从这里可以清晰地看到住宅 B 座的山墙和 A 座的侧墙。从街道上，人们只能看到住宅 A 座的侧墙，从土丘上升起却被树木所遮蔽。只有当客人从步行坡道走上高台，才能看到建筑山墙。这样一来，柯布西耶将一般的空间划分为 3 个部分：公共区域、给访客提供的半私密高台，以及为主人一家保留的秘密花园。

柯布西耶郊区项目的另一个特征是他想要创造屋顶花园的企图，屋顶花园并不会受周围建筑和树木投射的阴影的困扰。贾奥尔住宅中，拱顶的使用排除了建造屋顶花园的可能，但巴黎郊外拉塞勒 – 圣克卢的周末小屋（1934 — 1935 年）中柯布西耶在地表设置了屋顶花园。[11] 这些小草坪上种植了野花和高茎草，从卧室的窗户看出去十分喜人。柯布西耶正是在这些建造景观中尝试解决郊区的矛盾。

10. 安东尼·维德乐（Anthony Vidler），《詹姆斯·弗雷泽·斯特林：档案馆笔记》（James Frazer Stirling : Notes from the Archive），纽黑文：耶鲁大学英国艺术中心，2012 年。在他的书中，维德勒展示了斯特林的黑色笔记本的跨页，跨页中有场地规划的速写，第 94—95 页。

11. 蒂姆·本顿（Tim Benton），"'周末小屋'和巴黎市郊"（The 'petite maison de week-end' and the Parisian Suburbs），莫森·莫斯塔法维（Mohsen Mostafavi）编辑，《勒·柯布西耶和建筑重塑》（Le Corbusier and the Architecture of Reinvention），伦敦：建筑联盟，2003 年，第 118—139 页。

由于地方性法规，柯布西耶不得不封闭了客厅里部分面向住宅 B 座东北侧的窗户。采光度、透明度和通风性这 3 个功能因此改由细长的竖向木制百叶窗用以通风，上釉的嵌板被分割用以采光和观景。就这一点而言，两座住宅的山墙创造性地将上釉的胶合板条以及内部嵌墙式的家具相结合。[12] 很明显郊区景观的限制激发了柯布西耶的想象并且丰富了他的建筑语汇。基于标准的、微妙的、因地制宜的对私密性和封闭性的把握增强了这些野兽派住宅的家庭感。

12. 一项关于"模度"强调的概念的专利申请被提出。勒·柯布西耶（Le Corbusier），"为人类使用单元的改进与并列元素的结合"（Perfectionnements apportés aux ensembles à usage humain constitués par la juxtaposition d'éléments），1951 年 9 月 5 日发布专利许可，FLC T2-7-12。

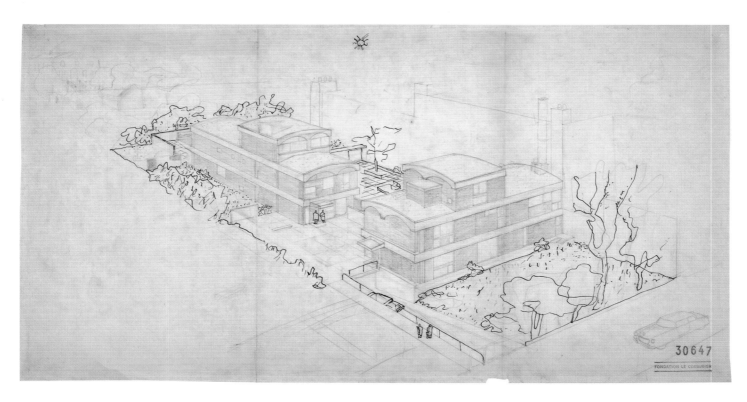

插图 56. 贾奥尔住宅，塞纳河畔纳伊，1951—1955 年，两座别墅及周围种植总鸟瞰，由铅笔和彩铅在描图纸上绘画，36 cm × 67 cm，巴黎：勒·柯布西耶基金会，FLC 30647

阿尔及尔

项目:

马格里物流公司小型屋宇,
阿尔及尔,1933 年

迪朗住宅建筑计划,瓦迪省,
阿尔及尔,1933 年

拉芳大楼,阿尔及尔,
1933 年

阿尔及尔总体规划,
1942 年

炮弹计划,阿尔及尔,
1932 年

庞塞奇公寓大楼,阿尔及尔,
1933 年

海军区的摩天大楼,阿尔及
尔,1938—1939 年

激浪泳场,业主巴德亚拉,
阿尔及尔,1935 年

佩里萨克农业与住宅综合设
施,歇尔谢尔,1942 年

殖民者大楼,内穆尔,1935 年

城市与港口规划,内穆尔,
1934 年

乍得

项目:

拉密堡文化中心,1960 年

突尼斯

已建成项目:

贝泽住宅,迦太基,1928—
1930 年

Algiers 阿尔及尔

Cherchell 舍尔沙勒

Fez 菲斯

Nemours (Ghazaouet)
内穆尔

Casablanca
卡萨布兰卡

Ghardaïa
盖尔达耶

图 例:

 到访地点

 项目

 已建成项目

非洲

Carthage
迦太基

Cairo 开罗

Fort-Lamy（N'Djamena）
拉密堡（恩贾梅纳）

安东尼·皮肯

阿尔及尔：城市、基础设施与景观

左图：奥勃斯规划，阿尔及尔，1932 年，版本 A，模型，来自勒·柯布西耶，《光辉城市》，布洛涅－比扬古：今日建筑出版社，1935 年，第 236 页

图 1. 布汀桥，日内瓦，1915 年，竞赛设计，由炭笔在纸上绘画，64 cm × 122 cm，巴黎：勒·柯布西耶基金会，FLC 30279

图 2. 贾科莫·摩诃－特瑞蔻（意大利人，1869—1934 年），菲亚特工厂，林格托市，1917—1922 年，来自勒·柯布西耶，《走向新建筑》，巴黎：乔治斯·克雷公司，1923 年，第 242 页

勒·柯布西耶为阿尔及尔制订的奥勃斯规划流传至今，其宏大而具有美感的高架，已经成了魅力的象征。而高架也是这个包含公寓大楼和商业中心的作品的主要构成要素。该计划是一种以激发活力为目的的挑衅，方式是在解析那些细节之前先展示它的真正方向，尽管最终可能根本无法实现。[1] 当时隔久远再来回顾它，奥勃斯规划的种种踪迹不时还会出现在现代和当代的都市生活与建筑中。在 20 世纪 50—60 年代很多城市快速路中都有反映，例如沿着马赛港口的那条。我们可以从实验性的建筑小组——超级工作室（Superstudio）所创作的拼贴画——《连续纪念碑》（1969 年）和维克托里奥·葛雷高第的大型区域项目中探索其影响。

这个充满魅力的规划本身还具有另一个迷人之处：它的创作者对建造艺术有着持久的兴趣（图 1）。例如从早先起，数篇《走向新建筑》里的文章，就反对将施工技术与从 19 世纪传承而来的已经僵化的建筑模式进行精确而具有革命性的结合，从而展现出这种魅力。[2] 柯布西耶列举了两个与美国谷仓相对的案例，一是贾科莫·摩诃－特瑞蔻设计的都灵林格托市的菲亚特工厂（图 2），还有尤金·弗莱西奈设计的巴黎奥利机场的飞机库。这两个案例参照都能在阿尔及尔规划中找到。林格托工厂——柯布西耶在另一篇文章中描述为"拥有佛罗伦萨作品一般的透明和精确"以及"都市化的档案"——它的屋顶汽车道，为柯布西耶的高架桥住宅提供了灵感。[3] 而奥利飞机库的影响在奥勃斯规划的将近 43 m 高的抛物线拱上可见一斑，这些拱形意在支撑建筑师设计的巨大的高架桥建筑的各个部分。

然而柯布西耶对基础设施的巨大兴趣主要在道路方面，即意图为汽车革命提供支持——在建筑和城市规划方面他都有意改变以适应这一革命。他着迷于这样的事实：汽车的速度和曲线的半径以及倾斜角之间的关系遵循一定的公式或规则。跟随这些工程师留下的指示，他呼吁建立基于科学的"道路理论"。[4] 他对这些理论的兴趣绝不会衰减。他 1930 年提出的"光辉城市"

1. 勒·柯布西耶（Le Corbusier），给阿尔及尔市市长布鲁奈尔先生（Mr. Brunel）的信，1933 年圣诞节，FLC B3-5-129。如未另注明，均由克里斯汀·休伯特（Christian Hubert）翻译。
2. 勒·柯布西耶（Le Corbusier），《走向新建筑》（Toward an Architecture），约翰·古德曼（John Goodman）翻译。洛杉矶：盖蒂研究所，2007 年，随处可见。原版见于《走向新建筑》（Vers une architecture），巴黎：乔治斯·克雷公司，1923 年。
3. 勒·柯布西耶（Le Corbusier），"都灵林格托菲亚特工厂"（Usines Fiat du 'Lingotto' à Turin），《新精神》（L'Esprit nouveau）中一篇文章的印刷版，日期不明，FLC F3-1-111。
4. 勒·柯布西耶（Le Corbusier），"集体需求和土木工程"（Les Besoins collectifs et le génie civil），一篇文章的印刷版，1935 年 3 月 28 日，FLC A2-20-193。

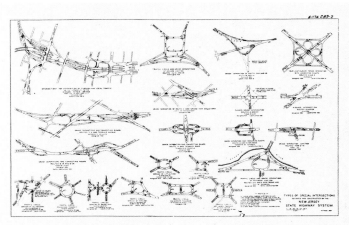

Une confirmation en dernière heure ; En U.S.A. un comité spécial étudie les solutions à apporter aux croisements des routes automobiles. Ces tracés semblent plutôt extraits d'un manuel de biologie que de la publication des résultats des Grands Prix de Rome où les graphiques jouent « aux étoiles » !

图 3. 美国高速公路立交桥，来自勒·柯布西耶，《光辉城市》，布洛涅－比扬古：今日建筑出版社，1935 年，第 123 页

包含了美国高速公路立交桥的插图，他将其描述为看起来"像是从生物书上摘下来的而不是墨守成规的各种罗马大奖赛作品"（图 3）。[5] 这位建筑师将在《城市规划的思维》（1963 年）中继续颂扬道路环岛的有机形式。

这种有机特点使柯布西耶的思想发生必需的转变，从方程式到形式的生命（与科学到情感一样的道路，因为后者需要和前者一样精确）。在阿尔及尔，像玛丽·麦克里欧德展示的那样，道路的曲线唤起了对女人摇摆的臀部和伸展的躯体的想象。[6] 人们可以从建造工程直接过渡到诗歌灵感——深刻赋予感官印象。

但是对柯布西耶来说，道路大多数情况下反映的是景观。正是这种联系长久地停留在他的脑海里，无论是他在 20 世纪 30 年代早期沿着西班牙米格尔·普里莫·德·里韦拉政权新建的道路，抑或是沿着意大利第一条高速公路旅行时都是如此。在这点上，他的高速公路体验的地中海特色的记录令人震惊。他大可以在柏林市郊的阿瓦斯（AVUS），第一次世界大战后不久建造的汽车交通和训练道路的体验中寻找到灵感，其中包括一条分车道公路。但对于柯布西耶，就好像现代道路只有在与清晰定义的精准的景观发生联系时才能体现出它的完全的重要性，比如充满阳光的地中海地区。

柯布西耶对道路和景观的关系的理解也许在他 1941 年的书籍《4 条路径》中表达得最为清晰，他在书中写道，"道路不仅是可测量的实体；道路也是自然中可塑的成就。"[7] 更明确地，稍后的一段似乎道出了奥勃斯规划和其后高架路住宅的关键。这一段话概述了柯布西耶关于基础设施和场所、基础设施和景观的联系的基本观点，因此值得整段引用：

5. 勒·柯布西耶（Le Corbusier），《光辉城市》（*The Radiant City*），帕米拉·奈特（Pamela Knight）、埃莉诺·勒弗约（Eleanor Levieux）、德里克·科尔特曼（Derek Coltman）翻译，纽约：猎户星出版社，1967 年，第 123 页。原版为《光辉城市》（*La Ville radieuse*），今日建筑出版社，1935 年。

6. 玛丽·麦克里欧德（Mary McLeod），"阿尔及尔：地中海的呼唤"（Alger：L'Appel de la Méditerranée），见雅克·卢肯（Jacques Lucan）编辑，《勒·柯布西耶，1887—1965 年：一部百科全书》（*Le Corbusier, 1887–1965：UneEncyclopédie*），巴黎：蓬皮杜艺术中心，1987 年。也见蒂姆·本顿（Tim Benton），"奥勃斯规划，阿尔及尔／异想天开的妇女"（Plan Obus，Algiers/Femmes Fantasques），《勒·柯布西耶：世纪建筑师》（*Le Corbusier：Architect of the Century*），

伦敦：大不列颠艺术委员会，1987 年，第 216—217 页。

7. 勒·柯布西耶（Le Corbusier），《4 条路径》（*The Four Routes*），桃乐茜·托德（Dorothy Todd）翻译，伦敦：D. 多布森出版社，1947 年，第 31 页。原版于《4 条路径》（*Sur les quatre routes*），巴黎：伽利玛出版社，1941 年。

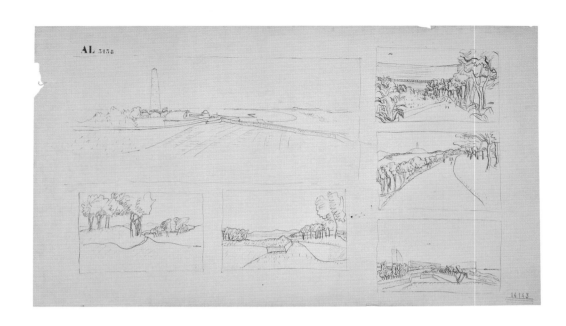

图 4. 奥勒斯规划,阿尔及尔,1932 年,版本 A,预期景观透视图速写,由墨水在描图纸上绘画,55.1 cm × 96.1 cm,巴黎:勒·柯布西耶基金会,FLC 14143

有些地方就好像是世界的阳台。比如,里维埃拉港湾上方的延绵的山峰;瓦莱州,位于罗纳河谷的出口处,拉沃的水灌入其中,就在日内瓦湖和群山之前;里约热内卢,在蓬乱的马刺之间;还有其他千千万万,其中最美丽的是那些未有人类涉足的处女地。从这些阳台开始(无限的柔和的山峰)我们也许能够达到双重目标:发现并居住于此。

为了设置不同层级的汽车公路:60 ft(约 18 m)、200 ft(约 61 m)、450 ft(约 137 m)。我们必须在场地上找到最关键的各层级道路曲线的基础:并且置其于山脚下,表达出景观的自然运转(图 4)。在适宜的地方从地形状况中脱离,如同开放马戏团中的葡萄藤、岩石、果树、树叶,离开土地的坚实基础,在我们看到之前伸展出想象的绳索,抛掷出一道高架道路。那时我们应当通过像蜂巢一样设置叠加大量住宅来利用高架道路的底部构造。每一间住宅,如同别墅一样,能够拥有自己的花园,屋顶花园。高架桥本身深入土地的内脏,为多细胞街区的建立扫除障碍。一切皆有可能;一切都将实现。此外,我们的世界露台能够从地面上的数个点到达,并且与现有的高速公路相连。住宅有机地被它们周围的环境和自然所吸纳,剩下的自由、野性或教化,将保持独立和整体;不再被建筑"开发"压垮。[8]

和里约热内卢一样,阿尔及尔也是"世界露台"之一,在那儿生命能够并且必须在与场所密切联系并追随所主要特征的基础设施和住所间产生和延续。除了在理论上阐明高架桥住宅,这段话表明了柯布西耶思想的几段主要的轨迹。第一段肯定了使机器文明与自然相调和的意愿,使其"自由、野性或教化"。像他在其他地方也提到的,这取决于生物学、人类心理学和自然之间的基本交集。[9] 更重要的是,柯布西耶看到的流动性和住所之间的紧密联系在这样一个加速的时代被分离——速度增加了 20 倍甚至 100 倍——这种联系需要重建。这一思想路线将是柯布西耶长期的工作重心。如蒂姆·本顿所述,像萨伏伊别墅(1928—1931 年)这样的项目,靠近巴黎,已经表明柯布西耶想要将建筑和汽车的基础设施与驶向别墅的道路(某种意

8. 同第 203 页注释 7,第 32—33 页。 **9.** 勒·柯布西耶(Le Corbusier), collectifs et le génie civil)。勒·柯布西耶(Le Corbusier)的强调。"集体需求与土木工程"(Les Besoins

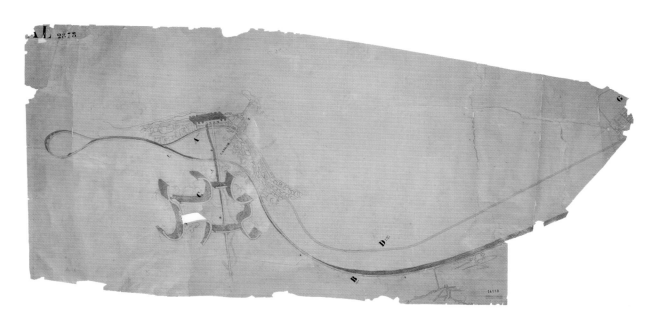

图 5. 奥勃斯规划，阿尔及尔，1932 年，版本 A，总体规划，由墨水在描图纸上绘画，94.1 cm × 196.7 cm，巴黎：勒·柯布西耶基金会，FLC 14118

义上）直接驶入车库以及进入住宅的斜坡这些设施相协调。[10] 奥勃斯规划在这一点上表达得更加清晰，地形使这种重接能够为人感知而提供了另一种方式。在阿尔及尔，人们在行动中几乎可以无缝从一种景观穿越到住所窗户框出的景观，就像在高速公路上行驶的汽车中观看一样。这种转变和电影中慢镜头划过然后渐渐停滞，进而成为一幅静止的摄影画面的手法相似。从电影到摄影，从带有速度到静止的注视：而不是一劳永逸地设置一种特定的规格，这种景观转变的体验清楚地表达了现代生活的不同的一面（图 5 和图 6）。

除了这些多重的速度和尺度，基础设施的柯布西耶式的景观展现了许多值得注意的奇异性。不像工程师，建筑师柯布西耶一开始对于艺术作品的结构性能和其嵌入崎岖地形后的美学效果并没有过多地在意。属于桥梁范畴的结构和美学议题对他没有多少吸引力，尽管他认为古斯塔夫·埃菲尔和保罗·塞茹尔内的作品是"现代美学的先驱者"。[11] 如果拿破仑一世的道路构成在他眼中是"建筑景观的伟大诗篇"，这并不是因为它包含的艺术作品，或是因为它跨越了阿尔卑斯山脉，而是因为它整体成果的精确性。[12]

精确、准确、和谐规则：这些词语在柯布西耶与基础设施及其与景观的关系相关的论述中反复出现。尽管他所指的常常是征服和占有，这些词汇并不像技术顶点的传统记录，像与已经解除对人类的束缚的自然元素的、充满英雄主义的壮观斗争一样。[13] 他对横跨虚空的桥梁这一主题的不在意因此变得可以理解。比起跨越深渊的拱道，柯布西耶似乎更喜欢静止于地形轮廓上的连续曲线，好像宫女的臀部，曲线规定了建筑应有的形式。在世界的露台之上，即使在高速公路上全速前进之时，也能找到平静之感。

在这种和谐的秩序中，基础设施和建筑显得相互无法辨别。将它们与景观相结合则创造了城市。这是阿尔及尔的重要启示，从柯布西耶《东方游记》中的雅典卫城之旅中吸取的教训，

10. 蒂姆·本顿（Tim Benton），《勒·柯布西耶和皮埃尔·让纳雷的别墅建筑作品鉴赏，1920—1930 年》（The Villas of Le Corbusier and Pierre Jeanneret, 1920–1930），1987 年；巴塞尔：波克豪瑟出版社，2007 年，第 193—195 页。

11. 勒·柯布西耶（Le Corbusier），

"集体需求和土木工程"（Les Besoins collectifs et le génie civil）。

12. 勒·柯布西耶（Le Corbusier），《4 条路径》（The Four Routes），第 34 页。

13. 见安东尼·皮康（Antoine Picon），《启蒙运动时期的法国建筑师和工程师》（French Architects

and Engineers in the Age of the Enlightenment），剑桥：剑桥大学出版社，1992 年；大卫·E. 奈（David E. Nye），《美国技术顶峰》（American Technological Sublime），坎布里奇：麻省理工学院出版社，1994 年。

已然概述出景观和城市主义的关系。如果在建筑体块与自然的对峙中有什么令人赞叹的东西，这一定与工程中的很不一样。前者——建成和自然之间的张力——有后者无法达到的相互的作用。"我崇拜工程师，将我的第一本书献给他······这本书出于热情，并且在意料之中，"柯布西耶 1929 年公开声明，而后缓和他的语气："这位工程师，其一丝不苟的工作值得尊敬，蜷缩在滑尺边，实际上大多数时候都被他创造的产物反驳。他认为它们仅是作用机制。他没有将它们看作思想的有机组成，他不了解他自己的工作。他臣服于他的工作。"[14] 最终，工程师的英雄主义是矛盾的：在他权力的外表之下隐匿的是被动的形式，包括将他的作品生硬地置于景观中，而不是使其与景观结合，形成整体。

14. 勒·柯布西耶（Le Corbusier），讲座，布宜诺斯艾利斯，1929 年 10 月，FLC C3-7-1。

内穆尔，阿尔及利亚：城市与港口规划，1934 年

给殖民者的建筑，1935 年，透视图，由铅笔和粉蜡笔在描图纸上绘画，38.1 cm × 31.5 cm，巴黎：勒·柯布西耶基金会，FLC 13173

内穆尔，1962 年重获其沦为殖民地前的名字"撒哈拉卡扎乌"（Djemaa el Ghazaouet），这是阿尔及利亚特莱姆森的一个小渔港，位于奥兰和摩洛哥边界处。1934 年皮埃尔－安德烈·艾莫里的商业伙伴查尔斯–亨利·布勒约，勒·柯布西耶和皮埃尔·让纳雷雇用的首个制图员，受内穆尔市长委任做一轮雄心勃勃的新的城市规划。[1] 连接内穆尔与乌季达的一条铁路线正在建设中，1936 年之前将向摩洛哥出口磷酸盐。在这一天到来之前，这个城市需要扩张，而布勒约受聘于柯布西耶和工程师弗郎索瓦·德·皮耶尔雷弗领导的大型液压工程公司来推敲这一规划。

嵌于向海滩递减的"壮丽的沙砾和岩石竞技场"，西边是灯塔的海岬，东边是港口口岸，新的方案似乎零碎地采用了柯布西耶阿尔及尔的奥勃斯规划（1932 年）。[2] 通向奥兰和特莱姆森的架起的高速公路沿着菱形的环路延伸，为 18 座总共提供 2500 户的住宅楼提供空间。住宅楼自身的截面与柯布西耶光辉城市（1930 年）中犬牙交错的街区形式相似。人行道的网络贯穿于街道，形成了沿着地中海海岸的市民和游客中心。柯布西耶宣称，"溪流，随着它自身的迂回的轨迹，将分散充足的水源使这片沙漠变成一片新的非洲绿洲，溪水在石榴树、杏树、香蕉树、樱桃树和巨大的古老的棕榈树

下流过。一个非洲天堂。"[3]

柯布西耶草拟的方案坚持建筑与其环境的逻辑关系："地形（地面）指导交通流通（在距离上展开）。阳光、风、视线指导住宅。建成的体块因此不依赖于土地。建成的体块（具有一定高度）和循环的通道（有距离的表面流动）是两种完全不同的秩序。当地的条件（地形和气候）是规划的导则。"[4]

这个项目未能建成是因为尽管有强有力的巴黎盟友，布勒约和柯布西耶无法找到经济赞助来买下这块地并投资他们规划的 5 万居民的城市，随后的一年中设计的殖民地大厦项目也未能实现。承认这一计划过于"宏伟"，市长 1935 年年初在给他们的信中这样写道，并且想要一个"更加简化的城市规划，更加简单，最重要的是，要更便宜，如此才不会阻碍城市的发展"[5]。这催生了 1935 年的第 2 个更谦虚的方案。但是柯布西耶在"全集"中刊出这一方案时不能控制他的怨恨。他声明，"当局没有行动，方案摇摇欲坠。从现在开始，这个城镇将留在原地，任其腐烂。"[6] 他唯一的安慰是在这一方案被否决的几个月后，在 1935 年的秋季现代艺术博物馆的展览中他得以展出这一项目的模型。

1. 市长让·里贝（Jean Ribes），给查尔斯–亨利·布勒约（Charles-Henri Breuillot）的信，1935 年 2 月 6 日，FLC D1-5-147。
2. 勒·柯布西耶（Le Corbusier），"内穆尔的城市化进程"（Urbanisation de la ville de Nemours），见马克思·比尔（Max Bill），《勒·柯布西耶和皮埃尔·让纳雷：作品全集，1934—1938 年》（Le Corbusier et Pierre Jeanneret：

Œuvre complète, 1934–1938），苏黎世：吉斯贝格尔出版社，1939 年，第 27 页。
3. 勒·柯布西耶（Le Corbusier），"单元"（Unité），《今日建筑》（L'Architecture d'aujourd'hui）第 19 期，特刊，1948 年 4 月，第 20–21 页。如未另注明，均由吉纳维夫·亨德里克斯（Genevieve Hendricks）翻译。
4. 勒·柯布西耶（Le Corbusier），"内穆尔的城市化进程"（Urbanisation de

la ville de Nemours），第 27 页。
5. 里贝（Ribes），给布勒约（Breuillot）的信，1935 年 2 月 6 日，FLC D1-5-147。也见"市议会决策"（ocœu du conseil municipal），1935 年 2 月 18 日，FLC D1-5-160。
6. 勒·柯布西耶（Le Corbusier），"内穆尔的城市化进程"（Urbanisation de la ville de Nemours），第 27 页。

内穆尔计划,1934 年,模型,石膏和油漆,87 cm × 85 cm × 21 cm,巴黎:
勒·柯布西耶基金会

盖尔达耶，阿尔及利亚：在沙漠绿洲中看与写

图 1. 露台景观，盖尔达耶，1931 年，来自《计划》，1931 年 10 月，第 104 页

绿洲回答道："我将把我所有的工作限于使我从荒芜（沙漠，无垠的饥渴之地）变为光彩；从饱受苦难和焦虑变为康乐幸福；从恐惧变为平静；从空虚变为充实；从沙漠变为绿洲。"走向至福，仅此而已！[1]

1931 年勒·柯布西耶对阿尔及利亚南部的沙漠地区姆扎布（M'zab）的首次介绍是非描述性的（图 1）；没有选择他看到的住所奇观，这位建筑师列举了在这种极端气候中居住和生活的模式，以及从中生发的伦理："这里，在绿洲中，没有消费。这是要点。食物（面包）+ 茶 + 咖啡。"

短短几行文字，用"沙漠—绿洲"的配对作为出发点，此二元论得以形成：生存与死亡、痛苦与快乐、荒芜与繁茂、善良与邪恶。与此同时，修辞手法多种多样，直接强调读者，名词短语（在这里由算术符号补充，似乎要加强他们不可调和的本质）以及词组证实了建筑师的语言技能。[2]

柯布西耶对盖尔达耶和其附近的摩押城市的景观的探索，以及他在其后的 10 多年对它们的描述，使我们能够考虑建筑师作品的鲜为人知的方面：一个出版了 40 多本著作和将近 700 篇文章的作家的产量。[3] 他没有在他 1943 年的身份证上的职业一栏填上"作家"吗？

柯布西耶在盖尔达耶的探险的作用无法以它持续的时间来判断：学者只鉴定出两次简短的旅行。[4] 第一次持续了几天直到 1931 年夏末，他的著名的汽车，一辆瓦赞飞机（Avions Voisin）C12 型号的汽车带他和他的堂弟皮埃尔·让纳雷穿越西班牙、摩洛哥和阿尔及利亚。[5] 第 2 次

1. 勒·柯布西耶（Le Corbusier），"旅途的回报……或经验：横断面"（Retours . . . Ou l'enseignement du voyage：Coupe en travers），《计划》（Plans），1931 年 10 月，第 103，104 页。如未另注明，均由克里斯汀·休伯特（Christian Hubert）翻译。

2. 吉列梅特·莫雷尔·耶内尔（Guillemette Morel Journel），"勒·柯布西耶的二进制数"（Le Corbusier's Binary Figures），于《修辞学》（Rhetorik/Rhetoric）期刊，《代达罗斯》（Daidalos），第 64 期，1997 年 6 月，第 24—29 页。

3. 凯瑟琳·德·美特（Catherine de Smet），《走向新建筑：勒·柯布西耶；编辑和排版，1912—1965 年》（Vers une architecture du livre：Le Corbusier；Édition et mise en pages，1912–1965），巴登：拉尔斯·穆勒出版社，2007；又见 M.克里斯汀·菠雅（M. Christine Boyer），《勒·柯布西耶：文学家》（Le Corbusier：Homme de lettres），纽约：普林斯顿建筑出版社，2011 年。

4. 亚力克斯·格贝尔（Alex Gerber），"阿尔及利亚和勒·柯布西耶：1931 年的旅行"（L'Algérie et Le Corbusier：Les Voyages de 1931），博士论文，瑞士洛桑联邦理工学院，1993 年。

5. 与珍·佩蒂特（Jean Petit）的陈述相反，费尔南德·莱热（Fernand Léger）不在这次旅行中。1938 年可能有第 3 次旅行，这次旅行只有极少量的记载。佩蒂特，《勒·柯布西耶传》（Le Corbusier lui-même），日内瓦：卢梭出版社，1970 年，第 74 页。

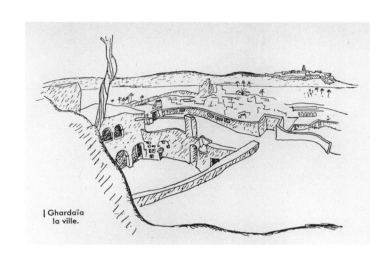

| Ghardaïa
la ville.

图 2. 住宅景观展现出盖尔达耶的地平线，1931 年，来自《计划》，1931 年 10 月，第 103 页

旅行只持续了几个小时，1933 年的 3 月，一次乘坐朋友的飞机从阿尔及尔到此的一日游——一个新鲜的场合，在他在拉丁美洲的觉醒之后，为庆祝"飞机的启示"和它揭露的地面的景观的真相。[6]

在他的第 1 次旅程中，柯布西耶在 16 页速写本上匆忙地记下了他的观察，这些后来在《计划》评论的 10 月刊中发表（图 2）。[7] 他和他的堂弟差一点渴死。沙漠的干旱和敌意表明了名为"沙漠中的冰"的漫画短剧中的"反对命题"，还有另一种矛盾修辞法。它像一件逸事一样被叙述，但我们被引导着去相信它是一个后天的重建，比他观察到的事实更真实的虚构故事：

盖尔达耶的南方酒店售卖 1 法郎的极佳的开胃酒；它和新鲜的水以及冰块装在一瓶来自 6 km 以外的绿洲的井中打来的纯净水中端上来。我们在这片口渴的土地上，喝吧，喝吧！这是一场洪水，这是一阵狂躁，这是一种疾病，这是一种激情。[8]

口渴和饮水的对立在最后一句话中被放大，这是一种 4 部分组成的修辞的范本，"这是一种"首语的重复，"-ion"的谐音［法语"洪水"（inondation）和"热情"（passion）］，以及长音"i"［"狂躁"（manie）和"疾病"（maladie）］。结束语加重了语气，但是景色的日常质量由对其的叙述转为由一张咖啡桌上的场景来强调，用一种近乎轻佻的语气：代词"我们"（we）在转换为更熟悉的"一个人"（one）之前的连续使用，用动词"喝"（to drink）的重复来表达顾客的贪婪。对场景的精确的描述——关于动作而不是环境——似乎验证了它：饮料的成分和价格，以及出售饮料的公司的名称。与之对比，在整体的环境上，附近活动的任何喧闹，周围的建筑物——这一切都悄无声息。但是这种日常场景暗示了全球化的侵入以及随之而来的关于

6. 见让－路易斯·科恩（Jean-Louis Cohen），"暂停的时刻：空中旅行和飞行的隐喻"（Moments suspendus：Le Voyage aérien et les métaphores volantes），见克劳德·普莱洛伦佐（Claude Prelorenzo）编辑，《勒·柯布西耶：传记时刻》（Le Corbusier：

Moments biographiques），巴黎：维莱特出版社，2008 年，第 144—157 页。
7.《勒·柯布西耶写生集，1914—1948 年》（Le Corbusier Sketchbooks，1914–1948），第 1 卷，弗朗索瓦兹·德·弗朗利厄（Françoise de Franclieu）编辑，纽约：建筑历史基

金会；坎布里奇：麻省理工学院出版社；巴黎：勒·柯布西耶基金会，1981 年，速写本 B7，第 443—462 页。
8. 勒·柯布西耶（Le Corbusier），"旅途的回报……或经验：模断面"（Retours… Ou l'enseignement du voyage：Coupe en travers），第 106，107 页。

节俭的启示："好了，在盖尔达耶喝开胃酒和大杯啤酒显然代表了整个现代商品化现象，以及交通运输业的现象：铁路、船舶、货车运输，这些在机器时代生存的特别的部件。与之相伴的还有品位、食物和风俗的去区域化。"

近两年后的第 2 次考察没有选择"道路路线"（route de terre），而是选择"空中航线"（route de l'air）（图 3 和图 4）。[9] 这位狂喜的建筑师在给他母亲的信中这样描绘这次旅程，"顺便说下，我这次乘坐飞机去沙漠。这种感觉太惊人了。从飞机上向下看，这片土地令人恐惧。这么多小小的花朵、巨大的树木。它的模样不可逾越，也无法调和。使人心慌，势不可当，令人惊恐和忧郁。"[10]

这一壮观景象带给柯布西耶的震惊又一次被转化为一出相反的短剧：没有谈论花朵的可爱［亲昵的修饰"小小的"（little）暗示了画面的伤感情绪］，沙漠的恐怖；没有谈论植物的宜人，景观中静谧的忧虑。最终的形容词的并置，遵循法语中"2—3—3—4"（Troublant, bouleversant, angoissant, mélancolique）的韵律，似乎在诉说这个地方沉重而不变的特点。

关于盖尔达耶的第 2 段文字描绘了和第 1 段一样的压抑氛围。这段文字首次于 1935 年发表在《飞行器》中，一本带有英语文字的影像书籍，这段话后来又被摘录于《4 条路径》。[11] 不同的季节使这里的景观带有二元性，仍然与舒适和荒凉这一对词语相联系：

我熟悉这座夏季城市——到处棕榈成林；盖尔达耶。我在 8 月份去过那里：那时的高温十分可怕。但是一旦跨入枣椰树林中，行走在杏树、桃树、石榴树的摇曳的树影间，你就会感到幸福而精神饱满。水和绿的一瞬的壮丽景象……冬天的城市则正相反，在不见缓和的阳光中，如同身处满是松动石块的地狱中。[12]

图 3. 飞机上看到的盖尔达耶，1933 年，由铅笔和彩铅在纸上绘画，32 cm × 24 cm，巴黎：勒·柯布西耶基金会，FLC 5010

9. 这两条路径，与"铁路""水路"一起构成《4 条路径》（Sur les quatre routes）中组织国土规划和发展的 4 条路径，巴黎：伽利玛出版社，1941 年。
10. 勒·柯布西耶（Le Corbusier），给他的"亲爱的小妈妈"（chère petite maman /Marie-Charlotte-Amélie Jeanneret-Perret）的信，1933 年 3 月 29 日，FLC R2-1-187。
11. 勒·柯布西耶（Le Corbusier），《飞行器》（Aircraft），伦敦：工作室出版社，1935 年，第 6—13 页。
12. 同上，第 12 页。译文由作者修改。引文也出现于《4 条路径》（Sur les quatre routes）。

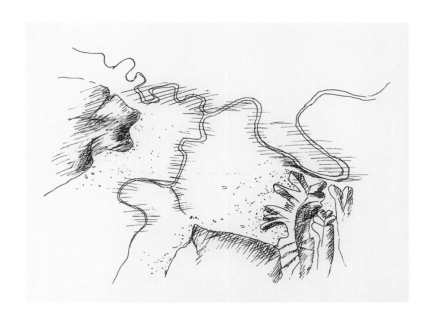

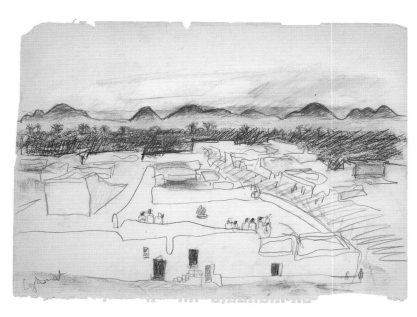

图4. 阿尔及尔景观鸟瞰图,在阿尔及利亚工业家路易斯·迪拉富尔的飞机上所作,1933年3月18日,来自勒·柯布西耶,《飞行器》,伦敦:工作室出版社,1935年,插图116

图5. 拉格瓦特,阿尔及利亚,日期不明,约1931—1933年,由铅笔、色粉笔和油画棒在纸上绘画,26.9 cm × 36.5 cm,巴黎:勒·柯布西耶基金会,FLC 4955

伊甸园般的绿洲的慷慨激昂的雄辩,让位于荒芜街道中干旱、可憎的静寂。人们怎么能不想起阿尔伯特·加缪在1953年的文章"贾米拉的风"中的描述,"此处精神在沦陷,为了产生一种真理,而这正是对前者的否定","那里笼罩着沉重的,无法打破的静寂"?[13]

在全景中,他叙述道,"握着笔,画这些信",姆扎布的景象的矛盾,既激动人心又易受伤害,结合了对几乎琐碎的细节的关注以达到道德和教育的目的(图5)。[14]

这一显然矛盾的姿态在时空中延展,体现在他所有的描述中,从1911年的东方之旅到20世纪50年代的印度之行、穿越瑞士山脉和《当大教堂尚呈白色》(1937年)中的美国城市。

在阿尔及利亚,柯布西耶写道,"这个国家似乎永恒地老去了,在阳光下炙烤;非洲,非洲……隔离,隔离中的城市。"[15]在炽热的阳光中被烹饪的隐喻激发,他从景观的内部观察(图6),吸收,就像他在里约热内卢透过落地窗创作各种规模的画作一样。

他的经常性的无拘束的抒情方式,成为他的文学抱负具有多重价值的基础,他创作了大量书面表达作品,并宣称了信仰,即坚持建筑和生活的伦理。因为尽管柯布西耶的城市景观图充满了措辞巧妙的词句,他最想要通过他的书写传递的是他对于建筑和这个世界的设想。"我写的书超过45本(正式出版的严谨的著作)。它们几乎都售罄了。有些在英国翻译出版,有些在美国,在南美,在德国,在日本(还有1930年以前的苏联)。我不是因为造句的愉悦而写作,而是因为在我们的职业中,偶然性出乎意料地大。受心中热情的驱使,当我不能建造……我绘画而我曾经绘画过……而如果没有绘画,则我30多年间在每片陆地上谈论……而当我没有在

13. 阿尔伯特·加缪(Albert Camus),"贾米拉的风"(The Wind at Djemila),《偶遇1》(Encounter 1),第1期,1953年10月,第46页。译者不详。原版为"贾米拉的风"(Le Vent à Djemila),见《婚礼集》(Noces),阿尔及尔:E.夏洛特出版社,1938年。

14. 1934年勒·柯布西耶(Le Corbusier)写给他的母亲,"我握着钢笔,我太懒了不能在信中绘画。"他宣称想要成为一名作家,但抱怨成为作家所必需的付出。他当时正在写"大书"(le bouquin énorme),这就是后来的《光辉城市》(La Ville radieuse)。勒·柯布西耶,给玛丽-夏洛特-艾米莉·让纳雷-佩雷特(Marie-Charlotte-Amélie Jeanneret-Perret)的信,1934年3月16日,FLC R2-1-202。

15. 勒·柯布西耶(Le Corbusier),"阿尔及利亚的赞美"(Louanges à l'Algérie),《一般公共工程和建设杂志》(Le Journal général travaux publics et bâtiment),1931年6月25日。

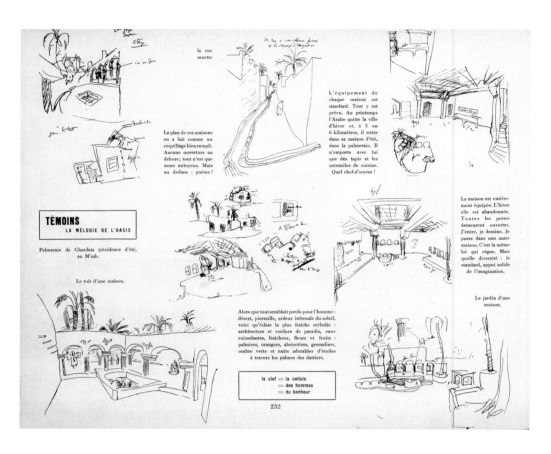

图 6. "目击者",盖尔达耶速写,1933 年,来自勒·柯布西耶,《光辉城市》,布洛涅－比扬古:今日建筑出版社,1935 年,第 232 页

谈论,则我是在串联我的想法,一个接一个,于是写成了许多的书。"[16]

他给自己指定的作品还带有启发功能。在他生命的最后,在《创作是一段坚忍的探索》(1960 年)中,柯布西耶承认写作使作者厘清了自己的思想:

有些事情必须抽象地思考,独自或友好(或不友善地)在思想中或现实中大声辩论。

思考,构思,起草,然后陈述……

在文字中或语言中陈述。

柯布西耶的大多数想法一方面在他的书中展现,另一方面,在他的公开演讲中陈述(遍及世界,可追溯至 1920 年……持续了 40 年)。[17]

但是最终,柯布西耶停留在他的演讲的文学性上;他始终依附于语言学家罗曼·雅各布森所说的文字的诗意境界。[18] 这种依附在他各种文学体裁的作品中都有体现,范围之广,包括他看到和梦到的所有土地,包括戏剧性的对话、形而上学的冥想、自主的虚构、理论文章、宣言、旅行见闻、所有富于景观肖像的作品。

16. 勒·柯布西耶(Le Corbusier),《勒·柯布西耶的巴黎计划,1922—1956 年》(Les Plans de Paris de Le Corbusier, 1922–1956),巴黎:子夜出版社,1956 年,第 112 页,来自贯穿全书的手写"绿色通道"(piste verte)。译文由作者修改。

17. 勒·柯布西耶(Le Corbusier),《创作是一段坚忍的探索》(Creation Is a Patient Search),詹姆斯·帕尔姆斯(James Palmes)翻译,纽约:普拉格出版社,1960 年,第 299 页。

18. 罗曼·雅各布森(Roman Jakobson),"闭幕演说:语言学和诗学"(Closing Statements:Linguistics and Poetics),见《语言风格》(Style in Language),坎布里奇:麻省理工学院出版社,1960 年。

他的雄心的另一项证明是这位建筑师宣称他在法国文学景观中的地位。"这里有保罗·瓦列里和安德烈·纪德，还有柯布和安托万·德·圣－埃克苏佩里"，他写道，"我的尊敬的朋友们，通过直接的接触或穿越时间的障碍……颂赞韵律、数字、意识、团结——已经经历了巨大的风险，穿过水的沙漠和沙子的沙漠。在这些'活着的人'中，我是唯一一个在压倒性的任务面前仍然保持站立的人。"[19]

因此这位享有世界级名望的建筑师同样是曾经的文学新手，他曾将他的《东方游记》的部分手稿交给他的导师——被认为那个世纪最伟大的作家之一的威廉·里特，请他修正。他大可将布莱斯·桑德拉尔、路易－费迪南德·塞林纳，还有加缪，这些曾经在不同的方面为他的写作提供资料的作家包括进来，或者荷马、米格尔·德·塞万提斯、查尔斯·波德莱尔，还有马拉美——他们所有人都是现实中或想象中伟大的旅行家。他们都位于这位宣称是一位优秀画家、一位真正的作家和一位伟大的建筑师的文学的万神殿中。

19. 勒·柯布西耶（Le Corbusier），
《巴黎计划》（*Les Plans de Paris*），第
47 页。

美国

1935 年 10—11 月的讲座集：

1. 现代艺术博物馆，纽约

2. 沃兹沃斯博物馆，哈特福特，康涅狄格州

3. 哥伦比亚大学，纽约

4. 卫斯理安大学，米德尔顿，康涅狄格州

5. 耶鲁大学，纽黑文，康涅狄格州

6. 瓦萨学院，波基普西，纽约州

7. 哈佛大学，坎布里奇，马萨诸塞州

8. 麻省理工学院，坎布里奇，马萨诸塞州

9. 费城艺术博物馆

10. 鲍登学院，不伦瑞克，缅因州

11. 普林斯顿大学，普林斯顿，新泽西州

12. 巴尔的摩市政协会

13. 哥伦比亚大学，纽约

14. 克兰布鲁克艺术学院，布隆菲尔德山，密歇根州

15. 卡拉马祖艺术学院，卡拉马祖，密歇根州

16. 芝加哥艺术俱乐部

17. 芝加哥大学

18. 威斯康星大学，麦迪逊

19. 伊利诺伊州建筑师协会，美国建筑师协会，芝加哥

项目：

联合国总部，纽约，1946—1947 年

已建成项目：

卡朋特视觉艺术中心，哈佛大学，坎布里奇，马萨诸塞州，1959—1962 年

图 例：

 到访地点

 发表演讲

 项目

 已建成项目

美洲

1929 年 10—12 月的讲座集：

1—3. 艺术协会，布宜诺斯艾利斯大学，城市协会，布宜诺斯艾利斯

4. 建筑学院，蒙得维的亚

5. 圣保罗市政厅

6. 建筑师协会，里约热内卢

1936 年 8 月的讲座集：

7. 国家音乐学院，里约热内卢

阿根廷

项目：

布宜诺斯艾利斯城市规划，1929 年，1936 年

马尔蒂内斯·杜·奥斯别墅，布宜诺斯艾利斯，1928 年

奥坎波别墅，布宜诺斯艾利斯，1928 年

已建成项目：

库鲁切特住宅，拉普拉塔，1949—1954 年

巴西

项目：

法国大使馆，巴西利亚，1964—1965 年

教育和卫生部，里约热内卢，1936—1942 年

里约热内卢城市规划，1929 年

大学校园规划，里约热内卢，1936 年

圣保罗城市规划，1929 年

保罗·普拉多别墅，圣保罗，1929 年

智利

项目：

伊拉苏住宅，萨帕利亚尔，1930 年

哥伦比亚

项目：

波哥大城市规划，1950 年

乌拉圭

项目：

蒙得维的亚城市规划，1929 年

Bogotá 波哥大

Brasília 巴西利亚

6,7

São Paulo 圣保罗

Rio de Janeiro 里约热内卢

5

Asunción 亚松森

Zapallar 萨帕亚尔

Buenos Aires 布宜诺斯艾利斯

1—3

Montevideo 蒙得维的亚

4

La Plata 拉普拉塔

Mar del Plata 马德普拉塔

阿根廷：潘帕斯草原的制高点，地理上的视觉中心

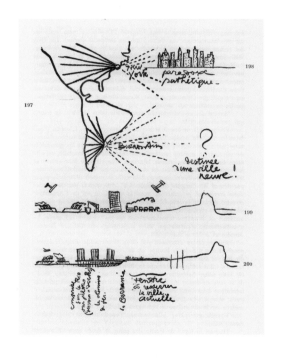

左图：布宜诺斯艾利斯规划，1929 年，拉普拉塔河夜景，粉蜡笔、纸张，74.6 cm × 109.4 cm，巴黎：勒·柯布西耶基金会，FLC 30304

图 1. 布宜诺斯艾利斯规划的初始想法手绘图，1929 年，讲座中使用的画作，引自勒·柯布西耶，《精确性：建筑与城市规划状态报告》，巴黎：乔治斯·克雷公司，1930 年，第 203 页

众所周知，勒·柯布西耶于 1929 年 9 月 14 号登上了"马西利亚号"游轮，开始了其从法国波尔多前往阿根廷布宜诺斯艾利斯的行程。当时他的旅伴之一是阿德里娜·戴尔·卡里尔，后者连同其已故的丈夫里卡多·吉拉尔德斯（两年前死于巴黎）是法国首都声名显赫的阿根廷裔青年名流（jeunesse dorée）。《精确性：建筑与城市规划状态报告》是一部讲座合集，记录了柯布西耶于 1929 年秋季在布宜诺斯艾利斯举办的系列城市规划讲座。在本书中，柯布西耶指出："巴黎！她是阿根廷人的梦想。那些不用为挣钱而烦恼的阿根廷人总是将其本国的生活方式与法式风格相融合，包括其思维模式。"（图 1）[1] 卡里尔夫妇将其对法国文化的兴趣在一小波极有影响的阿根廷知识分子之中传播，这群知识分子包括作家维多利亚·奥坎波（他为柯布西耶制定了阿根廷游程）以及阿尔弗雷德·冈萨雷斯·加拉诺（奥坎波两位亲近的美洲朋友之一）。[2]

在理想化的描述中，阿根廷的潘帕斯草原百草丰茂，而其牧场主人在国家建设的过程中也充当了有价值的角色。柯布西耶对此深深着迷，并在《精确性：建筑与城市规划状态报告》中写道，"美洲的历史对于我来说就如同一支强而有力的刺激杠杆，无论是其荣耀，还是那无情的大屠杀、那以上帝之名的彻底摧毁"。[3] 柯布西耶对于美洲历史的见解并不公正客观，他所描述的景观也令人困惑，而个中原因与他的阿根廷宿主有关。1929 年，柯布西耶这样写道，"在我的朋友冈萨雷斯·加拉诺位于布宜诺斯艾利斯的家中，我亲眼目睹了那些由 19 世纪中期令人尊敬的印刷工人所讲述的阿根廷移民者的历史。这段发生于潘帕斯草原的历史仅有百年之久……目前仍有曾经亲身经历过这段历史的阿根廷子孙存在。他们是那样的非比寻常，在当下依旧选择生活在潘帕斯草原壮丽的大牧场（estancia，指草原住所）之中"。[4]

柯布西耶对于潘帕斯草原的看法深受文学作品的影响，尤其是作家吉拉尔德斯笔下的潘帕斯草原住民的原型。在《精确性：建筑与城市规划状态报告》一书中，柯布西耶提及了此作家以及"其 1926 年的主要著作《堂塞贡多·松勃拉》"，[5] 柯布西耶在一次演讲中这样描述："在

1. 勒·柯布西耶（Le Corbusier），《精确性：建筑与城市规划状态报告》（Precisions on the Present State of Architecture and City Planning），坎布里奇：麻省理工学院出版社，1991 年，第 15 页。最初发行版本为《精确性：建筑与城市规划状态报告》（Précisions sur un état présent de l'architecture et de l'urbanisme），巴黎：乔治斯·克雷公司，1930 年。

2. 勒·柯布西耶（Le Corbusier），《精确性：建筑与城市规划状态报告》（Precisions on the Present State of Architecture and City Planning），第 14 页。

3. 同上。

4. 同上，第 3 页。

5. 同上。

图 2. 布宜诺斯艾利斯市中心鸟瞰图，约 1929 年，勒·柯布西耶藏品集中的明信片，巴黎：勒·柯布西耶基金会，FLC L5-3-149

圣安东尼奥小镇的潘帕斯草原村落中，我见到了西班牙式的路网（Spanish grid），它们整洁典雅、尺度宜人"。[6] 在这座活生生的村落之中，作家吉拉尔德斯和其家人就生活于此；而这里同时也是高乔人堂塞贡多·松勃拉的故乡，后者也正是吉拉尔德斯小说的名字。在这部小说之中，高乔人的形象积极正面，与先前的一些伟大作品之中的高乔人的刻板印象大相径庭，包括多明戈·福斯蒂诺·萨米恩托所写的《法昆多》以及荷西·赫尔南德斯的《高乔人马丁·费耶罗》。[7] 在以上这些故事当中，高乔人被描述成危险的亡命之徒，并且是印第安人的朋友；只有当欧洲移民到来时，"文明"的希望才被播撒于这片土地上。移民潮确实使得布宜诺斯艾利斯的人口暴增，居民数量从 1880 年的 27 万人增长到 1910 年的 150 万人，同时其种族、社会、政治以及文化均受到了冲击，而小说人物堂塞贡多·松勃拉就是这个时期的产物。在吉拉尔德斯的故事里，克里奥尔人——这支历史悠久的阿根廷原住民——是诚实、纯洁和可靠的象征。一马平川的潘帕斯大草原之上是一望无际的湛蓝色苍穹，这一派潘帕斯大草原的壮丽景色恰似克里奥尔人道德品质的化身，也是至高无上的美丽的象征。

如果说柯布西耶在"马西利亚号"游轮上看到里约热内卢时激动之情溢于言表，那么他初到布宜诺斯艾利斯时的心情恰好印证了这样一个主题（柯布西耶的阿根廷友人时常讨论潘帕斯大草原的广阔无垠和朴实无华）："没有一点点防备，布宜诺斯艾利斯就这样出现在我的视线里。极目眺望是波澜不惊的海面，一望无际；放眼仰望是阿根廷辽阔深远的天空，繁星点点。而布宜诺斯艾利斯此时化身为一条夺目的光线，从望不见尽头的右边延伸至左边消失的水平面……仅此而已！！布宜诺斯艾利斯的风景并非绝美，也并不丰富多姿。这是一次简单平凡的会面，但潘帕斯大草原与大海，这海天一线的景色，在夜里是那样的闪耀动人。"[8] 这次穿越平原的汽车旅途使得柯布西耶获取了对于布宜诺斯艾利斯草原和村庄的第一印象，而在另一次的飞行旅途中，他对南美洲的自然景观又多了一层思考：那是 1929 年的 10 月 22 日，柯布西

6. 同第 317 页注释 2，第 210 页。

7. 多明戈·福斯蒂诺·萨米恩托（Domingo Faustino Sarmiento），《法昆多》（Facundo），布宜诺斯艾利斯：约翰·罗丹出版社，1921 年；荷西·赫尔南德斯（José Hernández），《高乔人马丁·费耶罗》（Gaucho Martín Fierro），布宜诺斯艾利斯：马丁·费耶罗书店出版社，1894 年。

8. 勒·柯布西耶（Le Corbusier），《精确性：建筑与城市规划状态报告》（Precisions on the Present State of Architecture and City Planning），第 201 页。

图 3. 布宜诺斯艾利斯的巴勒莫地区，约 1929 年，勒·柯布西耶藏品集中的明信片，巴黎：勒·柯布西耶基金会，FLC L5-3-159

耶乘坐法国航空公司阿根廷邮政航空的首航飞机前往巴拉圭的首都亚松森，这次的航行意义非凡。阿根廷邮政航空的首航由飞行员珍·梅尔莫兹驾驶，而当时飞机上还有许多其他职员，包括飞行家安托万·德·圣－埃克苏佩里。

柯布西耶在《精确性：建筑与城市规划状态报告》一书的"美洲序言"部分描述了上述的旅行经历，这部分文字读起来就像是他的另一部著作《东方游记》（1966 年）。青年时期的查尔斯－爱德华·让纳雷曾在索邦神学院听过让·白吕纳的讲座，这对于前者的游记写作有一定影响。[9] 这那次讲座中，白吕纳首次系统性地研究了人类与自然的关系，并引出了人文地理的概念。让纳雷在《东方游记》中描述了一片现代化之前的土地，那里的人们依靠骡子、公牛、马以及破旧的小船生存。而在"美洲序言"里，主人公却已经开始使用飞机，或至少是汽车。这种差别是因为《东方游记》是一部回顾过去的游记（对于柯布西耶来说 1929 年的欧洲并不是一个舒适的所在），而南美洲之旅是通向未来的开端（图 2 和图 3）。如果说柯布西耶先前的旅行是为了探索文化和文明，那么当他到达里约热内卢时，他的目的就只是"探索发现"以及自然启示；因为这次旅行开始之前，柯布西耶并没有做充足的知识储备。

《精确性：建筑与城市规划状态报告》一书指出，飞机的使用让柯布西耶突破了距离的极限，以抽象的几何形式来观察感知人类的建筑作品（图 4）。这样一来，自然的景观和人类的建设就相互融合，浑然一体。在《东方游记》中被刻画的细节也被《精确性：建筑与城市规划状态报告》中的地理符号所取代，后者包括河流、河口、云朵和日出等。这样的壮丽景观让人联想起安托万·德·圣－埃克苏佩里的小说《夜航》。玛利亚·罗莎·奥利弗是柯布西耶阿根廷之旅的另一女宿主，她同时也是阿根廷青年名流之一。埃克苏佩里曾经拜访了她的住宅，并为其朗读了《夜航》中的一段话："夜晚的航行促使人们在时间和空间中不断延展和前进；人们征服了时间和空间，只是为了感知其深远和自我的谦卑。"[10]

就这样，柯布西耶在航行途中不断尝试"征服时间与空间"，而最终为太阳所折服，正是

9. 皮埃尔·赛迪（Pierre Saddy），"源于自然的财富"（Le ricchezze della natura），《卡萨贝拉》（Casabella），期号 531—532（1987 年 1—2 月）：第 42 页。

10. 玛利亚·罗莎·奥利弗（María Rosa Oliver），《平日的生活》（La vida cotidiana），布宜诺斯艾利斯：南美出版社，1969 年，第 87 页。翻译：路易斯·卡兰萨（Luis Carranza）。

由于太阳与水的结合，形成了大气循环并促发了地球上的生命：

地球就像是一个荷包蛋，它包括一个由液体组成的球状物和其周围的褶皱表皮……地球的表面被水覆盖；水不停地经历着蒸发作用和凝结作用……地球上有许多平原；草地的明暗程度反映出土壤的湿度。在平原的中间，城市以几何形态被建设出来，而几何形态也定义了人类的特征。[11]

柯布西耶通过戏剧性的方式描述人类与"处女地"景观的关系，这让人不禁回忆起白吕纳的文字：

太阳能是地球上所有生命和所有活动的先决条件。太阳能的强大力量在大气和地球表面相接触的地方被感知。在距离地球表面很远的大气层的低层（因为这里充满了水蒸气），太阳能是唯一被感知的力量……但是假如我们从宏观角度看地球，我们将发现一个崭新的、普遍的地表现象：这里有城市，那里有铁路；这里是开垦的农田，那里是矿场。[12]

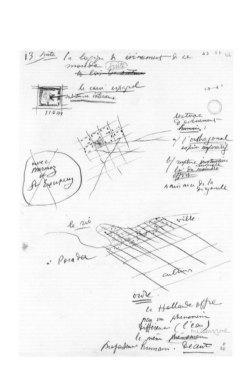

图 4. 阿根廷城市规划的草图和笔记，1929年，墨水、铅笔、纸张，31.1 cm × 20.9 cm，巴黎：勒·柯布西耶基金会，FLC A3-11-46e

从"地理学"的角度看南美洲，那里几乎可以算得上是地球上最原始的地方：安第斯山脉、潘帕斯大草原，还有那郁郁葱葱的树林；这些神秘广阔、不可捉摸的空间是南美洲典型的地理表现，而当地居民鲜有涉足；这里还是一片空白，等待人们的探索和发现："我认为，'这里激励着人们到此创作……在这片空白之地上建设出属于 20 世纪的城市！'"[13] 在柯布西耶眼中，这片土地几乎是一张白纸，只有西班牙征服者的子孙、原住民以及早前奴隶的后人居住于此。柯布西耶并没有看到当地的欧洲移民以及现代化的农民们——这些人已经从欧洲迁移至此，伴随而来的是当地人口的暴增和阿根廷的现代化。

从这个角度来讲，柯布西耶是"盲目的"（les yeux qui ne voient pas）：他在潘帕斯旅行时所见到的景观已经反映出了"社会文化的混合"。[14] 作为现代化的产物，"社会变革和经济发展突飞猛进，城市地形也日新月异。这些既影响了大众的空间概念，也修正了其基于美学的空间生产力认知。科技在进步，生态环境在变化，就连农业生产方式也在更新换代"。[15] 此外，柯布西耶在前往亚松森的航行中还创造出了他生涯中最卓越的理论："蜿蜒的法则"（law of the meander）（图 5）。柯布西耶通过这个比喻，诠释了人类是如何理解并认知的：只有经历了一番苦苦思索和怀疑之后，方能清晰明了地寻得真谛。柯布西耶解决布宜诺斯艾利斯的城市问题的过程，恰恰是其将上述灵感付诸实践的过程：他将城市功能植入了拉普拉塔河区域，这是一个简单的举措，但却成功创造出了新的房地产；新房地产与城市中心的距离在步行范围之内，且不需要财政支出亦不需要为拆迁成本买单。

11. 勒·柯布西耶（Le Corbusier），《精确性：建筑与城市规划状态报告》（*Precisions on the Present State of Architecture and City Planning*），第 5—6 页与第 70 页。
12. 让·白吕纳（Jean Brunhes），《人文地理：正分类的尝试、原则和实例》（*Human Geography : An Attempt at a Positive Classification, Principles and Examples*），翻译：I.C. 勒·孔特（I. C. Le Compte），芝加哥：兰德·麦克纳利出版社，1920 年，第 1 页和第 3 页。最初发行版本为《人文地理：正分类的尝试、原则和实例》（*La Geographie humaine : Essai de classification positive, principes et exemples*），巴黎：F. 阿尔康出版社，1912 年。
13. 勒·柯布西耶（Le Corbusier），《精确性：建筑与城市规划状态报告》（*Precisions on the Present State of Architecture and City Planning*），第 244 页。
14. 比阿特丽斯·沙罗（Beatriz Sarlo），《布宜诺斯艾利斯：外围的现代化》（*Buenos Aires : Una modernidad periférica*），布宜诺斯艾利斯：新视界出版社，1986 年，第 38 页。
15. 同上，第 43 页。

图 5. "蜿蜒的法则"，1929 年，木炭、纸张，103.6 cm ×74 cm，巴黎：勒·柯布西耶基金会，FLC 30294B

对于柯布西耶来说，这套解决方案并不是逻辑或是工程的产物，它实际上是诗性行为。[16] 因为这个原因，柯布西耶否决了当时的"极端唯物主义理论"，即"通过完全意义上的'演绎'分析法来制订每一项解决方案"。[17] 相反地，他认为虽然知识是基于系统性的客观观察，但是许多智慧诞生于偶然，其本质上是不可解释的诗性行为；要获取这种智慧，唯一的途径就是"边走边瞧"，就像他在"美洲序言"中描述的丛林里的狩猎者一样。在这一见解上，沃尔特·本杰明与柯布西耶略有相似之处。他通过"世俗的灵光一现"（profane illumination）这一概念透过现象看本质："只有当世俗的灵光一现首先激发了我们的想象与智慧，技术才能发挥其作用，为自然规则服务……无论是朗读者、思想者，还是无所事事、漫无目的的人都可能是先觉者……或者是更世俗的人，例如独处时茕茕孑立的我们。"[18]

柯布西耶将他的一次紧张异常的飞行经历也描述为这种独处（solitude），正是在这次独处中他产生了本杰明所说的"灵光一现"："非专业的飞行员常常会这样想：他只能依靠自己和自己的努力尝试来避免灾难……诚如上面的蜿蜒法则，我理解到困难在人们的尝试中结束，灵光一现的智慧常常能够使那些看似无解的难题迎刃而解。"[19] "蜿蜒的法则"就像是一个古老的隐喻，用来指代那些迂回而复杂的过程。通过这个法则，天然的不可预测性和人类典型的理性相互贯彻联结；这是一种不可言喻的蜿蜒的诗性，而不是基于技术的线性。

如果柯布西耶当时从阿根廷巴塔哥尼亚地区（这是阿根廷邮政航空的南方航线）的尼格罗河的上空飞过，那么他将会发现：他的另外一个隐喻法则并不具有普适性——直线将会是曲线最终的逻辑结论。他将会理解到，有时原始的曲线会加倍其蜿蜒效果，以至产生更加离奇的、复杂的交叉网络。这将不会以线性结束，而是成为千百次尝试后的千百次失败的印记。

16. "技术是诗意的绝对基础"（Techniques Are the Very Basis of Poetry）是《精确性：建筑与城市规划状态报告》（Precisions on the Present State of Architecture and City Planning）中第 2 次演讲的标题。

17. 勒·柯布西耶（Le Corbusier），《飞行器》（Aircraft），伦敦：工作室出版社，1935 年，第 14 页。

18. 沃尔特·本杰明（Walter Benjamin），"超现实主义"（Surrealism），引自《文集精选，1927—1934 年》（Selected Writings, 1927–1934）卷 2，迈克尔·W. 詹宁斯（Michael W. Jennings）编辑，坎布里奇：哈佛大学贝尔纳普出版社，1999 年，第 216，217 页。

19. 勒·柯布西耶（Le Corbusier），《飞行器》（Aircraft），第 123 页。

布宜诺斯艾利斯：城市规划，1929—1949 年

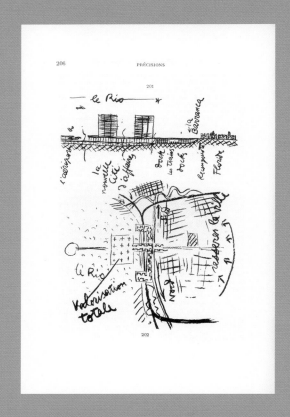

布宜诺斯艾利斯规划，1929 年，讲座图，来自勒·柯布西耶，《精确性：建筑与城市规划状态报告》，巴黎：乔治斯·克雷公司，1930 年，第 206 页

1. 勒·柯布西耶（Le Corbusier），"巴黎瓦赞计划：布宜诺斯艾利斯能否成为世界级的伟大城市？"（The Voisin Plan for Paris：Can Buenos Aires Become One of the Great Cities of the World？），引自《精确性：建筑与城市规划状态报告》（Precisions：On the Present State of Architecture and City Planning），翻译：伊迪丝·施雷柏·奥杰姆（Edith Schreiber Aujame），坎布里奇：麻省理工学院出版社，1991 年，第 169—214 页。最初发行版本为"巴黎瓦赞计划：布宜诺斯艾利斯能否成为世界级的伟大城市？"（Le Plan Voisin de Paris…Buenos Aires peut-elle devenir l'une des plus dignes villes du monde？），《精确性：建筑与城市规划状态报告》（Précisions sur un état présent de l'architecture et de l'urbanisme），巴黎：乔治斯·克雷公司，1930 年。
2. 勒·柯布西耶（Le Corbusier），给艾利·福尔（Élie Faure）的一封信，1931 年 1 月 10 号，FLC E2-2-36。翻译：如未另注明，则由吉纳维芙·亨德里克斯（Genevieve Hendricks）翻译。
3. 勒·柯布西耶（Le Corbusier），给维多利亚·奥坎波（Victoria Ocampo）、恩里克·布里希（Enrique Bullrich）、安东尼奥·维拉尔（Antonio Vilar）以及阿尔弗雷德·冈萨雷斯·加拉诺（Alfredo González Garaño）的一封信，1935 年 9 月 2 号，FLC T2-13-40。
4. 这项规划方案保存于哈佛大学的弗朗西斯·勒布（Frances Loeb）图书馆，并刊登于"勒·柯布西耶：布宜诺斯艾利斯总规划师"（Le Corbusier：Plan director de Buenos Aires），《今日建筑 1》（La arquitectura de hoy 1），第 4 期（1947 年 4 月），第 4—53 页。参见乔治·弗朗西斯科·雷阿诺（Jorge Francisco Liernur）和巴勃罗·斯基皮尔卡（Pablo Schiepiurca），"勒·柯布西耶和布宜诺斯艾利斯的城市规划"（Le Corbusier y el plan de Buenos Aires），

布宜诺斯艾利斯的规划设计占据了勒·柯布西耶 20 年的时间——从 1929 年初次游历阿根廷首都之时起，一直持续到 1949 年。在 1929 年 10 月 18 日的讲座中，柯布西耶谈起了他的瓦赞计划——这个始于 1925 年的规划方案当时已经完美预演，并对于纽约市"新城市的高密度"（destiny of a new city）这一"可怜的悖论"提出了反对意见；而柯布西耶预感，布宜诺斯艾利斯也正朝着这个方向发展。[1] 柯布西耶从未踏足美国，但他表示他从南锥体（the Southern Cone）已然看到了新世界（New World，指北美洲）的乐观主义，他充满信念，将一往无前地施展其梦想；他的这份热情和信心甚至没有被 6 个月之后的华尔街危机所浇灭。

也许之后柯布西耶将会为里约热内卢那活泼多变的地形而震惊，但现在布宜诺斯艾利斯却为其提供了一片能够轻松应用巴黎规划中既有城市理论的沃土。他迅速地完成了他的第一个项目——将巴黎规划中的一个片段植入了拉普拉塔河河岸，这是一个由玻璃摩天大楼组成的商业区。在 1931 年写给美术史学家艾利·福尔的信件中，柯布西耶解释道，"当我首次见到布宜诺斯艾利斯的时候，她空无一物。我们总是听说：人们游经里约热内卢，会看到生机勃勃的大自然：高山、港湾、轮船；目之所及尽是景色。然而在布宜诺斯艾利斯，景观是零，或者更确切地说，景观是一条直线（一个水平面的切面图）。这里还未经开发，自然对这里的裁剪并不出彩，当然我们不能怪罪自然。通过创造精神，这些摩天大楼将会丰富这片平原之上的自然景观。"[2] 柯布西耶为其 1929 年会议所画的夜间景色图便是上述设计构想的最好

证明。

在初次游览布宜诺斯艾利斯之后的 10 年间，柯布西耶已经在这座城市中完成了一些局部的设计项目。他逐渐发现，"活力规划"（energetic plan）不能够由"局部力量"（local forces）来推动。[3] 后来，由于工作室中两个阿根廷年轻人——乔治·法拉利·哈多伊和胡安·库尔昌的加入，柯布西耶获益良多；他为整座城市设计出了一套调整方案，而不仅限于沿海区域。柯布西耶仍然延续了商业区项目的设计理念：笛卡儿式的摩天大楼将拔地而起，并在河流中创造出一个新的岛屿。柯布西耶还建议"缩小这座城市"，并且寻找出一些可以通过建筑手段干预的城市节点。柯布西耶工作室的两位阿根廷助手为其讲解了许多布宜诺斯艾利斯的历史和文化，这使得其规划项目从一开始就聚焦于城市的实际问题，而这与瓦赞计划恰恰相反。

柯布西耶在规划中又重新回到了大都市理论，即城市的边缘由数个卫星城占据。他将河畔林荫道的设计融入了整体的设计项目当中，前者是柯布西耶极为敬重的景观建筑师珍–克劳德·尼古拉斯·弗雷斯迪尔于 1924 年设计的。[4] 1948 年，柯布西耶关于布宜诺斯艾利斯的梦想再一次燃烧起来，这是因为哈多伊与库尔昌组织成立了布宜诺斯艾利斯城市规划研究工作室；柯布西耶的这两位助手试图对城市市区进行规划，虽然其规划范围不涉及宏观区域，但他们仍从柯布西耶先前的方案中汲取了诸多设计元素。然而，这个希望很快就破灭了：由于 1949 年胡安·贝隆的政权上台，工作室也随之关闭。[5]

引自由费尔南多·佩雷斯·欧雅尊（Fernando Perez Oyarzún）编辑的《柯布西耶与南美洲：旅游经历与规划项目》（Le Corbusier y Sudamerica：Viages y proyectos），圣地亚哥：ARQ 出版社，1991 年，第 56—71 页。
5. 亚力山卓·拉朋兹纳（Alejandro Lapunzina），"布宜诺斯艾利斯城市规划研究工作室：短暂的历史记录"（El plan régulateur de Buenos Aires y la oficina del EPBA：Crónica di un malentendido），《马西利亚 7》（Massilia 7）（2008 年）：第 216—241 页。

布宜诺斯艾利斯规划，1938 年，道路和建筑总图机器修正，铅笔、彩色铅笔、牛皮纸，46.3 cm × 53.3 cm，巴黎：勒·柯布西耶基金会，FLC 13009

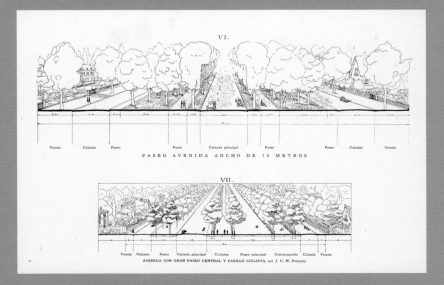

珍－克劳德·尼古拉斯·弗雷斯迪尔，《城市的有机住宅》，布宜诺斯艾利斯：皮欧瑟出版社，1925 年，插图

圣保罗、里约热内卢以及巴西利亚：勒·柯布西耶与巴西景观

图 1. 明信片，以休格洛夫山和齐柏林伯爵号航空母舰为背景，展示了里约热内卢的瓜纳巴拉海湾景色，约 1930 年，卡洛斯·爱德华多·科马斯藏品集

1929 年 10 月，勒·柯布西耶起身前往阿根廷，而里约热内卢正是其途经的停靠港（图 1）。当时这位瑞士建筑师将里约热内卢的城市化过程比作是"填满这个由蝴蝶占领的山谷"。[1] 这里的风景不如阿尔卑斯山脉，尽管如此，柯布西耶认为它"粗犷而壮烈"。[2] 两个月之后，柯布西耶来到圣保罗并停留一周，紧接着又回到里约热内卢度过了一周；由于有关普拉纳尔蒂纳成为新首都的谣言，使得柯布西耶被巴西深深吸引并在此久留。在这里，他或是步行，或是开车，时而开着小船，时而驾驶飞机。同时，他还通过作画、写作或是摄影、录像来记录所见所闻。柯布西耶把这片土地比作是完美的形体：圣保罗高原的"曲线"（sinuosities）就像是凸起的"乳头"，而里约热内卢"伸向大海"的山峦就仿佛"伸展的手指"。[3] 在他所绘制的克力欧卡画作中，男人和女人的形态都近似球体，如同圆石一般，这让人联想起有关丢卡利翁的传说。

地形及气候的差异性将随着植物和建筑的形状、质地以及颜色而加剧。自 1927 年起，摩天大楼就在里约热内卢及圣保罗的城区拔地而起；同时伴随着的还有分散于城市各区的铺有上光花砖的尖顶式巴洛克教堂。这些共同构成了一种折中式的城市肌理，包括山坡上的贫民窟以及道路两边线性排列的出租房。为了看到一个真实的巴西，柯布西耶不仅游览了图书馆和博物馆，同时还参观了贫民窟以及妓院。他敬佩社会精英，也尊重普通大众；他向知识分子演讲说教，也虚心聆听前卫思想。他尤其有感于奥斯瓦德·德·安德雷德 1928 年的《食人族宣言》：一个人以吃掉其敌人的方式来吸收敌方自身的优点以及敌方腹中之物的优点，而敌方的腹中之物甚至可能包含己方的祖先。从这个角度来看，所有的缺点和糟粕也会被不断吸收和同化，为

1. 勒·柯布西耶（Le Corbusier），《精确性：建筑与城市规划状态报告》（Precisions : On the Present State of Architecture and City Planning），翻译：伊迪丝·施雷柏·奥杰姆（Edith Schreiber Aujame），坎布里奇：麻省理工学院出版社，1991 年，第 244 页。最初发行版本为《精确性：建筑与城市规划状态报告》（Précisions sur un état présent de l'architecture et de l'urbanisme），巴黎：乔治斯·克雷公司，1930 年。由本作者校对翻译。
2. 同上，第 244 页。
3. 同上，第 234，241 页。由本作者校对翻译。

图 2. "科帕卡巴纳海滩，1936 年"手绘图，引自参见珍·佩蒂特，《勒·柯布西耶传》，日内瓦：卢梭出版社，1970 年，第 83 页

图 3. 插图"你从未喝过的酒……"，引自《葡萄园和纳沙泰尔葡萄酒》，纳沙泰尔：A. 阿汀格出版社，1935 年，第 142 页

所有异族共有。[4]

当然，柯布西耶也会参加各种宴会。曾经，在一个海边的餐馆中，柯布西耶品尝了一杯纳沙泰尔酒，他通过两幅画记录了品酒之时的惊叹，并在画上标上注解。第 1 幅画的注解是：侍者说，"先生，你从未喝过这种酒，它来自纳沙泰尔"以及"科帕卡巴纳海滩（里约热内卢，1936 年）；然而画中画的却是博塔福戈海湾"。第 2 幅画的注解是，"柯布西耶先生，这是你生命中从未品尝过的酒"；而这幅画画的正是科帕卡巴纳海滩（图 2 和图 3）。[5] 这两幅画展示了开阔的水面，然而水面被山峰或是画中的窗帘阻断，因此看画者无法辨认这水面究竟是海还是湖泊。柯布西耶本不会将博塔福戈海湾或是科帕卡巴纳海滩，与比尔湖或是日内瓦湖搞混淆，但是里约热内卢这异国之邦、他乡之地突然出现的熟悉的酒瓶和地形地貌让柯布西耶兴致大增。

地形的差异性不应该被夸大。柯布西耶曾在布宜诺斯艾利斯展示过他于 1915 年设计的多米诺住宅，他表示该住宅是佛兰德地区的贝居安女修会建筑的现代化更新。潘帕斯大草原的平坦地势与低地国家（荷兰、比利时、卢森堡）遥相呼应，阿根廷首都旁边的草原与大巴黎地区的平原也极为相似。故而，将巴西东南与瑞士西南相比较并非牵强附会。之后，这位建筑师又将以下两座城市比作"世界的阳台"：首先是瓦莱，她"位于罗纳河河口，背后是莱蒙湖和山脉"；其次就是里约热内卢，"位于连绵山坡之中的里约热内卢"。[6] 从另一个角度讲，布宜诺斯艾利斯与蒙得维的亚的市中心建设非常稳定，像极了 19 世纪的欧洲城市；而圣保罗与里约热内卢却不然，它们的中心区正经历着不断变化的城市景观。城市更新使得高楼大厦和郊区化在这两座城市不断上演。在圣保罗，为了构建城市的主要路网，大面积建成区被拆除。同样地，在里约热内卢，一座山丘被夷为平地，而土地填埋也改变着其海岸线。这一切变化都是柯布西耶所无法阻止的。

在布宜诺斯艾利斯，柯布西耶曾对一座两层的、面向河流的建筑进行改造：一座座高大的"十"字形办公楼在原有基地上拔地而起。在河流的背面，建筑的顶部顺着城市建成区的地平面和潘帕斯草原不断延伸，直至西部的安第斯山脉。自然景观的平面感被加强，这也消减了市

4. 同第 324 页注释 1，第 17 页。
5. 参见珍·佩蒂特（Jean Petit），《勒·柯布西耶传》（Le Corbusier lui-même），日内瓦：卢梭出版社，1970 年；以及尼古拉斯·福克斯·韦伯（Nicholas Fox Weber），《勒·柯布西耶：生活》（Le Corbusier : A Life），纽约：亚飞诺普出版社，2009 年。
6. 勒·柯布西耶（Le Corbusier），《4 条路径》（The Four Routes），翻译：桃乐茜·托德（Dorothy Todd），伦敦：D. 多布森出版社，1947 年，第 32 页。最初发行版本为《4 条路径》（Sur les quatres routes），巴黎：伽利玛出版社，1941 年。

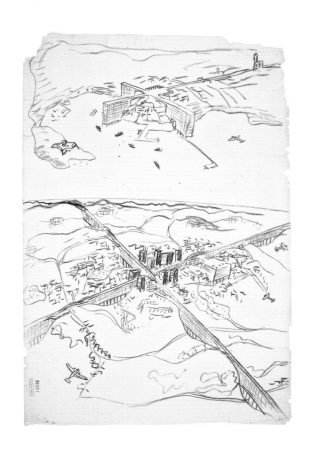

图 4. 蒙得维的亚和圣保罗的规划图，1929 年，俯视视角透视图，木炭、铅笔、纸张，76.8 cm × 117.3 cm，巴黎：勒·柯布西耶基金会，FLC 30301

图 5. 蒙得维的亚和圣保罗的规划图，1929 年，俯视视角透视图，墨水、纸张，27 cm × 16.5 cm，纽约：现代艺术博物馆，艾米利奥 – 安巴斯基金会

中心摩天大楼所带来的垂直感。柯布西耶为蒙得维的亚的商业建筑设计了两个方案。其中较为大胆的方案将建筑设计为"T"字形，"T"的尾部延伸至海面，牢牢嵌入海岬并继续延伸；柯布西耶将这座建筑称为"海上大厦"（seascraper）。商业建筑的屋顶板毗邻一条林荫大道，而这条林荫大道通向城市主要的高速公路交流道，屋顶与林荫大道组合成了一个拉丁十字架。另一个较为温和的方案是一幢独栋式的、伸向水面的板楼。在两种方案中，建筑和自然都有良好的互动，同时水平维度的延伸占主要地位，商业活动在城市中心集中。比较而言，柯布西耶为巴西设计的方案更清晰直白地展现了他对于城市全局景观的把握以及区域交通的综合考虑（图 4 和图 5）。

圣保罗的地形高低起伏，道路常常被作为多功能板式建筑的屋顶（图 6），就像灵格托大楼（1916—1922 年）的菲亚特工厂一样，后者屋顶之上有赛车道。而这些和屋顶连成一片的道路就变成了可居住的高架桥，或者说是"地下大厦"（earthscrapers）。其中一座地下大厦的屋顶道路通向桑托斯港口，还有一条通向里约热内卢。它们就如同罗马时期的柱廊古道和东西大街，相交形成了希腊十字。在十字交叉点附近，这些高架桥成了圣保罗城市中摩天大楼的背景，并且重组了这座中心放射型城市的中心商业区。建筑师引用了塞哥维亚输水道以及嘉德水道桥作为设计参考；但他更应该引用的是他于 1915 年为日内瓦设计的布汀桥，或者是他于 1914 年在兰德朗时手绘设计的大桥。因为这两座桥都是非线型的、在高低起伏的自然地势的基础上创作出来的艺术品，它们蜿蜒曲折的形态掩盖了人造的痕迹。[7]

在里约热内卢的城市设计中，建筑既与自然相应和，又试图挑战原有自然地貌（图 7）。两座曲线型的"地下大厦"共享中间段的交互部分，这很像手写的"X"，也像有美国公园大

7. 布汀桥（Pont Butin），参见本书卷第 301 页，图 1。勒·柯布西耶（Le Corbusier）1914 年的手绘图，参见《勒·柯布西耶写生集，1914— 1948 年》（Le Corbusier Sketchbooks, 1914–1948），卷 1。编辑：弗朗索瓦兹·德·弗朗利厄（Françoise de Franclieu），纽约：建筑历史基金会；坎布里奇：麻省理工学院出版社；巴黎：勒·柯布西耶基金会，1981 年。

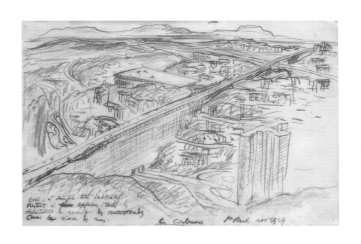

图 6. 圣保罗规划，1929 年，俯视视角透视图，铅笔、墨水、粉蜡笔、纸张，21.9 cm × 32.7 cm，巴黎：勒·柯布西耶基金会

图 7. 里约热内卢规划，1929 年，从瓜纳巴拉海湾望去的透视图，展现了适于居住的高速公路，木炭、粉蜡笔、纸张，43.8 cm × 75 cm，巴黎：勒·柯布西耶基金会，FLC 33425

道组成的英国乔治王朝时代的新月形十字路口——里约热内卢是一个"度假胜地"，柯布西耶曾这样说。[8] 最长的"地下大厦"将科帕卡巴纳海滩同通向圣保罗的道路联系起来。最短的"地下大厦"面朝海岸线，以一个扩大的洛林十字架的形式呈现；它的第 3 条横杆的一端为卡拉波索角填埋地提供了有遮蔽的商业场地，另一端不断延伸，平衡了休格罗夫山景观。这个具有西班牙和俄罗斯血统的线型城市在其顶部形成了商业中心。

柯布西耶所有关于南美的设计方案都是因地制宜的。例如，在普拉特河方案中并没有出现屋顶道路。也许是因为柯布西耶觉察到普拉特河并不需要适于居住的高架桥：布宜诺斯艾利斯和蒙得维的亚都含有西班牙式路网，街道笔直宽阔，适于机动交通；而圣保罗和里约热内卢则中和了直线型和曲线型的道路，以狭窄的葡萄牙路网最为典型。因此，柯布西耶为布宜诺斯艾利斯和蒙得维的亚设计的办公建筑仅作为地标出现，而圣保罗和里约热内卢的多功能高架桥则同时扮演着纪念碑建筑的功能。不过值得注意的是，这两类场地中的两种建筑形式之间存在共通点，也存在相反的地方：圣保罗和布宜诺斯艾利斯充满了有商业头脑的、坚韧的工作狂，这里建筑是主导；而里约热内卢美丽而适于休闲，蒙得维的亚小巧而迷人，在这两座城市大自然是耀眼的主角。

所有的这些设计方案，除去蒙得维的亚的独栋板式建筑，都是以十字构架为基础的衍生物。如果不谈形状或是延伸程度，那么无论是直线形式还是曲线形式，其拓扑结构都是相同的。从这个角度来看，圣保罗和里约热内卢的设计方案是一模一样的。此外，圣保罗的场地是高原，且高原上以网状形式分布着规律的、低矮的地形凸起。而里约热内卢的场地是低谷地区

8. 勒·柯布西耶（Le Corbusier），《精确性：建筑与城市规划状态报告》（*Precisions：On the Present State of Architecture and City Planning*），第 244 页。

和手指状山岬的混合，其表面以放射状形式分布着不规律的、高大的地形凸起。这两种场地地形甚至可以不经修剪而相互转换，因为它们具有相同的拓扑结构。

里约热内卢的建筑也可以这样来解读：曲线式的板楼，在其中间部分相遇而不相交。如果不考虑建筑屋顶的高架桥，那么这些建筑的拓扑结构很像蒙得维的亚的独栋板楼，与"300万居民的当代城市"（1922年）中连接街道的锯齿状条式建筑以及"光辉城市"（1930年）中延长的褶皱状板式建筑也极为相似。[9]从这个角度出发，巴西不同城市的设计方案差异性更加显著：圣保罗代表着同心圆放射式布局、网格路网、"十"字形建筑以及中部的大型商业中心，是"300万居民的当代城市"的应用。里约热内卢则代表着线性城市布局、条式建筑、平行的板楼以及顶部的商业中心，是"光辉城市"的雏形。

南美洲的城市规划与设计是具有普遍意义的。因为柯布西耶不仅考虑到了大众住宅，也设计了豪华府邸，不仅考虑到了建筑，还综合了城市的大环境。他意识到，为了应对现代建筑问题的复杂性，其解决策略与设计方案也应该是多样化的。然而由于柯布西耶的系统性思维，他的这份认知并不能够随机推广，也没有摒弃统一的概念。问题类型是项目类型和场地类型的综合。而资源类型则囊括了所有尺度的建成环境的解决方案。因此，柯布西耶将景观类型学与建筑、道路类型学联系起来，并同时连接着包含建筑、道路的超级建筑类型学；以上共同构成城市设计类型学，与柯布西耶所说的住宅类型学"构图4则"（four compositions）相对等。[10]柯布西耶在城市建设中首推板式建筑，这同他在建筑设计中推崇自由平面异曲同工。而建筑屋顶运行机动车的可能性更加巩固了板式建筑在柯布西耶心中的地位；适于居住的高架桥推进了板式建筑向"远洋油轮"功能的转变，使得布宜诺斯艾利斯现代化住宅林立，摩天大楼分布在道路之下。海洋建筑与民用建筑之间的传统联系就隐匿于这些思想之后，更不必说具有救赎功能的挪亚方舟。

无论是字面意思还是象征意义，建筑与交通的结合使得机械装置——建筑和交通工具——能够彼此同化并成为一个有机体，反之亦然：交通工具是本体的延伸，而本体指示着建筑和景观，正如古典的石柱和传奇向我们证明的那样。在这样的拓扑推理下，不同的隐喻得到归并，相同的数学语言既能描述建筑也能描绘景观。事实上，曲线式的"地下大厦"象征着"背包驴的路径"（the pack-donkey's way）的复原，如今被美化为"蜿蜒"之路，这都要感谢那一次巴拉圭河之上的航行（第321页，图5）。[11]随着建筑词汇的扩张，始于且结束于里约热内卢的南美建筑之旅通过多种方式达到了和谐。这是从"人类的直线路径"向"背包驴"的曲线路径的一大跃步。即使普拉纳蒂纳仍然是一座海市蜃楼，柯布西耶在离开时仍带着期待和喜悦之情。

在柯布西耶于1936年7月重返里约热内卢时，这里的城市中心并没有发生太大的变化。当时建筑师柯布西耶已成为法国公民，他再次返回的身份是顾问——受雇于评析巴西教育卫生总

9. 参见勒·柯布西耶（Le Corbusier），《明日之城市》（Urbanisme），巴黎：乔治斯·克雷公司，1925年；以及《光辉城市》（La Ville radieuse），布洛涅-比扬古：今日建筑出版社，1935年。

10. 威利·鲍晳格（Willy Boesiger）和奥斯卡·斯托洛诺夫（Oscar Stonorov），《勒·柯布西耶和皮埃尔·让纳雷：作品全集，1910—1929年》（Le Corbusier et Pierre Jeanneret : Œuvre complète, 1910–1929），苏黎世：吉斯贝格尔出版社，1937年，第44页。

11. 勒·柯布西耶（Le Corbusier），《明日之城市》（Urbanisme）。

部以及巴西大学校园的规划方案。巴西教育和卫生总部项目占据了一整块内陆街区；而巴西大学则开辟了一块城市新区。然而柯布西耶回到里约热内卢的目的不止于此，他还希望将"适宜居住的高架桥"从设计变为实践。他认为，结合了政府和大学校园的超级建筑规划（1929 年加长版），里约热内卢完全可以作为柯布西耶城市主义的典型城市。柯布西耶的规划方案相当奢侈，事实上人们也并不喜欢它们。例如，柯布西耶想要为政府大楼重新选址，以致政府官员在办公室就能看到休格洛夫山而不被任何其他城市景观所打扰；他还绘制了一幢临海的 200 m 长的板楼，按照他的说法，这是在场地允许的条件下，为卢西奥·科斯塔以及奥斯卡·尼迈耶团队所设计的"U"字形建筑打开双翼。[12] 在柯布西耶离开里约热内卢后，巴西人为总部和校园项目设计出了替代方案：他们采用了与之相对的（指与柯布西耶设计方案不同的）元素，以及更加明快活泼的总体布局；显然，柯布西耶的"地下大厦"已逐渐被人遗忘。

1962 年 12 月，柯布西耶最后一次游历巴西，这一次他停留的时间非常短暂。在科斯塔和首席建筑师尼迈耶的规划下，普拉纳蒂纳已经成了巴西利亚。柯布西耶到达里约热内卢的时间是初夏，之后他便去了这座新兴的首都城市，在这里他将要设计法国大使馆。法国大使馆所在的场地很大，地势平坦，坐享湖景。柯布西耶所设计的大使馆建筑是一个"T"字形平面的建筑，上方有不完整的圆柱体建筑覆盖；这让人联想起他为乌拉圭设计的"T"字形海上大厦。较低矮的大使馆住宅楼是一幢豪华而体面的板式建筑；其一端有着纪念碑式的入口门廊，很容易让人联想起斯坦恩·杜蒙齐住宅（1929 年）的门廊；宽阔的斜坡将一楼主厅和有铺地的前院以及后院面朝湖泊的方形水池相连接。

大使馆建筑和住宅建筑上方均有独立的方格形混凝土遮阳板，这也使得其形式相对统一。遮阳板的运用来源于布宜诺斯艾利斯周边的库鲁切特宅邸（1949—1954 年），后者是柯布西耶在南美洲唯一的建成项目。在设计方案中，巨大的水池与附近的帕拉诺阿湖相连接，这将有助于消解旱季的低湿度。大而宽的斜坡让人想起巴西利亚典型纪念区的大地艺术作品。锚定于地面的办公建筑和居住建筑（如若建成的话），将与尼迈耶设计的总统府形成对比；后者虽在结构上与前者相似，但整体设计更为优雅。如若大使馆得以建成，那么这一定是一个支持与反对之声并存，既振奋人心又带有缺憾的作品。不断变化的巴西景观成为柯布西耶思想发展的催化剂，而柯布西耶的新思想反过来又加速了巴西景观进一步改变。不论是对是错，柯布西耶始终没有在巴西留下落地建成的项目，他也没能够亲自改变巴西的城市景观。

12. 玛利亚·艾丽莎·科斯塔（Maria Elisa Costa），一位建筑师与本期作者的对话，2004 年。玛利亚·艾丽莎是卢西奥·科斯塔（Lúcio Costa）的女儿。勒·柯布西耶（Le Corbusier）于 1936 年为里约热内卢设计的方案，参见塞西莉亚·罗德里格斯·多斯·桑托斯（Cecilia Rodrigues dos Santos）等，《勒·柯布西耶和巴西》（Le Corbusier e o Brasil），圣保罗：工程出版社，1987 年；费尔南多·佩雷斯·欧雅尊（Fernando Pérez Oyarzún）编辑，《柯布西耶与南美洲：旅游经历与规划项目》（Le Corbusier y Sudamérica : Viajes y proyectos），圣地亚哥：ARQ 出版社，1991 年；扬尼斯·休密斯（Yannis Tsiomis）编辑，《勒·柯布西耶：里约热内卢，1929/1936 年》（Le Corbusier : Rio de Janeiro, 1929/1936），里约热内卢：CEAU 出版社，1998 年；以及卡洛斯·爱德华多·科马斯（Carlos Eduardo Comas），"精确性：巴西的建筑历史与现代城市化，基于卢西奥·科斯塔、奥斯卡·尼迈耶、MMM. 罗伯托、阿方索·雷迪、乔治·莫雷拉公司的设计项目，1936—1945 年"（Précisions brésiliennes sur un état passé de l'architecture et de l'urbanisme modernes d'après les projets de Lúcio Costa, Oscar Niemeyer, MMM Roberto, Affonso Reidy, Jorge Moreira et cie, 1936–45），博士论文，巴黎第八大学，2002 年。

插图 57. 里约热内卢规划，1929 年，俯视视角透视图，木炭、粉蜡笔、
纸张，76.7 cm × 73.1 cm，巴黎：勒·柯布西耶基金会，FLC 32091

插图 58. 里约热内卢规划（细节图），1929 年，俯视视角透视图，包
含适于居住的高架桥，日光晒印，铅笔、纸张，50.1 cm x 69 cm，巴黎：
勒·柯布西耶基金会，FLC 31878

里约热内卢：教育和卫生部，1936—1945 年

教育和卫生部，里约热内卢，1936—1945 年，模型，塑料和木材，43.2 cm × 40.6 cm × 50.8 cm，收藏于纽约：现代艺术博物馆，巴西教育和卫生部赠予

在 1936 年勒·柯布西耶来到巴西的第 2 次旅途中，他受雇设计里约热内卢的教育和卫生部。教育和卫生部的新总部是由巴西总统格图利奥·瓦加斯引进的新国家项目的一部分。古斯塔沃·卡帕内马是 1934—1946 年间的教育部长，他同时也是现代文化和建筑的极大拥护者。古斯塔沃取消了当时专为这片场地（位于里约热内卢市中心，而里约热内卢当时仍是巴西首都）举办的设计竞赛，并直接委托卢西奥·科斯塔为教育和卫生总部设计一个新的方案。科斯塔与他的年轻合伙人卡洛斯·莱昂、乔治·马查多·莫雷拉、奥斯卡·尼迈耶、阿方索·爱德华多·雷迪以及埃尔纳尼·瓦斯康塞洛斯共同参与了总部设计。[1]

柯布西耶以顾问的身份加入这个项目中，他所做的第一件事就是反对项目选址。原方案中，项目选址于里约热内卢布兰科大道附近，并以多纳特–阿尔佛雷德·阿格西起草的 1929 年土地发展规划为依据。柯布西耶先前已经激烈地批判过阿格西的规划，并且打算废弃科斯塔为总部设计的"U"字形建筑方案，然而对于这座建筑的设计元素，他则予以保留。柯布西耶建议将此项目迁往一片更大的、邻近海滨大道的地块之上，而此地块仍在阿格西的规划范围之内。柯布西耶的目的是确保政府部门"树立起宏大的建筑形象，即使一幢建筑的完美无法创造高贵庄严的视觉效果"。[2] 他的目的非常明确，同样明确的是他对于阿格西保守的城市秩序的否定。

此项目中的"十"字形建筑设计可与莫斯科中央局大厦（1928—1936 年）的建筑主体相比较，因为前者仍沿用了后者的大玻璃幕墙和石块填充物。不同的地方在于前者水平轴的附加物更加受限。柯布西耶仿佛不只是为了设计而设计，更重要的是他将这个政府项目视作他在里约热内卢实施的、用以推动巴西新政权的规划示范。在柯布西耶出版的里约热内卢手绘图集之中，这座政府大楼建筑还尚未出现，有的只是强调里约热内卢"城市构成"（urban components）潜力的一种修辞陈述，然而他的意图却已经十分明确。关于"城市构成"，柯布西耶肯定地说："每一座城市都有其地理区位，即城市与周边的联系，或远或近，都至关重要。城市有其地形，即支撑城市居民活动（建筑和交通建设等）的地表面。城市有其日照条件，日照形成的城市气候与城市生活息息相关，尤其影响人们的呼吸活动。城市也有其风度，即城市最基本的特征（包括物质层面和精神层面）；城市的风度引领着城市建设者的共识和创造性。"[3]

在离开巴西前不久，柯布西耶应卡帕内马的紧急要求，绘制了一幅方案设计图稿。图稿展示的是如何将柯布西耶的设计理念在原址地块中实现，因为当时科斯塔还未完全掌握此项目的决定权。柯布西耶的新方案由一幢更高的主建筑以及两幢较低矮的裙房组成，高层建筑底层架空。这个方案的建设始于 1937 年，而柯布西耶对此似乎漠不关心；当时巴西的青年设计师人才辈出，逐渐取代了柯布西耶的地位，而柯布西耶的不满情绪也日益高涨。为了重塑威信，柯布西耶不惜重新绘制方案图，甚至更改本由巴西设计师完成的项目的署名权；然而巴西的青年设计师们却大方地表示，他们对此并不介怀。

1. 卡洛斯·爱德华多·科马斯（Carlos Eduardo Comas），"勒·柯布西耶：1936 年巴西的风险"（Le Corbusier：Os riscos brasileiros de 1936），引自由扬尼斯·休密斯（Yannis Tsiomis）编辑的，《勒·柯布西耶：里约热内卢，1929/1936 年》（Le Corbusier：Rio de Janeiro，1929/1936），里约热内卢：CEAU 出版社，1998 年，第 32—40 页。也可参见罗伯托·塞格雷（Roberto Segre），《教育和卫生部：里约热内卢的现代城市标识》（Ministério da educação e saúde；Icone urbano da modernidade carioca）（1935—1945 年），圣保罗：罗曼诺·圭拉出版社，2012 年。

2. 勒·柯布西耶（Le Corbusier），给古斯塔沃·卡帕内马（Gustavo Capanema）的备忘录，1936 年 8 月 10 号，勒·柯布西耶基金会，FLC T2-13-69。翻译：吉纳维芙·亨德里克斯（Genevieve Hendricks）。

3. 勒·柯布西耶（Le Corbusier），"1936 年：里约热内卢"（1936：Rio de Janeiro），引自马克思·比尔（Max Bill），《勒·柯布西耶和皮埃尔·让纳雷：作品全集，1934—1938 年》（Le Corbusier et Pierre Jeanneret：Œuvre complète，1934–1938），苏黎世：吉斯贝格尔出版社，1939 年，第 41 页。

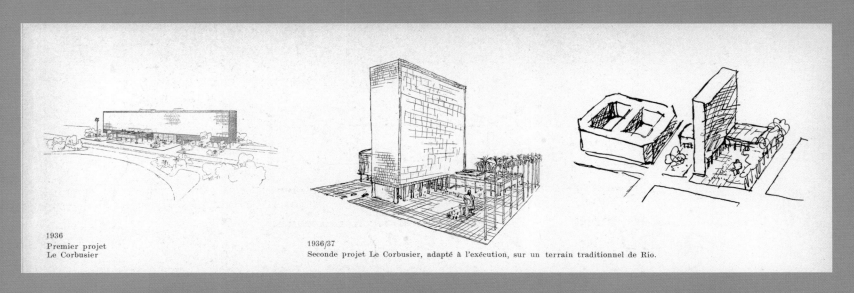

1936
Premier projet
Le Corbusier

1936/37
Seconde projet Le Corbusier, adapté à l'exécution, sur un terrain traditionnel de Rio.

教育和卫生部，里约热内卢，1936—1945 年，勒·柯布西耶的第 1 方案和第 2 方案，引自威利·鲍晢格，
《勒·柯布西耶：作品全集，1938—1946 年》，苏黎世：吉斯贝格尔出版社，1940 年，第 82 页

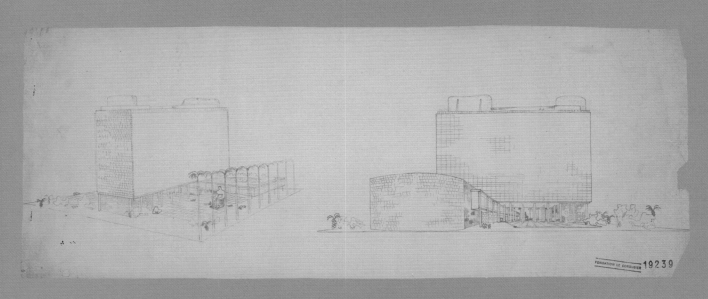

教育和卫生部，里约热内卢，1936—1945 年，柯布西耶的第 2 方案，明胶打印，纸张，30.6 cm × 78.2
cm，巴黎：勒·柯布西耶基金会，FLC 19239

里约热内卢：大学校园规划，1936 年

在 1936 年的巴西旅途中，勒·柯布西耶受到格图利奥·瓦加斯政府的邀请，接手了巴西联邦大学的校园规划项目。项目设计方案以 20 世纪早期的美国大学校园为借鉴；同时也深受欧洲校园空间布局的影响，例如位于马德里和罗马的大学综合设施。罗马大学综合设施的设计者马尔塞洛·皮亚琴梯尼曾活跃于圣保罗，而教育部部长古斯塔沃·卡帕内马曾就巴西联邦大学这个校园规划项目向他咨询过意见。与限制条件较多的教育和卫生部规划不同，这所大学位于瓜纳巴拉海湾西部的一个岛屿上，这个绝佳的地理位置给予了柯布西耶一个充分利用里约热内卢景观而设计出丰满作品的机会。另外，这个校园规划与柯布西耶于 1929 年和 1936 年为里约热内卢做的投机性规划不同，它有着明确的、独立的设计对象，如大学的各个部门和集体设施。

柯布西耶曾于 1928 年为比利时蒙斯市的世界城市进行方案设计；而本次的巴西联邦大学设计方案在诸多方面与之相类似。巴西联邦大学将被规划中的大型地下基础设施所穿过，因此其规划角色具有双重意义。首先，它将是一个综合的交通系统，其中不同的交通方式将采用不同的路线而井井有条；其次，它还是建筑和景观的综合设施。在这个案例中，其规划目标是"集中精力于那些共同合作、运行的事物；在不同的独立区域间保留开敞空间。创建大型的构筑物：建筑、园林和高山"。[1] 柯布西耶并没有成功地堆砌山体，而是在场地中设计了特有的建筑群；在他的手绘图中，这些建筑体仿佛是在与遥远的克力欧卡景观对话。建筑的布局延续了柯布西耶以往作品的风格，呈锯齿状、线性连续；另外，平行布置的建筑群也出现在方案当中，这是柯布西耶在建筑布局上的新尝试。

这些建筑群包括一所药学院、一个大型阶梯教室以及一幢图书馆楼。一个植满了"1 万株高大棕榈树"的海边游憩场地和建筑群在体量上相呼应。这样的设计组合综合展示了柯布西耶在过去 10 年的创作特征，如世界城市，以及苏维埃宫殿（1931—1932 年）；而校园中的图书馆也像是阿尔及尔摩天大楼（1938—1939 年）的雏形。

1936 年 8 月，伴随着柯布西耶的离去，一个由卢西奥·科斯塔带领的巴西团队接管了这个项目。团队成员包括安吉洛·布朗、保罗·弗拉戈索、荷西·德·苏萨·赖斯、阿方索·爱德华多·雷迪，以及菲尔米诺·萨尔达尼亚。1939 年，柯布西耶发表了对这个团队作品的批判意见，列举出了其方案在场地方面的欠缺与不足。[2] 在给教育部部长古斯塔沃·卡帕内马的一封信中，柯布西耶继续向他提供自己的见解，并表示了他的担忧："建筑被调整至后置朝向，这会完全阻挡光线以及山景视野。"[3] 最后，柯布西耶设计的一些元素被同一时代的拉丁美洲建筑师所采纳：奥斯卡·尼迈耶经常在其设计中使用柯布西耶应用于阶梯教室的抛物线拱门；胡安·欧戈尔曼在其设计的墨西哥国立大学方案中借鉴了里约热内卢联邦大学的图书馆设计。

1. 勒·柯布西耶（Le Corbusier），"1936 年。里约热内卢：巴西大学城规划"（1936. Rio de Janeiro : Plans pour la Cité universitaire du Brésil），引自马克思·比尔（Max Bill），《勒·柯布西耶和皮埃尔·让纳雷：作品全集，1934—1938 年》（Le Corbusier et Pierre Jeanneret : Œuvre complète, 1934–1938），苏黎世：吉斯贝格尔出版社，1939 年，第 42 页。翻译：吉纳维芙·亨德里克斯（Geneviève Hendricks）。

2. 勒·柯布西耶（Le Corbusier），给卡洛斯·莱昂（Carlos Leão）的一封信，1939 年 6 月 29 日，FLC I3-3-78。

3. 勒·柯布西耶（Le Corbusier），给古斯塔沃·卡帕内马（Gustavo Capanema）的一封信，1939 年 4 月 1 号，FLC I3-3-75。

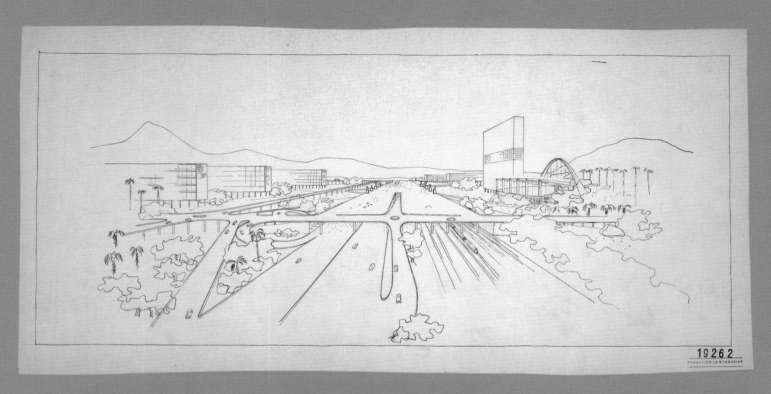

里约热内卢，大学校园规划，1936 年，南北轴线上的城市透视图，
墨水、牛皮纸，35.7 cm × 72.7 cm，巴黎：勒·柯布西耶基金
会，FLC 19262

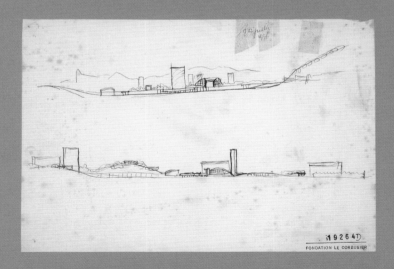

里约热内卢，大学校园规划，1936 年，上方：东西轴线手绘图；
下方：南北轴线手绘图，墨水、纸张，21.1 cm × 31.2 cm，巴
黎：勒·柯布西耶基金会，FLC 19264D

里约热内卢：景观序列拍摄：尺度、时长及移动

图 1. 瓜纳巴拉海湾，里约热内卢，1936 年，柯布西耶摄影作品的静态截图，16 mm 照相机，巴黎：勒·柯布西耶基金会

勒·柯布西耶的影片制作生涯从 1936 年持续到 1937 年。在这两年间，柯布西耶一共使用了 15 卷 16 mm 的胶片；既用于影片制作，又拍摄静物照片，而后者的成果多达 9000 张以上。[1] 柯布西耶从不打算将他的摄影经历公之于众，也不打算编辑或是使用他拍摄的影片和照片。这段短暂而紧凑的拍摄时期会让柯布西耶想起他 1907 年在意大利的拍摄时光，以及 1910—1911 年在德国和东方、1921 年在罗马和佛罗伦萨的相关经历。[2] 每一次经历都非常简短，且没有直接

1. 参见克劳德·普莱洛伦佐（Claude Prelorenzo），"勒·柯布西耶，导演？"（Le Corbusier, cinéaste?），引自由艾琳娜·比涩那（Elena Biserna）和普雷舍斯·布朗（Precious Brown）编辑，《电影，建筑，装备》（Cinéma, architecture, dispositif），帕夏恩迪普拉托，意大利：坎帕诺特出版社，2011 年，第 19—25 页；以及"当柯布西耶拍摄电影时"（Quand Corbu faisait son cinéma），《游人》（Le Visiteur），第 17 期（2011 年 11 月）：139—148 页。

2. 勒·柯布西耶（Le Corbusier）在那次旅途中拍摄的照片引自朱利亚诺·格雷斯莱利（Giuliano Gresleri），《勒·柯布西耶：东方游记》（Le Corbusier : Viaggio in Oriente），威尼斯：马西里奥出版社；巴黎：勒·柯布西耶基金会，1984 年。

的成果，这些经历往往不被公众提及。就连柯布西耶那丰富的档案中，也没有关于他这段拍摄经历的信息，有的仅仅是那些影片盒子上使用宝石雕刻工艺完成的注释。这种对摄影的缄默不言和这些不为人知的作品仍然是个秘密，从未展示。[3] 柯布西耶为什么要拍摄影片？他又想从这些影像图片中追寻什么呢？他想拍出怎样的效果？他又怎样看待他的作品，为什么不向众人展示他的成果呢？他为什么不刊登一些典型的照片呢？就像所有其他的秘密一样，这些神秘的作品也煽动着人们的求知欲；它招致人们的调查、比较和假设。以此为出发点，我们开始对这些作品进行分析；而考虑到分析结果，我们必须明白分析的路径具有审问的原始特征：自由诠释的主观性和过度诠释的风险。

柯布西耶在这个阶段的摄影作品既没有变成现场手绘作品，又没有成为柯布西耶热衷于收集的明信片。当然，这些影片也都没有达到专业的摄影质量。柯布西耶使用纯粹的摄影方式（如移动镜头和连续拍摄）来展示和分析景观，这使得其记录的风景都具有真实的尺度感和深度感，以及宇宙时空的连续感。柯布西耶是怎样运用这些摄影方式的呢？我们将通过聚焦于他所拍摄的 3 组场景序列来回答这个问题：里约热内卢海滩、屠夫铺子的 3 根骨头以及花园的植物。每一组的场景序列都采用了电影的专业技巧和效果：作品"里约热内卢的海滩"通过全景移动和时长展示了空间连续性；"花园的植物"使用了改变尺度的动态镜头特写；"屠夫铺子的 3 根骨头"显示了镜头移动产生的深度感，这与纪念性城市建筑的空间感异曲同工。

在沉迷于影片拍摄的两年间，柯布西耶使用远镜头拍摄了许多开敞的自然空间景观。拍摄时间最长的景观序列展示了里约热内卢的海滩；瑞士科尔索海岸的日内瓦湖；法国布列塔尼的海岸，阿卡雄和乐皮丘的海滩，以及维泽莱周边的地区。而静态照片所呈现的景观则包括阿尔及利亚的盖尔达耶，以及法国蓝色海岸的滨海自由城和罗克布吕讷 – 卡普马丹。

在 1936 年的夏天，柯布西耶第 2 次游览拉丁美洲。他绘画、拍照、摄影，以记录里约热内卢海岸的景观（图 1）。带着他的相机，柯布西耶登上了里约热内卢最古老贫民窟的制高点——上帝之丘（Morro da Providência，或音译作摩鲁达普罗维登西亚），这里视野开阔，海滩尽收眼底。而此时柯布西耶关注的重点是他所设计的线性建筑的落地效果；在他的手绘图里，以及我们可以想象在他的影片里，他的目光焦点都将因为城市规划者的身份而定位。在柯布西耶写生图集 C11 的第 63 页中，他写道："附近的地区 / 出口在大道之上。"在 1929 年他已经自我提醒，"告诉行政长官普拉多，圣·安东尼奥山无须夷平，高速公路建于其上即可。"[4]

柯布西耶在里约热内卢海岸以北拍摄了一系列不同视角的影片：首先是从地面角度拍摄；其次是在一艘小船中，这艘小船距离他下榻的格洛瑞亚酒店不远；最后是上文提到的里约热内卢贫民窟"上帝之丘"视角。在上述的场景序列中，两段影片——小船及贫民窟视角——的全景视野破碎而杂乱：在小船的影片中，一座浮桥横隔在船与对岸之间，阻碍了视线；而贫民窟

3. 一些照片被刊登在勒·柯布西耶（Le Corbusier），《大炮，弹药？谢谢！是公寓……》（Des canons, des munitions? Merci! Des logis... S.V.P.），布洛涅－比扬古：今日建筑出版社，

1938 年。

4. 《勒·柯布西耶写生集，1914—1948 年》（Le Corbusier Sketchbooks, 1914–1948），卷 1，编辑：弗朗索瓦兹·德·弗朗利厄（Françoise de Franclieu），纽约：建筑历史基金会；坎布里奇：麻省理工学院出版社；巴黎：勒·柯布西耶基金会，1981 年，写生集 C11，第 709 页及写生集 B4，第 288 页。

影片则由于棚户和行人而略显杂乱。我们从这两段影片中感受到的还包括自然景观无限的魅力，这种无穷无尽不知从何而起，也没有终止之处。只有影片才能够证明自然景观的这种品质，因为无论是画作还是照片都有边界的限制，而摄影机的移动可以呈现出连续的空间。当柯布西耶以静止状态使用摄影机时，他拍摄的照片就具有了绘画美学特征：其中的物体都是静物，被框定、限制，物体之间的关系被重新组织，且被赋予了不同特性。毫无疑问，相比于影片，静物照片无法展示自然景观的神秘莫测，也无法展现其不可估量的维度。

里约热内卢的影片探索了景观连续性与其构成元素多样性的关系，两者的关系虽然复杂但绝不相互冲突。从"上帝之丘"贫民窟拍摄的景观序列由 8 个镜头构成，这 8 个镜头将全景视野分成片段，每个片段都可以视作是对全景的分解剖析。这些景观画面，尤其是休格洛夫山，是从建筑中间的空隙拍摄的，穿过了人类建设的痕迹。但其实，柯布西耶完全可以跳过这些障碍进行拍摄。他之所以要在影片中保留这些障碍物，是为了强调任何物质实体都能够被分解为碎片。也许正是因为影片的制作，柯布西耶得以将景观的片段（从障碍物中看去）与整体（镜头中的景观全景）相联系。因此里约热内卢海岸景观没有终止，既包含多样性（镜头）也具有连续性（序列）。同样的景观，之前展示在图画中是独立物体的集合，而现在通过影片，则变得流畅而连续。

另外两组影片序列巧妙地运用了电影摄影的艺术和技巧，描绘了现实世界中常常被小尺度限制的景观（这里指建筑师视角下的专业术语），这看起来似乎更加新颖、大胆，像是即兴创作，又具有实验性。通过这种方式，柯布西耶与乔治·梅里爱的艺术重新结合，后者致力于镜头转换特效的制作而非单纯的室外摄影、科技影片或是日常情景拍摄。[5] 柯布西耶影响到了这种创新形式的影片，他将镜头移动和镜头拉近特写的方式相结合。这种电影艺术的拍摄技巧，使得他作品中花园露台上的植物都扩大成了参天树林，而屠夫店铺里的骨头则有了名胜古迹般的尺度和维度感。

5. 乔治·梅里爱（Georges Méliès），"电影评析"（Les Vues cinématographiques），　引自《国际摄影年鉴》（Annuaire général et international de la Photographie），巴黎：普隆出版社，1907 年。

图 2. 侬杰赛－科里大街 24 号的花园露台，巴黎，1936—1938 年左右，柯布西耶摄影作品的静态截图，16 mm 照相机，巴黎：勒·柯布西耶基金会

图 3 和图 4. 柯布西耶赤脚走在侬杰赛－科里大街 24 号的花园露台上，巴黎，1936—1938 年左右，柯布西耶摄影作品的静态截图，16 mm 照相机，巴黎：勒·柯布西耶基金会

1935 年 7 月 8 日星期一，柯布西耶在他的笔记本中写道，"侬杰赛大街的植物 / 小柏树 /+ 黄菊 / 薄荷 / 柠檬薄荷 / 迷迭香 / 龙蒿叶 / 薰衣草 / 百里香 / 罗勒牛至 / 这些植物来自威马或是湖岸码头区"。[6] 威马公司专门经营植物种子，公司位于巴黎右岸的梅吉瑟里码头。而在那附近，也有许多其他相似的公司组织。除了小柏树（柯布西耶将小柏树错误地拼写为 sentoline，其正确拼写为 santoline，即"little cypress"）和黄菊，柯布西耶清单上其他所有的植物原产地均是地中海。这些植物所组成的花园就像是地中海景观的微型版，即使空间布局略有出入，芳香气味也如出一辙。柯布西耶将这处模仿地中海风格的花园景色录成影片，并在接下来的一年中全神贯注地使用镜头特写和镜头转换来将这片植物转化成茂密树林（图 2~ 图 4）。

在第一组景观序列中，尺度的转化被运用得淋漓尽致。花园—树林的影像通过 3 帧画面展现：第 1 帧是模糊镜头下的植物；第 2 帧是迷迭香枝丫的镜头特写；第 3 帧是一个男人的下半身——从腰部到鞋子，突然出现在植物和山丘之间。这个男人不断向前走去，就仿佛格列佛走进了小人国。相机转而向上，镜头中出现了嘴里叼着烟、身穿短袖马球衫的柯布西耶。视错觉（optical illusion）技巧在这段影片中得以巧妙运用：镜头在微型景观和巨型景观中穿梭，最后回到人类尺度（柯布西耶最后出现在影片中，那又是谁在拍摄影片则不得而知了）；这里面显然有梅里爱艺术的影子。

"屠夫铺子里的 3 根骨头"这段影片（图 5）非常简短，但它所展示的物体及其尺度都符合柯布西耶所谓的"诗性之物"的特征。他对于海螺、石头、木片以及其他物质的碎片充满兴趣，因为他认为这些物体无一不反映出自然界中固有的、建筑结构般的和谐。他收集这些物体，并为其作画。如果细想柯布西耶对于这些在特写镜头下被放大了的自然物体的兴趣，我们会发现这与珍·潘勒韦的影片联系紧密。珍一生投入了大量的时间去拍摄那些微小的生物，他最著名的影片应该是 1934 年的《海马》。潘勒韦的影片得到了同时期知识分子的欣赏，尤其是

6. 1935 年 的 记 事 簿，FLC F3-6-1-031。引自雅克·斯布里利欧（Jacques Sbriglio），《勒·柯布西耶在侬杰赛－科里大街 24 号的建筑和公寓》（Immeuble 24NC et appartement de Le Corbusier），巴黎：勒·柯布西耶基金会；巴塞尔：波克豪瑟出版社，1996 年，第 62 页。

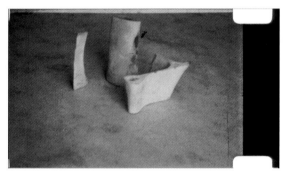

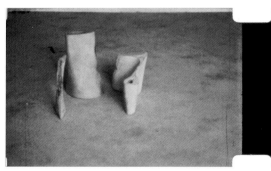

图 5. 屠夫铺子的 3 块骨头，1936—1938 年左右，柯布西耶摄影作品的静态截图，16 mm 照相机，巴黎：勒·柯布西耶基金会

与潘共事的超现实主义画家。而柯布西耶显然对这些作品十分关注；至少他一定知道这些作品的存在。柯布西耶在一些场合中会使用海螺的形象，这些海螺图像来源于荷兰的建筑杂志《曲线》。另外，《明日之城市及其规划》的第 189 页就以一个锯成两半的海螺图像为引子，而在《现代装饰艺术》（1925 年）的第 168 页中，一个放大了的海螺图像引出了柯布西耶关于"真实感"的探讨。[7]

"3 块骨头"中的摄影技巧与其他影片中的技巧全然不同。首先，柯布西耶将这些骨头放置于一张白纸之前，正如他 1932 年作画时的情境一样；通过这样做，他消除了尺度和真实的维度感。然后，他对这 3 根骨头进行环绕式拍摄，并使用特写镜头，这种拍摄技巧更加不寻常。通过这种方式，柯布西耶赋予了这 3 根约 15 cm 长的骨头一种类似城市纪念性建筑的高度和形态；而在此之前，骨头与城市建筑和艺术毫无关联。第 2 个摄影技巧弥补了第 1 个的完整性：因为以旋转方式拍摄这些骨头，可以利用阴影、平面和浮雕的效果将其转化为城市景观。相比于柯布西耶所拍摄的这些骨头的照片，简短的影片序列更能令人想起朗香教堂；虽然后者的灵感主要来源于姆扎布山谷，但也是柯布西耶对自然物体形式的呼应和模仿。

这 3 段影片序列，当然也包括其他那些没有被公之于众的影片，都说明柯布西耶希望通过摄影机去探索新的可能。柯布西耶总是热衷于照片和影片中的机械艺术。当他进行演讲的时候，常常使用幻灯片、影片以及他的写生图集作为插图。从某种角度上来说，影片改变了柯布西耶的观察方式：从实体观察到摄影审视，而后者突破了时空维度的限制；从语义观（view of meaning）的角度来说，影片的虚拟维度使得柯布西耶探索景观的尺度连续性成为可能。如果说，通过约 372 m² 的投影屏幕去展示一个吻不会使得观众陷入慌乱之中，那么我们也就可以采用同样的传媒手段去揭示小人国世界中的景观本质。柯布西耶试图利用摄影机去展示其他媒体

7. 勒·柯布西耶（Le Corbusier），《明日之城市及其规划》（The City of To-morrow and Its Planning），翻译：弗雷德里克·艾切尔斯（Frederick Etchells），1929 年，伦敦：建筑出版社，1947 年，第 209 页。最初发行版本为《明日之城市》（Urbanisme），巴黎：乔治斯·克雷公司，1925 年。《现代装饰艺术》（The Decorative Art of Today），翻译：詹姆斯·邓尼特（James Dunnett），坎布里奇：麻省理工学院出版社，1987 年，第 165 页。最初发行版本为《现代装饰艺术》（L'Art décoratif d'aujourd'hui），巴黎：乔治斯·克雷公司，1925 年。

所无法展示或是无法全面展示的景观，这样的艺术表现恰好处于梅里爱与潘勒韦所创造的艺术效果之间。

正如后来保罗·维利里奥所阐明的那样，"在调整物体视角之时而进行的轨迹移动，使得柯布西耶对于那些已知的物质本质更加一目了然"。[8]

这是作者死后（保罗去世后，其书籍才得以发表）赐予的智慧。

8. 保罗·维利里奥（Paul Virilio），《消失的美学》（*The Aesthetics of Disappearance*），翻译：飞利浦·贝驰曼（Philip Beitchman），纽约：符号文本出版社，1991年，第108页。最初发行版本为《消失的美学》（*Esthétique de la disparition*），1980年；巴黎：伽利略出版社，1989年。

萨帕利亚尔，智利：伊拉苏住宅，1930 年

萨帕利亚尔的景观

　　1930 年，勒·柯布西耶为富有的智利外交官马蒂亚斯·伊拉苏设计了一所度假住宅。在整个设计过程中，柯布西耶从未亲临现场；然而这个住宅却堪称是柯布西耶所有作品中与当地景观结合最为紧密的一个。这听起来多少有些自相矛盾，但事实却是如此。在委托高雅的古典主义者勒内·塞尔让为其设计这座选址于布宜诺斯艾利斯的住宅时，伊拉苏已经明确表达了自己对巴黎建筑的热爱。伊拉苏在 1929 年秋天去往南美洲的旅途中遇见了柯布西耶，并与后者签订了关于在萨帕利亚尔建造度假住宅的合同。萨帕利亚尔是智利统治阶层常去的度假胜地，地处瓦尔帕莱索北部，而伊拉苏曾于 20 世纪 20 年代在那里购置过一块土地。[1]

　　柯布西耶利用接收到的地图和照片对设计场地进行了详细分析。这个场地的地形景观几乎和日内瓦湖全然相反，而柯布西耶对后者了然于心。伊拉苏的地块位于一座山峰连绵的半岛之上，栖于岩架，地势较高，俯瞰一小片海滩，坐享开阔的太平洋视野。场地选址决定了这个项目的主要特征：柯布西耶最初就将其构想为雪铁龙住宅（1920 年）的延伸版，当然其设计也需要同真实场地相结合。

　　对于建筑的整体形状，柯布西耶放弃了他一直钟爱的平面屋顶，取而代之的是一款"V"字形的、铺设瓷砖的房顶。"V"字形屋顶和远处的山峰相呼应，从下面的海滩看去十分融洽。住宅建筑嵌在周边的景观之中，看起来就像是从岩石上生长出来一样。场地中原有的元素——一

排醒目的大理石石柱得以保留，但是柯布西耶拒绝了花园"井然有序"这一概念。[2]

　　宽敞的客厅通过坡道与中间夹楼相连接，客厅面向海洋的一面有 4 扇无框架大玻璃窗，是一处美好的观景台。在 1930 年 4 月寄送给伊拉苏的笔记中，柯布西耶表示这间客厅将会是整幢住宅"唯一的奢华之处"。[3] 柯布西耶决定用本地的石材和简单处理的原木作为建筑材料，采用智利木材的建造技巧，而这也形成了此建筑的第二大地域性特色。柯布西耶很诚实地告知他的雇主，"你可以轻而易举地在场地上选择出最有利的建筑定位。"同时他表明他的工作实际上就是抓住景观和建设中最基础的元素，因此他并不需要亲自确定选址。而之后他也承认在拉图雷特圣玛丽修道院（1953—1960 年）的设计中就曾有此先例。[4]

　　最终，建筑师卡洛斯·德·兰达设计的传统结构建筑在萨帕利亚尔的地块之上拔地而起。但是柯布西耶本土感强烈的设计方案在日本轻井泽迎来了二次生命。在轻井泽，安东尼·雷蒙德于 1933 年建造出一幢与柯布西耶手绘作品十分相似的建筑；作为回应，柯布西耶颇具讽刺意味地将这个设计方案的手绘图发表于"全集"之中来证明他的原创性，虽然相较于安东尼的复制品，柯布西耶设计作品的背景山脉更加陡峭。[5] 柯布西耶的设计元素也存在于巴西，因为建筑师奥斯卡·尼迈耶和阿方索·爱德华多·雷迪常常借鉴并使用柯布西耶的"V"字形屋顶。

1. 克里斯蒂亚娜·克莱斯曼·柯林斯（Christiane Crasemann Collins），"勒·柯布西耶的伊拉苏住宅：虚构文化的对立面"（Le Corbusier's Maison Errázuriz：A Conflict of Fictive Cultures），引自《哈佛大学建筑评论杂志 6》（Harvard Architectural Review 6）（1987 年）：第 39—53 页。
2. 勒·柯布西耶（Le Corbusier），给马蒂亚斯·伊拉苏（Matías

Errázuriz）的笔记，1930 年 4 月 24 日，FLC I1-17-18。翻译：吉纳维芙·亨德里克斯（Genevieve Hendricks）。
3. 同上。
4. 勒·柯布西耶（Le Corbusier），与拉图雷特圣玛丽修道院修女的采访，1960 年 10 月，《神圣的艺术》（L'Art sacré），第 78 期（1960 年 3—4 月）：第 5 页。
5. 勒·柯布西耶（Le Corbusier），

"无须腼腆……"（Pas la peine de se gêner...），引自威利·鲍皙格（Willy Boesiger），《勒·柯布西耶和皮埃尔·让纳雷：作品全集，1929—1934 年》（Le Corbusier et Pierre Jeanneret：Œuvre complète, 1929–1934），苏黎世：吉斯贝尔格尔出版社，1934 年，第 52 页。

伊拉苏住宅，萨帕利亚尔，1930 年，内部空间透视手绘图，墨水、铅笔、纸张，43.9 cm × 68.6 cm，巴黎：勒·柯布西耶基金会，FLC 08982

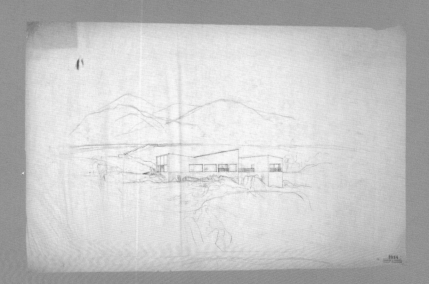

伊拉苏住宅，萨帕利亚尔，1930 年，住宅面海的立面透视图，铅笔、描图纸，73.2 cm × 110.9 cm，巴黎：勒·柯布西耶基金会，FLC 08994

纽约市：探索这片怯懦者的土地

图1. 勒·柯布西耶在纽约（细节），1946年，本照片由芭芭拉·摩根拍摄，引自珍·佩蒂特，《勒·柯布西耶传》，日内瓦：卢梭出版社，1970年，第81页。

对于纽约市的城市景观（图1），勒·柯布西耶以对现实的3个认知作为回应。第1个认知出现于20世纪20年代和30年代早期的写作时期，颇有些先入为主的意味。第2个认知是柯布西耶1935年首次游历纽约的结果。第3个认知来源于1946—1947年柯布西耶设计联合国总部的合作经历。正是这些片段式的经历，奠定了柯布西耶与这座世界级城市的感情关系——持久的爱恨交织。

在早期，柯布西耶对待纽约的感情是愉悦和痛苦的混合。一方面，纽约是一座充满了令人兴奋的摩天大楼的城市，这座城市对于柯布西耶1922年的理想方案"300万居民的当代城市"以及1925年的"巴黎瓦赞计划"具有深刻影响。在《明日之城市》（1925年）一书中，柯布西耶将曼哈顿——一座柯布西耶直到1935年才首次游览的岛屿——称作是"专为诗人而生的岛屿，令人欢欣鼓舞、振奋不已"。[1]另一方面，他反对曼哈顿城市设计的核心元素，尤其是方格式路网（gridiron plan）。柯布西耶认为，如果是应对19世纪早期的城市需求，那么方格式路网的规模尺度将会是一个很好的答案；然而这并不足以满足当今机动交通的现代化需求。德国的城市理论家维尔纳·黑格曼在其1925年的著作《美国的建筑及城市规划》中批判了下曼哈顿区高楼大厦的过度密集。受此影响，柯布西耶也曾表示，明智的规划是缺乏的，摩天大楼不仅没有舒缓拥堵，反而使之加剧，并且阻碍了光和空气的流通；同时，摩天大楼还加剧了房地产投机，进而导致城市发展的混乱无序。[2]以上两点似乎充满矛盾。无论柯布西耶有多么赞赏摩天大楼，并称其为技术上的功绩，但他始终认为摩天大楼是城市混乱的根源，就好比胜家大楼（1904—1908年）或是伍尔沃斯大厦（1911—1913年），它们在城市中"惹是生非"。[3]由于高楼大厦的过度密集，曼哈顿金融区衍生出一种"困惑、混沌和动乱"之感（图2，上）。[4]柯布西耶总结道，曼哈顿已然成为"私人企业疯狂投机以及资本过度活化"的中心。[5]对比于

1. 勒·柯布西耶（Le Corbusier），《明日之城市及其规划》（*The City of To-morrow and Its Planning*），翻译：弗雷德里克·艾切尔斯（Frederick Etchells），1929年，伦敦：建筑出版社，1947年，第63页。最初发行版本为《明日之城市》（*Urbanisme*），巴黎：乔治斯·克雷公司，1925年。

2. 维尔纳·黑格曼（Werner Hegemann），《美国的建筑及城市规划》（*Amerikanische Architektur & Stadtbaukunst*），柏林：瓦斯穆特出版社，1925年，第45页。

3. 勒·柯布西耶（Le Corbusier），《现代建筑年鉴》（*Almanach d'architecture moderne*），巴黎：乔治斯·克雷公司，1926年，第186页。翻译：本章节作者。

4. 勒·柯布西耶（Le Corbusier），《明日之城市及其规划》（*The City of To-morrow and Its Planning*），第63页。

5. 同上，第110页。

A la même échelle et sous un même angle, la vue de la *Cité de New-York* et de la *Cité de la « Ville contemporaine »*. Le contraste est saisissant.

图 2. 下曼哈顿区鸟瞰图（上）以及"300 万居民的当代城市"透视图（下），1922 年，引自勒·柯布西耶，《明日之城市及其规划》，巴黎：乔治斯·克雷公司，1925 年，第 164 页。

下曼哈顿区的无序，柯布西耶的"300 万居民的当代城市"——一个具有大尺度方格式路网以及"十"字形摩天大楼的理想城市概念——将会为现代城市带来秩序（图 2，下）。城市的结构布局重新调整，高楼大厦数量减少，但容积率增加，呈分散式布局。柯布西耶将会以其高谈雄辩继续推进他的设计理念。柯布西耶同欧洲人一样——尤其是法国的区域工团主义者，柯布西耶曾经还同这一群体联合进行了一场标新立异的政治运动——对 1929 年华尔街的破产深表担忧。这种担忧促使柯布西耶将其案例登上了《纽约时报》，并以近乎诋毁的口吻将纽约和芝加哥描述为"风暴、龙卷风、灾难……毫无和谐感"。[6]

1935 年秋天，柯布西耶抵达纽约市，并准备开展演讲之旅以及现代艺术博物馆的作品展。他需要穿越大西洋来寻觅新的项目以维持其巴黎工作室的运营，同时进一步推广他的城市规划方法论。曼哈顿对柯布西耶的视觉冲击就如同一道闪电当空劈来。当柯布西耶尚在船中时，他见到了"薄雾中那不可思议的、几乎是神奇的城市"；当船不断靠近，这些美好的意象却转化成一片"难以置信的残酷和原始"的景象，不过也有人将其描述为"强大"和"当代的力量"。[7] 柯布西耶刚刚到达纽约后召开了一次记者招待会，会上这位著名的建筑师被问及对纽约高耸的天际线的印象。他的回答被记者约瑟夫·奥尔索普登上了《纽约先驱论坛报》，并成功占领头条——因

6. "著名建筑师剖析我们的城市"（A Noted Architect Dissects Our Cities），《纽 约 时 报》（New York Times），1932 年 1 月 3 日，第 5 版，第 10 页。
7. 勒·柯布西耶（Le Corbusier），《当大教堂尚呈白色：在怯懦者的国度旅行》（When the Cathedrals Were White : A Journey to the Country of Timid People），翻译：弗朗西斯·E. 希斯洛普二世（Francis E. Hyslop, Jr.），纽约：雷诺和希师阁出版社，1947 年，第 34 页。最初发行版本为《当大教堂尚呈白色：在怯懦者的国度旅行》（Quand les cathédrales étaient blanches : Voyage au pays des timides），巴黎：普隆出版社，1937 年。

其回答是"过于小气了"（图 3）。柯布西耶这样的回应令人想起了社会学家格奥尔格·齐美尔的名言：为了在现代大都市中保有自身的个性，他将会变得过度亢奋、漠不关心，并"容易厌倦"（blasé）。[8] 之后，这位建筑师基于其著作《光辉城市》（1935 年）中的方案描述，解释了他理想中的曼哈顿。在记者会上，他将"光辉城市"这个概念定义为具有"笛卡儿哲学的"（Cartesian，指代理性的）摩天大楼以及大尺度的方格式路网的城市，"摩天大楼和方格路网让城市有了空间、阳光、流动的空气和秩序"。建筑是钢构和玻璃的结合。参与这次记者会的纽约人对柯布西耶的回答"哑口无言"，但是，这种回答在他们看来也是不可饶恕的。[9] 在随后的城市游历中，由于不再需要宣传自己的规划方案，柯布西耶看待纽约的眼光也变得更加公允公正。事实上，他逐渐被纽约的高楼大厦所吸引。站立在帝国大厦前，他曾向朋友这样说道，"我想要在人行道上躺下来，永远瞻仰帝国大厦之顶。"[10] 另外，华尔街早期的摩天大楼以大面积的石块材质作为立面，同时叠加了多立克式、爱奥尼亚式以及科林斯式的立柱；柯布西耶认为这种形式与意大利文艺复兴时期建筑师布拉曼特的风格极为相似。这些大楼立面宛如雕塑，柯布西耶对此极为欣赏。[11] 正是由于这份欣赏，柯布西耶重新审视了他的建筑作品，并朝着更高的可塑性迈进。然而，他对于纽约的这份情感并没有促成其建设纽约市的职业抱负。正因如此，面对《纽约时报》的记者，柯布西耶仍然消极地评价帝国大厦为"太过小气"。而对于地处洛克菲勒中心的雷蒙德·胡德 RCA 建筑，柯布西耶却在设计层面以及技术层面表达他的欣赏和钦佩，即使此建筑"对于自由、有效的流通来说还是略显狭窄"。[12] 在此之后，柯布西耶将纽约市总结归纳为"魔法笼罩下的灾难"（enchanted catastrophe）——装备固然强大，然精神十分薄弱——因为纽约市的高楼大厦都是建于过时了的分区法（zoning laws）之下，而其城市领导和商业精英又羞于将项目委派与他。[13]

如果没有美国作家玛格丽特·哈里斯的帮助，柯布西耶就无法体会到一个复杂多样的纽约。哈里斯不仅带领柯布西耶参观了整个市区，同时还与他亲密无间。他们共同登顶了克莱斯勒大楼、帝国大厦以及 RCA 大厦——这些都是研究纽约城市形态的有利位置。哈里斯驾驶着她的福特 V-8 轿车，陪同柯布西耶走过了大都市区域的每一个角落，使后者能够全面感受纽约基础设施的实体形态和诗意韵律。在途中，柯布西耶经历了新泽西的普拉斯基高架路，后者"平地而起并通往摩天大楼"；同时他在行往乔治·华盛顿大桥的途中感慨道，"当你的汽车开上了这条坡道，两幢高塔耸立眼前，这让人兴奋不已。"[14] 哈里斯也为柯布西耶介绍了美国黑人的文化，尤其是音乐文化。他们一起观赏了表演《波吉与贝丝》，并在百老汇的康妮旅馆欣赏路易斯·阿姆斯特朗演奏小号，同时还在哈莱姆的萨伏瓦舞厅跳舞。"黑人音乐"，柯布西耶之后写道，"已经感动了美国，因为它是来自灵魂的旋律加上机械的节奏。'黑人音乐'是二拍子：心

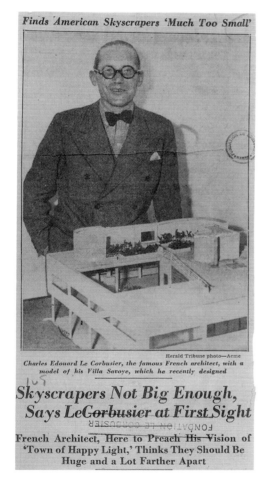

图 3. "摩天大楼还不够大，勒·柯布西耶首次参观时如是评价"，《纽约先驱论坛报》，1935 年 10 月 22 日，第 21 页，巴黎：勒·柯布西耶基金会，FLC B2-16-195

8. 格奥尔格·齐美尔（Georg Simmel），"大都市和精神生活"（The Metropolis and Mental Life），引自尼尔·利奇（Neil Leach），《反思建筑》（Rethinking Architecture），伦敦：劳特利奇出版社，1997 年，第 70—73 页。齐美尔的论文最初发行版本为"大都市和精神生活"（Die Großstädte und das Geistesleben），《大都市：城市演讲和文章展览》（Die Großstadt: Vorträge und Aufsätze zur Städteausstellung）；《盖赫基金会年鉴 9》（Jahrbuch der Gehe-Stiftung 9），1903 年：第 185—206 页。

9. 勒·柯布西耶（Le Corbusier），《当大教堂尚呈白色》（When the Cathedrals Were White），第 51 页。

10. 勒·柯布西耶（Le Corbusier），引自彼得·布莱克（Peter Blake），《建筑大师》（The Master Builders），纽约：亚飞诺普出版社，1960 年，第 92 页。

11. 勒·柯布西耶（Le Corbusier），《当大教堂尚呈白色》（When the Cathedrals Were White），第 60 页。

12. H.I. 布洛克（H. I. Brock），"勒·柯布西耶游历哥谭大厦"（Le Corbusier Scans Gotham's Towers），《纽约时报》（New York Times），1935 年 11 月 3 日，第 7 期，第 10 页。

13. 勒·柯布西耶（Le Corbusier），《当大教堂尚呈白色》（When the Cathedrals Were White），第 83—91，143 页。

14. 同上，第 43，75，158，159，161 页。

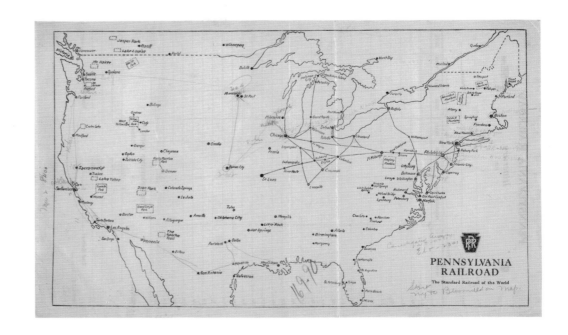

图 4. 宾夕法尼亚州铁路地图，其上标有拟定的美国演讲之旅路线行程，1935 年，未标明具体日期，纽约：现代艺术博物馆，建筑和设计研究中心

里充满泪水；四肢、躯体、头脑却随旋律而动"。而正是"建筑时代的音乐"，是摩天大楼和地铁的乐章将曼哈顿转变成"钢筋石头的热爵士"。除了对于纽约城市形态的陈述尚引人争议，柯布西耶已然意识到纽约多元文化所具有的救赎特征。也正是这种文化属性使得人文元素和 20 世纪的机械主义和谐共融，超越了种族、民族、阶级和性别的障碍。

在建筑院校以及文化机构的演讲之旅中——15 个地点的 21 场演讲（图 4）——柯布西耶在长达将近 6.5 m 的画卷上绘制了示意图，并称其为"彩色壁画"（colored frescoes）。[15] 在哥伦比亚大学的演讲中，柯布西耶绘制了一幅名为"现代建筑和城市规划"（Modern Architecture and City Planning）的示意图，图中总结了其对于光辉城市的理念思想。他解释道，在 1830 — 1930 年的一个世纪里，即"首个机械时代"的城市被铁路和汽车所占领。而这一时代的技术发展以社会规划为代价。为了恢复技术与社会发展的平衡，柯布西耶规划了"第 2 个机械时代"（a second era of the machine age），将美学和诗意融入技术发展，同时结合了人文价值观。[16] 光辉城市的住宅不分阶级，这提供了相较于其他资本主义城市更加平等的愿景。[17] 为了第一次世界大战后的住宅项目，柯布西耶建议大规模重建城市的基础设施，并将重心放在高密度的城市而非蔓延的郊区。他的概念以"垂直的花园城市"（cités-jardins verticales）为中心，而"垂直的花园城市"由大尺度的住宅建筑组成，住宅建筑皆是底层架空（pilotis）。曼哈顿落后的旧式大楼需要被新的摩天大楼替代，在柯布西耶的规划中，新式摩天大楼为"Y"字形，主要的玻璃立面朝向南方以最大限度地满足光照需求。然而随着时间的推移，评论家们对光辉城市的规划方案进行了批判：首先，光辉城市是基于大面积拆除重建的规划方案；其次，光辉城市中的居住街区由于建筑底层架空而无法参与街道生活，更无法提升其活力。

柯布西耶认为纽约市的住宅是至关重要的问题。他将曼哈顿想象成"一种被摊开在岩石上的鳎鱼"，其"脊柱"（大约是第五大街）具有保持价值的潜力，然而其边缘已经沦为"贫民

15. 同 第 346 页 注 释 13，第 137 页。也可以参考勒·柯布西耶（Le Corbusier），《光辉城市》（The Radiant City），翻译：帕梅拉·奈特（Pamela Knight），艾利诺·李维欧克

斯（Eleanor Levieux），德里克·科尔特曼（Derek Coltman），纽约：猎户星出版社，1967 年，第 173 页。最初发行版本为《光辉城市》（La Ville radieuse），布洛涅 – 比扬古：今日建

筑出版社，1935 年。

16. 勒·柯布西耶（Le Corbusier），《光辉城市》（The Radiant City），第 340 页。

17. 同上，第 38 页。

窟"（slums）。[18] 另外，纽约的辖区也需要更新。在住房部门管理人员的陪同下，柯布西耶参观了最近一期的罗斯福新政项目，即布鲁克林的威廉斯堡住宅（1934—1937 年）。他向罗斯福政府的行政人员阿道夫·伯利、纽约市公安局局长哈罗德·富勒以及纽约市港口管理局局长霍华德·科尔曼展示了光辉城市中的设计理念和住宅项目。光辉城市的住宅项目涉及了不同的住宅类型，其中柯布西耶最为推崇的是中等密度的、锯齿状的住宅建筑模型。柯布西耶也建议建造更高的"Y"字形建筑，"Y"字形的高层住宅是其早期"十"字形塔楼建筑的变形和优化。在《走向新建筑》一书中，柯布西耶曾对"十"字形塔楼做出了反思，认为它不能够很好地满足家庭生活需求。[19] 在柯布西耶 1937 年所著的关于其美国之旅的书籍《当大教堂尚呈白色：在怯懦者的国度旅行》中，他表达了自己对曼哈顿城市转型的展望："直到 1900 年，直到 1935 年，明天"（Jusqu'en 1900，jusqu'en 1935，demain）它将会是一个充满"Y"字形钢构玻璃建筑的光辉城市（图 5）。

同时，柯布西耶也热衷于同私营企业中的权力经纪人打交道。其中最为著名的是洛克菲勒中心的地产运营商纳尔逊·洛克菲勒，以及他的亲戚——建筑师华莱士·哈里森。柯布西耶曾多次向他们投标，包括现代艺术博物馆的设计方案以及一种新式的住宅形式"住宅单元"（unité d'habitation），后者是马赛公寓（1946—1952 年）的前身。[20] 也许，柯布西耶曾拒绝过资本主义元素——他认为资本主义中无限制的个人主义和消费主义是有缺陷的——但是在这个体系中，柯布西耶获取了许多投资。他鼓励美国和法国的经纪人与合资企业相互合作，希望美法两国能够"携手并进，共创美好"。[21] 柯布西耶还为自己绘制了一幅画像，画中他一只脚踏在那"浪漫的"、让他爱恨交织的曼哈顿摩天大楼上，另一只脚则迈向埃菲尔铁塔（图 6）；柯布西耶将这幅画中的自己比作连接旧世界和新世界的纽带。

在第二次世界大战结束之后，柯布西耶回到纽约参与联合国总部的设计，他希望通过此项目能够将光辉城市的片段移植到曼哈顿区（图 7）。在华莱士·哈里森的指导下，柯布西耶加入了国际设计咨询委员会。这个团队受到了工程师弗拉基米尔·波地安斯基帮助，其成员还包括奥斯卡·尼迈耶、斯文·马可利乌斯以及欧内斯特·科尔米耶等。在曼哈顿综合设施的项目选址上，柯布西耶扮演了重要角色。同时，其在记者会上发表的关于摩天大楼的观点也在一定程度上影响了哈里森早期设计的 X–城市多功能综合设施项目；十分凑巧的是，X–城市最初的选址正是联合国总部项目选定的场地。[22] 这块场地（现为联合国总部选址）位于东河沿岸，地处 42 街和 48 街之间。直到 1946 年 12 月，纳尔逊·洛克菲勒才将这块本将用于建设 X–城市的土地从开发商威廉·杰肯多夫的手中买下。用于土地交易的 850 万美元来自纳尔逊的父亲约翰·D. 洛克菲勒二世。从 1947 年 2 月 17 日到 6 月 9 日，委员会就联合国总部项目展开了分析和评比，最终哈里森选择了尼迈耶（方案 32）的设计方案为最优方案。哈里森指出，这套设计

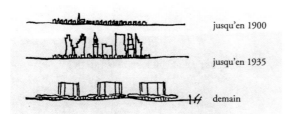

图 5. "直到 1900 年，直到 1935 年，明天"，引自勒·柯布西耶《当大教堂尚呈白色：在怯懦者的国度旅行》，巴黎：普隆出版社，1937 年

图 6. "普林斯顿的行人"，画于写给珍·拉巴蒂的一封信中，1935 年 12 月 4 日，墨水、纸张，21.6 cm × 27.7 cm，善本书和特殊收藏部，普林斯顿大学图书馆

18. 勒·柯布西耶（Le Corbusier），《当大教堂尚呈白色》（When the Cathedrals Were White），第 189 页。

19. 勒·柯布西耶（Le Corbusier），《走向新建筑》（Toward an Architecture），翻译：约翰·古德曼（John Goodman），洛杉矶：盖蒂研究所，2007 年，第 124 页。最初发行版本为《走向新建筑》（Vers une architecture），巴黎：乔治斯·克雷公司，1923 年。

20. 玛吉斯·培根（Mardges Bacon），《勒·柯布西耶在美国：羞怯国度之旅》（Le Corbusier in America：Travels in the Land of the Timid），坎布里奇：麻省理工学院出版社，2001 年，第 196 页。

21. 勒·柯布西耶（Le Corbusier），给珍·拉巴蒂（Jean Labatut）的一封信，1935 年 12 月 4 日。珍·拉巴蒂的文件，46 号箱，手稿分区，善本书和特殊收藏部，普林斯顿大学图书馆。

引自勒·柯布西耶，《当大教堂尚呈白色》（When the Cathedrals Were White），第 112 页。

22. 乔治·A. 达德利（George A. Dudley），《和平工作坊：联合国总部设计》（A Workshop for Peace：Designing the United Nations Headquarters），纽约：建筑历史基金会；坎布里奇：麻省理工学院出版社，1994 年，第 18—30 页。

图 7. 休・弗里斯（美国建筑表现画家，1889—1962 年），联合国总部，纽约市，1947 年，东河视角透视图，木炭、纸张，50.7 cm × 63.7 cm，艾弗里建筑艺术图书馆，哥伦比亚大学，纽约市

方案是以"勒・柯布西耶早期的设计理念"为基础的。[23] 方案 46G 为联合国总部设计的最终方案，它不仅以方案 32 为设计基础，而且还参考了其他设计委员会的成果，其中包括柯布西耶的设计理念。柯布西耶于 1947 年 2 月 21 日绘制了一幅极具创造力的设计图，图中一幢独立式的行政大楼很好地将综合设施的中心与外部连通，使其更加开放；同时，柯布西耶在 1946 年的"法国代表汇报"中所提及的不规则四边形类型学也被运用到联合国大会建筑以及秘书处板式住宅的设计之中。[24] 柯布西耶不愿意承认联合国总部设计师团队的合作成果，同时固执地认为美国人乃强盗本色，不是窃取别人的想法就是不愿为这些窃取到的想法买单。于是，他通过一次激烈的运动来争取联合国总部设计的最大版权，并着重批判了哈里森的作为。[25]

我们再来审视柯布西耶之于纽约的关系，这其中融合了 3 个阶段的事实：他对纽约的先入之见；1935 年的纽约经历；以及纽约联合国总部的项目合作。作为一座投机浪潮中的城市，纽约不断经历着城市更新。柯布西耶认为，纽约的城市领袖和商业精英就如同这座大都市的规划一样，仍然处于羞怯的状态之中。但是到了 1935 年，以及之后的 1946 年和 1947 年，纽约"魔法笼罩下的灾难"仍然有改变的潜力。且只有政治掮客们的政治意愿才能实现光辉城市的规划愿景。然而，当第二次世界大战结束后柯布西耶返回纽约时，联合国总部的设计却没能给予他任何满足和声望。虽然柯布西耶本可以欣赏纽约的壮观，包括其早期的摩天大楼、基础设施以及多元文化，但他骨子里的理想主义哲学观却阻碍了他与这座城市的深入接触。柯布西耶对于纽约城市景观的本能反应并不是来源于景观本身，而是他对于城市景观的理想愿景。

23. 同第 348 页注释 22，第 68，70，252 页（图 52）。

24. 勒・柯布西耶（Le Corbusier），"法国代表汇报"（Report of the French Delegate），引自勒・柯布西耶，《联合国总部》（UN Headquarters），纽约：莱茵霍尔德出版社，1947 年，第 36 页。也可参见培根（Bacon），《勒・柯布西耶在美国》（Le Corbusier in America），第 304—308 页。

25. 1947 年 11 月，勒・柯布西耶（Le Corbusier）写信给其母亲，"柯布西耶关于联合国总部的设计方案被美国强盗哈里森无情绑架窃取。虽然略有不同，但 1947 年的纽约与 1927 年的日内瓦丑闻如出一辙。"勒・柯布西耶，写给母亲的信，1947 年 11 月 14 日，FLC R2-04，第 116—117 页。引自尼古拉斯・福克斯・韦伯（Nicholas Fox Weber），《勒・柯布西耶：生活》（Le Corbusier：A Life），纽约：亚飞诺普出版社，2008 年，第 505 页。

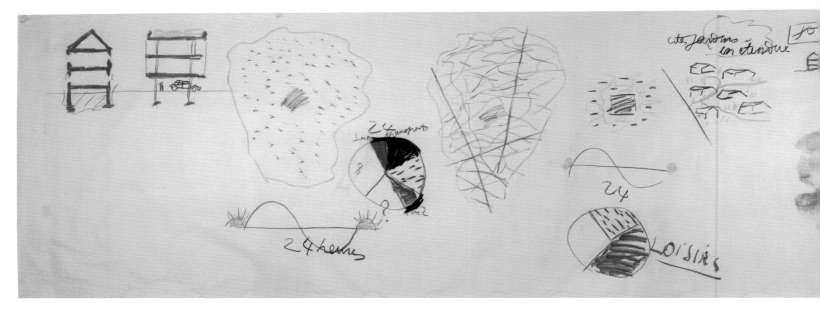

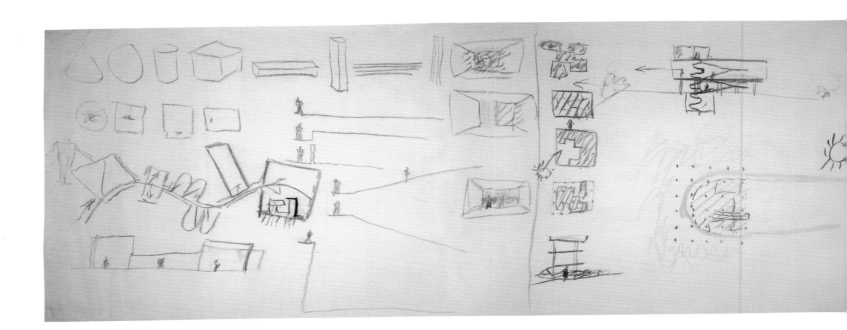

插图 59. 在普林斯顿大学建筑学院演讲时所绘制的手绘图，1935 年 11 月 14 日和 15 日，彩色粉笔、描图纸，亚麻布装裱，106.5 cm × 452.4 cm，普林斯顿：普林斯顿建筑学院

插图 60. 在普林斯顿大学建筑学院演讲时所绘制的手绘图，1935 年 11 月 16 日，彩色粉笔、描图纸，亚麻布装裱，106 cm × 568 cm，普林斯顿：普林斯顿建筑学院

插图 61. 在纽约哥伦比亚大学演讲时所绘制的手绘图，1935 年 11 月 19 日，彩色粉笔、描图纸、薄纸，106.7 cm × 624.8 cm，纽约：哥伦比亚大学，艾弗里建筑艺术图书馆

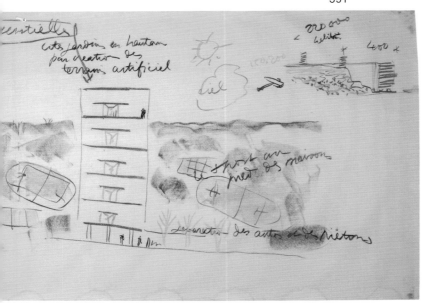

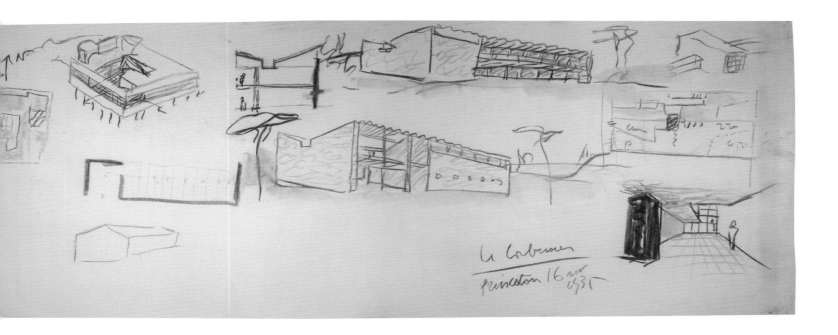

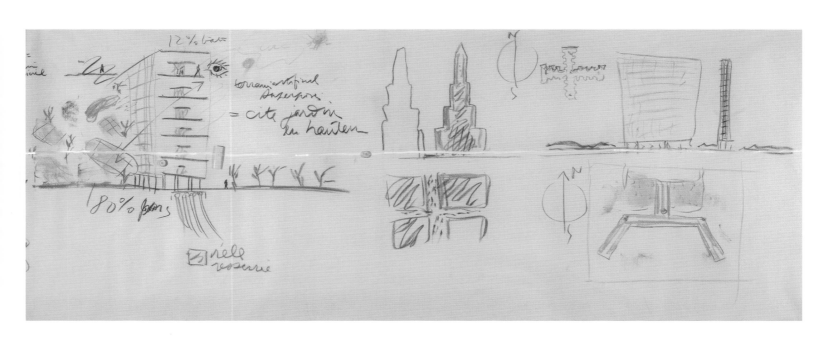

纽约市：联合国总部，1946—1947 年

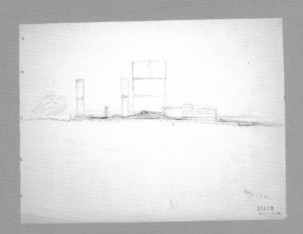

联合国总部，纽约，1947 年，建筑剖面及景观设计的手绘习作，1947 年，铅笔、彩色铅笔、描图纸，49.5 cm × 62.8 cm，巴黎：勒·柯布西耶基金会，FLC 31678

　　距离日内瓦国际联盟总部的设计竞赛已有整整 20 年，勒·柯布西耶在此时参与了联合国总部的设计过程。联合国总部项目的诞生与发展可以分成 3 个连续阶段：项目选址、总体方案的选择，以及在柯布西耶不满情绪下的落地建成。

　　起初，联合国秘书长特吕格韦·赖伊将总部的设计交给了建筑师华莱士·哈里森，后者与洛克菲勒家族关系密切。华莱士的任务是组织并协调一群国际建筑师，而建筑师团队的第一项任务就是为总部设计进行选址。柯布西耶于 1946 年 5 月上旬加入了纽约工作团队。在选址方面，柯布西耶倾向于威斯特彻斯特郡的白原市周边区域。他乘飞机考察了这片土地，并宣布，"这真是疯狂！看看这些树林和山丘？这是一座美丽的城镇，柏油村！"[1] 1946 年 12 月，当约翰·D. 洛克菲勒二世购买了 42 街区至 48 街区间的东河沿岸地块并将其赠予联合国总部设计之后，柯布西耶便只能在其著作《联合国总部》中坚持自己的选址并完成设计。[2]

　　赖伊任命哈里森为总规划师，并令其担任国际设计咨询委员会的领队人。1947 年 2 月，柯布西耶一边继续向公众袒露他对参与这次合作设计的不满，一边利用这个机会发表其对纽约摩天大楼的批判。柯布西耶将联合国秘书处看作"一个简单的工作机床"，正如他在笔记本上写的那样。他为秘书处的建筑设计提供了两套备选方案：一个是阿尔及尔办公大楼（柯布西耶于 1938 年设计）的衍生物；另一个是里约热内卢教育和卫生部（1936—1945 年）板式建筑的缩小版。当柯布西耶将大礼堂布置于东河沿岸的时候，他想起了位于莫斯科河沿岸的苏维埃宫殿（1931—1932 年）。

　　奥斯卡·尼迈耶于 1947 年后期加入这个设计团队，他提出了一套参考柯布西耶设计构想但扩大其设计尺度的方案。这两套设计方案经 6 月 17 日的协议合成为一套合作成果。而最终的方案定稿则是在哈里森的领导下进行的。

　　秘书处大楼、会议大楼以及联合国大会建筑分别于 1950 年、1951 年和 1952 年建设完成。柯布西耶试图争取最终设计方案的版权，并以宣传自己先前的设计稿的方式来抹去尼迈耶的设计贡献。同时，柯布西耶不断搜寻那些能够证明其为联合国总部的主要设计师的细碎材料；他还动用了国际现代建筑协会的朋友，希望再次启动对 1927 年国际联盟陪审团决策的争议。[3] 1953 年，柯布西耶在他的"全集"中重现了模型 23A，并声称"3 个月以来，此模型是 10 人委员会讨论方案的依据和基础"，不断向读者灌输此模型"是讨论的关键"这一观点。[4] 柯布西耶还表示，从那之后他与联合国总部的建筑设计完全脱离，他在那一段经历中受到"排挤"。

1. 勒·柯布西耶（Le Corbusier），引自乔治·A. 达德利（George A. Dudley），《和平工作坊：联合国总部设计》（A Workshop for Peace: Designing the United Nations Headquarters），纽约：建筑历史基金会；坎布里奇：麻省理工学院出版社，1994 年，第 16 页。

2. 勒·柯布西耶（Le Corbusier），《联合国总部》（United Nations Headquarters），纽约：莱茵霍尔德出版社，1947 年，第 74 页。

3. 勒·柯布西耶（Le Corbusier），未标注日期的拼图材料（undated collage），FLC 13-11-38。

4. 勒·柯布西耶（Le Corbusier），"东河沿岸的联合国总部，纽约，1947 年"（Le Palais de l'ONU sur l'East River, New York 1947/ The UN Buildings on the East River, New York, 1947），引自威利·鲍晳格（Willy Boesiger），《勒·柯布西耶：作品全集，1946—1952 年》（Le Corbusier: Œuvrecomplète, 1946–1952），苏黎世：吉斯贝格尔出版社，1953 年，第 38—39 页。

联合国总部，纽约，1947 年，彩色纸张、照片、手绘图、墨水、纸张，
42 cm × 55 cm，巴黎：勒·柯布西耶基金会，FLC I3-11-38a 以及 FLC
I3-11-38b

纽约市：现代艺术博物馆中难以捉摸的存在

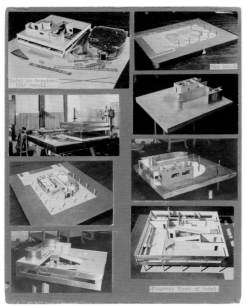

图1. 现代建筑：国际展览，1932年，勒·柯布西耶展区景象，纽约：现代艺术博物馆，照片档案

图2. 普瓦西，萨伏伊别墅（1928—1931年）模型的复原照片系列，在原模型运输途中被毁之后，展览"现代建筑：国际展览"，1932年，纽约：现代艺术博物馆，建筑和设计研究中心

自20世纪30年代早期开始，勒·柯布西耶就与纽约市有了片段式的交叉，并成了现代艺术博物馆的常客。柯布西耶于1935年在现代艺术博物馆举行了首个个人展览会，从此对于这个新兴的艺术博物馆来说，柯布西耶不再陌生。其实早在1932年，柯布西耶的作品就出现在亨利－拉瑟·希区柯克和菲利普·约翰逊的创意展"现代建筑：国际展览"中（图1）。此后，柯布西耶不断地在纽约市其他美术馆和大学中游走宣传，而现代艺术博物馆也继续展示着柯布西耶的作品。

1927年5月，即现代艺术博物馆（MoMA）成立的两年之前，《小评论》的合编者简·希普在西57街组织了机械时代博览会，并邀请柯布西耶参展。这是他在纽约的首次展出。柯布西耶的巴黎竞争者安德烈·吕尔萨负责组织参与这次展出的法国代表——加布里埃尔·古维艾基安、让－查尔斯·莫洛克斯以及罗伯特·马利特－史蒂文斯——最终却独独落下了柯布西耶。[1] 1933年，柯布西耶的绘画作品陆续在麦迪逊大道的约翰·贝克画廊展出。而1932年冬，现代艺术博物馆自建馆以来的第15场展览"现代建筑：国际展览"终于为柯布西耶正名。同沃尔特·格罗佩斯、路德维希·密斯·凡德罗以及 J. J. P. 奥德一起，柯布西耶成为展览会目录中"国际风格"的四大成员之一。一件萨伏伊别墅（1928—1931年）的印漆铝制模型——由于原模型在运输途中被毁（图2），参展品为复制品——在艺术馆的中心展出，其周围展示的是这位

1. 《机械时代博览会》(Machine-Age　Review)，1927年。
Exposition)，纽约：《小评论》(Little

建筑师在巴黎的其他住宅作品照片以及其建筑画作的复制品，如巴黎大学城的瑞士馆（1930—1933 年）。[2]

"勒·柯布西耶的近期作品"展览于 1935 年 10 月至 1936 年 1 月间在现代艺术博物馆举行，此次展览是为了纪念这位建筑师 1935 年的首次美国之旅。一个特别委员会为此成立，其中的成员包括希区柯克、约翰逊、乔治·豪以及约瑟夫·赫德纳特，而领导者是菲利普·古德温。这次展览的组织者是欧内斯汀·M. 凡涛，她将从巴黎来到纽约，同时运输柯布西耶的 3 件建筑模型：内穆尔规划（1933 年）模型、苏黎世退休机构大楼（1933 年）模型以及制作精良且价格不菲的苏维埃宫殿（1931—1932 年）模型。这次的展出规模较小，3 个模型仅占用了 3 间 6 m² 的厅室，而关于此展览的照片也仅有一张留存。[3] 展览的目录是由希区柯克亲自书写的（图3），希区柯克同时解释了为什么柯布西耶在后期设计中会选择更加自然的形态以及为什么更加重视景观："柯布西耶的后期作品，与那些出自他人之手却以其早期建筑及理论（柯布西耶的早期作品）为借鉴的作品之间，有着巨大的分歧。柯布西耶的后期作品更加自由地运用了曲线元素，这是作为对自然环境影响的一种回应，也加大了对传统建材的利用。传统建材的使用使其早期和后期作品在形式上有了呼应。柯布西耶的后期作品有着魔咒一般的影响力，就如同图弗兰克·劳埃德·赖特之于现代建筑的实践者与理论家一样。"[4]

在此次展览的基础之上，博物馆又举行了一次巡回展出，并将所有的参展物品、材料收为其藏品。菲利普·约翰逊曾以讽刺的口吻说："柯布西耶把这里当成了垃圾场。"[5] 在此期间，柯布西耶也开始在美国发展自己的社交网络。他利用泰雷兹·邦尼的公关公司宣传自己的思想理念并售卖绘画作品。[6] 他最想卖给现代艺术博物馆的作品是其 1935 年借出的参展模型。为了财富，他于 1938 年向华莱士·哈里森建议收购由他提供的苏维埃宫殿模型，并声称"持有这件作品将为美国带来诸多利益"，因为"那些极少数拥有文艺复兴时期的模型的博物馆都无比自豪。为何不承认苏维埃宫殿模型具有同样的价值呢？"[7] 柯布西耶试图将法国大使馆和费尔南德·莱热牵涉进他的交易之中，并且直至 20 世纪 50 年代仍未停止对约翰逊的滋扰。[8] 现代艺术博物馆曾经证实了本次交易的钱款已于 1941 年打入了某个瑞士账户之中，然而柯布西耶却无法查询相关流水记录，以致多年之后提及此事，他仍抱怨良多。这次的事件使得柯布西耶与

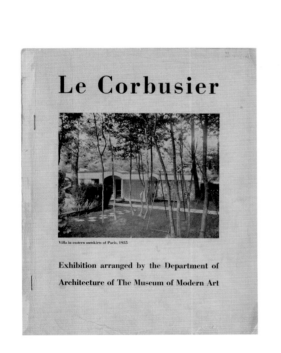

图 3. "勒·柯布西耶的近期作品"展览的目录封面，1935 年，纽约：现代艺术博物馆，建筑和设计研究中心

2. 参见由特伦斯·莱利（Terence Riley）编辑，《国际风格：第 15 场展览与现代艺术博物馆》（*The International Style: Exhibition 15 and The Museum of Modern Art*），纽约：里佐利出版社，1992 年；以及巴里·伯格多（Barry Bergdoll），"争论层次：现代艺术博物馆国际展览的影响和现实"（Layers of Polemic: MoMA's Founding International Exhibition between Influence and Reality），引自伯格多和戴尔菲姆·萨尔多（Delfim Sardo），《现代建筑：简介》（*Modern Architects: Uma introdução*），里斯本：巴别塔出版社，2011 年，第 23—30 页。

3. 罗伯特·A. 雅各布斯（Robert A. Jacobs），给勒·柯布西耶（Le Corbusier）的一封信，FLC C2-7-57。

4. 亨利－拉瑟·希区柯克（Henry-Russell Hitchcock），《勒·柯布西耶：现代艺术博物馆建筑中心展览会》（*Le Corbusier: Exhibition Arranged by the Department of Architecture of The Museum of Modern Art*），纽约：现代艺术博物馆，1935 年，第 2 页。

5. 菲利普·约翰逊（Philip Johnson），引自由凯西斯·瓦内里斯（Kazys Varnelis）编辑的《菲利普·约翰逊的录音带：罗伯特·A.M. 施特恩的访问》（*The Philip Johnson Tapes: Interviews by Robert A. M. Stern*），纽约：莫纳赛里出版社，2008 年，第 41 页。

6. 勒·柯布西耶（Le Corbusier），给泰雷兹·邦尼（Thérèse Bonney）的备忘录，未标注具体日期（大约是

1938 年），FLC C1-1-8。

7. 勒·柯布西耶（Le Corbusier），给巴黎华莱士·哈里森（Wallace Harrison）的一封信，1938 年 10 月 15 日，FLC E2-8-59 和 C1-1-48。

8. 勒·柯布西耶（Le Corbusier），给法国大使的一封信，1940 年，FLC C1-1-8；勒·柯布西耶，给巴黎费尔南德·莱热（Fernand Léger）的一封信，1938 年 10 月 15 日，FLC E2-8-60 和 C1-1-62。与约翰逊（Johnson）之间的书信往来，参见约翰逊，给勒·柯布西耶的一封信，1948 年 6 月 21 日，C2-7-1；以及勒·柯布西耶，给约翰逊的一封信，1948 年 7 月 7 日，FLC C2-7-3。

图 4. 立体主义和抽象艺术，1936 年，勒·柯布西耶展区景象，纽约：现代艺术博物馆，照片档案

博物馆关系破裂，直到前者勉强承认交易完成且愿意将苏维埃宫殿的模型留在博物馆。1957 年，博物馆将柯布西耶展出的另外两件模型还予了他。[9]

阿尔弗雷德·H. 巴尔二世曾在 1936 年举办过一次著名的展览巴尔的"立体主义和抽象艺术"。此次展览将萨伏伊别墅的模型同一组照片、一组插图结合起来，形式不拘一格。照片包括巴黎的贝斯特古的寓所（1929—1931 年）以及新精神馆（1924—1925 年），斯图加特的魏森霍夫两座住宅（1927 年），布洛涅–比扬古的利普契兹–米斯查尼诺夫住宅（1923—1925 年）；插图来自先锋派杂志《活着的建筑》。在展厅中，照片组图的旁边是一个固定于墙上的由索耐特家具公司提供的倾斜式座椅（图 4）。在所有展品的中间是柯布西耶 1920 年创作的静物画，这幅画最终也成为此博物馆的藏品。在 1938—1944 年，约翰·曼卓和伊丽莎白·默克举办了一场巡回展览"什么是现代建筑？"，柯布西耶的作品也在其中参展。

随着第二次世界大战的到来，现代艺术博物馆的首创精神似乎消失不见了。1945 年，位于明尼阿波利斯的沃克艺术中心在法国大使馆的资助下，举办了一场展览——这场展览后来又搬至洛克菲勒中心——最初展览选址于现代艺术博物馆，而后者却拒绝承办。[10] 1947 年，位于波士顿的当代艺术研究院举办了下一场重要的展览。[11] 这场回顾展的规模和尺度都是空前的，出版物《空间新世界》（1948 年）也就此应运而生。在《空间新世界》中，柯布西耶首次提出了"不可言喻的空间"（espace indicible）这个概念，用以指代那些感觉重于实体的建筑。在那之后，8 所博物馆参与了柯布西耶在北美的最大规模巡回展览。1949 年，"从勒·柯布西耶到尼迈耶：1929—1949 年"在现代艺术博物馆展出，其中包含了一些柯布西耶的作品。然而这次展览并未令柯布西耶感到高兴，因为在与尼迈耶合作设计联合国总部的过程中，双方因激烈的竞争而互生芥蒂。[12] 1951 年，现代艺术博物馆同意从沃克艺术中心接手有关柯布西耶的小型展

9. 勒·柯布西耶（Le Corbusier），给现代艺术博物馆的一封信，1957 年 5 月 27 日，FLC G1-11-573，FLC G1-11-321 以及 FLC G1-11-574。

10. 外交部部长亨利·赛瑞格（Henri Seyrig），给勒·柯布西耶（Le Corbusier）的一封信，1945 年 2 月 3 日，FLC C1-14-171 至 FLC C1-14-173。

11. 参见当代艺术研究院（ICA）与勒·柯布西耶（Le Corbusier）之间的争论性书信往来：FLC C2-4-140；C1-16-93 至 C1-16-123；C2-4-124 至 C2-4-144。

12. 伯格多（Bergdoll），"好邻居：现代艺术博物馆和拉丁美洲，1933—1955 年；现代艺术博物馆档案之旅"（Good Neighbors：The Museum of Modern Art and Latin America, 1933–1955；A Journey Through the MoMA Archives），引自伯格多、维克托·佩雷·斯埃斯科兰诺（Victor Pérez Escolano）以及里卡多·莱戈雷塔（Ricardo Legorreta），《现代化的城市，城市现代化》（Modernidad Urbana, Urban Modernity），墨西哥城：国际现代建筑文献组织，2012 年，第 41—75 页。

出"勒·柯布西耶：建筑，绘画，设计"，来自罗森伯格美术馆的画作《两只瓶子》（1926 年）以及《面具和松果》（1930 年）均有参展。

1953 年 10 月，菲利普·约翰逊骄傲地向建筑师柯布西耶宣布：现代艺术博物馆"决定于 1955 年秋举行一场大型的柯布西耶主题展"，这一天终于来临了。[13] 历经 3 年坚持不懈的谈判交涉，这最终的展览会本应该很好地实现柯布西耶的雄心壮志，但现实情况却是徒劳无功。柯布西耶似乎一直在寻找反击的机会，不仅是精神上的较量，还有金钱上的报复；不仅针对现代艺术博物馆，而且包括整个纽约市。他试图收取最高的版权费，并掌握作品选择和布置的绝对控制权。[14] 现代艺术博物馆建筑和设计中心部长亚瑟·德雷克斯勒向伊思拉·施托乐订购了柯布西耶最新作品的照片图集，而柯布西耶却同他展开了关于展品控制权的争夺；同时，柯布西耶坚决要求展出其为联合国总部以及联合国教科文组织（UNESCO）总部设计的手绘图。至于展览目录，他最初希望将此任务托付于法国策展人莫里斯·加多特，并坚决反对德雷克斯勒参与其中。而后来他认为应先发制人，迫使现代艺术博物馆将他的手绘稿刊登于《不可言喻的空间》上。[15] 最重要的是，柯布西耶还尝试将他的一些作品卖给现代艺术博物馆，但却偏偏不包括雷恩·德·哈农库特所看中的画作《许多物体的静物写生》（1923 年）；[16] 他还要求接下来承办巡回展出的博物馆都需要购买一幅画作以及一张壁毯。最后，柯布西耶通过一些手段策略企图将还存放于现代艺术博物馆的建筑模型卖出高价格，他甚至建议创造一个平台系统，使得"在公园散步的人们能够以略微弯腰的姿势欣赏平台上的作品"。[17] 由于柯布西耶的要求越来越高，且持续不断，最终现代艺术博物馆于 1956 年 6 月放弃了这个展览项目。[18]

在此期间，柯布西耶继续尝试增加其在纽约的曝光率，而大多数时间是以一位画家的身份。1956 年，他的作品在皮埃尔·马蒂斯画廊展出，同时他向詹姆斯·约翰逊·斯维尼施加压力，后者已从现代艺术博物馆转至索罗门·古根海姆美术馆工作。柯布西耶建议斯维尼购买他的作品以保证整个画廊的覆盖，他强调，"严肃地讲，我是一名画家。"[19] 但是斯维尼却对他的话置若罔闻，按照柯布西耶 1964 年写给斯维尼儿子肖恩的话来说，"在古根海姆美术馆无休止的流转中，斯维尼失去了这些作品"。[20]

约翰逊承诺举办柯布西耶展的那番话的确令人振奋，但却始终未果。1963 年，现代艺术博物馆终于实现了约翰逊 10 年前的诺言。这次全新的柯布西耶主题展览由德雷克斯勒构思，名称为"勒·柯布西耶：欧洲与印度的建筑作品"。参展作品主要由 13 座近期建筑作品的照片组成，这些照片通过 132 个灯盒和 20 张大型幻灯片展示，幻灯片中也包含一些老建筑作品和小

13. 菲利普·约翰逊（Philip Johnson），给勒·柯布西耶（Le Corbusier）的一封信，1953 年 10 月 20 日，FLC C2-7-100。

14. 勒·柯布西耶（Le Corbusier），备忘录，1956 年 3 月 27 日，FLC C2-7-195，以及给雷恩·德·哈农库特（René d'Harnoncourt）的一封信，1956 年 3 月 29 日，FLC C2-7-197。

15. 勒·柯布西耶（Le Corbusier），备忘录，1953 年 11 月 30 日，FLC C2-7-105。

16. 雷恩·德·哈农库特（René d'Harnoncourt），给勒·柯布西耶（Le Corbusier）的一封信，1956 年 2 月 27 日，FLC C2-7-178。

17. 勒·柯布西耶（Le Corbusier）给安德烈·沃更斯基（André Wogenscky）的备忘录，1955 年 3 月 5 日，FLC C2-7-217。

18. 雷恩·德·哈农库特（René d'Harnoncourt），给勒·柯布西耶（Le

Corbusier）的一封信，1956 年 6 月 14 日，FLC C2-7-204。

19. 勒·柯布西耶（Le Corbusier），给詹姆斯·约翰逊·斯维尼（Johnson Sweeney）的一封信，1957 年 8 月 3 日，FLC R3-4-483；以及 1955 年 7 月 16 日，FLC G2-19-201。

20. 勒·柯布西耶（Le Corbusier），给肖恩·斯维尼（Sean Sweeney）的一封信，1964 年 5 月 8 日，FLC G3-5-201。

图 5. "勒·柯布西耶：欧洲与印度的建筑作品"，1963 年，展品布置场景，纽约：现代艺术博物馆，照片档案

型的分析模型（图 5）。这一次柯布西耶欣然接受了展出的条件，并没有同现代艺术博物馆讨价还价。柯布西耶将展览项目的监督权交给了莫里斯·贝塞，后者时任文化部部长安德烈·马尔罗的助手。[21] 德雷克斯勒不断奔走寻找那些尚未发表的文件。他首先与昌迪加尔的皮埃尔·让纳雷取得联系，再在两位年轻的印度建筑师巴拉克里希·多希以及查尔斯·科里亚的陪同下获得了艾哈迈达巴德别墅的照片。这些照片将取代建筑历史学家诺玛·伊文森提供的照片而参展。德雷克斯勒的总体目标就是避免使用吕西安·埃尔韦拍摄的照片，以打破他在此展览中的视觉语言垄断。吕西安曾尝试将自己拍摄的 1 万 ~1.5 万张"勒·柯布西耶作品底片"卖给现代艺术博物馆，但以失败告终。[22]

这次的展览并没有目录。德雷克斯勒解释道，"一个原因是柯布西耶已经十分难得地提供了展品的记录；另一个原因是对于一个色彩极具特色的展览来说，打印黑白目录意义不大。"[23] 他所指的"极具特色的色彩"是由施托乐、薇拉·卡多特、皮埃尔·乔利、G. E. 吉德尔·史密斯、萨宾·维斯以及埃尔韦创作出的具有电影摄影效果的彩色图像。[24] 约翰逊对德雷克斯勒表示祝贺，称这场展览是"他所观看过的最令人兴奋的建筑展"。[25]

柯布西耶过世后，德雷克斯勒为向其表达敬意，于 1965 年 8 月举办了一场低调的主题展"勒·柯布西耶：1887—1965 年"（一场纪念展）。他曾写信给伊迪丝·施雷柏·奥杰姆，"1963 年我们展览了许多战后作品，但这一次我们并不是要策划一场回顾展。"[26] 1970 年年末，路德维格·格莱泽举办了展览"4 个美国人在巴黎：格特鲁德·斯泰因和她的家庭藏品"，柯布西耶以绘画作品的形式再次"回归"。柯布西耶的原始画稿出现在展览会上，这还是有史以来的第一次。这些原始画稿是由斯坦福·安德森在巴黎收集的，它们展示了位于加尔舍的斯坦恩·杜蒙齐住宅（1926—1928 年）以及柯布西耶在不同构思阶段的理念，同时展出的还有受托于保

21. 莫里斯·贝塞（Maurice Besset），给亚瑟·德雷克斯勒（Arthur Drexler）的一封信，1962 年 10 月 26 日，纽约：现代艺术博物馆。

22. 吕西安·埃尔韦（Lucien Hervé），给德雷克斯勒（Drexler）的一封信，1962 年 9 月 14 日；德雷克斯勒，给埃尔韦的一封信，1962 年 10 月 23 日，纽约：现代艺术博物馆。

23. 德雷克斯勒（Drexler），给罗达尔·帕特里奇（Rondal Partridge）（摄影师）的一封信。1963 年 3 月 26 日，纽约：现代艺术博物馆。

24. 2011 年，勒·柯布西耶（Le Corbusier）展的录像被重新拍摄，组织者是来自西班牙拉斯帕尔马斯的玛利亚·伊莎贝尔·纳瓦罗·赛古拉（Maria Isabel Navarro Segura）以及

来自法国的贝桑松（Besançon）。

25. 约翰逊（Johnson），给德雷克斯勒（Drexler）的备忘录，1963 年 2 月 1 日，纽约：现代艺术博物馆档案。

26. 德雷克斯勒（Drexler），给伊迪丝·施雷柏·奥杰姆（Edith Schreiber Aujame）的一封信，1965 年 9 月 9 日，纽约：现代艺术博物馆档案。

图 6. "勒·柯布西耶：建筑画稿"，1978 年，纽约：现代艺术博物馆，照片档案

罗·邦菲利奥的超真实建筑模型。为了追寻最新的理论分析，格莱泽希望伯恩哈德·霍斯利能够提供斯坦恩住宅的"分析画稿"。后者利用幻灯片将柯林·罗和罗伯特·斯拉茨基的基础分析展示给格莱泽，并强调"足够抽象"且"包含整个场地"的模型十分重要。[27]

　　从那以后，现代艺术博物馆将画稿作为其展览的主要材料。1978 年，亚瑟·德雷克斯勒举办了主题展"勒·柯布西耶：建筑画稿"（图 6），其中就包含了 87 幅画稿作品。[28] 1987 年，在柯布西耶诞辰 100 周年的纪念日里，斯图亚特·弗雷德准备了一篇"谦逊的颂词"，这恰好引用了《进步建筑》杂志中的文章。[29] 现代艺术博物馆举办的最后一期柯布西耶主题展是"勒·柯布西耶：5 个项目"。这场展览围绕模型展开，布置的形式体现了极简抽象派艺术风格。展出的模型包括斯坦恩·杜蒙齐住宅模型、萨伏伊别墅模型、救世军的庇护城（1929—1933 年）模型、瑞士馆模型以及苏维埃宫殿模型。其中有两件是原始作品，而剩下的是为这次展览制作的复制品。

　　值得注意的是，现代艺术博物馆从未举办过柯布西耶作品的大型回顾展，但是弗兰克·劳埃德·赖特和路德维希·密斯·凡德罗的作品却 3 次成为其大型展览的主题。虽然柯布西耶和博物馆都对修复他们之间的关系进行了努力尝试，但是博物馆曾多次取消柯布西耶的展览会以及柯布西耶的恶语相向也都是既成事实。不可否认，柯布西耶与现代艺术博物馆之间仍然充斥着误解。现代艺术博物馆行事谨慎，但一直到 1965 年，其所有相关文件中柯布西耶的出生日期都是 1888 年——而不是 1887 年……这毫无疑问地显示出了博物馆对建筑师柯布西耶持有同样的保留态度，尤其在当时重视德国、北欧和美洲的建筑实践者的话语环境下，却没有给有着法国与瑞士国籍的柯布西耶给予更多的关注。

27. 路德维格·格莱泽（Ludwig Glaeser），给伯恩哈德·霍斯利（Bernhard Hoesli）的一封信，1970 年 10 月 6 日；霍斯利，给格莱泽的一封信，1970 年 10 月 14 日。纽约：现代艺术博物馆档案。

28. 保罗·戈德伯格（Paul Goldberger），"建筑：大师之手"（Architecture：The Hand of the Master），《纽约时代杂志》（New York Times Magazine），1978 年 1 月 15 日，第 14 页和第 56 页。参见由阿尔贝托·伊索（Alberto Izzo）和卡米洛·古比特西（Camillo Gubitosi）编辑，《勒·柯布西耶：设计，图纸，画稿》（Le Corbusier：Disegni, dessins, drawings），罗马：意中艺术工作室，1978 年。

29. 大卫·莫顿（David Morton），"勒·柯布西耶：现代艺术博物馆，谦逊的颂词"（Le Corbusier：A Modest Tribute at MoMA），《进步建筑 68》（Progressive Architecture 68），第 6 期（1987 年 6 月）：第 25—27 页。

马萨诸塞州，坎布里奇市：卡朋特视觉艺术中心，1959—1963 年

坎布里奇：卡朋特视觉艺术中心，1959—1962 年，穿过建筑的设计路径，手绘透视图，墨水、彩色铅笔、纸张，18 cm × 11 cm，巴黎：勒·柯布西耶基金会，写生集第 60 页

坎布里奇：卡朋特视觉艺术中心，1959—1962 年，显示共用隔墙的简要场地规划，铅笔、彩色铅笔、描图纸，92.7 cm × 91.3 cm，巴黎：勒·柯布西耶基金会，FLC 31197

1960 年 4 月，勒·柯布西耶首次为坎布里奇市的卡朋特视觉艺术中心绘制设计图。在设计图纸中，柯布西耶加入了一条上升坡道（route ascensionnelle），用以象征这个项目的主导性主题。卡朋特视觉艺术中心是柯布西耶在北美的唯一建筑作品，其委托方是哈佛大学。哈佛大学的杰出校友约翰·尼古拉斯·布朗曾写信给校长南森·M. 蒲塞，建议为艺术和设计学院设计一幢新的建筑。当时荷西·路易斯·泽特任哈佛大学设计研究院院长，在他的努力下，这个本属于"一流的美国建筑师"的设计项目最终委托给了柯布西耶。[1]

由于 1947 年联合国总部的小插曲，柯布西耶对美国的憎恶之情复燃，而之后一直无法接手好的委托项目也加剧了柯布西耶对美国的反感。然而，卡朋特视觉艺术中心项目却很好地缓和了这一点。柯布西耶公开抨击了弗兰克·劳埃德·赖特设计的"圆而呈连续螺旋状的"古根海姆美术馆（1944—1959 年），称其"属于机械领域"，同时谴责这个"世界上最新的博物馆"竟没有收录他的画作。[2] 根据泽特的话来说，柯布西耶对于"在如此大国之中接收到如此小型的项目"而感到失望。[3] 尽管如此，他还是于 1959 年亲自考察了位于昆西街的项目选址。卡朋特视觉艺术中心建筑的捐赠人阿尔弗雷德·圣·弗兰·卡朋特为此建筑命名，且表达了他希望将这幢建筑建于草坪之上的愿望。然而此项目的最终选址却在教授俱乐部和福格博物馆之间。不久之后，福格博物馆馆长约翰·柯立芝就发起了警报：一只"白鲸"在校园中出现，与周遭的红砖建筑格格不入。[4]

从一开始，柯布西耶就没有打算将这个中心作为一幢独立的建筑来设计，他希望这幢建筑能够在整个校园的四方院和管道系统里找到容身之地，并成为它的一部分。因此，卡朋特中心不是一幢生硬的封闭式建筑，它综合了建筑功能和通道功能，成了哈佛大学"十"字形步行网络中的一部分。柯布西耶在其旅行记录本中写道，"博物馆螺旋上升的屋顶应当成为花园和石堆的小径，伸入景观之中，同时也是景观的组成部分。"[5] 很明显，柯布西耶受到了道路设计的启发：卡朋特中心的上升坡道可以同高速公路的坡道进行类比；这也能体现出柯布西耶对于景观大道的欣赏：自 1935 年游览美国起，柯布西耶就重视景观大道的设计；同时在第二次世界大战后的文集中，他对景观大道也是赞赏有加。[6] 坡道主题首先被柯布西耶运用在萨伏伊别墅（1928—1931 年）的设计当中，之后在艾哈迈达巴德的工厂主协会大楼（1951—1956 年）又被重复运用。其实在更早的时候，柯布西耶就曾绘制过一幅手绘图，图中的坡道让人联想起伊斯坦布尔的苏莱曼尼耶清真寺，柯布西耶曾于 1911 年游经此地。

那么，卡朋特中心是如何利用建筑语言串联起柯布西耶不同阶段的设计主题并将其具象化的呢？答案是从底层架空到屋顶花园——虽然此花园构想未被实现——再到百叶窗。在建筑材料方面，柯布西耶曾被批判者指责使用"粗暴的钢筋混凝土"。作为回应，在泽特的帮助下，柯布西耶特意选用"极其精致且干净"的模架，并浇筑了"未经处理却无比光滑的"水泥。[7]

1. 爱德华·F. 塞克勒（Eduard F. Sekler）和威廉姆·J.R. 柯蒂斯（William J. R. Curtis），《创作中的勒·柯布西耶：卡朋特视觉艺术中心的起源》（Le Corbusier at Work : The Genesis of the Carpenter Center for the Visual Arts），坎布里奇：哈佛大学出版社，1977 年，第 40 页。
2. 勒·柯布西耶（Le Corbusier），给詹姆斯·约翰逊·斯维尼（James Johnson Sweeney）的一封信，1961 年 9 月 27 日，FLC R3-4-493。
3. 荷西·路易斯·泽特（José Luis Sert），1971 年 6 月 2 日，引自塞克勒（Sekler）和柯蒂斯（Curtis），《创作中的勒·柯布西耶》（Le Corbusier at Work），第 47 页。
4. 约翰·柯立芝（John Coolidge），引用同上，第 53 页。
5. 《勒·柯布西耶写生集，1957—1964 年》（Le Corbusier Sketchbooks, 1957–1964），卷 4，编辑：弗朗索瓦兹·德·弗朗利厄（Françoise de Franclieu），纽约：建筑历史基金会；坎布里奇：麻省理工学院出版社；巴黎：勒·柯布西耶基金会，1981 年，写生集第 59，447 页。
6. 此观点是柯蒂斯（Curtis）基于其感知的诠释。参见塞克勒（Sekler）和柯蒂斯（Curtis），《创作中的勒·柯布西耶》（Le Corbusier at Work）。
7. 勒·柯布西耶（Le Corbusier），给泽特（Sert）的一封信，1962 年 6 月 13 日，FLC J3-7-133。刊登于塞克勒（Sekler）和柯蒂斯（Curtis），《创作中的勒·柯布西耶》（Le Corbusier at Work），第 296 页。

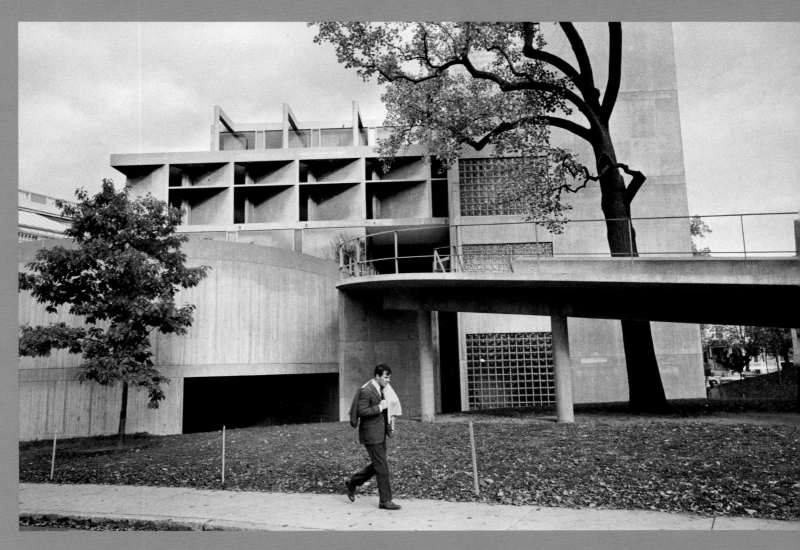

坎布里奇：卡朋特视觉艺术中心，1959—1962 年，此照片由勒内·布里拍摄

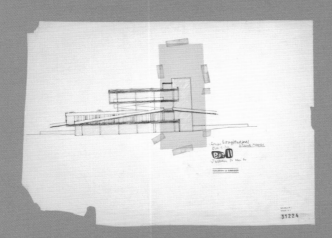

坎布里奇：卡朋特视觉艺术中心，1959—1962 年，带有遮阳栅的纵剖面图，墨水、铅笔、彩色铅笔、描图纸，46.4 cm × 62.9 cm，巴黎：勒·柯布西耶基金会，FLC 31224

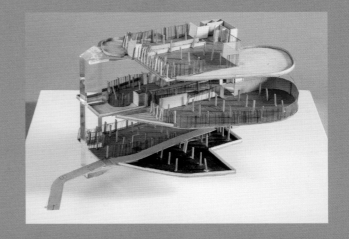

坎布里奇：卡朋特视觉艺术中心模型，1959—1962 年，木材、硬纸板，25.5 cm × 81.5 cm × 125 cm，巴黎：勒·柯布西耶基金会

印度

项目：

奇曼布亥别墅，艾哈迈达巴德，1951—1954 年

文化中心，昌迪加尔，1951 年

总督府和知识博物馆，昌迪加尔，1951—1965 年

粮食市场，昌迪加尔，1951 年

工业区，昌迪加尔，1951 年

逍遥谷，昌迪加尔，1953 年

劳工住房，昌迪加尔，1951 年

邮局，昌迪加尔，1953 年

体育场，昌迪加尔，1950—1965 年

苏克纳大坝，昌迪加尔，1950—1965 年

V2 站市场，昌迪加尔，1953 年

已建成项目：

工厂主协会大楼，艾哈迈达巴德，1951—1956 年

博物馆，艾哈迈达巴德，1951—1957 年

萨拉巴伊别墅，艾哈迈达巴德，1951—1955 年

肖特汉别墅，艾哈迈达巴德，1951—1954 年

水坝，巴克拉，1955 年

议会大厦，昌迪加尔，1951—1964 年

城市博物馆，昌迪加尔，1951—1965 年

高等法院，昌迪加尔，1951—1955 年

开掌纪念碑，昌迪加尔，1953—1965 年

艺术学校，昌迪加尔，1951—1965 年

政府总部，昌迪加尔，1951—1958 年

光影之塔，昌迪加尔，1953—1965 年

伊拉克

项目：

奥林匹克体育场和运动中心，巴格达，1955—1964 年

已建成项目：

体育馆，巴格达，1956—1980 年

日本

已建成项目：

国立西洋美术馆，东京，1954—1959 年

图例：

 到访地点

 项目

 已建成项目

Baghdad
巴格达

Bhakra Dam
巴克拉水坝
Pinjore
皮恩乔雷
Chandigarh
昌迪加尔
Delhi
德里
Agra
阿格拉
Ahmedabad
艾哈迈达巴德

亚洲

Tokyo
东京

来／去印度的路上：空中素描

左图：柯布西耶站在南方航空公司卡拉维尔飞机的阶梯上，摄于约 1960 年，巴黎：勒·柯布西耶基金会，FLC L4-1-60

图 1. "A/B/C 在 6000 m 飞行高度 /A 点可能是勃朗峰 /B 点是陆地的边界 /C 点已经是平原"，1951 年，墨水和彩色铅笔在纸上作画，21.6 cm×34.3 cm，巴黎：勒·柯布西耶基金会，FLC D-1408-R

图 2. 从孟买飞往巴黎时记录的希腊的风景，1954 年 10 月 17 日，铅笔和粉蜡在纸上作画，11 cm×18 cm，巴黎：勒·柯布西耶基金会，素描簿 J35

　　1909 年 10 月：查尔斯－爱德华·让纳雷当时是奥古斯特·贝瑞办公室的制图员学徒，他戴着眼镜，坐在圣米歇尔大街之上的一间狭小的公寓里，听着外面微弱的、机动化的嗡嗡声。他朝着窗外望去，也许是在看东北边的两座塔和巴黎圣母院飞耸的扶壁，然后朝西望去，扫视都市风光之上的天空，一瞥蓝培尔伯爵驾着颠簸的、难看的怀特飞行器环绕埃菲尔铁塔。对于年轻的让纳雷来说，那是一个决定性的时刻，他宣告伯爵的飞行正是这样一个时刻——"人们捕获了飞行的奇美拉"，并且"驾着它驰骋于城市之上"。[1] 后来的勒·柯布西耶通过谨慎地使用那些消弭了城市、建筑、机器和有机体差别的修辞，在建筑文化上留下了不可磨灭的痕迹，对于他来说，一个不守规矩的创造被现代科技驯服的隐喻也适用于设计的过程。作为一个多模式的、环球的建筑师（图 1 和图 2），他会继续丰富这个隐喻。

　　1928 年柯布西耶首次前往莫斯科，紧接着 1929 年他乘小型客机环游南美洲，1936 年他搭乘齐柏林硬式飞艇穿过大西洋，在 20 世纪 50 年代和 60 年代，他这些空中的"曲折的旅行"在前往印度的喷气机时代的旅途中达到顶峰，它们训练和影响了柯布西耶对景观的认知。[2] 柯布西耶用短语"漫步的法则"（la loi du méandre）描述南美洲迂回、变幻莫测的河流，想象他的草图"漫步的法则"被描绘成一张扁平的、毫无特色的平原上的一连串原始的、弯曲的线条（第 321 页，图 5）。下面的世界的青翠的草原和宝蓝色的海湾是一处丰富的栩栩如生的藏馆，是一面埋在地里的镜子，倒映出他的沉思和旅程。[3] 不过让纳雷对景观觉醒的感知早在他在拉绍德封师从查尔斯·拉波拉特尼时就出现了。虽然从让纳雷的佛莱别墅（1905—1907 年）的唤起共鸣的、类似木材的设计中可以看出他的老师信奉一种地区性的冷杉树风格（style sapin），但

1. 勒·柯布西耶（Le Corbusier），《飞行器》（Aircraft），伦敦：工作室出版社，1935 年，第 6 页。
2. 让－路易斯·科恩（Jean-Louis Cohen），"滑翔鸟的影子"（L'Ombre de l'oiseau planeur），来自扬尼斯·西欧密斯（Yannis Tsiomis）编辑，《勒·柯布西耶：里约热内卢，1929—1936 年》（Le Corbusier : Rio de Janeiro, 1929–1936），里约热内卢：里约热内卢建筑与城市规划中心，1998 年，第 147 页。
3. 阿德南·穆尔希德（Adnan Morshed），"空中视野的政治学：勒·柯布西耶在巴西（1929 年）"[The Politics of Aerial Vision : Le Corbusier in Brazil (1929)]，《建筑教育期刊》（Journal of Architectural Education），总第 55 期，第 4 期（2002 年 5 月），第 204 页。又见玛丽娜·桑切斯－庞博（Marina Sánchez-Pombo），"流体建筑：勒·柯布西耶与河流"（La arquitectura de los fluidos : Le Corbusier y los ríos），以及玛塔·西奎拉（Marta Sequeira），又见"高度表"（Altimetro），《马西利亚 2004：勒·柯布西耶与景观》（Massilia 2004 bis : Le Corbusier y el paisaje）（2004 年）：第 48—69，150—157 页。

366

一种新的意识的萌芽已经出现在几个他为拉波拉特尼完成的研究中。从拉绍德封平静草坡的不紧不慢的水彩，到瑞士侏罗山脉崎岖的山脊潦草的铅笔素描——这些早期的与景观的接触表明了一种转变，即年幼的学生专注的手逐渐让步给未来建筑师易变的眼。

1921 年，身为《新精神》的编辑，柯布西耶与阿梅德·奥占芳在巴黎遇到的景观没有松树、林中空地和崖径，而充满着活塞、发动机、汽车、船和其他科技与大规模生产的人工物的忙乱。在"看不见……飞机的眼睛"一文中，柯布西耶表达了对只能阐释"提得不好"的住房问题的解决方案的建筑师的蔑视。[4] 但像路易斯·布莱里奥和亨利·法尔曼这样的飞机设计师有所不同：他们设计大批量生产的机器，这些机器有着清晰的功能和性能，超出了当代建筑师的视野范围。为了反驳这种比喻上的盲目性，以及证明一个替代品，柯布西耶收集了斯帕德（SPAD）、法尔曼、卡普罗尼和汉德利－佩吉飞机的照片和广告册，将它们整合成为一个飞机的想象，作为"提得好"的飞行问题的完善的解答。[5]

不管是像监察的眼睛一样凝视着地面，还是像敏捷的猎食的鸟用机关枪摧毁城市，飞机捕捉到了建筑师的本质——一位高尚的知识分子，部分是机敏的观察者，部分是目中无人的批评家，部分是精明的预言家。[6] 在《4 条路径》（1941 年）中，柯布西耶用一个新的景观的比喻指涉新的视域。他写道："你位于地面 1524 m 高，天空显露出平流层的绿色。"[7] 在这个令人惊讶的对比中，飞机的自然环境远高于他在《走向新建筑》中认定的平静、纯粹的作为摩天大楼的范围的空间。在这里，青翠的天空变成人类飞行的真实的领域，影射了拉绍德封的长满草的草地，表明柯布西耶后来的天空旅行时的另一种经历。

柯布西耶在飞行中记录的素描和描述揭示了不止一个天空，而是许多个。对于飞机的乘客来说，天空是一个观景的平台，从这里可以考察和冥思下面的世界。乘客坐在隔板后，从左舷或者右舷的机身窗户向外看，而不能像一个飞行员一样向前看，但历经景象就好像它是一幅动态的全景图。无论是自然或者人造的环境，海洋、森林、平原、道路、城市和建筑都与彼此相融，表现出一种单一的组织的幻觉，统一而广阔。在他最初的飞行中，柯布西耶在安宁而利于沉思的内部机舱中是一个被动的观察者。[8] 1929 年，柯布西耶乘坐拉泰科埃尔客机飞过阿根廷，

4. 勒·柯布西耶（Le Corbusier），《走向新建筑》（*Toward an Architecture*），约翰·古德曼（John Goodman）翻译，洛杉矶：盖蒂研究所，2007 年，第 174 页。原版为《走向新建筑》（*Vers une architecture*），巴黎：乔治斯·克雷公司，1923 年。
5. 同上，第 163—180 页。
6. 见科恩（Cohen），"停止的时间：空中旅行和飞行的隐喻"（Moments suspendus：Le Voyage aérien et les métaphores volantes），来自克劳德·普雷拉伦托（Claude Prelorenzo）编辑，《勒·柯布西耶：传记时刻》（*Le Corbusier : Moments biographiques*），巴黎：拉维列特出版社，2008 年，第 144—157 页。
7. 勒·柯布西耶（Le Corbusier），《4 条路径》（*The Four Routes*），由多萝茜·托德（Dorothy Todd）翻译，伦敦：丹尼斯·多布森，1947 年，第 103—104 页。原版为《4 条路径》（*Sur les quatre routes*），巴黎：伽利玛出版社，1941 年。
8. 塞克拉（Sequeira）曾写道，"一架飞机的窗户不是一个镜头，但为创造小世界留出了空间——向内的、通气的、寂静的。"塞克拉，"高度表"（Altimetro），第 150 页。由作者翻译。

他谈到城市、"呈直线的村庄"以及农场如何完全以一种未被扰乱的、整齐排列的棋盘的形状呈现出来（第320页，图4）。[9] 接着装备的改变到来的是视野的改变。在蒙得维的亚之上的天空，柯布西耶乘着福克三引擎飞机，它的机身带状的窗户使下面的景色展现了一种别样的连续的视野，柯布西耶飞行的经历改变了。正是从这个观察的有利位置，他把世界比作"水煮蛋"，有着山峦的褶皱和平滑的由水构成的广阔地域。这种充满活力的视角把大地的景观融入天空的景观中："从一架飞机上，你可以看到在乌拉圭平原上的云朵，它们可以让一个家庭陷入悲痛，或者保证作物丰收，或者让葡萄树腐烂，又或者是云层的碰撞将导致闪电和雷鸣，令人恐惧，如同众神降临。"飞机作为观察的机器，把天空转变成一个唯我的景观，使得柯布西耶不由得宣告："唯当我能看见，我才存在于生活之中。"

天空激发了其他内省的时刻，这些内省标记了建筑师的感觉器官。作为一个飞行者——建筑师作为滑翔鸟，在空中滑行、制订规划，1929年，柯布西耶在里约热内卢上空飞行，观察了瓜纳巴拉海湾周围郁郁葱葱的山坡，海湾是一个"如此多山而复杂的主体"，它的地势让观者因"感到思如泉涌"而"陷入热情之中"（第330页，插图57）。[10] 结果全然令人着迷："你已经进入城市的身体和心脏，你已经理解了它部分的命运。"因此无论从天空的任何客体、以任何一种方式考虑，它也是犒赏和满足知觉的景观。1957年，在印度河上，他反思了之前的旅途，以及为何在飞机客舱中的旅行相比于他在陆地上"实在凶险"和"强烈的"生活是天堂。[11] 但另一处在装备上的改变对这样的平静和安宁造成了影响。像法国航空和印度航空这样的航空公司正将它们的国际航队从螺旋桨推动的洛克希德超级星座向喷气驱动的波音707系列转变，柯布西耶对天空的敏感性捕捉到了这种变化带来的对它们的乘客—机舱配置的改变，较小的窗户变成了更大的隔板，阻断了外部天空的视野。他还注意到了机身外形的变化。他赞美洛克希德优雅的轮廓，将它比作一只鱼在水环境中突进和旋转（图3）；波音707完全是相反的：它的表现是快意全无的标本，它仅仅是一个凿孔器，像一枚导弹一样切开空气。[12]

对飞机硬件如此感性的解读表现出作为建筑师和乘客的柯布西耶对直接的、增压的机舱环

9. 勒·柯布西耶（Le Corbusier），"美国序言"（American Prologue），《精确性：建筑与城市规划状态报告》（Precisions on the Present State of Architecture and City Planning），由伊迪丝·施雷柏·奥杰姆（Edith Schreiber Aujame）翻译，坎布里奇：麻省理工学院出版社，1991年，第3，5，7页。原版为《精确性：建筑与城市规划状态报告》（Précisions sur un état présent de l'architecture et de l'urbanisme），巴黎：乔治斯·克雷公司，1930年。

10. 勒·柯布西耶（Le Corbusier），"巴西的结论"（Brazilian Corollary），来自《精确性》（Precisions），第235页。原版为"巴西的结论"（Corollaire brésilien），《精确性》（Précisions）。"滑翔鸟"（oiseau planeur）的概念可追溯至保罗·苏里奥（Paul Souriau）将飞行分为"振动飞行"（le vol vibrant）、"划桨飞行"（le vol ramé）和"滑翔"（le vol plané），来自《运动美学》（L'Esthétique du mouvement），巴黎：阿尔康出版社，1889年，第146—163，235页。

11. 《勒·柯布西耶素描簿，1954—1957年》（Le Corbusier Sketchbooks, 1954-1957）第3卷。弗朗索瓦兹·德·弗朗利厄（Françoise de Franclieu）编，纽约：建筑历史基金会；坎布里奇：麻省理工学院出版社；巴黎：勒·柯布西耶基金会，1981年，素描簿L47，881。

12. 同上，素描簿K42，637。

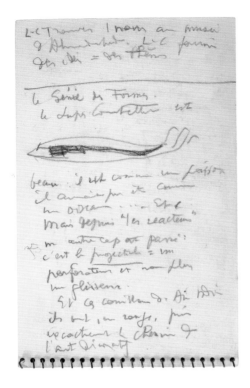

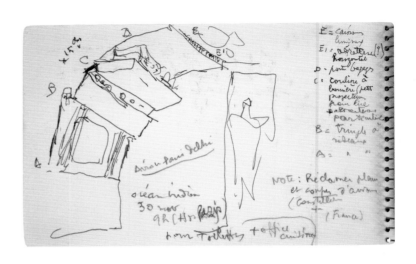

图 3. 在一架印度航空洛克希德超级星座飞机上完成的笔记和素描，1956 年 5 月，铅笔和彩色铅笔在纸上作画，18 cm×11 cm，巴黎：勒·柯布西耶基金会，素描簿 K42

图 4. 印度航空洛克希德超级星座飞机内部素描，1959 年 12 月，铅笔和墨水在纸上作画，11 cm×18 cm，巴黎：勒·柯布西耶基金会，素描簿 P59

境和外部的天空同样敏锐。但是这与他早在几十年前的《走向新建筑》中提到的一个观点有所不同："我从建筑的角度看待事物，以飞机的发明者的心态。"[13] 这是一个建筑师兼飞机设计者的充满争议而有力的视角。不论是法尔芒·歌利亚飞机，还是洛克希德超级星座，或者是波音 707，飞机是一个对象类型（objet-type），是有关设计的问题的解决方案，这个问题被如此完美地明晰和精练，以致它成了一个纯粹的机器——柯布西耶设计和建造房屋和建筑的概念上的基石。但是其过程也会反射于它自己：建筑会成为飞机的参照系。这是因为柯布西耶的天空是有意为之的：它历经分析、塑造、改变、锻造和成型。

一系列关于机舱内部的绘画全部在来往印度的航班上完成，它们描绘了柯布西耶设计的天空的各个方面。最好的一个例子是一幅 1959 年的素描，描绘了从巴黎到德里的印度航空超级星座飞机的头等舱（图 4）。一只平稳的手按照严格的要求绘出了局部视角的机舱，展现了一块弯曲的、带开放式行李舱的隔板。面板灯、鼓风机，甚至窗户边的窗帘皆有描绘，仿佛是一次分析性的而非记录性的练习。一张 1961 年印度航空波音 707 乘客控制台的素描（图 5）也把焦点放在乘客设施，后者被编号，好像建筑师在大声背诵一个机械通风系统（respiration exacte）的元素——"清新的空气，天花板，直角侧面，清新的空气，空气调节，按钮，灯，开关"，这意味着内部机舱的设计标准与其说是与航空学相关，不如说与建筑学相关。[14] 飞机和建筑之间的关联有时非常流于字面，这就像是给一个头顶的乘客控制台的素描潦草书写的注解，写着它"奶白色的外壳"也适宜于"光辉城市"（1930 年）的公寓。[15] 在一张描绘一架从巴黎飞往波士顿的法国航空波音 707 飞机机身局部的绘画中，他以处理建筑的房间的方式标注机舱的尺寸。这里表现出另一个转变，这种对比例、细节和构成元素的关注揭示了一个工程师的审美和对大规模生产的关注。

最后，柯布西耶的天空是被衡量过的、被解读过的、被书写过的（图 6）。1936 年，他乘

13. 勒·柯布西耶（Le Corbusier），《走向新建筑》（ Toward an Architecture ），第 161 页。

14. 《勒·柯布西耶素描簿，1957—1964 年》（ Le Corbusier Sketchbooks, 1957–1964 ），卷 4，弗朗利厄（Franclieu），纽约：建筑历史基金会；坎布里奇：麻省理工学院出版社；巴黎：勒·柯布西耶基金会，1982 年，素描簿 R65，791。

15. 同上。译者注："奶白色的外壳"中"外壳"一词原文为"housing"，也有"住宅"之意，故作者认为飞机和建筑的关联有时流于字面。

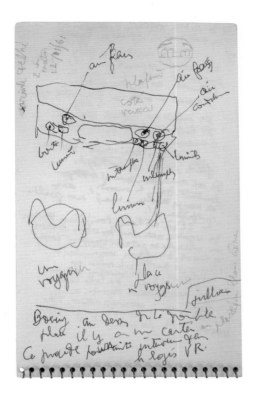

图 5. 关于波音 707 飞机头顶控制台的笔记和素描，1961 年 11 月 12 日，铅笔和墨水作于纸上，18 cm×11 cm，巴黎：勒·柯布西耶基金会，素描簿 R75

图 6. 乘坐法国航空洛克希德超级星座飞机时所作的笔记和素描，1955 年 10 月 31 日，铅笔和墨水作于纸上，11 cm×18 cm，巴黎：勒·柯布西耶基金会，素描簿 J37

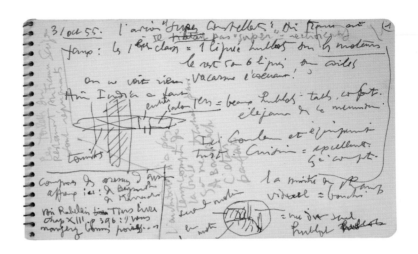

坐齐柏林飞艇远飞大西洋，他提及机器的一个"新群类"，这是一个新的科技领域，包括飞行机器，例如飞机和飞船，以及更小的，例如书写工具。他着迷于飞艇的内部骨架，它是由路德维希·德尔设计的卓越的轻型结构，利用环状铝制桁架支撑巨大的圆柱形气体层。飞艇内部的横截面直径长达 30.48 m，这一定曾让柯布西耶不知所措。面对科技和工程高度发展的前景以及如此奇迹般的内部构造，他问道："它遵循什么规则？精确、戏剧性、严密：经济。"[16] 这一观察结果预示了 1959 年印度航空超级星座飞机的圆柱形内部机舱的素描，上面草草地画着一个人类的涂鸦，不同于他模度的对比例的表达，这个人站在走道，一只手越过自己的胸膛伸向舱壁门，仿佛在衡量和计算飞机的尺寸。

但柯布西耶的机器群类中最重要的物体是笔，它提醒我们，对于一个记录了航空的力量的男人来说，最佳的媒介不是空中的照片，而是素描簿。柯布西耶作为建筑师和作者，描绘飞机并不仅仅是操纵面、引擎和电线的复杂集合体。由于柯布西耶的双眼习惯向下看，在地平线周围和以下一点移动，他促进定义了从地面到天空、天空到景观的难以捕捉的过渡。飞机机舱就像一个空中的现代照相机暗箱，这些景象进入其中，然后在柯布西耶的素描簿中得以重塑。建筑师乘坐着一架机械化的喷气时代的蒸馏器，翱翔于离地球表面数千米的地方，他手中执笔，成了一个"观察鸟"（oiseau observateur），而非"滑翔鸟"，重新构想和记录在这样一个令人目不暇接的观察点几乎消失的现代性的痕迹。

16. 勒·柯布西耶（Le Corbusier），"与绘画和雕塑的结合相关的理性主义建筑的趋势"（Les Tendances de l'architecture rationaliste en rapport avec la collaboration de la peinture et de la sculpture），在沃尔塔会议上的讲话，罗马，1936 年 7 月 11 日，FLC U3-17-90，2。引用于科恩（Cohen），"停止的时间"（Moments suspendus），第 115 页。

昌迪加尔：新首府的景观美化

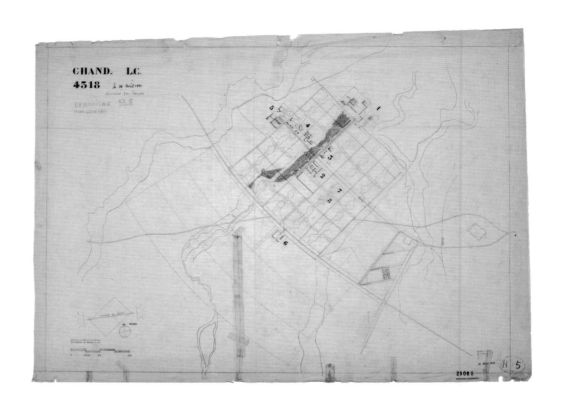

图 1. 昌迪加尔规划，1951—1965 年，铅笔和网点图案作画于纸上，78 cm×107 cm，巴黎：勒·柯布西耶基金会，FLC 29060

如果印度教万神殿崇高的女神、与昌迪加尔同名的神昌迪（Chandi）（图 1）曾在旁遮普省新首府的选址中发挥神的作用，那么事情的发展可能会使她舞动她的无数手臂反对，因为来自军方和政坛的否决威胁着要阻止对选址的最终决定。

1947 年 8 月印巴分治，旁遮普被分为两个部分，古老的莫卧儿首府拉合尔在之后被分到了巴基斯坦，这使得位于印度的余下省没有首府。因此确定一个新的行政中心迫在眉睫，它的选址引起热议，起初有人提议改造目前的城市如锡克教圣城阿姆利则。1950 年 1 月，当人们决定建立一座新的城市，最先考虑的是一些北方的地点，那些地方有白雪皑皑的山脉，也是来自平原的贵族几个世纪以来避暑的地方。但是这些提议都因为一些战略性的原因被否决了，其中最重要的包括：它们距离巴基斯坦的新边界太近。直到那时，首府项目委员会才开始关注最终成为建筑地址的地点。[1]

莫欣德·辛格·兰德哈瓦是一位本地的植物学家，他是时任城市景观顾问委员会主席的政治人物的灵感来源，1953 年 7 月，后者在昌迪加尔定居。城市建设开始后不久，莫欣德写道：

这里，中心西瓦利克山脉隆起，成为一个引人注目的背景。这个地址有着南方温和的坡度和极适合树木生长的肥沃土壤。它的未来风景如画，有充满想象的景观和高效的排水系统。这里的村庄住着辛勤的耕者，他们培育丰产作物如甘蔗、小麦和番茄。土地本身的肥沃有段时间

---

1. 首府项目委员会由行政主管普伦·纳·帕尔（Pran Nath Thapar）、总工程师帕尔马斯瓦里·尔·韦尔马（Parmeshwari Lal Verma）[或瓦尔马（Varma）] 和旁遮普首席部长戈皮·钱巴尔加瓦（Gopi Chand Bhargava）。

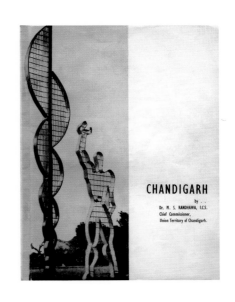

图 2.《昌迪加尔》一书的封面，作者莫欣德·辛格·兰德哈瓦，1968 年

成了不利条件，在村民中引起强烈的不安。首席部长戈皮·钱巴尔加瓦机智地处理了村民的不安。被迫离开的村民得到了能够安置的土地（图 2）。[2]

1949 年 12 月末，美国城市规划师阿尔伯特·梅尔被任命规划昌迪加尔，但一年后，由于他的伙伴马修·诺维克突然离世，勒·柯布西耶及其团队被雇来修改方案和新首府的整个设计。柯布西耶和皮埃尔·让纳雷对这片土地一见钟情。在这篇文章中，我会重现柯布西耶如何在一开始以城市设计的方式解读环境的主要元素。

1951 年 2 月 20 日，柯布西耶和让纳雷乘坐从日内瓦飞往孟买的印度航空航班，踏上了首次印度半岛之旅。在新德里稍作停留后，他们向北进发，在 2 月 23 日，他们到达昌迪加尔的地址（柯布西耶在第一本对开本，也就是后来的"旁遮普西姆拉昌迪加尔相册"中也称"桑迪加尔"）。两人与即将修筑新首府的无边平原首次的接触让他们处于狂喜的状态中。柯布西耶以诗意的语调向妻子伊冯写道，"我从未如此宁静而孤独，全心投入自然的诗意和诗意本身……我们在我们的城市灿烂的天空之下，在忘却了时间的乡村之中……一切都是平静，缓慢，和谐，可爱——每个人对你说话都调整了声调，慢慢的。"[3]

柯布西耶经历中田园牧歌般的景观也是兰德哈瓦曾描述过的，通过城市建筑开始前对地址的地形学考察，我们可以以更全面的细节复原景观：这片平原有着连续而有规律的坡度，朝西南逐渐降低，东北边被喜马拉雅山最南端山系西瓦利克山脉（或称施瓦利克）围绕。土地看上去很肥沃，种植谷物，散布着杜果树、小树林 [印度玫瑰木（黄檀）、柠檬桉树（safeda）和紫铆（达卡）树]，以及极小的田园村庄，它们之间由密集的贯穿耕地的小径相连。

苏赫纳崔河的两条支流将成为新城市的东西边界，一条季节性的沟渠从建筑地址的中心部

2. 莫欣德·辛格·兰德哈瓦（Mohinder Singh Randhawa），《昌迪加尔》（Chandigarh），昌迪加尔：政府出版社，1968 年，第 2 页。又见兰德哈瓦，《印度开花的树》（Flowering Trees of India），新德里：印度农业研究协会，1957 年。

3. 勒·柯布西耶（Le Corbusier），写给伊冯·加里斯（Yvonne Gallis）的信，1951 年 2 月 25 日，FLC R1-12-96；以及 1951 年 2 月 26 日，FLC R1-12-87。由尼古拉斯·福克斯·韦伯（Nicholas Fox Weber）翻译，《勒·柯布西耶的一生》（Le Corbusier: A Life），纽约：艾尔弗雷德·克诺夫出版社，2008 年，第 542 页。

图 3. "首府的诞生"，1951 年，圆珠笔和彩色铅笔在纸上作画，27 cm×21 cm，巴黎：勒·柯布西耶基金会，素描簿尼沃拉 1（Nivola I）

分集水，并由此切割出一条路径，在平原之中雕刻出一个弯曲的溪谷，沿着斜坡的方向下降。

那是一个有人烟的乡村，社会关系密集，自然景色中透出一种宁静的不朽，柯布西耶在他的旁遮普素描簿的首页写道，那几乎是一个卢梭式的世界，"重塑了自然的环境"。[4] 他对一个现存古老而近乎神话的世界的发现不是他唯一的感性回应（图 3）；他觉得还需要从地址本身获得设计的灵感。1951 年 2 月 23 日，他画了第一幅昌迪加尔地址的素描，献给了那片有人居住的乡村：它描绘了一处乡村住宅，隔绝于耕地整齐而直交的网络中，视野开阔，朝向山脉。[5]

柯布西耶在接下来的几周继续记录土地的几何规律性；3 月，在去艾哈迈达巴德的旅途中，他发现在那个地区，"存在巨大的几何规模的文化"。[6] 在去德里的飞机上，他写道，"从孟买到德里，大片的土地都受到精心培育，有着呈直角的线条，但也有非常马赛克式的图案。"[7]

在印度乡村的构造中，柯布西耶发现了改变梅耶的昌迪加尔最初设计中的供电线的正当理由。这一区域传统农业活动的线性构造促使他在城市规划中添入一个紧凑的几何形式。

1951 年 2 月 23 日，柯布西耶首次提出替代梅耶方案的四边形输电网，虽然它的范围和组织形式还不清晰。环境的美激发他利用一种自然的物理元素来形成城市电网，这也中和了方案中明显抽象的方面。他选择的元素是切入平原的侵蚀谷，这一地区比平原低，宽度足够容纳植被以及供农民通行。[8] 在这片通向山区的洼地中，柯布西耶看到了新城市的引人思索的脊柱，它将穿过城市中心，抵达昌迪加尔中心区建筑群。那年 3 月 25 日，柯布西耶前往新德里面见总理贾瓦哈拉尔·尼赫鲁，他的直觉在那时得到确认。当新德里成为印度的首都，埃德温·鲁特恩斯爵士设计了城市新政府区，关于作为新政府区一部分的宏伟的中心轴线，柯布西耶这样写道，"主干道令人震惊（长度＋空旷的草地）……在昌迪加尔你必须把人行道放在小凹处，别致的蜿蜒小径。"[9]

4. 旁遮普西姆拉昌迪加尔相册，1951 年，对开本 1，巴黎：勒·柯布西耶（Le Corbusier）基金会，玛格丽特·肖尔（Marguerite Shore）翻译的基金会素描簿。
5. 同第 371 页注释 4。
6. 《勒·柯布西耶素描簿，1950—1954 年》（Le Corbusier Sketchbooks, 1950–1954），第 2 卷，弗朗索瓦兹·德·弗朗利厄（Françoise de Franclieu）编，纽约：建筑历史基金会；坎布里奇：麻省理工学院出版社；巴黎：勒·柯布西耶基金会，1981 年，素描簿 E18，349。
7. 同上，素描簿 E19，392。
8. 见威利·鲍皙格（Willy Boesiger），《勒·柯布西耶：作品全集，1946—1952 年》（Le Corbusier : Œuvre complète, 1946–1952），苏黎世：吉斯贝格尔出版社，1953 年，第 118 页。
9. 《勒·柯布西耶素描簿》（Le Corbusier Sketchbooks），卷 2，素描簿 E18，344。

图4. 1区的第1条路，昌迪加尔，1952年，皮埃尔·让纳雷拍摄，加拿大建筑中心收藏，蒙特利尔，皮埃尔·让纳雷档案馆

柯布西耶将侵蚀谷视为一个重要的地标，这促成了"逍遥谷"的诞生，它是一个呈线型的公园，小片林区里弯曲的小路沿着沟壑的方向穿过昌迪加尔整个城市，也穿过了公园。在城市东边的边界，柯布西耶安置了城市的主要街道，扬·玛格大道，从市中心的一边一路通向昌迪加尔中心区建筑群。他构想了一个绿树成荫的林荫道，这是基于在从德里回到昌迪加尔的路上他回想起来的一个印象："安巴拉和德里之间的路……种植着一片壮观的巨大而明丽的树，适合我们在首府谷地的街道种植。"[10]

因此沟壑的轮廓决定了城市主要林荫道的方向和城市整个的布局，这一选择也对规划本身提供了一种有力的趋于拟人化的解读，侵蚀谷既是脊柱，又是植被覆盖着的肺。一个不仅起着图像功用的策略使得这一想法在规划中得以重申。现存于昌迪加尔城市博物馆藏品的梅耶规划的蓝图按照惯例将街道形态的垂直线与地理上的北方对齐，这使得本身普通的东北朝向的方案看上去倾斜而不稳固。而柯布西耶的城市规划体现出一个旋转的网格，将街道形态与侵蚀谷垂直对齐，这样由主要轴线决定的垂直线能展现出两端公园和林荫道之间的连接的有机力量（图4）。

不仅是侵蚀谷引人遐想：整个昌迪加尔建筑地有它自己的受柯布西耶赞赏的场所精神，"忘却了时间的乡村"的形态秩序显示出恰到好处的组合特点，非常有利于将景观和城市设计融为单一整体，以整合建筑的空间价值和自然环境的象征意义。

在青葱的昌迪加尔平原，远山阻挡了视野，柯布西耶重新体会了他深爱的雅典卫城带来的顿悟，从他的职业生涯之初，卫城就体现出柯布西耶关于建筑与环境的关系的理想期待。西瓦利克山脉是一处绝佳的背景地，以并置城市和它最高贵的要素：昌迪加尔市中心区建筑群。

2月24日，他写道，"山坡必须是城市的一项重要的元素"，在这句话的下面，一幅极小的素描在寥寥几行内描绘了可能是自然高台之上的卫城，之后，他列出了建筑线型排列的规划，并注解道，它们的位置必须与西瓦利克山脉垂直才能避免挡住视线（图5）。[11] 这正是发生在旷地之上的事情：高等法院和秘书处位于直线式的布局中，远远地呈平行状，朝向山区

10. 同上，341。译者注：柯布西耶的原文中将"Valley"拼写成了"Valay"。

11. 旁遮普西姆拉昌迪加尔相册，对开本19，巴黎：勒·柯布西耶（Le Corbusier）基金会。

图 5. 昌迪加尔城市中心区建筑群，1951—1965 年，初稿，墨水在纸上作画，23.5 cm×31.5 cm，巴黎：勒·柯布西耶基金会，旁遮普西姆拉昌迪加尔相册

图 6. 写给玛格丽特·特雅德尔·哈里斯的信，附昌迪加尔的素描平面图，1952 年 3 月 4 日，加拿大建筑中心收藏，蒙特利尔

图 7. 高等法院，昌迪加尔，1951—1955 年，西面透视图以及西瓦利克山脉剪影，墨水在牛皮纸上作画，59.1 cm×105.7 cm，巴黎：勒·柯布西耶基金会，FLC 04541

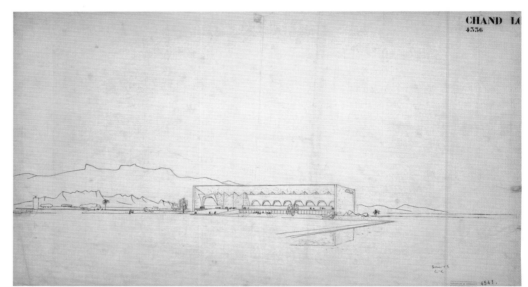

（图 6）。

　　第 2 天，在接下来的阶段，他绘制了他对城市中心区建筑群的想法。他认为他要分两组聚集建筑群，高等法院（图 7）在一边，其他所有建筑在另一边，在它们中间留下一个广阔的中心公共空间，这样山脉方向的视野就开阔了。在这个空间中会有一个单一的结构——"开掌纪念碑"，矗立在高台之上。

　　2 月 26 日，他在两幅素描中描绘了那些同样的建筑处于更密集、更趋于几何形态的方案。这些素描后来发表在"全集"中，显然这是因为柯布西耶认为它们有利于他所习惯的表达观点的过程。[12] 在这一版本中，城市宏伟而具有象征意义的轴线为"城市中心"和"国会大厦"之间的联系所代表，理想情况是后两者将继续向山区高地延伸。昌迪加尔城市中心区建筑群的新构成呈矩形，1400 m 长，由两个相等的正方形构成，每个正方形又分成了 4 等份，一边 350 m（图 8）。城市中心的轴线把正方形分割开来，一条水道从中穿过，而据印度传统，水是象征着

12. 鲍皙格（Boesiger），《作品全集，1946—1952 年》（Œuvre complète, 1946–1952），第 118 页。

图 8. 昌迪加尔城市中心区建筑群同,1951—1965 年,初稿,墨水和粉蜡在纸上作画,31.5 cm×23.5 cm,巴黎:勒·柯布西耶基金会,旁遮普西姆拉昌迪加尔相册

净化的元素。

柯布西耶觉察到了他肩上的重任以及自己近乎英雄的角色:他将凭空创造出一座崭新的城市。他曾尝试过这一目标但失败了:1934 年,他来到罗马,希望自荐设计官方政权正在南拉齐奥(Lazio)修建的新城的其中之一,但无功而返。现在,在旁遮普平原,那一奇迹即将发生。柯布西耶和他的同事正在建造一座城市,他们获得政府权威的同意,获得了当地神灵的恩准,天时地利人和。3 月 28 日,在从艾哈迈达巴德和德里返回昌迪加尔的途中,他写道,"传奇降临了。1951 年 3 月 28 日……我们所有人乘吉普穿过首府的建筑地——瓦玛,麦斯威尔·弗里、皮埃尔和我。春日从未如此美好,暴雨过后两天的空气如此清晰,视野如此清晰,杧果树庞大而壮丽。"[13]

2 月 26 日所画的基于两个四等份广场的组合规划展现出了来自印度的另一个灵感。这是一处景观建筑作品,离昌迪加尔建筑地有一小段距离,2 月 25 日晚上,柯布西耶首次到访了这个地方:莫卧儿风格的平悦尔花园,由帕蒂亚拉大君所有。柯布西耶素描簿中的一幅那一日期的素描能够证明柯布西耶去过那里,它描绘了花园中的一个楼阁。唯一的注释是"帕蒂亚拉",这个地名不是指花园的位置,而是指旁遮普内的王侯领的首府,大君和地主住在那里。[14]

旁遮普素描簿先于 2 月 26 日"昌迪加尔城市中心区建筑群"的素描面世,在其中某一页出现了那个花园的图解平面图,配以的描述是"帕蒂亚拉大君的花园"。平面图上有两个清晰可辨的四边形区域,每一个被分成了 4 个部分,沿着一个中心轴线连续排列;给出的稍大部分的尺寸是 350 m。唯一缺失的信息是花园位于斜坡地形,它的朝向只与昌迪加尔相差几度,以及它的中心轴线的末端也有同样的将构成城市中心区建筑群背景的山脊。但山脊的视角是相反的,因为花园的位置在山脉的第一个内流域。

13. 巴黎:勒·柯布西耶(Le Corbusier)基金会素描簿尼沃拉 1,1950 年。对开本 175。

14. 《勒·柯布西耶素描簿》(Le Corbusier Sketchbooks),第 2 卷,素描簿 E18, 331。

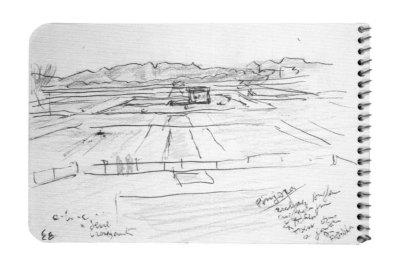

图 9. 平悦尔花园素描，1951 年，墨水和粉蜡在纸上作画，11 cm × 18 cm，巴黎：勒·柯布西耶基金会，素描簿 E19

平悦尔花园的规划有着规律的节奏，它的中心轴线朝向山区，这些直接在昌迪加尔城市中心区建筑群的构成规划中给予了柯布西耶灵感。将花园作为组织原则是一个连接传统印度建筑思想的机会，传统思想在创造大花园时倾向选择连续的几何矩阵。平悦尔出现在另一张素描中，注解是"增长中的系列"，这明显是指花园在划分上的模块性（图 9），在多年后的国会公园的设计中，柯布西耶继续沿用了这一花园的理念，但后来没有实施。[15]

莫卧儿的花园既是建筑作品，又是自然作品，它们修筑的目标促使景观中显著元素得以发掘，在柯布西耶首次到访印度时，这些花园持续地吸引着他。在德里，他参观了红堡的内花园，3 月 25 日，当他与尼赫鲁的会面以及在总统府的招待会上，他得以一睹鲁特恩斯设计的莫卧儿风格的花园。[16] 关于它，他只留下了一幅素描，画着花园的水轴线指向西边，远山和山后的落日。柯布西耶写道，"莫卧儿风格的花园 / 太阳悬于水道之上，沉入水中"。[17] 他似乎只对那面水镜上发生的事情感兴趣：一个简单的反射游戏，将人工的元素植入自然秩序之中。对于未来的昌迪加尔来说，这是永恒的一课。

15. 同第 375 页注释 14，素描簿 E19，392。

16. 勒·柯布西耶（Le Corbusier）

基金会素描簿尼沃拉 1，对开本 149。

17. 《勒·柯布西耶素描簿》（*Le Corbusier Sketchbooks*），卷 2，素描簿 E19，399。

插图 62. 昌迪加尔城市中心区建筑群，1951—1965 年，模型，木头和胶合板，206 cm×260 cm×18 cm，理查德·佩尔拍摄，巴黎：勒·柯布西耶基金会

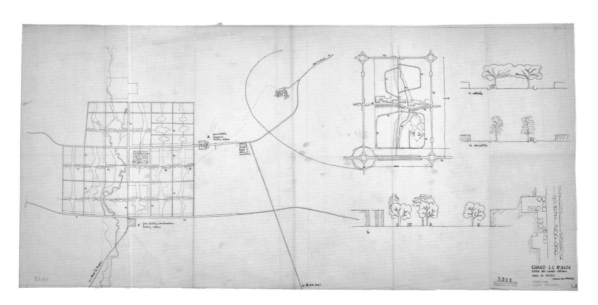

插图 63. 昌迪加尔规划图，交通网络，1951—1965 年，墨水在描图纸上作画，64.5 cm×131.9 cm，巴黎：勒·柯布西耶基金会，FLC 05201

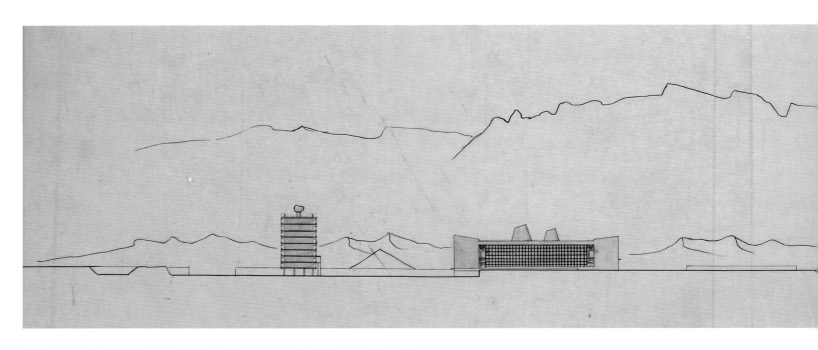

插图 64. 昌迪加尔城市中心区建筑群（细节），1951—1965 年，从左至右：西南正面图，秘书处、议会、总督府和高等法院，墨水和铅笔在牛皮纸上作画，83.3 cm×109.4 cm，巴黎：勒·柯布西耶基金会，FLC 05153A

插图 65. 议会大厦，昌迪加尔，1951—1964 年，地址的空中透视图，铅笔在牛皮纸上作画，34.8 cm×69.5 cm，巴黎：勒·柯布西耶基金会，FLC 06067

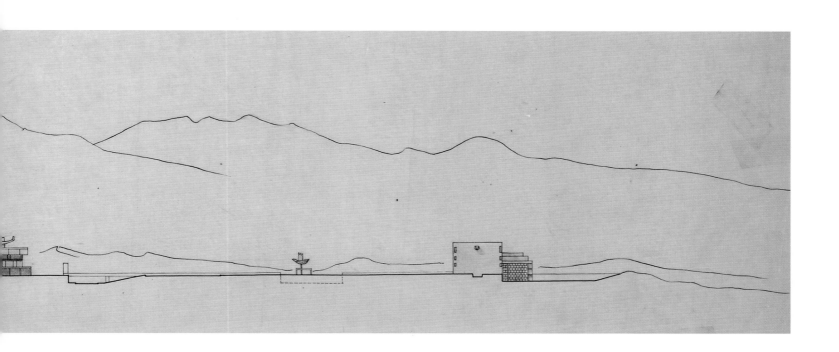

插图 66. 高等法院，昌迪加尔，1951—1955 年，西面透视图和背景中"开掌纪念碑"，
墨水在牛皮纸上作画，44 cm×70 cm，巴黎：勒·柯布西耶基金会，FLC 04574

插图 67. 议会大厦，昌迪加尔，1951—1964 年，理查德·佩尔拍摄

插图 68. 议会大厦，昌迪加尔，1951—1964 年，内部一览，理查德·佩尔拍摄，纽约：
现代艺术博物馆，埃莉斯·贾夫 + 杰弗里·布朗赠予

插图 69. 高等法院，昌迪加尔，1951—1955 年，西面，理查德·佩尔拍摄

插图 70. 高等法院，昌迪加尔，1951—1955 年，有斜坡的内视图，理查德·佩尔拍摄

艾哈迈达巴德，印度：四幢建筑，1951—1957 年

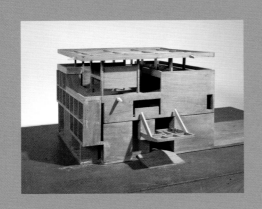

奇曼布亥别墅，艾哈迈达巴德，1951—1954 年，模型，木材与塑料嵌入，侧面加入轻木、修整钉和黏合剂，28.3 cm×72 cm×44.9 cm，蒙特利尔：加拿大建筑中心收藏

萨拉巴伊别墅，艾哈迈达巴德，1951—1955 年，底层内联内部视图，理查德·佩尔拍摄

1951 年以后，勒·柯布西耶定期前往昌迪加尔监督新城市施工进展，在这期间，他为印度古吉拉特邦的首府艾哈迈达巴德的家庭和机构设计了几幢建筑。这个城市是纺织业中心，常常被称作"印度的曼彻斯特"，它不仅是印度独立运动的摇篮，还在耆那教社区的影响下成了现代建筑发展的沃土，例如 20 世纪 60 年代路易斯·康的印度管理学院的建造。

柯布西耶在艾哈迈达巴德的作品与他许多其他作品不同，它们没有乌托邦式的抱负：他没有想过要为整个城市做规划。尽管如此，他在那里出色地完成了 4 幢建筑。在每一幢建筑中，他探索不同的建造的、空间的和美学上的风格，以适应气候、植被以及艾哈迈达巴德城市景观的典型要素。这些建筑中的第一幢也是最不新颖的建筑是博物馆，建于 1951—1957 年，建筑所基于的原则"无限增长"（croissance illimitée）是他 1931 年首次提出的概念。博物馆同基于这一范式所建造的其他项目一样，都是含蓄的，它由一个巨大的正方体组成，每边长 50 m，立于矮底层架空柱上。

同时，1951—1954 年，他为市长奇努巴伊·奇曼布亥设计了一幢住宅，并为他制作了一个精细的模型。柯布西耶意图以一个正方形的规划作为住宅的基础，配以一个有顶的空中花园。就像是"蜗牛的壳（房屋）被一个提供

阴凉的装置围绕……在里面你闲适地做自己的事情。空气流通；盛行风穿过房屋。"[1] 这一项目最终被舍弃了，但它成为另一座休闲小屋的设计的基础，小屋的主人苏多他·哈地辛是一个单身汉，讲究生活品质，是工厂主协会的会长。在"全集"中，威利·鲍皙格强调哈地辛项目"让人想起萨伏伊别墅的独创性……置于印度的热带背景中，"以"柯布西耶的后 50 年代风格"表现出来。[2] 一条建筑的散步道将注定供音乐表演和休息的空间联合起来。这些空间受到小型屋顶的保护，让人想起法地布尔·西格里古城的莫卧儿建筑，尽管柯布西耶的参观计划落空，但他是知道它们的。哈地辛将他的设计卖给了沙马巴伊·肖特汉，他是当地名门的一家之主，在柯布西耶的印度助手巴拉克里希·多希的协助下，房屋落地于一个完全不同的地址。完工后，柯布西耶写道，"一座宫殿＝一座有用的房子。靠着他的财力和一些粗糙的水泥和颜料，我赠予他（肖特汉）：夏日阴凉，冬日阳光，空气流畅和四季清爽。"[3]

马诺拉马·萨拉巴伊是艾哈迈达巴德的耆那教历代最强大的领袖之一，还是一个当代艺术的收藏家，柯布西耶为其修筑的房屋截然不同。"高于房屋的美丽的树木为它洒下阴凉，"[4] 砖墙赋予它韵律，它由与"贾奥尔住

1. 勒·柯布西耶（Le Corbusier），《模度 2》（Modulor 2），由彼得·德·特兰恰（Peter de Trancia）和安娜·布斯托克（Anna Bostock）翻译，伦敦：费伯＆费伯，1958 年，第 302 页。原版为《模度 2》，布洛涅－比扬古：今日建筑出版社，1955 年。

2. 勒·柯布西耶（Le Corbusier），"肖特汉别墅"（Villa Shodhan），来自威利·鲍皙格（Willy Boesiger），《勒·柯布西耶和他的工作室，塞弗尔街 35 号：作品全集，1952—1957 年》（Le Corbusier et son atelier, rue de Sèvres 35 : Œuvre complète, 1952–1957），苏黎世：吉斯贝格尔出版社，1957 年，第 134 页。

3. 《勒·柯布西耶素描簿，1954—1957 年》（Le Corbusier Sketchbooks, 1954–1957），卷 3，弗朗索瓦兹·德·弗朗利厄（Françoise de Franclieu），纽约：建筑历史基金会；坎布里奇：麻省理工学院出版社；巴黎：勒·柯布西耶基金会，1981 年，素描簿 J39, 451。

4. 勒·柯布西耶（Le Corbusier），"艾哈迈达巴德（印度）1952 年：1 座博物馆和 3 幢别墅"［Ahmedabad (Inde) 1952 : Un Musée et trois villas］，来自鲍皙格（Boesiger），《勒·柯布西耶：作品全集，1946—1952 年》（Le Corbusier : Œuvre complète, 1946–1952），苏黎世：吉斯贝格尔出版社，1953 年，第 160 页。

工厂主协会大楼，艾哈迈达巴德，1951—1956 年，理查德·佩
尔拍摄

肖特汉别墅，艾哈迈达巴德，1951—1954 年，理查德·佩
尔拍摄

宅"（1950—1955 年）类似的混凝土拱顶覆盖，被"漫布草地和迷人花朵的花园"包围。[5] 在这个项目中，建筑的正面呈更严格的直角，有钢筋混凝土悬壁结构作为遮阳装置。每一间位于第一层的房间朝向花园开门，创造出室内外的连续性。一条滑梯连接他的一个儿子 2 楼的卧室，直接通向下面的泳池，这一设计强化了与外部的实体连接，使之拥有具体的形式。柯布西耶对房屋与环境的关系的关注远远超出了建筑的时期。在素描簿中，他这样写道，"写信给马诺拉马谈论关于她的房屋让我觉得厌恶，花朵、屋顶饰边、旧石头雕刻的花盆、小棕榈树等，都是她的园丁的瘟疫。"[6]

这 4 幢建筑中最大也最具野心的一幢是强大的工厂主协会的总部，位于萨巴尔马提河一岸。这幢 4 层楼的建筑是一幢大厦，开放的楼层由遮阳装置遮盖。入口层和服务层的设计力图创造出一个建筑学漫步，它开始于一个始于街道的长长的斜坡，延展至一个外部的阶梯。柯布西耶在这幢完成于 1954 年的建筑和肖特汉别墅中都重回了自由规划的原则，将它们刻写在最近的一套试图复兴 20 世纪 20 年代的建筑元素的作品中。此外，他将面向河流的一面设想为对在建筑中开会的实业家们有用的一课。他写道：

一个花园中的建筑主导河流的情形装点了一幅别致的景象——纺织工人在沙滩清洗和烘干他们的棉花材料，伴着苍鹭、奶牛、水牛和驴，它们半浸在水中乘凉。这样一幅全景图邀请着人们通过建筑的方式构造建筑的每一层的视野——为了日常工作繁忙的员工，为了喜庆的夜晚，为了从会堂的阶梯和屋顶看到的夜景。[7]

5. 勒·柯布西耶（Le Corbusier），"马诺拉马·萨拉巴伊夫人的住宅，艾哈迈达巴德，1955 年"（Maison d'habitation de Mrs. Manorama Sarabhai, Ahmedabad, 1955），来自鲍皙格（Boesiger），《作品全集，1952—1957 年》（Œuvre complète, 1952–1957），第 125 页。

6. 《勒·柯布西耶素描簿》（Le Corbusier Sketchbooks），卷 3，素描簿 J39，436。

7. 勒·柯布西耶（Le Corbusier），"艾哈迈达巴德纺织厂厂主协会的宫殿，1954 年"（Palais de l'Association des Filateurs d'Ahmedabad, 1954），来自鲍皙格（Boesiger），《勒·柯布西耶和他的工作室，塞弗尔街 35 号：作品全集，1952—1957 年》（Le Corbusier et son atelier rue de Sèvres 35 : Œuvre complète, 1952–1957），第 125 页。

巴格达：一座将成未成的体育之都

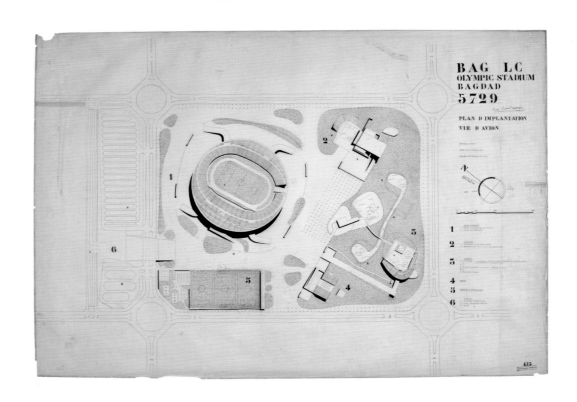

图 1. 奥林匹克体育场和运动中心，巴格达，1955—1980 年，总平面设计图，日光晒印于纸上，104.2 cm×145 cm，巴黎：勒·柯布西耶基金会，FLC 00425

我已经为巴格达体育馆实现了一幢公认品质卓越的建筑。我已经完成了一位建筑师理应为客户做的一切工作，并且保证完美。此外，我的名字与作品的质量联系在了一起，它也与作品的艺术和道德价值产生关联。我确信伊拉克官方将感激这里的双重价值：我的作品和我的名字。[1]

就是这样，1963 年 5 月 10 日，勒·柯布西耶向巴格达政府机构写信，焦虑"发生在伊拉克的重大事件"可能危及本应给他的劳务费。[2] 为了让自己的要求更有分量，他随信寄出了一本关于古斯塔夫·埃菲尔的书的影印封面，用红色的笔标记着 3 位被称为"中世纪以来在西方世界最强"的建筑师（当然包括他自己），附上了"我一生中在世界各地取得的荣誉学位列表"。[3] 一年以后，在 1964 年 6 月 27 日，在持续等待报酬的过程中，他向巴格达的工程和住房部写信，"我已经在所有建筑图绘上签名。这些图绘代表了 1957 年开始的大量工作。"[4] 他收入了那些图绘中的 542 件以及他在伊拉克宏大的建筑计划中的工作的细节说明，而计划开始于 20 世纪 50 年代，当时伊拉克还是一个王国。[5]

5.5 万座的奥林匹克体育场是柯布西耶在职业生涯的最后 10 年中为巴格达设计的巨型体育

1. 勒·柯布西耶（Le Corbusier），写给布拉多诺夫（I. G. Platounoff）的信，重要工程部，建筑总指挥，巴格达，1963 年 5 月 10 日，FLC G3-03-318。如非特别注明，皆由勒·柯布西耶办公室翻译。
2. 同上，FLC G3-03-319。
3. 书的封面所提到的另外两位建筑师是列奥纳多·达·芬奇（Leonardo da Vinci）和伊夫·戈（Yves Igot），《古斯塔夫·埃菲尔日志》（Gustave Eiffel Journal），巴黎：迪迪埃，1961 年。
4. 勒·柯布西耶（Le Corbusier），写给工程和住房部的信，巴格达，1964 年 6 月 27 日，FLC P4-3-353。这封信和图绘由菲利普·鲁利埃（Philippe Roulier）带至巴格达。
5. 乔治·马克·布黑森特［G.M.（Georges Marc）Présenté］写给工程和住房部的信，巴格达，1964 年 7 月 27 日，FLC P4-3-359。又见米娜·马雷费特（Mina Marefat），"勒·柯布西耶的巴格达体育场"（Le Corbusier's Baghdad Stadium），《国际现代建筑文献组织杂志》（DOCOMOMO Journal），第 41 期，2009 年 9 月，第 30—40 页。

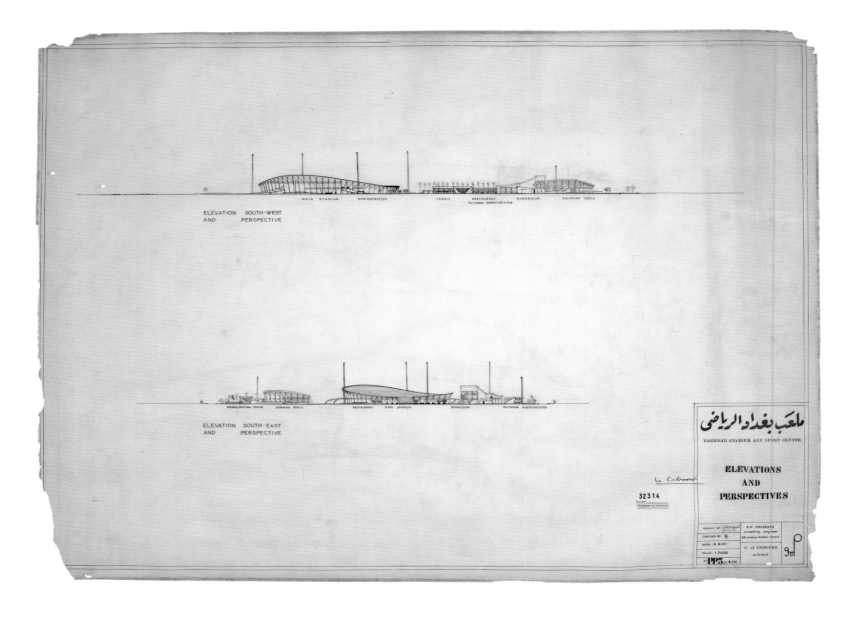

ELEVATION   SOUTH-WEST
AND   PERSPECTIVE

MAIN STADIUM   ADMINISTRATION   TENNIS   RESTAURANT   GYMNASIUM   SWIMMING POOLS
OUTDOOR AMPHITHEATER

ELEVATION   SOUTH-EAST
AND   PERSPECTIVE

ADMINISTRATION TENNIS   SWIMMING POOLS   RESTAURANT   MAIN STADIUM   GYMNASIUM   OUTDOOR AMPHITHEATER

ماعب بغداد الرياضى
BAGHDAD STADIUM AND SPORT CENTER

ELEVATIONS
AND
PERSPECTIVES

32314

图 2. 奥林匹克体育场和运动中心，巴格达，1955—1980 年，上：西南立面图；下：东南立面图，墨水在牛皮纸上作画，102.7 cm×141.2 cm，巴黎：勒·柯布西耶基金会，FLC 32314

综合设施的一部分——它是一个体育城市，还包括一个室内体育馆和露天竞技场，其所在园区因棕榈、桉树、狗牙草和当地的灌木而显得绿意盎然（图 1）。

他的规划包括泳池、人工河、湖泊、一个网球场、跑道和训练场、一家餐厅和供私家车、公共汽车或其他公共交通、自行车停放的设施，所有都以藤蔓植物构成低矮的护栏为界，使得从外部也能一览综合设施的全景。巴格达的气候和景观塑造了他的设计，而他反过来提出重塑巴格达景观的规划（图 2）："体育场的构想不是一个高度不变的圆形竞技场，相反，它考虑到了阳光的因素，利用西面拥有的阴影聚集最多的观众。因此体育场的形态显示出无可挑剔的优雅，它的空中的轮廓线在地面无论远近，看起来都宜人而优雅。"[6]

1950 年，伊拉克与英国重新协商石油协定，前者收益颇丰，于是伊拉克的新发展委员会首先开始了对国内基础设施的大规模的改造，接着着力在世界最著名的建筑师的协助下重建巴格达。[7] 在一个包括沃尔特·格罗佩斯、弗兰克·劳埃德·赖特、阿尔瓦·阿尔托和吉奥·庞蒂的团队中，柯布西耶是首个被邀请来设计新城市的设计师，他接受了邀请，期待着巴格达以

6.   勒·柯布西耶（Le Corbusier），含细节的文件和首批图绘，FLC P4-1-194。

7.   马雷费特，"20 世纪 50 年代巴格达，现代化和国际化"（1950s Baghdad, Modern and International），《美国在伊学术研究机构简报》（ TAARII Newsletter），第 2 期第 2 号，2007 年秋：1—7。

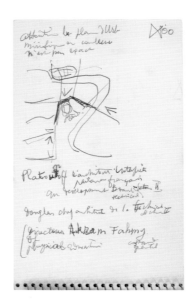

图 3 和图 4. 奥林匹克体育场和运动中心，巴格达，1955—1980 年，研究素描，铅笔和墨水在纸上作画，分别是 18 cm×11 cm，巴黎：勒·柯布西耶基金会，素描簿 L50

现代建筑的国际化节点的姿态出现。[8] 当美国人雇用他的好朋友、国际建筑协会的同事和积极分子何赛·路易士·塞尔特来设计位于巴格达的新使馆时，他的这一想法在心中得到了巩固；1959 年，柯布西耶在写给他的挚友和导师、瑞士银行家让 – 皮埃尔·德·芒特莫兰的信中说，"我们碰巧都在那里，这绝非偶然"。[9] 尽管伊拉克拥有这些建设性的愿景，但它困于政变中，这一项目自始至终笼罩在政局动荡和官僚主义的阴影下。伊拉克当局向柯布西耶提出令人沮丧的要求，要求所有通信必须由英文书写，并坚持要求他的合同中包含完整的工程服务，这在法国并不是惯例。柯布西耶繁忙的日程和漫长的费用谈判过程进一步耽误了项目，直到 1957 年，当他确立与工程师乔治·马克·布黑森特的合作关系后，项目才正式开始。[10] 布黑森特是一位机敏的商人，他的巴黎办公室有一大帮员工，而这个国际化的团队也涉足伊拉克——在巴士拉有一家建造中的造纸工厂，他们还得到了工程师皮尔·路易吉·内维的推荐，布黑森特在 20 世纪 50 年代初曾与他在联合国教科文组织的项目中共事。[11] 虽然随着两人合作的发展，布黑森特在这一项目以及柯布西耶的其他项目中发挥着重要作用，1965 年之前，他在巴格达的角色仅限于工程；柯布西耶坚持全权把控设计过程。

1957 年 11 月 9 日，在首次收到邀请的两年后，柯布西耶终于到访巴格达。他的素描簿中的一条笔记暗示他怀疑伊拉克挑选他的原因是"法国人为贝鲁特设计的新体育场很美，让他们妒忌"。[12] 柯布西耶想提出"全新的提案"，于是他在议程和素描簿中记录了他对委托方的印象

8. 艾哈迈迪·阿里·艾哈迈迪（Mahmoud Ali Mahmoud），发展部部长，致勒·柯布西耶（Le Corbusier）的邀请信，英语和阿拉伯语，1955 年 6 月 22 日，FLC P4-3-32。又见马雷费特（Marefat），"赖特在巴格达：更美的城市生活"（Wright in Baghdad：Urban Life More Beautifu），理查德·克利里（Richard Cleary）编，《弗兰克·劳埃德·赖特：从里到外》（Frank Lloyd Wright：From Within Outward），纽约：里佐利和古根海姆博物馆出版社，2009 年。第 74—92，334—343 页；以及"赖特的巴格达：塔庙和绿色的愿景"（Wright's Baghdad：Ziggurats and Green Visions）和"世界大学：包豪斯如何到达巴格达"（The Universal University：How Bauhaus Came to Baghdad），佩德罗·阿扎拉（Pedro Azara）编，《幻想之城：巴格达，从赖特到文丘里》（Ciudad del espejismo：Bagdad，de Wright a Venturi），巴塞罗那：加泰罗尼亚理工大学，2008 年，第 145—156，157—166 页。

9. 勒·柯布西耶（Le Corbusier），写给让 – 皮埃尔·德·芒特莫兰（Jean-Pierre de Montmollin）的信，1959 年 9 月 7 日，FLC E2-16-128-

131。由作者翻译。

10. 勒·柯布西耶（Le Corbusier），写给让·古塔伊（Jean Goutail）的信，发展委员会，巴格达，1957 年 6 月 13 日，FLC G1-12-40 和 41。

11. 我与阿克塞尔·梅尼（Axel Mesny）和弗朗辛·拉托（Francine Rateau）的未公开谈话提到了布黑森特（Présenté）的履历和他在勒·柯布西耶（Le Corbusier）去世前后与伊拉克的联系。

12. 这位建筑师是米歇尔·伊科查德（Michel Écochard），曾在勒·柯布西耶（Le Corbusier）的办公室工作多年，不过当时柯布西耶不清楚这件事。

（图 3 和图 4）。[13] 他分析了建筑地址的状况，画出了最初的设计想法，提出建造波浪池（piscines à vagues）和日夜的灯光照明的想法，这里的灵感来自他为布鲁塞尔万国博览会（1958 年）设计的飞利浦展馆。他或许带着些许惊讶谈论底格里斯河流域丰富的植被、它的椰枣和柑橘园，想象着伊拉克当地的绿色植物爬满混凝土棚架，写道"哪里有灌溉，哪里就有植物"。[14] 他的注解和素描勾勒出了一位充满活力的城市规划专家，他构想的不仅是最高水准的供运动员使用的体育设施，还是一个为城市和国家服务的文化娱乐中心。柯布西耶的泳池有着河流的形状，人工河里"游泳不应该受到管制"，他特别提出"游泳是如此宜人的运动，在巴格达应该提供更多游泳的机会，而不仅把它限于奥林匹克训练"。[15]（这个想法提出直接从底格里斯河进入水池和公园，想法提出得较早，但随着后来建筑地址更改而被放弃）。体育馆也不仅是为篮球和排球运动修建的，还有歌剧和管弦乐。他坚持植被茂盛的花园应该"全天候免费开放"，不仅对那些付费使用体育场的人是如此，对"路过的、闲逛的、来公园享受绿荫和公园的人们"也应如此。[16]

带着他的素描簿和笔记，柯布西耶同他长期的伙伴亚尼斯·克塞纳基斯以及包括奥古斯托·托比多（阿塞维多）和安德烈·迈索尼耶在内的他在塞弗尔街的团队开始了这一项目。1958 年 5 月，他向焦急等待着设计的客户写道："我的工作方法防止我做出初级的、不够完美的草图，那些只是用来安抚客户的。我研究问题的生命现实，这包括利用长而精细的方法进行城市和建筑以及工程的规划。"[17] "我安排好了费用，"后来他在写给德·芒特莫兰的信中说道，"我准时开始工作，在 1958 年 6 月 6 日提交了完整的设计图。"[18] 他的工作细节说明总结了他的付出："我的工作方法卓有成效，它包括通过长时间分析进行有用而明确的思考；在某一个时间化学合成发生了，也就是作品产生了。那不是一次想象，那是一次生命的诞生。"[19] 他继续写道：

建筑精神促使我们对建筑进行构想……它们的实体以天空为背景，实现一种建筑方案的和谐。我们的努力中承载着这些建筑与建筑的体积关系的价值，或交错或整齐或风景优美的林场

13. 《勒·柯布西耶素描簿，1954—1957 年》（Le Corbusier Sketchbooks, 1954–1957），卷 3，弗朗索瓦兹·德·弗朗利厄（Françoise de Franclieu），纽约：建筑历史基金会；坎布里奇：麻省理工学院出版社；巴黎：勒·柯布西耶基金会，1981 年，素描簿 L50，1056—1073。

14. 同上，1057—1072。由作者翻译。

15. 勒·柯布西耶（Le Corbusier），奥林匹克体育场的详细说明，巴格达，1958 年 5 月 31 日，FLC P-4-1-196。

16. 同上。

17. 勒·柯布西耶（Le Corbusier），写给住房部总负责人艾哈迈德·哈桑（Mahmoud Hassan）的信，巴格达，1958 年 5 月 9 日，FLC P4-3-98。

18. 勒·柯布西耶（Le Corbusier），写给芒特莫兰（Montmollin）的信，1959 年 9 月 7 日。FLC E2-16-128。由作者翻译。

19. 勒·柯布西耶（Le Corbusier），详细说明，1958 年 5 月 31 日，FLC P4-1-198。

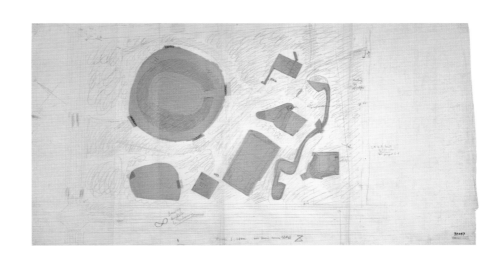

图 5. 奥林匹克体育场和运动中心，巴格达，1955—1980 年，总体规划，铅笔、有色铅笔和粘贴在日光晒印图纸上的打印纸在纸上作画，77.9 cm×147.7 cm，巴黎：勒·柯布西耶基金会，FLC 30867

的干预，以及对草坪的智慧培育，草坪上的花朵和灌木将成为自然魅力的构成元素。上面提到的一切都表现了几个月以来与布黑森特先生的工程师一起在塞弗尔街办公室所作的一丝不苟的研究……这里我能保证我已经给予了这个问题极大的关注，我认为我还能保证……这不是项目的一份粗略的草稿，而是项目本身。[20]

1958 年 7 月 15 日，国王费萨尔二世和首相努里·赛义德被暗杀后的第 2 天，柯布西耶的规划被伊拉克发展委员会全部接受的好消息通过电报抵达他的办公室。一场军事政变已经结束了哈希姆王国的统治，而政变的领导者阿布德·阿尔·卡里姆·卡希姆将军成为伊拉克共和国的总统，终结了许多旧制度下的宏大项目，但留下了柯布西耶的体育场和运动中心。尽管如此，领导层的更迭不可避免地将形势复杂化了，包括改变建筑地址，仓促让柯布西耶自 1959 年 5 月 3—5 日第 2 次到访巴格达。素描簿又一次记录了他的遭遇和面临的挑战，以及他如何利用自己的技艺将它们克服。他以他标志性的拼贴风格为新地址制作了草图，并且获得客户的满意（图 5）。

直到 1959 年夏天，柯布西耶一直依靠克塞纳基斯为巴格达体育场的草图做研究和准备工作，包括露天座位（gradins）复杂的计算问题，以保证所有观众能见范围适当。柯布西耶检查了针对综合设施每一部分的各种解决方案，他提出综合设施应使用混凝土建造，还探索了悬浮的半透明塑料在体育馆屋顶的利用，以达到更具有戏剧化氛围的照明。他好奇地想知道世界各地其他的运动场是如何处理相对较新的建筑类型的，于是他找来赫尔辛基、柏林、里约热内卢、维也纳、东京和波哥大的体育场和斯德哥尔摩、德国的多特蒙德以及阿拉巴马的蒙哥马利的体育馆的资料。[21] 但在那个夏天，他的工作经历了一次剧烈的转变，这与巴格达项目对他塞弗尔街办公室的行政影响不无干系。柯布西耶辞去了他的 3 位高级助手，他们一直参与巴格达项目，我们只能猜测，这次解雇是为了预先阻止对他们的工作的承认，正如克塞纳基斯在飞利

20. 同第 388 页注释 19。 "体育馆规划资料的请求"（Plans des   6 月 20 日，FLC P4-1-26。
21. 勒·柯布西耶（Le Corbusier），   stades à réclamer），备忘录，1958 年

浦展馆项目中所得到的那样。他后续大部分的制图需求都在布黑森特的办公室得到满足；至少巴格达项目的新助手中的两位，阿兰·塔维斯和罗伯特·瑞布塔托在加入柯布西耶的塞弗尔办公室之前，已经是布黑森特的员工。

伊拉克的领导层也一再更迭。卡希姆将军和他的前任一样被推倒，而建筑地址改变了超过3次，导致柯布西耶强烈抗议：

这是你让我做的第3次研究。第1次，关于英国的城市规划专家的地址上，第2次是关于希腊城市规划专家的地址上，第3次，在铁路部门独裁的提案以后……我已经带着充分的关切来进行这项研究，所以希望这封信能够使你承担起你的职责。如果无序将统治体育场，那么它也会存在于未来的每一周。[22]

"无序"是一种保守说法。自修建奥林匹克体育场的邀请发出以来动荡的10年里，项目已经换过很多不同的项目主管。即使在巴格达有一位全职代表，布黑森特和他的伙伴菲利普·鲁利埃也必须作为柯布西耶的代表往返巴黎和巴格达。虽然柯布西耶依然参与项目，但他已经感到失望，加上费用协商拖延，政治事件滞后或危及酬金支付，他要求从法国和瑞士大使馆获得帮助。尽管他获得当地建筑师以及他们的首领里法·卡迪基的拥护，他的体育场从未修建；它的命运被不可逆转地尘封了起来，因为古尔本基金提出免费为巴格达修建体育场。[23]

柯布西耶的运动城市的总体规划包含了他毕生关于运动作为日常生活不可分割的部分的思想。早在1922年，以及未修建的1937年巴黎的可容纳10万人的体育场规划中，他已经开始撰写提案，将运动和锻炼置于公寓式住宅的内部和附近。在巴格达，他向前推进了一步，把运动编织进城市的生活中，使得包括步行的每一种交通方式都能方便地到达。他的设施满足了奥林匹克的标准，但他的要求更高；他想让巴格达的公民都能享受其便利——因此有了花园、餐饮设施、活跃湖泊和泳池的人工浪。他的体育场为适应中东地区的阳光和景观设计，同时包括了一种新型电子表演，创造出独特的夜间景观。这些由克塞纳基斯开发的电子设施预示了如今在世界体育竞技场使用的电视和数字化表演。

确实，柯布西耶的巴格达规划重新构想了体育综合设施在城市景观中的功能，预示了如今成为城市标志的多功能竞技场，但在20世纪50年代末，那还很罕见。历史学家忽略巴格达项目或者质疑它的作者的行为令人困惑，毕竟有超过1500份草图和数不清的文件证明柯布西耶

22. 勒·柯布西耶（Le Corbusier），写给工程与住房部建筑总指挥诺拉丁·穆哈丁（Nouraddin Muhiaddin）的信，巴格达，9月5日，1060，FLC P-4-5-76。

23. 卡洛斯提·萨基斯·古尔本（Calouste Sarkis Gulbenkian）是一位亚美尼亚商人和慈善家，于1966年完成了阿尔夏巴体育场。

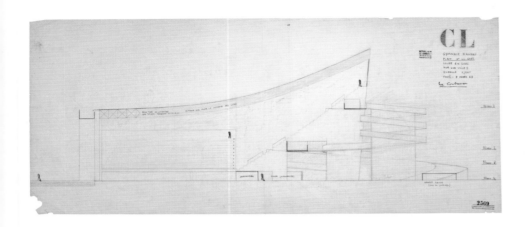

图 6. 体育馆，巴格达，1956—1980 年，横截面，铅笔、彩色铅笔和墨水在描图纸上作画，116 cm×50.2 cm，巴黎：勒・柯布西耶基金会，FLC 20569

图 7. 体育馆，巴格达，1956—1980 年，全貌

个人对项目的兴趣，建筑师的一生中还有大量的媒体报道。[24] 城市历史学家雷米・包多义提出，学术上的忽略可能来自"一个记忆缺失的逻辑"，它反映出许多与柯布西耶亲近的人以及对他的遗产有兴趣的人对这个项目敬而远之；我们只能猜测这与伊拉克的政治分裂相关，或者是选择性偏见，或者可能合理的，是意外的省略。[25] 但柯布西耶本身对这一计划的执着已经是他的巴格达重建规划的佐证，证明他这唯一的中东的项目在他的作品中的正当位置。

1980 年，柯布西耶去世 15 年以后，作为整个运动城市一小部分的体育馆建成了（图 6 和 7）。他的支持者终于成功根据原始设计将它完成，它躲过了伊拉克持续的政治动荡，持续引起学者、历史学家和公众的关注，这些事实使得巴格达体育馆成为柯布西耶隐藏的宝石，他隐匿的"奇迹之匣"。[26]

24. "勒・柯布西耶在巴格达建造了一个有 5 万座位的体育场"（Le Corbusier construira un stade de 50,000 places à Bagdad），《法兰西晚报》（*FranceSoir*），1957 年 8 月 19 日；"勒・柯布西耶，太阳的建筑师"（Le Corbusier, architecte du soleil），《洛桑日报》（*Gazette de Lauzanne*），1957 年 8 月 24—25 日："勒・柯布西耶将在巴格达修建一个容纳 5.5 万人的体育场"（Le Corbusier va construire à Bagdad un stade de 55,000 万），《现代建筑》（*La Construction moderne*），1963 年 7 月 3 日。《费加罗报》（*Le Figaro*）、《自由报》（*La Liberté*）、《倾听》（*Aux écoutes*）和《伊拉克时报》（*The Iraq Times*）也对项目进行了报道。

25. 雷米・包多义（Rémi Baudouï），"建造体育馆：勒・柯布西耶的巴格达项目，1955—1973 年"（Bâtir un stade：LeProjet de Le Corbusier pour Bagdad, 1955–1973），来自阿萨拉（Azara）编，《城市蜃景》（*Ciudad del espejismo*），第 91—102 页。

26. 见凯西里・皮尔瑞（Caecilia Pieri）。"勒・柯布西耶的巴格达体育馆：建筑档案发现（1974—1980 年）"[The Le Corbusier Gymnasium in Baghdad : Discovery of Construction Archives（1974–1980）]，《法国近东研究所记录》（*Les Carnets de L'IFPO*），2012 年 5 月 30 日；马雷费特（Marefat）和皮尔瑞（Pieri），"寻找未来的现代地标：勒・柯布西耶的体育馆"（Modern Landmark in Search of Its Future : Le Corbusier's Gymnasium)。《伦敦中东杂志 3》（*Journal of the Middle East in London 3*），第 5 期（2012 年 6—7 月）：16—17。关于"奇迹之匣"（boîte à miracles），见苏珊・塔也登（Susan TajEldin），"巴格达：奇迹之匣"（Baghdad : Box of Miracles），《建筑评论》（*Architectural Review*），第 1079 期，1987 年 1 月，第 78—83 页；更早的讨论见"勒・柯布西耶，在巴格达的体育馆"（Le Corbusier, gymnase à Bagdad），《今日建筑》（*L'Architecture d'aujourd'hui*），第 228 期，1983 年 9 月，第 2—5 页。

东京：国立西洋美术馆，1954—1959 年

1954 年 4 月，勒·柯布西耶收到了来自日本外交部的委任，希望他建造一座博物馆用来专门储藏松方幸次郎的法国艺术藏品，他是一位造船业的富豪以及日本在巴黎的前外交官，他的艺术藏品在第二次世界大战期间被法国政府查封。[1] 建筑选址于上野公园优美的景观中，每年 4 月，东京市民会聚集在这里观赏樱花，渡边仁已在此建立丰碑式的建筑国立博物馆（1932—1938 年）——昭和早期公共建筑的代表。

柯布西耶一如既往提高了要求，他不满足于仅仅交出一份博物馆的初始设计。他于 1956 年 7 月 10 日交出的规划设置了一个放映画廊，从建筑的东北面投影。他希望"以一种受人喜爱的方式建造一个现代文化中心的 3 个主要部分"。[2] 他重新阐释了 1950 年为马约门构想的一个建筑的想法，想象着"在博物馆门廊的对面，一处供临时或移动展览的亭子拔地而起，展现艺术活动的综合性（Synthesis）"。他还预想"在博物馆大道的尽头……矗立着'奇迹之匣'的统一的棱柱（一个供研究剧场、音乐、电子设备、舞蹈等的空间）"。

这一项目的一大重点是内部的自然照明。一个遮盖窗户的双顶棚系统将光线引向内部空间的照明展区，从这里，高度 2.26 m 的夹层勾勒出一个"万字符"围绕整个博物馆。覆盖着绿色鹅卵石的混凝土预制板立面呈现出一个近乎完美的工艺，这是与 20 世纪 50 年代建筑师的其他项目的粗糙质地所不同的。

柯布西耶反思博物馆具体的一些区域，例如中心有顶的天井，他描述它是一个"大会堂"，他构想着在那里悬挂"幸次郎藏品在 19 世纪'铁结构'的照片旁边，还有记录日常的大型当代照片"。他还提出展示"来自杂志、海报、书籍和受日本影响的陶瓷业的照片……引向高潮：（保罗）高更，野兽派（the Fauves），（保罗）塞尚，立体派（Cubism），大皇宫，奥塞车站等"。[3]

柯布西耶没能到访完工的建筑。1959 年，他向坂仓准三吐露："看过我收到的一些照片后，看起来博物馆工程实施是完美的，它是对你们的专业能力和品质的褒奖。在我小时候观赏印刷品、坠子的时候，我就认识到了日本人精神中这一重要的方面……如果时间允许，我愿意为 19 世纪的大会堂创作一个照片墙，那将真实复原那个伟大的世纪。"[4] 我们可以看出他是在提议将 1937 年"新时代的展馆"中说教式的景观中使用的视觉技术用于他对工业时代的历史解读。

1. 前川国男（Kunio Maekawa），写给勒·柯布西耶（Le Corbusier）的信，1954 年 4 月 14 日，FLC F1-12-1。由吉纳维芙·亨德里克斯（Genevieve Hendricks）翻译。

2. 勒·柯布西耶（Le Corbusier），备忘录，1956 年 7 月 10 日，FLC F1-12-174，第 3 页。

3. 勒·柯布西耶（Le Corbusier），给安德烈·迈索尼耶（André Maisonnier）的备忘录，1956 年 1 月 9 日，FLC F1-12-171。

4. 勒·柯布西耶（Le Corbusier），写给坂仓准三（Junzo Sakakura）的信，1959 年 9 月 7 日，FLR R3-2-101。

国立西洋美术馆，东京，1954—1959 年，巴黎：勒·柯布西耶基金会

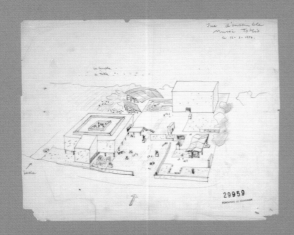 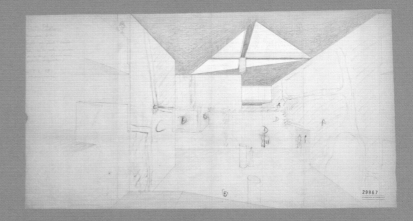

国立西洋美术馆，东京，1954—1959 年，空中透视，有提出的"奇迹之匣"和供临时展览的展亭，铅笔、有色铅笔和墨水在描图纸上作画，42.5 cm×33.8 cm，巴黎：勒·柯布西耶基金会，FLC 29959

国立西洋美术馆，东京，1954—1959 年，19 世纪展厅一览，1959 年，铅笔和彩色铅笔，日光晒印于纸上，49.1 cm×89 cm，巴黎：勒·柯布西耶基金会，FLC 29967

勒·柯布西耶的著作

如需更完整的勒·柯布西耶出版著作清单，包括他几乎所有的论文和文章，请参见雅克·卢肯（Jacques Lucan）编，《勒·柯布西耶，1887—1965 年：一本百科全书》（*Le Corbusier, 1887–1965: Une Encyclopédie*），巴黎：蓬皮杜艺术中心，1987 年。

作为查尔斯 – 爱德华·让纳雷时期

Étude sur le mouvement d'art décoratif en Allemagne. La Chaux-de-Fonds: Haefeli, 1912. English: *A Study of the Decorative Art Movement in Germany*. Edited by Mateo Kries. Translated by Alex T. Anderson. Weil am Rhein, Germany: Vitra Design Museum, 2008.

La Construction des villes. Written 1910–15. Lausanne: L'Âge d'homme, 1992. *La Construction des villes: Le Corbusiers erstes Städtebauliches Traktat von 1910/11*. Edited by Christoph Schnoor. Zurich: gta Verlag, 2008.

Après le cubisme. With Amédée Ozenfant. Paris: Éditions des Commentaires, 1918.

作为勒·柯布西耶时期

Vers une architecture. Paris: G. Crès & Cie, 1923. English: *Towards a New Architecture*. Introduction and translation by Frederick Etchells. London: John Rodker, 1927; *Toward an Architecture*. Introduction by Jean-Louis Cohen. Translation by John Goodman. Los Angeles: Getty Research Institute, 2007.

L'Art décoratif d'aujourd'hui. Paris: G. Crès & Cie, 1925. English: *The Decorative Art of Today*. Introduction and translation by James I. Dunnett. Cambridge, Mass.: MIT Press, 1987.

Urbanisme. Paris: G. Crès & Cie, 1925. English: *The City of To-morrow and Its Planning*. Translated by Frederick Etchells. London: John Rodker, 1929.

La Peinture moderne. With Amédée Ozenfant. Paris: G. Crès & Cie, 1925.

Almanach d'architecture moderne. Paris: G. Crès & Cie, 1926.

Une Maison, un palais. Paris: G. Crès & Cie, 1928.

Précisions sur un état présent de l'architecture et de l'urbanisme. Paris: G. Crès & Cie, 1930. English: *Precisions on the Present State of Architecture and City Planning*. Translated by Edith Schreiber Aujame. Cambridge, Mass.: MIT Press, 1991.

Croisade, ou le crépuscule des académies. Paris: G. Crès & Cie, 1933.

Aircraft. London: The Studio, 1935.

La Ville radieuse: Éléments d'une doctrine d'urbanisme pour l'équipement de la civilisation machiniste. Boulogne-Billancourt: Éditions de l'Architecture d'aujourd'hui, 1935. English: *The Radiant City: Elements of a Doctrine of Urbanism to Be Used as the Basis of Our Machine-Age Civilization*. Translated by Pamela Knight, Eleanor Levieux, and Derek Coltman. New York: Orion Press, 1967.

Quand les cathédrales étaient blanches: Voyage au pays des timides. Paris: Plon, 1937. English: *When the Cathedrals Were White: A Journey to the Country of Timid People*. Translated by Francis E. Hyslop, Jr. New York: Reynal & Hitchcock, 1947.

Des canons, des munitions? Merci! Des logis . . . S.V.P. Boulogne-Billancourt: Éditions de l'Architecture d'aujourd'hui, 1938.

Destin de Paris. Clermont-Ferrand, France: Fernand Sorlot, 1941.

Sur les quatre routes. Paris: Gallimard, 1941. English: *The Four Routes*. Translated by Dorothy Todd. London: D. Dobson, 1947.

Les Constructions murondins. Clermont-Ferrand, France: Étienne Chiron, 1942.

La Maison des hommes. With François de Pierrefeu. Paris: Plon, 1942. English: *The Home of Man*. Translated by Clive Entwistle and Gordon Holt. London: Architectural Press, 1948.

La Charte d'Athènes. Paris: Plon, 1943. English: *The Athens Charter*. Translated by Anthony Eardley. New York: Grossmann Publishers, 1973.

Entretien avec les étudiants des écoles d'architecture. Paris: Denoël, 1943. English: *Le Corbusier Talks with Students from the Schools of Architecture*. Translated by Pierre Chase. New York: Orion Press, 1961.

Les Trois Établissements humains. Paris: Plon, 1945.

Manière de penser l'urbanisme. Boulogne-Billancourt: Éditions de l'Architecture d'aujourd'hui, 1946. English: *Looking at City Planning*. Translated by Eleanor Levieux. New York: Grossman Publishers, 1971.

Le Modulor: Essai sur une mesure harmonique à l'échelle humaine applicable universellement à l'architecture et à la mécanique. Boulogne-Billancourt: Éditions de l'Architecture d'aujourd'hui, 1946. English: *The Modulor: A Harmonious Measure to the Human Scale Universally Applicable to Architecture and Mechanics*. Translated by Peter de Francia and Anna Bostock. London: Faber & Faber, 1956.

United Nations Headquarters. New York: Reinhold, 1947.

New World of Space. New York: Reynal & Hitchcock, 1948.

Poésie sur Alger. Paris: Falaize, 1951.

Une Petite Maison, 1923. Zurich: Girsberger, 1954.

Modulor 2: La Parole est aux usagers. Boulogne-Billancourt: Éditions de l'Architecture d'aujourd'hui, 1955. English: *Modulor 2: Let the User Speak Next*. Translated by Peter de Francia and Anna Bostock. London: Faber & Faber, 1958.

Le Poème de l'angle droit. Paris: Verve, 1955.

Les Plans de Paris, 1956–1922. Paris: Éditions de Minuit, 1956.

Le Poème électronique de Le Corbusier. With Jean Petit. Paris: Éditions de Minuit, 1958.

L'Atelier de la recherche patiente. Paris: Vincent & Fréal, 1960. English: *Creation Is a Patient Search*. Translated by James Palmes. New York: Praeger, 1960.

Le Voyage d'Orient. Paris: Éditions Forces Vives, 1966. English: *Journey to the East*. Edited and translated by Ivan Žaknić. Cambridge, Mass.: MIT Press, 1987.

Voyages d'Orient: Carnets. Edited by Giuliano Gresleri. Milan: Electa; Paris: Fondation Le Corbusier, 1987.

Les Voyages d'Allemagne: Carnets. Edited by Giuliano Gresleri. Milan: Electa; Paris: Fondation Le Corbusier, 1994.

Mise au point. Paris: Éditions Forces Vives, 1966. English: *The Final Testament of Père Corbu: A Translation and Interpretation of "Mise au point."* Edited and translated by Ivan Žaknić. New Haven: Yale University Press, 1997.

作品目录

Le Corbusier: Œuvre complète. By Willy Boesiger (vols. 1, 2, 4–8), Oscar Stonorov (vol. 1), and Max Bill (vol. 3). 8 vols. Zurich: Girsberger, 1930–70.

Le Corbusier Sketchbooks. Edited by Françoise de Franclieu. 4 vols. New York: Architectural History Foundation; Cambridge, Mass.: MIT Press; Paris: Fondation Le Corbusier, 1981.

The Le Corbusier Archive. Edited by H. Allen Brooks. 32 vols. New York, Paris: Garland, 1984.

Le Corbusier: Plans. Set of 16 DVDs. Paris: Fondation Le Corbusier and Echelle-1, 2007.

致谢

由于地图集是集测量员、平面设计师、编辑的劳动所成的地图合集，现在这一版本和它伴随的展览的起源是许多个人和机构的集体成果，所有这些人的热情和付出使得这一项目得以推进。

首先，与巴黎勒·柯布西耶基金会的特别合作促成了这一项目。通过这次合作，我们可以利用前所未有的收藏品，这些收藏品不仅为我们的知识调查提供信息，也使这一展览条理化。我们对基金会的安东尼·皮康（Antoine Picon）会长和米歇尔·理查德（Michel Richard）主任的友好和鼓励致以诚挚的感谢。档案和藏品负责人伊莎贝尔·戈迪诺（Isabelle Godineau）的尽心尽力和周到慎重日复一日地维系着这一项目。

其次，在每个阶段，我们都十分荣幸能够与不吝分享的人共事，他们的专业学识和慷慨大方极大地丰富了这个项目。吉纳维芙·亨德里克斯（Genevieve Hendricks）不但为本书写了文章并作翻译，并且是基金会档案室不可或缺的人员，她为各种问题提供答案和启示。在这一展览的 3 个室内改造设计中，亚瑟·鲁埃格（Arthur Rüegg）和鲁杰罗·特洛皮阿诺（Ruggero Tropeano）与我们分享了他们对于具有历史意义的细节的注重和讲究。理查德·佩尔（Richard Pare）的全景照片使这一项目的概念轴生动化。kt.COLOR 创始人卡特琳·特劳特魏因（Katrin Trautwein）慷慨赞助了用于画廊墙壁的发光涂料。

最重要的是，这一项目颇具野心的视野源于我们慷慨的借贷人，将他们收藏的作品委托于我们并且忍受了这一冗长并且经常无法预测的布展过程。除了勒·柯布西耶基金会（Fondation Le Corbusier），我们还要感谢纽约哥伦比亚大学艾弗里建筑和艺术图书馆（Avery Architectural and Fine Arts Library）；巴塞尔艺术博物馆（Kunstmuseum Basel）；拉绍德封白宫协会（Association Maison Blanche）；蒙特利尔加拿大建筑中心（Canadian Centre for Architecture）；马萨诸塞州坎布里奇哈佛大学卡朋特视觉艺术中心（Carpenter Center for the Visual Arts）；米兰卡家具生产商西纳 SpA（Cassina SpA）；拉绍德封市立图书馆（Bibliothèque de la Ville）；拉绍德封美术博物馆（Musée des Beaux-Arts）；巴黎电影基金的 PCF 视听档案馆（Ciné-Archives Fonds audiovisuel du PCF）；巴塞罗那加泰罗尼亚建筑学院（Col·legi d'Arquitectes de Catalunya）；费城宾夕法尼亚大学安妮和杰罗姆费舍艺术图书馆（The Anne and Jerome Fisher Fine Arts Library）；巴黎 FRL 作品（FRL Productions）；苏黎世联邦理工学院 GTA 档案馆（GTA Archives）；巴黎蓬皮杜艺术中心（Musée National d'Art Moderne，Centre Georges Pompidou）；新泽西普林斯顿大学（Princeton University）建筑学院和美术馆（School of Architecture and the Art Museum）；瑞士恩内特巴登特里贡－电影（Trigon-Film, Ennetbaden）以及苏黎世设计博物馆（Museum für Gestaltung Zürich）。

我们也十分感谢私人借贷人：让－马克·德吕（Jean-Marc Drut）、菲利普·约斯（Philippe Jousse）、帕特里克·梅斯特朗（Patrick Mestelan）、克莱尔·尼沃（Claire Nivola）、皮埃特罗·S. 佛拉（Pietro S. Nivola）、凯瑟琳·斯特尔（Katherine Stahl）、理查德·佩尔（Richard Pare）、芭芭拉·G. 派恩（Barbara G. Pine）、理查德·罗斯（Richard Roth），以及菲利普·斯派瑟（Philip Speiser）。

我们热情地感谢各个机构对我们提供基本帮助的人员：纽约哥伦比亚大学艾弗里建筑和艺术图书馆的珍妮特·帕克斯（Janet Parks）；巴塞尔艺术博物馆的伯恩哈德·门德斯·比尔吉（Bernhard Mendes Bürgi）和夏洛特·古茨维勒（Charlotte Gutzwiller）；拉绍德封白宫协会的爱德蒙·查理尔（Edmond Charrière）；蒙特利尔加拿大建筑中心的米尔科·扎尔迪尼（Mirko Zardini）、玛缇昂·德·费拉蒂（Martien de Vletter）、伊格里卡·阿夫拉莫娃（Iglika Avramova）和艾紫培·考埃尔（Elspeth Cowell）；马萨诸塞州坎布里奇哈佛大学卡朋特视觉艺术中心的 D.N. 罗德里克（D. N. Rodowick）和爱德华·劳埃德（Edward Lloyd）；米兰家具生产商卡西纳 SpA 的蒋禄卡·阿尔门托（Gianluca Armento）、萨拉·戈博（Sara Gobbo）、劳拉·卡洛尼（Laura Caronni）和法比奥·佩罗萨（Fabio Perosa）；拉绍德封市立图书馆的雅克·安德烈·迈（Jacques-André Humair），以及卡洛斯·洛佩兹（Carlos Lopez）；拉绍德封美术馆的拉达·乌姆施特德（Lada Umstätter）和妮可·霍夫卡（Nicole Hovorka）；巴黎电影基金的 PCF 视听档案馆的马克西姆·格雷姆博（Maxime Grember）；巴塞罗那加泰罗尼亚建筑学院的费尔南多·马扎（Fernando Marzá）和安德鲁·卡拉斯卡尔·西蒙（Andreu Carrascal Simon）；费城宾夕法尼亚大学安妮和杰罗姆费舍艺术图书馆的威廉·B. 凯勒（William B. Keller）和威廉·惠特克（William Whitaker）；巴黎 FRL 作品的安东尼·杰斯卡尔（Antoine Jézéquel）；苏黎世联邦理工学院 GTA 档案馆的丹尼尔·韦斯（Daniel Weiss）；巴黎蓬皮杜艺术中心的阿尔弗雷德·帕克芒（Alfred Pacquement）、让－克洛德·布雷（Jean-Claude Boulet）、奥利弗·辛考布里（Olivier Cinqualbre）和弗雷德里克·米盖鲁（Frédéric Migayrou）；新泽西普林斯顿大学建筑学院和美术馆的亚历亨德罗·泽拉－泊洛（Alejandro Zaera-Polo）、卡尔文·布朗（Calvin Brown）、丹尼尔·克拉洛（Daniel Claro），以及亚莉克希亚·休斯（Alexia Hughes）；瑞士恩内特巴登特里贡－电影的沃尔特·瑞格（Walter Ruggle）以及苏黎世设计博物馆的克里斯蒂安·布伦德勒（Christian Brändle）和加芙·迪特里希（Gabriela Dietrich）。

在现代艺术博物馆，几乎各个部门的杰出员工都为这个项目出力。我们将最大的感谢致予主任格伦·D. 洛瑞（Glenn D. Lowry）。来自展览、藏品和项目办公室的高级副主任蕾蒙娜·班纳（Ramona Bannayan）；外事办公室高级副主任托德·毕夏普（Todd Bishop）；首席运营官詹姆斯·加拉（James Gara）以及策展事务办公室高级副主任彼得·里德（Peter Reed）的领导和咨询都至关重要。人力资源办公室主任崔西·杰弗斯（Trish Jeffers）；员工关系和招聘办公室主管劳拉·考佩里（Laura Coppelli）；以及人事专员乔伊斯·王（Joyce Wong）在人员配置方面给予我们很大的帮助。绘画和雕塑部门和电影部门通过互相之间开放的交流促进了展览的跨领域性。我们热情地感谢绘画与雕塑部的安·特姆金（Ann Temkin）、玛丽·乔西（Marie-Josée）和首席馆长亨利·克拉维斯（Henry Kravis）；助理馆长科拉·罗斯威尔（Cora Rosevear）；贷款助理莉莉·戈德堡（Lily Goldberg）；还有起源专家艾丽斯·施迈瑟（Iris Schmeisser）。在电影部，我们真挚地感谢馆长拉金德拉·罗伊（Rajendra Roy）；助理馆长安妮·莫拉（Anne Morra）；还有循环电影图书馆的财务专家凯蒂·克利瑞（Kitty Cleary）。

如果不是支持者的慷慨帮助，展览不可能进行。首先感谢现代信用卡公司（Hyundai Card Company），他们是本书的主要赞助者。我们诚挚地感谢莉莉·奥金克洛斯基金会公司（Lily Auchincloss Foundation, Inc.），以及苏（Sue）和埃德加·瓦赫海姆三世（Edgar Wachenheim III）。我们感谢埃莉斯·贾夫（Elise Jaffe）和杰弗里·布朗（Jeffrey Brown）还有家具生产商卡西纳 SpA（Cassina SpA）的额外的大力支持。我们深深地感谢现代艺术博物馆国际委员会（The International Council of The Museum of Modern Art）对这本书的资助。最后，我们感激我们基金会"拉·卡萨"（la Caixa）博物馆的搭档，正是由于他们的支持，这个展览能够延伸至两个额外的场地。

我们开发部门的同事的奉献和理解是这个项目能够实现不可缺少的东西。我们感谢主任丽莎·米尔曼（Lisa Millman）；助理主任哈利·霍布森（Hallie Hobson）；展览和项目融资办公室主任劳伦·斯特科雅思（Lauren Stakias）；国际资金发展官西尔维亚·雷纳（Sylvia Renner）和发展官克莱尔·赫德尔斯顿（Claire Huddleston）。我们感谢市场和通信部门对展览公众形象的塑造：首席通信官金·米切尔（Kim Mitchell）；通信主任玛格丽特·多伊尔（Margaret Doyle）；平面设计和广告办公室通信创意总监丽贝卡·斯托克斯（Rebecca Stokes）；平面设计和广告公室创意总监茱莉亚·霍夫曼（Julia Hoffman）；协调编辑卡罗琳·凯利（Carolyn Kelly）；数字媒体营销经理维克多·萨姆拉（Victor Samra）；以及宣传协调员詹妮尔·格蕾丝（Janelle Grace）。

展览的中心是作品自身以及对它们展示的编排。博物馆的资源保护部指导我们如何爱护这些由借贷人信托给我们的作品。我们特别感谢助理雕塑管理员罗杰·格里菲斯（Roger Griffith）；管理员埃里卡·莫热（Erika Mosier）；还有雕塑保护部克雷斯研究员艾伦·穆迪（Ellen Moody），他们在复杂的保护管理问题上给我们建议。对他们出色的同事

我们同样致以真挚的感谢：首席管理员吉姆·科丁顿（Jim Coddington）给我们提出了明智的建议。我们对展览设计及制作部门的主任杰里·诺伊勒（Jerry Neuner）致以深深的谢意，他为我们设计的展览优雅而无可挑剔。能够与拥有这样长久的经验和长远的目光的人共事是一种荣幸。生产经理贝蒂·费舍尔（Betty Fisher）熟练地将装置的不同部分相互协调。领班阿兰·史密斯（Allan Smith）和他的木工厂团队所做的已经超越了展览所需。我们感谢领班彼得·佩雷斯（Peter Perez）和他框架店的团队，还有 A/V 团队，包括 A/V 主任亚伦·路易斯（Aaron Louis）；A/V 技师麦克·吉本斯（Mike Gibbons）；数字媒体部高级制片人玛姬·莱德雷尔（Maggie Lederer）；以及保护部助理媒体管理员彼得·奥莱克斯克（Peter Oleksik），他们为展览提供了结构支持。我们感谢外部数字媒体制片人亚历克斯·利索夫斯基（Alex Lisowski）的协助。平面设计部门的助理创意总监英格丽德·周（Ingrid Chou）；助理作家和编辑乔斯林·麦因哈特（Jocelyn Meinhardt）；设计经济塞缪尔·谢尔曼（Samuel Sherman）；制片人克莱尔·科里（Claire Corey）；以及平面设计师托尼·李（Tony Lee），他们为更好安排展览所囊括的广泛的地理和书目内容集思广益。

我们感激展览部的同事，他们对细节一丝不苟并始终紧跟进度。我们感谢副主任埃里克·巴顿（Erik Patton）；前协调员玛丽亚·德·马科·比尔兹利（Maria De Marco Beardsley）；助理协调员伦道夫·布莱克（Randolph Black）；展览和预算助理约翰·钱普林（John Champlin）；以及部门助理克拉克·伦德尔（Clark Rendall）。副总法律顾问南希·阿德尔森（Nancy Adelson），她是我们在所有法律事项中的极宝贵的顾问。我们感谢藏品管理和展览注册部门在协调展览广泛的作品清单中展现出的技能和智慧。注册助理萨夏·伊顿（Sacha Eaton）；注册助理史蒂文·惠勒（Steven Wheeler）；藏品和展览技术部门经理耶里·莫克斯利（Jeri Moxley）；藏品和展览技术部门协调员伊恩·埃克特（Ian Eckert）；以及藏品和展览技术部门协调员凯特·瑞恩（Kat Ryan）。我们的同事设施和安全部主任腾吉·阿德尼吉（Tunji Adeniji）；安全部经理罗恩·西蒙奇尼（Ron Simoncini）；经理罗布·荣格（Rob Jung）；副经理萨拉·伍德（Sarah Wood）和史蒂夫·韦斯特（Steve West），他们都是运营管理、内部运输、安装和安全的必需人员。

我们对教育部门相关人员的支持致以真挚的感谢：爱德华·约翰高尚基金会（Edward John Noble Foundation）教育署副署长温迪·焕（Wendy Woon）；成人和学术教育主任帕布罗·埃尔格拉（Pablo Helguera）；翻译和研究主任萨拉·伯丁森（Sara Bodinson）；成人项目主任劳拉·贝尔斯（Laura Beiles）；公共项目助理教师西拓·普拉加帕蒂（Sheetal Prajapati）助理教师斯蒂芬妮·保罗（Stephanie Pau）；以及教育部门克莱斯研究员

德西蕾•冈萨雷斯（Desiree Gonzalez）。他们的解释独创性和公共项目的知识使这个项目被人们广泛地感知，并超出了美术馆的范围。博物馆的图书馆和档案室是项目发展过程中持续、丰富的资料来源。我们感谢图书馆和博物馆档案馆主任米兰•休斯顿（Milan Hughston）；博物馆档案保管员米歇尔•艾莉卡特（Michelle Elligott）；图书馆员詹妮弗•托比亚斯（Jennifer Tobias）；书志学家大卫•西尼尔（David Senior）；还有图书馆助理洛里•萨蒙（Lori Salmon）。图像服务部门的主任埃里克•兰兹伯格（Erik Landsberg）；生产经理罗伯特•卡斯特勒（Robert Kastler）；生产助理罗伯托•里维拉（Roberto Rivera）；藏品摄影师托马斯•格里塞（Thomas Griesel）；以及藏品摄影师约翰•罗恩（John Wronn），他们创作了许多对这本书来说不可或缺的高质量相片。

这本书的筹备是出版部门坚持不懈的团队的集体劳动。出版商克里斯托弗•哈德逊（Christopher Hudson）；助理出版商彻•R. 金（Chul R. Kim）；编辑主任大卫•弗兰科（David Frankel）；生产主任马克•萨皮尔（Marc Sapir）；还有市场营销和图书开发协调员汉娜•金（Hannah Kim），他们组织了我们的工作并确保了我们的成功。我们受到启发的编辑，艾米丽•霍尔（Emily Hall）和利比•鲁斯卡（Libby Hruska），承担了编辑 30 个作者的文本的严峻的任务，这些文本包含不同的语言、广布的地点，以及大量的主题。他们既考虑周到又坚定不移。我们感谢他们编辑的敏锐性，充实了文本并使这些文字更加可读。阿曼达•沃什伯恩（Amanda Washburn）的感知设计优雅地将整本书整合起来，使每一页都惹人停留。权利协调员吉纳维芙•艾利森（Genevieve Allison）熟练地解决了与权利和许可相关的问题。我们感谢外部编辑萨拉•麦克法登（Sarah McFadden）的协助。校对员艾美瑞•邓拉普－史密斯（Aimery Dunlap-Smith）在整体把握的同时仔细检查每一页的内容。感谢实习生凯西•莱塞（Casey Lesser）对本书英文原版索引部分的热情付出，以及实习生戴维•尼特（Davy Knittle）在这本书的最后阶段的杰出工作。

最后，我们对建筑设计部门的成员致以深深的谢意。每个角落都传来鼓励。特别感谢编辑助理詹尼•弗洛伦丝（Jenny Florence）熟练地编排目录中的许多元素，从巧妙地策划梳理到书目研究，从每一页的校对到标题的改进。展览在发展的不同阶段经由不同人员之手。我们感谢他们在各方面的支持：馆长助理玛戈特•韦勒（Margot Weller）为展览工作奠定基础直到 2012 年 11 月；馆长助理凯特•卡莫迪（Kate Carmody）是贯穿项目的经验之声；馆长助理菲比•斯普林斯塔博（Phoebe Springstubb）自始至终协助这个项目。部门经理艾玛•普莱斯勒（Emma Presler）；研究中心主管保罗•加洛韦（Paul Galloway）；以及标本制作人帕梅拉•坡普森（Pamela Popeson）回答了每个问题并提供了核心支持。无价的帮助来自科林•哈特尼斯（Colin Hartness），前首席馆长助

理，和现首席馆长助理布雷特•塔沃阿达（Bret Taboada）。

现代艺术博物馆感谢莫斯科 AVC 慈善基金会，特别是基金会会长玛雅•埃弗里施瓦（Maya Avelicheva）和娜塔莎•奥特拉什维利（Natasha Otarashvili），她们慷慨的帮助使理查德•佩尔（Richard Pare）得以拍摄了大量勒•柯布西耶的建成作品。理查德感谢菲利斯•兰伯特（Phyllis Lambert）和加拿大建筑中心（Canadian Centre for Architecture）一如既往的支持；感谢拉绍德封的休斯（Hugues）和玛蒂娜•福马德（Martine Voumard）；艾哈迈达巴德的安纳德•萨拉巴伊（Anand Sarabhai），琳达•本格里斯（Linda Benglis）和磨房业主协会（Mill Owner' Association）秘书阿宾纳瓦•舒克拉（Abhinava Shukla）；加拿大驻昌迪加尔领事馆总领事斯科特•斯莱瑟（Scot Slessor）；感谢历史古迹（the Monuments Historiques）在萨伏伊别墅的合作；感谢克里斯丁•库里（Christine Coulet）对马丁岬的小屋的帮助；以及色彩空间成像部门的本•迪普（Ben Diep）在数字实验室的工作。

让－路易斯向乐于助人的勒•柯布西耶基金会图书馆员阿诺德•德赛勒斯（Arnaud Dercelles）表达了他的感谢。他也希望感谢许多个人的支持。雅克•巴尔萨克（Jacques Barsac）对"理想居住单元"（Unité d' Habitation）重建中的家具提供的关键信息。玛丽斯特拉•卡夏托（Maristella Casciato）和曼莫汉•萨林（Manmohan Sarin）使他 2012 年的昌迪加尔之旅收获颇丰。美利达•塔拉莫纳（Marida Talamona）在与意大利相关的材料方面提供了宝贵的信息。他怀念在拉绍德封时玛蒂娜•福马德（Martine Voumard）的热情好客，吉列梅特•莫雷尔•耶内尔（Guillernette Morel Journel）严谨地阅读对他的介绍。他也热情地感谢他 2009 年春季在纽约大学美术研究所指导的学生和 2012 年春季在普林斯顿大学建筑学院指导的学生，他们给予了让－路易斯许多灵感。

让－路易斯•科恩（Jean-Louis Cohen）
谢尔登 •H. 索洛（Sheldon H. Solow）教授
建筑历史，美术研究所
纽约大学

巴里•伯格多尔（Barry Bergdoll）
菲利普•约翰逊（Philip Johnson）首席馆长
建筑设计
现代艺术博物馆

图片版权

理查德·佩尔（Richard Pare）的摄影集

1. 让纳雷–佩雷特别墅（Villa Jeanneret-Perret），拉绍德封，1912 年。

2. 湖畔别墅（Villa Le Lac），科尔索，1924—1925 年。花园墙和日内瓦湖的风景。

3. 萨伏伊别墅（Villa Savoye），普瓦西，1928—1931 年。

4. 马赛公寓（Unité d'Habitation），马赛，1945—1952 年。屋顶花园。

5. 城市中心区建筑群（Capitol Complex），昌迪加尔，1951—1965 年。光影之塔和联合国大会建筑。

6. 城市中心区建筑群和开掌纪念碑（Open Hand Monument），昌

迪加尔，1951—1965 年。

7. 朗香教堂（Chapelle Notre-Dame du Haut），朗香，1950—1955 年。

8. 勒·柯布西耶的小屋（Cabanon of Le Corbusier），罗克布吕讷–卡普马丹，1951—1952 年。

封面照片由理查德·佩尔（Richard Pare）拍摄。
封面：萨伏伊别墅（Villa Savoye），普瓦西，1928—1931 年。
封底：马赛公寓（Unité d'Habitation），马赛，1945—1952 年。屋顶花园。

封面、封底以及序号 3,4,7 等摄影作品收录于现代艺术博物馆，美国纽约。埃莉斯·贾夫 + 杰弗里·布朗（Elise Jaffe + Jeffrey Brown）赠予。

图书在版编目（CIP）数据

勒·柯布西耶：景观与建筑设计图集 /（美）让-路易斯·科恩编著；张芮琪，王乐，许晔丹译. — 北京：北京美术摄影出版社，2020.12
书名原文：Le Corbusier : An Atlas of Modern Landscapes
ISBN 978-7-5592-0258-1

Ⅰ. ①勒… Ⅱ. ①让… ②张… ③王… ④许… Ⅲ. ①景观设计—作品集—法国—现代②建筑设计—作品集—法国—现代 Ⅳ. ①TU983②TU206

中国版本图书馆 CIP 数据核字（2019）第 047663 号

北京市版权局著作权合同登记号：01-2015-2427

责任编辑：董维东
助理编辑：于浩洋
责任印制：彭军芳

勒·柯布西耶
景观与建筑设计图集
LE KEBUXIYE

［美］让-路易斯·科恩　编著

张芮琪　王　乐　许晔丹　译

出　版　北京出版集团
　　　　　北京美术摄影出版社
地　址　北京北三环中路 6 号
邮　编　100120
网　址　www.bph.com.cn
总发行　北京出版集团
发　行　京版北美（北京）文化艺术传媒有限公司
经　销　新华书店
印　刷　天津图文方嘉印刷有限公司
版印次　2020 年 12 月第 1 版第 1 次印刷
开　本　787 毫米 ×1092 毫米　1/8
印　张　50
字　数　656 千字
书　号　ISBN 978-7-5592-0258-1
审图号　GS（2018）5916 号
定　价　398.00 元
如有印装质量问题，由本社负责调换
质量监督电话　010-58572393

本书配合纽约现代艺术博物馆的展览《勒·柯布西耶：现代景观地图册》（2013.6.15—2013.9.23）出版。展览由让-路易斯·科恩（Jean-Louis Cohen）、纽约大学美术学院的建筑史教授谢尔登·H.索洛（Sheldon H. Solow）以及纽约现代艺术博物馆建筑与设计部门的菲利普·约翰逊（Philip Johnson）和首席策展人巴里·伯格多尔（Barry Bergdoll）共同策划。

展览在巴塞罗那卡依夏博物馆（CaixaForum，2014.2.6—2014.5.11）和马德里卡依夏博物馆（CaixaForum，2014.6.11—2014.10.19）展出。

Hyundai Card 现代信用卡公司
展览获现代信用卡支持。

其他支持来自莉莉·奥金克洛斯基金会公司（Lily Auchincloss Foundation）和苏和埃德加·瓦赫海姆三世（Sue and Edgar Wachenheim III）。

同期出版物获得现代艺术博物馆国际委员会的资助。

由纽约现代艺术博物馆的出版部门制作。

由艾米丽·霍尔（Emily Hall）、利比·鲁斯卡（Libby Hruska）和莎拉·麦克法登（Sarah McFadden）编辑。
由阿曼达·沃什伯恩（Amanda Washburn）设计。
地图由阿曼达·沃什伯恩（Amanda Washburn）绘制。
由马克·萨皮尔（Marc Sapir）制作。
由中国 OGI/1010 印刷集团有限公司印刷和装订。

让-路易斯·科恩（Jean-Louis Cohen）的文章由吉纳维芙·亨德里克斯（Genevieve Hendricks）从法语翻译而来。

爱德蒙·查理尔（Edmond Charrière）、玛丽-珍妮·杜蒙特（Marie-Jeanne Dumont）、吉列梅特·莫雷尔·耶内尔（Guillemette Morel Journel）、雅克·卢肯（Jacques Lucan）、丹尼尔·保利（Danièle Pauly）、安东尼·皮康（Antoine Picon）、克劳德·普莱洛伦佐（Claude Prelorenzo）和扬尼斯·休密斯（Yannis Tsiomis）的文章由克里斯汀·休伯特（Christian Hubert）从法语翻译而来。

玛丽斯特拉·卡夏托（Maristella Casciato）、布鲁诺·雷克林（Bruno Reichlin）和美利达·塔拉莫纳（Marida Talamona）的文章由玛格丽特·肖尔（Marguerite Shore）从意大利语翻译而来。

胡安·何塞·拉赫尔塔（Juan José Lahuerta）和何赛普·克格拉斯（Josep Quetglas）的文章由劳拉·马尔蒂内斯·德·盖尔（Laura Martínez de Guereñu）从西班牙语翻译而来。

乔治·弗朗西斯科·雷阿诺（Jorge Francisco Liernur）的文章由路易斯·卡兰萨（Luis Carranza）从西班牙语翻译而来。

亚瑟·鲁埃格（Arthur Rüegg）的文章由拉塞尔·斯托克曼（Russell Stockman）从德语翻译而来。